21世纪资源环境生态规划教材
基础课系列

Integrated Physical Geography

综合自然地理学

（第3版）

蒙吉军 编著

北京大学出版社
PEKING UNIVERSITY PRESS

图书在版编目(CIP)数据

综合自然地理学 / 蒙吉军编著. —3 版. —北京：北京大学出版社， 2020.5
21 世纪资源环境生态规划教材
ISBN 978-7-301-31021-2

Ⅰ. ①综…　Ⅱ. ①蒙…　Ⅲ. ①自然地理学 – 教材　Ⅳ. ①P9

中国版本图书馆 CIP 数据核字(2019)第 299499 号

书　　　　名	综合自然地理学（第 3 版）
	ZONGHE ZIRAN DILIXUE（DI-SAN BAN）
著作责任者	蒙吉军　编著
责 任 编 辑	王树通
标 准 书 号	ISBN 978-7-301-31021-2
出 版 发 行	北京大学出版社
地　　　　址	北京市海淀区成府路 205 号　　100871
网　　　　址	http://www.pup.cn
电 子 信 箱	zpup@pup.cn
新 浪 微 博	@北京大学出版社
电　　　　话	邮购部 010-62752015　发行部 010-62750672　编辑部 010-62764976
印 刷 者	北京市科星印刷有限责任公司
经 销 者	新华书店
	787 毫米×980 毫米　16 开本　23 印张　540 千字
	2005 年 1 月第 1 版
	2011 年 1 月第 2 版
	2020 年 5 月第 3 版　2024 年 1 月第 6 次印刷
定　　　　价	60.00 元

内 容 简 介

　　本书在介绍综合自然地理学的研究对象、内容、目的、特点及与部门自然地理学各学科内容之间关系的基础上，阐述自然地理环境的整体性。

　　全书共 10 章，约 54 万字。首先，探讨了自然地理环境的空间地理规律及时间地理规律，其中，空间地理规律主要探讨自然地理环境的地域分异规律和组合规律；时间地理规律则主要探讨自然地理环境的成因、发生、发展、演替和变化规律。其次，探讨了区域尺度的自然地理等级单位的划分——自然区划的理论与方法，重点研究综合自然区划的原则、方法和等级系统。再次，探讨了局地尺度的自然地理等级单位的划分——土地类型学，重点研究土地分级、分类、分等的原理和研究方法。复次，系统介绍了综合自然地理学的研究前沿，主要涉及土地变化科学、生态系统综合评价以及景观生态学等方面的内容。最后，从人地关系思想的发展及可持续发展的角度探讨了人类与自然地理环境的辩证关系。

　　本书内容系统全面，逻辑严谨，脉络清晰，文字流畅，难易程度适中。书中综合了国内已经出版的同类教材的内容，尤其是加入了地域组合规律、时间演化规律等内容，全书在研究了国内同类教材体系存在问题的基础上，取其所长，构建了结构严密合理的体系。此外，内容新颖、追寻前沿也是本书特点之一，吸收和借鉴国内外最新研究成果，增加了当前综合自然地理学研究的核心问题——土地变化科学、生态系统综合评价、景观生态以及可持续发展等内容。

　　作为教材，本书将为培养学生今后从事地理科学、土地科学、区域科学研究、自然区划、土地资源调查、区域开发、资源环境、旅游地理、城市规划等工作奠定基础，可供综合性大学、师范类院校以及其他各类相关专业学生使用。

前　　言

　　综合自然地理学(Integrated Physical Geography，Комплексная Физическая География)是在掌握了各部门自然地理学——地貌学、气象气候学、水文学、植物地理学、动物地理学及土壤地理学等的基础上开设的一门综合性课程。

　　自然界是由大气圈、水圈、生物圈和岩石圈相互耦合组成的一个整体。认识这个整体有两个必不可少又不能互相代替的途径：一个是分析，另一个就是综合。对于整个自然界来说，部门自然地理学是对整体的分析，是分门别类地从细节方面认识整体的各个部门；而综合自然地理学则是对各部门的综合，是通过协调各部门来从全局上把握整体。显然，只注重分析或只重视综合，都不能正确地认识整个自然界。因此，部门自然地理学与综合自然地理学是不能互相代替的。

　　综合自然地理学作为自然地理学的一个独立分支在中国的兴起，是与 20 世纪 50 年代后期苏联学者 Исаченко(伊萨钦科，1922—2018)来华讲学的影响和北京大学地理系林超教授(1909—1991)的大力倡导分不开的。著名苏联地理学家 Берг(贝尔格，1876—1950)、Григорьев(格里戈里耶夫，1883—1968)、Калесник(卡列斯尼克，1901—1977)和 Исаченко 在吸收前人的理论基础上，发展了自然综合体的思想，并建立了严格的体系。1957—1959 年间，Исаченко 来中国系统介绍了有关地理壳、自然综合体、自然区划和景观学的进展。后来，该讲学进修班在林超教授的领导下经集体讨论，确定了"综合自然地理学"的学科名称。因此，综合自然地理学是中国学者创立和命名的学科。北京大学地理系陈传康教授(1931—1997)从理论上对自然地理学的分科进行了探讨，明确地把自然地理学分为部门自然地理学和综合自然地理学两个方面。20 世纪 60 年代，为适应学科发展的需要，陈传康教授编写了中国第一本《综合自然地理讲义》，尝试全面、系统地论述综合自然地理学的基本原理。1980 年，北京大学和东北师范大学联合举办了中国第一个综合自然地理研讨班，由陈传康教授和景贵和教授主讲。此后，中国各大学地理系才相继开设了综合自然地理学的教学。

　　在本书编写过程中，参考了北京大学陈传康教授(1993)、兰州大学伍光和教授和北京大学蔡运龙教授(2004)、东北师范大学景贵和教授(1990)和刘惠清教授(2002)、陕西师范大学刘胤汉教授(1991)、华南师范大学刘南威教授(2009)、湖南师范大学程伟民教授(1990)、河南大学全石琳教授(1988)、浙江大学毛明海教授(2000)以及河北师范大学葛京凤教授(2005)等编写的同类教材，还参考了蔡运龙教授的著作《贵州省地域结构与资源开发》(1990)和倪绍祥教授编写的《土地类型与土地评价概论》(2009)。本书第 7 章引用了北京大学蔡运龙教授的部分研究成果，并得到了蔡教授的指导，第 8 章、第 9 章分别借鉴了傅伯杰研究员、邬建国教授发表的相关成果。第 10 章部分内容是在北京大学城市与环境学院（原城市与环境学系）1997 级、1998 级和 1999 级自然地理（地理科学）专业同学课堂讨论基础上修改而成的，第 10 章部分内容还参考了由蔡运龙教授主持编写的《同等学力人员申请硕士学位地理学考试大纲和复习指南》（2005）中的相关内容。此外，因篇幅所限，在书末仅列出一些主要参考文献，对于那些在本书中引用过但未列出的文献资料作者，在此表示深深的歉意。

在本书出版过程中，北京大学城市与环境学院李寿深先生提供了一些苏联地理学家的资料，中国科学院地理科学与资源研究所龙花楼博士帮助翻译了部分专业词汇，北京大学出版社王树通编辑、赵学范编审付出了辛勤的劳动，北京大学城市与环境学院研究生严汾、王文博、何钢、王钧、周平、朱利凯、江颂、朱丽君和程浩然协助校正书稿、编制人名和专业词汇对照表。本教材的讲义在 2000 年就由北京大学教材科作为校内教材印刷，北京大学教材科的郑国芳老师给予了极大帮助。另外，本书第 1 版获 2004 年度北京大学教材建设立项资助。在此，一并表示诚挚的谢意！

在本书编写过程中，涉及不少外国学者姓名，为避免中文翻译中的谐音，便于读者检索文献，力求采用外文，并在其第一次出现时，用外文与中文对照给出，在书后附有外国人名姓氏索引。此外，为便于读者查询专业词汇，本书还给出了汉英（俄）对照专业词汇索引。

尽管本书在正式出版前已印成讲义，并在北京大学城市与环境学院地理类专业教学中使用近 20 次之多，但因作者才疏学浅，书中不足之处在所难免，恳请各位师长和同行朋友们不吝指正！

蒙吉军

2019 年冬至于燕园

目　　录

第1章 绪 论

1.1 综合自然地理学的研究对象

一门科学之所以与其他学科不同,是因其具有自己的研究对象、理论体系和工作方法。正是因为研究对象的不同,才使一门科学具有独立性,并在科学体系中取得应有的地位。

(一) 自然地理环境概述

地理科学的研究对象是人类赖以生存的地理环境——地球表层(earth surface)。地理环境(geographical environment)是一个多元结构的复杂系统,是由自然地理环境、社会经济环境和社会文化环境相互重叠、相互联系所构成的整体。其中,自然地理环境是由地球表层各种自然物质和能量所组成的、具有地理结构特征、并按照自然规律发展变化的实体系统,又称为自然地理系统(physical geographic system);社会经济环境是在自然地理环境的基础上、由人类社会所形成的地理环境,主要指自然条件和自然资源经开发、利用、改造形成的生产力的地域综合体,包括农田、牧场、林场、矿山、工厂、道路和城镇居民点等各种生产力实体的地域配置条件和结构状态等;社会文化环境是人类社会文化交流活动所创造的地理环境,包括国家及其社会的人口、民族、民俗、语言和文化等方面的地域分布和组合关系,还涉及社会不同人群对周围事物的心理感应和相应的社会行为等内容。对应于地理环境的三个组成部分,陈传康和杨吾扬(1933—2009)在1983年提出了地理科学的"三分法",即:研究自然地理环境的自然地理学、研究社会经济环境的经济地理学和研究社会文化环境的社会文化地理学(即狭义的人文地理学)。

自然地理学主要研究地理环境的自然方面——自然地理环境(physical geographic environment)。根据受人类社会影响或干扰的程度不同,自然地理环境又分为天然环境和人为环境两类。天然环境(physical environment)是指那些只受人类间接影响、自然面貌基本上未发生明显变化的原生自然环境,如极地、高山、大荒漠、热带雨林、某些大沼泽、自然保护区以及非主要航线经过的海域等;人为环境(artificial environment)是指那些经受人类直接影响之后,自然面貌已发生重大变化的次生自然环境,如"农业景观""城市景观"。放牧的草场和经过樵采的森林,虽然还保留着草场和森林的外貌,但人类活动的痕迹已经非常深刻,亦属于人为环境的范畴。人为环境的变化程度取决于人类活动干预的方式和强度,故有别于天然环境,但其演变仍受制于自然规律,因此,无论是人为环境还是天然环境都属于自然地理学的研究对象。

自然地理环境是地球表层由大气圈、水圈、生物圈、岩石圈及智慧圈共同组成的整体。因此,也称为自然综合体(natural complex)或景观(landscape)。人们对自然地理环境的命名虽然各不相同,但这些术语的内涵基本相同,研究对象都是指地球表层这一独特的物质体系。如 Григорьев 提出了"地理壳"(географическая оболочкя),Калесник 提出了"景观壳",Арманд(阿尔曼德)提出了"地理圈",Ефремов(叶夫列莫夫)提出了"景观圈",Аболин(阿波林,1886—1939)提出了"表成体"(эпигенем),Исаченко 提出了"表成地圈",Забелин(查别林)提出了"生物发生圈",Броунов(布罗乌诺夫,1852—1927)提出了"地球表壳"(наружная земная оболочка)等。Chorley(乔莱,1927—2002)提出了"自然地理系统"(physical geographic system),Haggett(哈盖特)提出了"地球表层系统"(earth surface system)。另外,中国地理学家黄秉维(1913—2000)亦提出了"地球表层系统"、赵松乔(1919—1995)提出了"近地面活动层"、牛文元(1939—2016)提出了"自然地理面"的新概念。这些术语虽然名称不同,但内涵基本都指自然地理环境。

(二) 自然地理环境的研究范围

自然地理环境是个完整而连续的物质系统,若划出其中某一部分作为一个系统进行专门的研究,则需划分边界。具体边界的划分主要从物质联系、相关程度和空间可划分性来确定。目前,关于自然地理环境的厚度还存在着争论。中国多数地理学家和俄罗斯地理学家,都主张按照物质的内在联系发生显著减弱处来确定其边界,一致认为其上界以对流层的高度为限(极地上空约8km,赤道上空约17km,平均10 km);下界包括岩石圈的上部(陆地上深5～6km,海洋下深4km)。上下之间包括了大气圈的对流层、地壳沉积岩石圈、水圈以及生物圈(图1.1)。

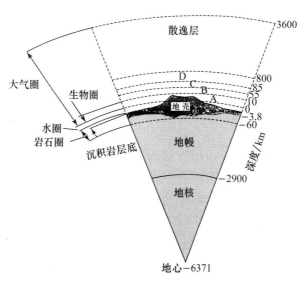

图 1.1　地球圈层构造

A. 对流层;B. 平流层;C. 中间层;D. 电离层

(据牛文元,1992;刘南威等,1993)

他们的依据有以下几个方面：

（1）大气对流层、陆地表面和整个水圈都直接参与太阳辐射引起的地球表面的物质循环，而且水圈的底部和对流层的顶部都有生物的生存；

（2）各大陆自表面到地下5～6km深度内，一般都保存有沉积岩，而沉积岩是由三个无机圈层的物质和有机物质相互作用形成的；

（3）沉积岩层以下的热力条件是以地热占优势，而且那里已没有空气、液态水和微生物存在。

另外，牛文元提出的"自然地理面"认为，上限在地球大气的"近地面边界层"顶部，即地表向上50～100m高度，下限在太阳能量影响地面以下的终止线，此线在陆地深约25～30m，在海洋约位于深100m的海水层。上下限的总厚度介于75～200m之间。

陈传康等（1993）认为，此圈层厚度无须硬性规定，可随研究范围的不同而有差别。一般说来，研究范围越小，厚度也小；研究范围越大，厚度越大，只有全球性的问题才可能牵涉到所谓地理壳的厚度。

（三）自然地理环境的特征

自然地理环境镶嵌于地球表面，面向宇宙空间，既受宇宙因素、行星因素的影响，又受地球内部构造因素的制约，是一个不同于地球其他部位的一个相对独立的物质系统。其基本特点是：

（1）太阳辐射集中分布于地球表层，太阳能的转化亦主要在地球表层进行。地球高空大气对太阳能的吸收很少，而太阳辐射又不可能穿透地球内部，这就使大部分太阳辐射集中分布于地球表层附近，并在这里重新转化。因此，海陆表面上下是太阳辐射能对地表的几乎所有自然过程起重要作用的地方。

（2）自然地理环境同时存在着气、固、液三相物质和三相圈层的界面。其中，陆地表面是固体和气体的界面，海洋表面是液体和气体的界面，海洋下界是液体和固体的界面，海洋沿岸带是三相界面。各界面上三相物质共存，又互相交换、互相渗透，形成多种多样的胶体和溶液系统。

（3）自然地理环境具有本身自我发展的形成物，例如生物、风化壳、土壤层、地貌形态、沉积岩和黏土矿物等，这些物质和现象都是地球表层特有的，通常称为表成体（或表成地圈）（epigeoshere）。

（4）自然地理环境中互相渗透的各圈层间进行着复杂的物质、能量交换和循环。如水分循环、化学物质循环、地质循环和生物循环等。地球表层物质能量转化过程的强度和速度都比地球其他各处大，表现形式也更复杂多样。

（5）自然地理环境的不同部分存在着复杂的内部分异。地球表层各部分的特征差别显著，在极小的距离内都可能发生变化。这种分异除了表现在水平方向上外，也表现在垂直方向上；既有全球尺度和区域尺度的分异，又有地方尺度的分异。

（6）自然地理环境的发展演化是具有方向性和周期性特点的一个非常复杂的过程。在整个历史发展过程中，各组成成分和它们之间相互作用的关系也在不断地发生变化。不断地由简单向复杂、由低级向高级、由无序向有序进化，依次出现了自然地理系统、生态系统和人类生态系统三大耗散结构。

（7）自然地理环境是人类社会发生发展的场所。尽管随着科学技术的发展，人类活动范围已远远超出海陆表面，达到地球高空，甚至宇宙空间，但地球表层仍是人类生活的基本环境。

1.2　综合自然地理学的学科地位和特点

（一）综合自然地理学的学科地位

1. 地理学研究的三层次

地球表层是人类生存和生活的环境，它包括各种组成成分相互作用而形成的自然地理环境，也包括人类社会发展过程中形成的社会经济环境和社会文化环境。研究地球表层的地理科学，既要研究三种环境的综合特点，又要分别研究三种环境各自的特征和规律，还应研究每种环境的组成成分或组成部门。

与此相应，地理科学的分科有三个层次（图 1.2）：研究整个地理环境综合特征的综合地理学，这是第一层次；分别研究自然地理环境、社会经济环境和社会文化环境综合特征的综合自然地理学、社会经济地理学（即综合经济地理学）和社会文化地理学（即行为地理学）三门学科为第二层次；分别研究自然地理环境、经济地理环境和社会文化环境的各个成分的部门地理学为第三层次。

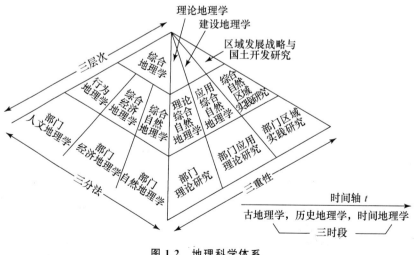

图 1.2　地理科学体系

（据陈传康等，1993）

从图1.2可以看出,综合自然地理学处于地理科学的第二层次,是该层次的基本组成部分。它在第三层次即部门自然地理学分析研究的基础上进行综合研究,同时也为第一层次的综合地理学提供基础。

另外,从图1.2还可以看出地理科学的"三分法""三重性"和"三时段":"三分法"即指地理科学分为自然地理学、经济地理学和人文地理学;"三重性"即指地理科学分为理论研究、应用理论研究和区域实践研究三个程序;"三时段"即指地理科学分为古地理学、历史地理学和时间地理学。

2. 自然地理学研究的三分法

陈传康等(1993)将自然地理学(Physical Geography)分为部门自然地理学(Sectorial Physical Geography)和综合自然地理学(Integrated Physical Geography)两部分。

部门自然地理学包括地貌学(Geomorphology)、气候学(Climatology)、水文地理学(Hydrogeography)、土壤地理学(Pedogeography)、植物地理学(Phytogeography)和动物地理学(Zoogeography)等,分别研究构成自然地理环境的某个组成要素,研究这个要素的组成结构、成因特点、时空运动、地域分布规律及在整个地球表层中的作用。部门自然地理学是边缘科学(图1.3),如地貌学是地理学与地质学之间的边缘科学,气候学是地理学与气象学之间的边缘科学,研究方向往往各有所侧重,例如,可以强调地貌学的地理学方向,也可以偏重地质学方向。因此,部门自然地理学既要分析,又要综合。部门自然地理学的综合研究方向是指以地球表层作为背景,来考察自然环境各组成

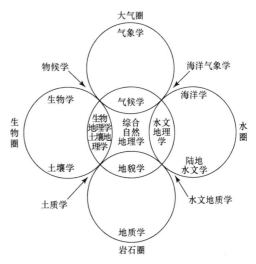

图1.3 自然地理学与其他学科的关系
(据全石琳,1988)

成分的特性,尤其是对从部门自然地理学中分化出来的特殊自然环境类型(如冻土、冰川、沼泽等)研究时,更要进行综合研究,但相对于综合自然地理来说是分析的。

综合自然地理学是从整体上来研究自然地理环境的综合特征,而自然地理环境的各个组成部分(如地貌、气候、水文、土壤、植被等)都是整体的个别部分,综合自然地理学着重研究其整体的各组成要素及各组成部分的相互联系和相互作用的规律。作为整体的自然地理研究,虽具有那些组成部分所没有的特性,但又不能代替各个组成部分,后者在整体中并未丧失其独立性。这样,综合自然地理学就是研究自然地理系统,地貌学、水文地理学、气候学、土壤地理学、生物地理学等部门自然地理学就是研究组成自然地理系统的子系统。只研究部分是无法回答整体的综合特征的,而要研究综合特征就要从研究部分着手,一方面分析每个组成部分在整体背景下的具体特征,另一方面又要着重研究各部分之间的相互关系。整体与部分、系统与子系统、综合自然地理学与部门自然地理学,它们之间的关系就是分析和综合的统一。

　　无论是部门自然地理学,还是综合自然地理学,除了进行基本理论研究以外,还要结合实际进行区域性的自然地理研究,使其得到验证(图1.4)。区域自然地理学(Regional Physical Geography)研究一定区域自然地理环境的某个组成要素和自然地理环境的综合特征,即对区域的部门情况和区域的综合情况进行研究。例如,区域气候、区域地貌、区域水文、区域土壤、区域生物等,均属于部门自然地理学对于某一区域的研究实例。综合自然地理学的区域性研究,主要是对某一具体区域所进行的综合自然区划和土地类型的研究。因此,通常所说的区域自然地理学实际包含着部门自然地理学和综合自然地理学的区域性研究内容和研究成果。区域自然地理学需以部门自然地理学和综合自然地理学的基本理论为基础,它是部门自然地理学和综合自然地理学理论联系实际的具体体现,同时也是自然地理学实践应用的重要环节。

图 1.4　部门自然地理学、综合自然地理学与区域自然地理学的关系
(据陈传康等,1993)

(二)综合自然地理学的学科特点

　　与部门自然地理学的研究不同,综合自然地理学有如下学科特点(程伟民等,1990)。

1. 整体性

　　整体性是综合自然地理学研究的基本出发点。综合自然地理学向来把地球表层不同等级秩序的自然地理单元(自然综合体)视为统一的整体,其中的各种现象和过程不是孤立的、偶然的堆砌,而是互相联系、互相制约的,这既是传统的观点,与现代系统论观点也一致。地球表层的整体性,不是简单地表现在成分的组合性上,因为简单地表现在成分的组合性上只能说明它是集合或者混合体,而不能反映出它是由各成分以某种方式进行相互联系、相互作用而形成的有机整体。地球表层是由各组成成分间的相互联系所建立起来的网络结构,这种结构能完成一定的整体功能,形成一个整体效应,尤其是起着协同作用的效应。

　　总之,综合自然地理学的整体性,既不能简化为各种组分,也不能离开组分去谈整体,而只能从组分之间的相互联系和相互作用去认识。整体性的强弱主要取决于各组分间结构的完备性和功能的协调性。

2. 综合性

　　地理学存在的理由在于综合(Johnstone,1979)。综合自然地理学的综合性,就是把自然地理单元的形态与本质、结构与功能、稳定与变化、时间与空间等结合起来,把自然综合体各组分之间、部分与整体之间、整体与外部环境之间联系起来,进行综合、系统的考察,找出其共同性与规律性。从方法上来说,综合性是相对于分析而言的,分析是基于简化的观点,即把一个整体分解为各个部分分别加以研究;综合是基于系统的观点,从整体出发,将各部分联系起来全面地加以研究。所以,综合性绝非排斥分析方法,而是把分析和综合统一起来,使认识更全面、更系统、更深刻。

综合性研究分为不同的层次：两个要素相互关系（如气候和水文的关系，土壤和植物的关系等）的综合研究，是低层次的综合性研究；多个要素相互关系（如地貌、水文、气候、植被和土壤的关系）的综合研究，是中层次的综合性研究；地球表面全部要素（包括自然、经济、政治、社会文化）之间相互关系的综合研究，是高层次的综合性研究。"综合性是地理学的优势，地理学最大的困难也是综合"（傅伯杰，2014）。综合性研究，一般分为两个步骤：一是初步的综合，是依据高度的逻辑程序，从系统的结构上进行组合，形成一个新的概念模型；二是高级的综合，需要高度的科学创造性，着重从系统的功能上进行综合与分析，建立一个新的数学模型，使之既可从功能上又可从动态上定量地解释所研究的对象。

3. 相关性

相关性是综合自然地理学研究的最重要的特点与关键性的方法。因为综合自然地理学研究对象的各部分之间，部分与整体、整体与外部环境之间出现的各种现象和过程，都存在着一定的联系和中介环节。这些联系具有客观性、多样性、普遍性和相对性的特点，并通过一定条件的中介来实现。因此认识这些相互联系时，必须抓住这些环节，但不一定深入研究这些机制，而是借助有关学科的研究成果来解释这些联系和关系。

自然地理环境的各种相互联系中还存在着复杂的关系，如因果关系和决定关系。研究这些关系及其表现形式乃是综合自然地理学的重要内容。因果关系不是单一性的，往往是一因多果或者一果多因，具有继承性、时间效应、积累效应和互相转化性等。在传统研究中，只把庞杂的自然地理环境及其相互关系简化分解为单因素的、机械的因果系列来处理，得出静态的概念结构模型，或者粗略地定性描述它们之间的辩证关系。因此，难以把研究对象如实地作为有机整体来研究，更不能对其中的相互关系进行精确的描述和模拟，也无法掌握其运动发展规律，自然无从进行科学的预测。现代系统论等科学理论对解决多因素的动态复杂系统的关键性问题，提供了有效的手段和方法。系统分析方法表明，复杂系统的因果关系和决定关系，至少包含着机械的、统计的、反馈的和模糊的等多种因果关系形式。

4. 尺度性

地球表面自然现象空间分布不均一的特点，决定了综合自然地理学研究具有尺度性的特点。由于不同的地区存在不同的自然现象，一种要素在一个地区呈现出的变化规律性在另一个地区不可能完全相同，因此研究地理区域就要剖析不同区域内部的结构（各种成分之间、各部分之间的关系），包括不同要素之间的关系及其在区域整体中的作用、区域之间的联系、以及它们之间发展变化的制约关系。综合自然地理学区域性研究内容，包括区域内部结构和区际关系两个方面。这两方面相统一的研究任务，其他学科是难以担当的，所以很多综合自然地理学者认为区域研究是"地理学研究的核心"。

综合自然地理学的区域研究根据研究对象的范围分为三个尺度：大尺度区域研究着重探讨全球或全大陆范围内的分异规律和内部结构特征，从而揭示全球或全大陆的总体特征；中尺度区域研究是分析国家或大地区范围内区域总体特征和地域分异规律以及该地区对大尺度区域分异的作用；小尺度区域研究是揭示局部地区区域特征和分异规律以及该地区对中尺度区域分异的作用。

5. 动态性

自然地理环境不断变化的特征，决定了综合自然地理学须以动态观点进行研究的特点。综合自然地理学研究既注重空间尺度的变化，也注重时间尺度的变化。地理现象无论是自然的或人文的，都是不断变化的。这种变化有周期性的，也有非周期性的；有长周期的，也有短周期的。"解释过去，服务现在，预测未来"是地理学的新使命（傅伯杰，2015）。用动态的观点研究综合自然地理学，要求把现代自然地理现象作为历史发展的结果和未来发展的起点，要求研究不同发展时期和不同历史阶段自然地理现象的发生、发展及其演变规律。这不仅是综合自然地理学本身发展的需要，而且也是综合自然地理学在国家建设、区域开发中发挥作用的需要。特别是现代自然地理学已经有可能对于某些区域的未来发展提出预测，并根据预测结果进行控制和适应性管理，以便满足人们对区域发展的要求。因此，时间和空间统一的观点，在综合自然地理学研究中越来越受到重视。

6. 多样性

地球表面的复杂性决定了综合自然地理学研究方法的多样性。现代自然地理学研究主要采用野外考察、室内实验、模拟相结合的研究方法。综合自然地理学的研究对象是地球表面，关于地球表面的属性和特征，大部分数据和第一手资料主要来自野外考察，随着遥感技术的飞速发展，气象卫星、地球资源卫星、航天技术的成果广泛应用于自然地理学，提高了野外考察的速度和精度。地理定位/半定位研究、室内实验分析和地理数据的计算机处理、各种自然地理现象的实验室模拟（包括物理模型模拟和计算机模拟）等迅速开展起来，不仅大大提高了工作效率，还取得了大量过去所没有的资料和数据，促进了综合自然地理学的发展。

上述所有这些特性构成了综合自然地理学在地理科学体系中的地位与作用，也使综合自然地理学形成了具有特殊矛盾的研究对象和研究方法。

1.3　综合自然地理学的发展及趋势

综合自然地理学的形成和发展是自然地理学发展的必然。综合自然地理学是一门年轻的科学，其理论体系的确立只是近几十年的事，但其综合思想的萌芽却历史悠远。

（一）古代中外地理著作中的综合思想（公元前—18 世纪中期）

1. 古代中国地理著作中的综合思想

中国是世界文明古国之一，古代就有许多有关地理的专著，史书中也有关于地理的篇章，还有浩瀚的地方志等，都包含着丰富的、综合性的区域自然地理内容，其中透露了一些综合思想。

公元前 5 世纪的《禹贡》，就曾把当时中国的领域划分为九州——冀、兖、青、徐、扬、荆、豫、梁和雍州，并对各州的山川、湖泽、土壤和物产等进行了阐述，这无疑是世界最早的区划著作之一,作为地理区划的观念,在地理学发展史上具有深远的意义。同一时期的《周礼》把中国的土地分为五大类——山林、川泽、陵丘、坟衍和原隰,这是人们在生产和生活中辨识出的不同自然类型的总结。

公元前3世纪战国时期,出于赋税的目的,《管子·地员篇》又进一步对全国的土地做了系统的划分和评价:首先根据地势高低和地貌形态的巨大差别把土地划分为渎田、丘陵和山地三大类;然后又按地表组成物质、中小地貌形态和其他自然特征的差异细分为25个土地亚类;同时还依各土地的土壤肥力以及对农、林业的适宜程度把土地分为上、中、下三等,这是世界上最早的土地分类和分等系统。此外,该书还就植物与地形、水文和土壤的相互关系进行论述,记述了植物的垂直与水平分布现象,包含了植物生态与环境关系的综合思想。

此后,由于管理幅员辽阔的国土资源的需要,中国地方志著述有了很大的发展。汉代《汉书》中的"地理志"《水经注》以及其他地理著述,都对区域性地理资料进行编辑,并辑录有一定综合性的地理资料。11世纪,中国著名地理学家沈括(1012—1074)的《梦溪笔谈》中叙述了海陆变迁的事实,从河流沉积作用解释华北平原的成因,从流水侵蚀作用论述了雁荡诸峰的形成,还详细记载了物候现象,是有关自然地理现象综合观察与探索的科学著作,具有一定的综合自然地理知识。此外,还有《大唐西域记》《徐霞客游记》等。不论是地方志还是专著或游记,其共同特点是把自然、经济和人文综合在一起,按行政区、水系或考察路线来加以记述,故都是有综合性的区域自然地理资料。

2. 古代西方地理著作中的综合思想

在国外,古巴比伦、埃及、希腊和罗马等文明古国也积累了大量的具有综合自然地理学意义的文献和资料。西方地理学之父古希腊 Eratoslhenes(埃拉托色尼,公元前273—前192)在其著述的《地理学概论》中,最早使用"地理"一词记述了地球形状、大小和当时所知的海陆分布。Eratoslhenes 将天文学与测地学结合起来,精确测量出地球周长的精确数值($4×10^4$ km),测出的太阳与地球间距离($1.47×10^8$ km)和实际距离($1.49×10^8$ km)也惊人地相近。他还用经纬网绘制地图来描绘新的地球,最早把物理学的原理与数学方法相结合,开创了以数理地理和描述地理学相结合对整个地球进行研究的方向,被后世称为"宇宙派"。

古罗马地理学家 Strabo(斯特拉波,公元前64—公元20)著的《地理学》(17卷),认为地理学是对人类居住世界的描述,应当研究"我们居住的世界的大小、形状和性质以及它和整个地球的关系,这是地理学的特殊任务,然后以适当方式来讨论居住世界的陆地和海洋的一些部分",不仅要研究一个地方的自然属性,还要研究它们之间的相互关系,为描述地理学奠定了基础。他的巨著被认为是最早记述世界自然和人文的地理志,奠定了地方志的方向,被称为"博志派"。这些著作中的综合思想依稀可见。

3. 地理大发现的重要意义

15世纪,在中国伟大的航海家郑和(1371—1435)七次下西洋后,欧洲为扩大海外贸易和开辟新航道的探险活动突然增加。1492年,Colombo(哥伦布,1451—1506)横渡大西洋到达美洲,发现了新大陆;1498年,Vasco da.Gama(达伽马,1469—1524)绕过好望角,发现了通往印度的新航线；1519—1521 年，Magellan(麦哲伦，1480—1521)和他的同伴完成了世界上第一次环球航行；1770—1780 年，Cook(库克，1728—1779)三次航行，先后发现了新西兰、夏威夷岛等，并绘出了太平洋的轮廓。西方国家的地理大发现，虽与掠夺殖民地分不开，但对地理学的发展确实起到了促进作用，使人类的地理视野大大地扩展，不但最终证实了大地球形说的正确性和地球存在着一个统一的世界大洋，还发现了洋流，确定了南北半球的信风带并对季风形成做出科学解释。这一时期收集的大量地表自然现象资料，为 17 世纪下半叶探讨海陆起源、植物和动物的分类等理论问题以及综合地研究地球表面自然现象奠定了基础。

　　荷兰地理学家 Varenius(瓦伦纽斯，1622—1650，德国学者，后迁居荷兰)第一次对地理大发现时期的大量资料进行了概括和总结。他也是第一位接近正确理解自然地理学研究对象的学者，发表了叙述和解释地球表面自然现象一般规律的名著《地理学通论》(*Geographic genaralis*，有人译为《普通地理学》)(1650)，该书是一部综合性较强的著作，分三篇论述天界、陆界和水界的特征。第一次将 Nicolaus Copernicus(哥白尼，1473—1543)、Johannes Kepler(开普勒，1571—1630)、Galileo(伽利略，1564—1642)的学说引进地理学中来探讨数理地理问题，并从"自然界是统一的"思想出发，把当时积累下来的有关气候、海洋、地形等知识作为一个统一的物质体系来论述，认为"水陆界"的各组成部分处于相互渗透中。Varenius 将地理学分为普通地理学和特殊地理学，前者侧重研究整个地球表面，后者侧重研究地表的局部地段。由于历史条件的限制，这些学术观点在当时并没有对地理学的发展产生显著影响，但以后的地理学者却从 Varenius 这里得到了新概念和启示，在综合自然地理知识的积累上有了较快的发展。

(二) 古典地理学时期的自然地理研究(18 世纪中期—19 世纪中期)

　　此阶段为综合自然阶段，又称之谓"地理学建立之前奏"。地理学处于向整理材料即理性认识阶段过渡的历史转折，是一个具有关键意义的阶段，通常称为"古典地理学"时期。其特点在于地理学已不是单纯的记述地表的地理事物，而是进一步对地理事物加以分析说明，故又称为解释地理学时期，以区别于过去的描述地理学。

　　18 世纪中期，俄罗斯科学家 Ломоносов(罗蒙诺索夫，1711—1765)是一位知识广博的学者，是俄国科学院内官方设立的地理部第一位主任(1758)，也是国立莫斯科大学的创始人。在其《论地层》一书中，提出"自然是统一的、普遍变化的"观点，并试图解释山脉、矿物、土壤的生成，气候的变化和有机界的发展等，还曾指出自然地理学应该研究地球表面。其阐述的原理、观点都是关于自然综合体规律性概念的基础。

　　19 世纪，自然地理学开始成为一门独立的分支学科。从这时起，自然地理学由单一的、表象的、静态的自然地理成分和现象的研究走向把自然地理环境作为一个整体进行综合的、内在的和动态的研究。德国的 Humboldt(洪堡，1769—1859)和 Carl Ritter(李特尔，1779—1859)是 19 世纪最突出的地理学家，是古典地理学的集大成者，被誉为近代地理学的开拓者和奠基人。

1. 洪堡的重要贡献

　　Humboldt 治学涉及自然地理学、地质学、地磁学、气候学和生物地理学等各个方面，对地理学和生物学贡献尤大。在其 28 岁时母亲去世,他将自己得到的全部遗产用以进行考察和探险事业,考察了西欧、南欧和美洲的许多地方。1799 年 Humboldt 和法国植物学者 Aimé Bonpland(邦普兰)到达美洲,在奥里诺科河流域和安第斯山区进行了历时 5 年的科学考察,行程 1×10^4 km,到过委内瑞拉、哥伦比亚、智利、秘鲁、巴西、古巴、墨西哥和美国。沿途采集了大量植物和岩石标本,测量了经纬度和地磁等现象,并且了解当地居民生活,调查社会和经济情况。1804 年 Humboldt 回到欧洲后,整理旅行报告,鉴定植物标本,出版了共 30 卷的《新大陆热带地区旅行记》。这是有关新大陆自然、经济和政治的第一部百科全书,也是拉丁美洲北部最早的区域地理著作。在体现其一生科学发现和学术成就总结的巨著《宇宙》(共 5 卷)中,Humboldt 说"自然是一个大的整体,这个整体的活动是由它的内力来推动的,"强调自然的统一和紧密联系,把地球看成一个不可分割的有机整体,其各个部分在空间排列中都是相关联的。

就地理学而言,Humboldt 的贡献有:① 总结出自然地理学和方志学研究的一般原理,正确地指出自然界各种事物间的因果关系。他认为,包括人在内的自然界是一个统一整体,地理学就是揭示各种自然现象的一般规律和内在联系;并认为自然界是永恒运动的,若要认识它的现在,就必须了解它的过去。② 探讨了地形、气候与植物的关系,坚持用地理学的眼光和立场研究植物。早在他研究费赖矿区地下植物的论文中就明确表示:他不是为了研究植物而研究植物,而是为了研究植物和环境的关系。他论述了植物带的水平和垂直分布规律,创立了植物地理学。③ 制成了世界第一幅平均等温线图,注意到了海陆分布所造成的等温线与纬度的差异,创立了"大陆性"的概念。他绘制了洋流图,首次发现了秘鲁寒流(曾一度称洪堡寒流,后因本人反对而改现名),观察和记述了西伯利亚的永久冻土现象。④ 纠正了当时流行的错误成岩理论,断言花岗岩、片麻岩和其他一些结晶岩是火成岩,指出了火山分布与地下裂隙的关系,认识了地磁强度从极地向赤道递减的规律,"磁爆"一词就是他创造的。⑤ 得出了自然地理现象的地带规律性,为综合自然地理学的形成提供了理论核心。另外,在人文地理方面贡献卓越,认为人类是自然的一部分。Humboldt 从理论到方法上把自然地理学推向一个新阶段,为自然地理学成为一门独立的分支学科奠定了基础。

2. 李特尔的重要贡献

Carl Ritter 的出身、经历和一些学术见解与 Humboldt 不同,但对近代地理学的贡献却是相同的。Carl Ritter 家境贫寒,靠半工半读完成学业。他的后半生一直在柏林大学任教,是德国第一位地理学讲座教授,而且是全世界最早的地理学会——柏林地理学会创建人。扎实的基础、丰富的实际调查工作和生动的口才,使他成为伟大的地理教育家。Carl Ritter 是人文地理学的倡导者,强调人地相关的综合性和统一性;把地球表面作为人类活动的舞台,认为地理学是研究人类住所的地理表面;还把古代的地志学发展成为人文地理学。

Carl Ritter 的代表性学术巨著是《地学通论》,全名是《地球科学——它同自然和人类历史科学研究与教学的坚实基础》,几乎概括了 Carl Ritter 的全部地理思想。在 Carl Ritter 看来,比较地理学就是基于形态学和类型学的思想,通过地理单位的分类、比较来分析其成因和变化规律。这种分类、比较是从形象上、形态上进行的,就如生物学中的门、纲、目、科、属、种一样。Carl Ritter 的区域方法和对地面现象的综合比较观点一直为后世所沿袭。但他用唯心主义的观点,把地球构成、海陆形状与分布归结于上帝的安排,在地理学界颇受批评。

(三) 近代自然地理学的迅速发展(19 世纪末—20 世纪 50 年代)

此阶段为综合自然地理学理论体系形成时期。1871 年第一次国际地理学大会的召开,标志着地理学走向现代科学的发展阶段。地球表面大体得到考察,地理学有了真正理论概括的基础,这是创立科学地理学的基本条件。与此同时,科学技术的飞速发展和新学科的不断出现,又加速了科学分化的进程,自然地理学也逐渐分化为一系列独立的部门自然地理学。分化的趋势在客观上也加强了自然地理学内部相互联系的要求。分化愈深入,综合愈重要。许多自然地理学家坚持综合研究的方向,为确立和不断完善综合自然地理学的理论体系作出了卓越贡献。

1. 自然地理学逐渐分化

自然地理学发展由综合走向分化的过程中,出现了一系列独立的部门自然地理学。由于 Humboldt 等人的努力,植物地理学较早独立出来。Albrecht Penck(阿·彭克,1858—1945)是近代地理学史上系统从事自然地理研究最出色的学者,首次采用"地貌学"(Geomorphology)一词来论述地球形态的起因;而美国地貌学家 Davis(戴维斯,1850—1934)创立了侵蚀循环学说(又称地理轮回说)。在他们的努力下,地貌学成为地质学和自然地理学的边缘学科独立出来。Koppen(柯本,1846—1940)创立用温度和雨量年度变化进行气候分类的方法,是近代地理学最权威的气候分类之一,对研究植物地理和自然区划都有重要意义,在其努力下,气候学也分化出来成为独立的学科。Докучаев(道库恰耶夫,1846—1903)创立了自然地带学说,划分了自然土壤带,论证了自然现象的地带性规律,这一思想直至目前仍然是自然地理学的理论基础,在其努力下,土壤地理学也成为独立的学科。这样,一系列部门自然地理学都先后从包罗万象的自然地理学中分化出来成为独立的学科,自然地理学的"危机"时期到来了。

2. 地理学综合研究的学派与代表人物

(1) 地理学综合研究的学派

为寻找出路,面对这种分化,许多地理学家努力寻找摆脱"危机"的出路,力图为地理学寻求自己的研究对象,因而形成了有关综合研究的各个学派。

① 人地关系学派(或称环境学派)。早期的近代地理学是从生态观点出发,将人作为地球表面的一个因素看待,法国的 Blache(白兰士,1845—1918)和 Brunhes(白吕纳,1869—1930)等认为,地理学主要研究人类与环境的关系问题,也可视为人类生态学。德国 Ratzel(拉采尔,1844—1904)的《人类地理学》阐述了地理环境对人类分布和迁徙的制约作用,认为自然环境对文化起决定作用。其学生美国 Semple(森普尔,1863—1932)女士在 20 世纪初系统地阐述了环境对人类的支配作用。美国地理学者 Huntington(亨丁顿,1876—1947)的《文明与气候》和《人文地理学》,则详述了气候决定论。

② 区域学派。代表传统的地理学,以德国 Hettner(赫特纳,1859—1941)和美国 Harshorne(哈特向,1899—1992)为首的地理学者认为,地理学主要研究地表的空间分异特征,以区域为研究的核心,部门地理学是起点,区域地理学是终结。Harshorne 说:"地理学关心对地表的变异的性质提供正确的、有规则的和理性的描述与解释。"因此,区域便是地理学的研究对象。

③ 景观学派。以德国的 Passarge(帕萨尔格,1867—1958)和英国的 Herbertson(赫伯森,1865—1915)为代表,从发生学观点、用综合方法划分地表类型,以弥补环境学派和区域学派的不足。认为景观是一个区域结合的外貌单元,具有地域意义的自然和人文现象,共同形成一种独特的结合。地理学主要研究景观,即地表个别区域或地段的特征,包括从小地段的识别到自然区的划分以及地球表面的区域差异。

但这些学派受历史条件所限,有的过于肤浅(如区域学派),有的过于社会化(如人地关系学派),景观学派的理论也很不成熟,远远抵挡不了分化思潮的影响。

(2)地理学综合研究的代表人物

在地理学大分化时期,杰出的德国地理学家 Richthofer(李希霍芬,1833—1905)坚持 Humboldt 的观念,集中研究地球表面上相互联系的各种现象,发掘人类和自然现象之间的关系。早年曾在阿尔卑斯山考察地质,1860 年到斯里兰卡、日本、菲律宾、马来西亚、印度尼西亚、泰国和缅甸等国家考察,后又去美国考察火山和金矿。其主要观点包括:① 地理学的研究对象是地球表面,即岩石圈、水圈、大气圈和生物圈相互接触的地方;② 将世界作为一个整体来研究,同时还要考察地球表面的细小片段,阐明特定地区内各种事物的相互因果关系。认为地球表面是由许多区域组成的,把这些区域并列到一起就构成了整体。在进行区域研究时,将地表按其范围大小依次划分为不同区域:地球的主要区域、景观或小区、地方;③ 区域地理不限于单纯的描述独特现象,还要探索现象发生的规律性,提出假说,阐明特定地区各种事物的相互因果关系,如提出黄土的风成假说,对野外地理调查方法的研究很有造诣。Richthofer 著有《调查考察的领导方法》,还著有《现代地理学的任务和方法》《19 世纪地理学的动力和方向》等。

Hettner 是继 Humboldt、Carl Ritter 之后,德国最有影响的地理学家。他创立了地志学思想,提出"地志学的目标在于通过对现实的不同领域的并存、其间的相互关系以及它们的多样展现的理解,来认识区域或地方的特征,从而在各洲、各大小区域或地方的实际安排中去了解整个地球表面。"Hettner 认为,一切事物都是按照它们在地球表面的区域联系来考虑的,地理学既是探求普遍规律的科学,也是论述个别事物的科学。关注人和自然及生物环境关系的研究,形成了传统的区域研究纲要,即从位置开始,依次是地质、地貌、气候、植被、自然资源、定居过程、人口分布、经济、交通和政治分区,构成了一个因果顺序,且每一论题都是讨论其与自然基础的关系。

英国学者 Herbertson 和法国学者 De Martonne(德·马东,1873—1955)是 20 世纪初最著名的自然地理学家。Herbertson 按地表形态、气候与植被划分了世界大自然区,为地理学为自然区划服务的事业开了先例。De Martonne 是近代法国贡献最大的自然地理学家,向欧洲介绍了 Davis 的侵蚀循环学说,用干燥指数来识别气候干湿,对气候的系统研究做出了贡献,著有《自然地理学》,对地球概况、地形、气候、水文、土壤和植物等方面做了分析论述。

俄罗斯土壤学家 Докучаев 综合大量事实,对俄国草原黑土地带的自然地理做出综合性的理论概括,认识了自然地理地带性规律,其中心思想是"自然综合体",即地表的一切自然组成成分都是紧密联系、相互制约的。他的发现以及所从事的研究工作,进一步促进了综合自然地理学的萌芽:① 创立了自然综合体思想。认为地表的一切自然组成成分(地形和地表岩石、气候、水、土壤、有机体群聚等)都是密切地相互制约、相互作用着,并且作为统一复杂的物质体系的一部分而不断地发展着。② 提出了自然地带学说。认为整个无机界和有机界,从其一般性来看,都带有鲜明的世界地带性特征。这种世界性的自然地带,便是一般的(最大的)地理综合体的例子。③ 曾论证建立一门新学科的必要性。Докучаев 晚年时这样写道:"大家知道,最近在现代自然科学的领域中正逐渐形成和分出一门极有意义的科学。这门科学就是关于那些各种各样错综复杂的相互联系和相互作用的学说,也就是关于那些支配着存在于所谓生物界和非生物界之间的长期变化的规律的学说……实质上可以说,这门还是十分年轻的、但却充满极高科学兴趣和科学意义的学科,是处在现代自然科学所有重要部门的最中心,也就是处在地质学、山川学、气候学、植物学以及最广义的人类学这样一些部门的最中心。……而且在不久的将来,它一定会占有完全独立和光荣的地位。他将有自己十分确定的任务和方法,而不会与现在的自然科学各部门相混淆……"Докучаев 所设想的新学科,正是现在的综合自然地理学,所提出的自然综合体的理论和自然地带学说,正是综合自然地理学理论体系的基本组成部分。

3. 景观学派与普通自然地理学派

20 世纪初至 50 年代末期,Докучаев 的综合自然地理思想在苏联得到迅速发展,逐渐出现了两个研究方向,形成两大学派,即景观学派和普通自然地理学派,这两大学派在综合自然地理学理论形成中都占有极为重要的地位。

(1)景观学派

景观学(landscape science)的兴起是 20 世纪初自然地理学综合研究的一个重要特点。景观一词源于德语 landschaft(原意:地方风景)。景观学的创始人是德国近代地理学家 Schlüter Otto(施吕特尔,1872—1952),曾当过 Richthofer 的助教,与 Hettner 同时代,认为地理学的研究对象是景观,主张研究景观的变化过程,晚年把景观概念更进一步具体化,即"景观是自然和人类社会共同缔造的生存空间"。他的后继者 Passarges 又进一步提出景观类型的思想,划分为景观带(中欧森林带)、景观群(中部德意志平原)、景观(谷地、平原等)、景观部分(构成谷地的斜面、谷底、沙丘、牧场等)。Lantensach(拉乌特扎哈)进一步将景观类型思想系统化,提出4 个位置型(纬度、东西位置、高度、大陆中心与边缘)和 6 个因素(地形、土壤、水利、生物、土地利用和聚落)相结合划分类型的方法。Troll Carl(特罗尔·卡尔,1899—1975)提出了"景观生态学"(Landscape Ecology)思想,把地理学和生态学结合起来,提出"景观生态学就是研究景观诸因素相互关系和作用的科学",使综合自然地理学得到进一步发展。还指出气候是大景观单元的指标,土壤是小景观单元的指标。

苏联的景观学派植根于 Докучаев 的自然地带学说,认为土壤是景观的一面镜子,土壤的地带性规律反映了景观的地带性规律。苏联景观学派的主要代表人物有 Берг、Морозов(莫罗佐夫)、Высоцкий(维所茨基)、Глинка(格林卡)等人。这一学派偏重于研究各类地域的地方性特征,强调自然地理综合体的理论研究要具体化,提出地理学研究的主要对象就是各类景观。俄国"十月革命"后,景观学逐渐成为苏联自然地理学的重要核心和新的研究方向,并引起了地理学界普遍的关注。

1913 年,Берг 首次把景观的概念引用到自然地理学中。1931 年 Берг 出版了巨著《苏联景观地理地带》,第一次对景观学的原理做了系统的阐述。其主要观点是:

① 地表是由客观存在的具有不同特点的地域所构成,每个地域独特的地形、气候、水文、土壤和生物等自然要素都是有规律的结合,其中各地理要素协调一致、紧密结合为一个整体的小地域——地理景观,简称景观(Ладщафт);

② 景观是自然地带的基本组成单位,每个自然地带都是由许多自然区(或地理景观)所组成。因此,自然地带也可称为景观地带,景观应是自然地理学的研究对象,景观学就是自然地理学。

可以看出,Берг 等学者最初提出的景观概念等同于自然(地理)综合体,没有分级的含义,而自然综合体是具有不同等级尺度的。另外,景观学派强调自然地理学最根本的任务在于综合研究各类地域的地理规律性,认为景观学才是名副其实的自然地理学,忽视了整个地球层一般地理规律性的研究。这一缺陷恰好由普通自然地理学派的研究所弥补。

(2)普通自然地理学派

在景观学发展的同时,俄国少数地理学家侧重于研究地表的整体结构及其发展变化的一般地理规律,并形成了普通自然地理学(General Physical Geography)学派。该学派的主要代表人物有 Броунов、Григорьев、Калесник 和 Аболин 等。这一学派强调研究地表的整体结构及其演变的一般地理规律,而不太重视地域间地理规律的研究。

Броунов 在《自然地理学教程》(1947)中提出:

① 自然地理学的主要任务在于研究作为生物活动场所的地球表壳现在的物理结构以及该表壳中所发生的各种现象;

② 地球表壳由固体壳(岩石圈)、液体壳(水圈)、气体壳(大气圈)以及同他们相连接的生物圈四大圈层组成,在很大程度上相互渗透,并通过相互作用决定地球的外貌;

③ 研究各圈层的相互作用,也是自然地理学的最重要的任务之一。

正是以上任务使自然地理学取得完全独立的地位,使它区别于地质学、气象学和水文学等相邻学科。Броунов 的见解虽有一定的局限性,但是比较接近于对综合自然地理学本质的理解。这一学派的重大贡献和进步作用就在于确立并阐明了"地球表壳"(наружная земная оболочкя)这一物质体系的科学概念。

Григорьев 先后列举了大量证据,进一步阐明"地球表壳"的本质特征,论证了把它确定为自然地理学研究对象的理论依据,并建议改称"地球自然地理壳"(физико-географическая оболочка земли),简称自然地理壳(физико-географическая оболочка)。Григорьев 认为:自然地理壳的形成和发展决定于它所处的宇宙空间部位,它本身又是由地壳岩石圈、大气对流层、水圈、植被、土被和动物界等特定的物质要素所组成的统一整体,因而具有独特的构造、动态和发展变化的规律性。对于这些规律性,一方面应从整体的角度进行研究,另一方面也需对其各类地域层次进行对比分析。同时,Григорьев 又从方法论角度提出研究自然地理壳的基本要求:

① 必须从相互联系和相互制约方面研究自然地理壳的组成成分,以阐明自然地理壳构成统一整体的物质基础和各种过程的实质;

② 必须从自然地理壳与宇宙因素(首先是太阳辐射)以及与地球内部之间的物质和能量联系方面进行研究,以阐明自然地理壳的动态和地域分异规律;

③ 必须用辩证的观点分析研究自然地理壳发展过程中各种矛盾的特性,以阐明自然地理壳的演化规律;

④ 应当运用地球物理学理论和数学方法从质和量两方面综合研究自然地理壳,以求定性和定量地阐明自然地理壳的构造以及在时间和空间方面的规律性。

Григорьев 还提出:自然地理壳整体性研究,在于找出地理壳各组成成分之间,地理壳同"外部世界"(太阳辐射、地球内部物质等)之间的物质和能量交换过程。关于自然地理壳地域分异规律研究,主要涉及地表水平地带性分异规律、垂直地带性分异规律以及两者的相互关系问题,自然地理区划问题,小区域景观分析问题等。

另外,Калесник 于 1947 年出版了《普通地理学原理》,阐明了地球表面自然界的结构,即地理壳各组成成分之间的相互作用和相互制约的性质。由于地理壳各个不同部分的结构差异性,使其分化为在外貌上和内部上各不相同的地段,即地理景观。Калесник 的著作标志着普通地理学发展达到高峰,这部著作虽然在一定程度上仍未完全摆脱部门自然地理材料汇编的框架结构,但书中最后几章有关自然地理学的综合问题研究,如地域分异规律、自然区划单位的划分、人类与环境的关系等却反映了综合自然地理学的基本内容和基本原理。

可以看出,普通自然地理学派强调地表一般地理规律的研究,但轻视了对地方性、区域的自然地理规律性研究。从景观学派和普通自然地理学派的论战过程中可以看出,综合自然地理学在理论上有了长足的发展。排除两学派各自研究方向上的片面性,各自正确性的一面则共同构成了综合自然地理学的基本理论。景观学派研究的自然综合体地域分异规律和综合自然区划,为划分土地类型、评价土地资源、制定合理开发利用和保护自然环境的措施提供理论依据。普通自然地理学派研究的自然地理过程等综合体动态的理论,即关于自然综合体的内部和自然综合体之间物质与能量转换、历史演变和现代发展过程。两大学派都着重研究地球表层组成成分的相互关系,探索其综合特征、形成机制、地域差异和发展规律,因而使综合自然地理学的基础理论日臻完善。

(四) 现代综合自然地理学的发展

第二次世界大战以后,受全球化、信息化、后工业化等影响,地理学研究发生了重要变化:区域性研究的重要性出现下降、地理学方法论发生了转型与多元化发展、自然地理与人文地理的分化以及学科内部的日趋分化。综合自然地理学继承了以前有益的理论,建立了现代研究方法,步入了现代科学领域。

1. 部门自然地理学的推动作用

应该指出,许多部门自然地理学家对综合自然地理学的发展也起了很大的作用。如气候学家 Будыко(布迪科,1920—2001)在《地表热量平衡》(1959)中,注重从细节方面研究总的联系,把热量平衡作为自然地理过程的动力因子来看待,这对地球表层所有自然地理过程综合的因果规律具有重大意义,提出了地球表层范围内能量转换的基本原理。土壤学家、地球化学家 Перелъман(彼列尔曼,1916—1998)在《景观地球化学概论》(1955)中,发展了土壤化学家 Полынов(波雷诺夫,1877—1952)建立的景观地球化学的思想,从化学元素迁移角度来识别和划分单元景观,阐明了存在于地球表层中大气、水、岩石、土壤和有机体之间的联系,为综合自然地理学研究自然地理过程提供了地球化学的基本原理。Исаченко 在《自然地理学原理》(1965)中,对地球表层的结构规律、景观学说、地域分异规律和综合自然区划都进行了理论性的概括,可以说是 20 世纪 60 年代以前综合自然地理学研究的总结。

2. 社会需求和系统理论的促进作用

第二次世界大战以前,西方国家已经在土地利用和流域开发等方面开展了一些研究工作。20 世纪 60 年代以来,东西方国家在经济建设和规划方面提出了众多任务,尤其是苏联、美国、英国、加拿大、澳大利亚、荷兰和日本等国,大力开展土地资源的综合研究以及有关生态环境和环境质量评价的专题研究,这些实践性、区域性、综合性较强的研究,有力地促使综合自然地理学的研究领域进一步拓宽,内容进一步深化。与此同时,综合自然地理学的理论也有新的发展。尤其是 20 世纪 40 年代兴起的系统论(System Theory)、控制论(Cybernetics)和信息论(Information Theory)(合称"老三论",简称 SCI 论)等综合科学方法论迅速兴起,以及 70 年代兴起的耗散结构理论(Dissipative Structure Theory)、协同论(Synergetics)和突变论(Catastrophe Theory)(合称"新三论"或"后三论",简称 DSC 论),计算机的广泛应用,使很多学科包括自然地理学在内进入现代化阶段,为研究自然地理综合体提供了新的思路和方法。

1963 年,俄罗斯地理学家 Сочава(索恰瓦,1905—1978)院士提出了"地理系统"(географический систем)的概念术语,并被国际地理学界广泛接受。他在 1978 年版的《地理系统学说导论》中指出,"地理系统"为"从地理壳到单元结构所划分的全部自然地理单元的等级序列"。这一学说,可以说是应用一般系统论的观点方法,汲取了生态学的有关理论,继承和发展了景观学说。在理论方面,强调研究地理系统与生态系统的关系,地理系统的空间关系和动态变化,人类对于地理系统的影响作用和后果,人类控制和改造自然地理系统的可行途径以及如何实现"人类与自然的共同创造"。另外,英国学者 Bennett(贝耐特,1947—2019)和 Chorley 在其合著的

《环境系统》(1978)中,把自然生态系统和社会经济系统的相互作用作为专题研究,提出了"环境共生"的论点,与 Сочава 的论点基本相同。《地理系统学说导论》和《环境系统》两书,虽然对系统的划分意见不同,但他们都汲取了生态学的有关理论,重视系统分析(system analysis)和系统综合(system synthesis),对控制论给予极大关注,对综合自然地理学理论体系的充实和发展,无疑起到了积极的促进作用。

3. 全球变化科学的产生

随着第三次科技革命的来临,特别是观测分析手段、数理分析、实验分析、空间分析、信息技术、模拟技术等的迅速发展,"3S"(RS,GIS,GPS)技术等方法在地理学研究中广泛应用,使得自然地理学研究在方法上更重视纵向知识的横向对比。20 世纪 80 年代以来,随着由全球气候变化引起的全球环境问题的产生,国际科学界先后发起并组织实施了以全球环境变化为研究对象的诸多研究计划,如世界气候研究计划(World Climate Research Programme,简称 WCRP)、国际地圈与生物圈计划(International Geosphere Biosphere Programme,简称 IGBP)、全球环境变化中的人文因素计划(International Human Dimensions Programme on Global Environmental Change,简称 IHDP)和生物多样性计划(DIVERSITAS)四大姐妹研究计划直接促进了全球变化科学(Global Change Science)的产生。由于其强调地球系统的整体观,强调对物理、化学、生物三大基本过程相互作用的研究以及对人类活动影响地球环境的特别关注,使全球变化科学作为一门全新的集成科学出现在当代国际科学的前沿。1997 年,美国出版的《重新发现地理学:与科学与社会的新关联》(Rediscovering Geography New Relevance for Science and Society)指出了地理学的新视角:"用许多方法进行空间表述""常常进行环境动态研究""着重于现实中现象和过程间的关系和相互依赖"。2000 年,英国地理学家 Gregory(格雷戈里,1938—2019)出版的《变化中的自然地理学性质》(The Changing nature of physical geography)指出,自然地理学已经发生了显著的变化,越来越重视环境过程、景观演变、年代学、人类活动的重要性和学科应用。2010 年,美国国家科学院出版的《理解正在变化的星球:地理科学的战略方向》(Understanding the changing planet:strategic directions for the geographical sciences)指出:"地理科学是数学、技术和思维方法嫁接地理学基石上一个成功繁殖的结果"。欧美地理学均体现出了强调地表过程、强调机理、强调交叉与综合的趋势。

可以看出,在自然地理学漫长的发展历史过程中,尤其是近代以来,自然地理学经历了巨大变化:从早期自然地理学一支独大,到后来自然地理与人文地理共同繁荣;从自然地理学整体发展,到内部各个分支学科纷纷脱离母体;从极力融入自然科学的"规范型学科"体系,到当代自然地理学的多元化发展;从研究区域性的自然环境特征,到关注全球性的环境变化与人类福祉,这些变化的过程,是人类逐步探求地球表层,认识、建立和改善人地关系的过程。

(五) 中国综合自然地理学的研究工作

我国综合自然地理学的发展,既经历了 20 世纪初的西方近代地理学的传入,又继承了中国古代地理学的传统,还受到苏联地理学思想的深刻影响,并且与国家的经济建设密切结合,形成和发展成了具有中国特色的综合自然地理学。

1. 苏联地理学思想的深刻影响

1957—1959 年间，Исаченко 应邀来中国北京大学和中山大学讲授"自然地理学原理"，以景观学和自然区划为主要内容，系统介绍了综合自然地理学的理论和方法，培训了一批综合自然地理工作者，为建立中国的综合自然地理学作了一些准备。此后，其讲稿由中山大学李世玢翻译成中文，1965 年由高等教育出版社以《自然地理学原理》为书名正式出版，系统地叙述了综合自然地理学的基本理论问题——地域分异规律、景观学说、自然区划理论，是 20 世纪 60 年代以前有关综合自然地理学的思想、理论比较全面的概括和系统的总结，对中国综合自然地理学的发展产生了一定影响。

2. 中国综合自然地理研究特色

1960 年，中国科学院黄秉维院士发表了《自然地理学一些最主要的趋势》，指出了五大发展趋势：① 掌握在物理学、化学和生物学中已证明的规律，根据它们来观察自然地理学的对象，研究它们的发生、发展和地域分异从而来健全自然地理学的理论基础；② 综合研究，研究各对象之间及与周围现象间的联系，包括现代过程的研究、历史因素的研究及进一步发展的研究；③ 吸收化学、物理学、数学知识来建立观测、分析、实验技术；④ 以前述理论为依据，研究和预测自然过程的方向、速度和范围，指出利用与改造自然的最有效途径；⑤ 用遥感手段来加速考察进度和提高精度。黄秉维认为："综合研究是自然地理学最主要的方向，同时也是带动部门自然地理学最有效的途径""综合研究有两个互相联系、互相补充的方向，一是现代过程的研究，二是历史形成的研究，两方面都不能偏废，但目前重点放在现代过程研究上。"关于地理环境中现代过程的综合研究，黄秉维认为有三方面：① 地表热量水分的分布、转化及其在地理环境中的作用研究；② 化学元素在地理环境中迁移过程的研究（地球化学景观或化学地理）；③ 生物群落与其环境间物质、能量交换的研究（生物地理群落学）。

20 世纪 80 年代以来，中国对综合自然地理学的研究最明显的特点是把地球表层及其各级自然地理单元作为不同层次的"系统"进行研究，而且从剖析地表物质循环和能量转化入手，深刻揭示各种自然地理现象的发生原因和变化机制，并预测其发展趋势。1981 年，牛文元在其著作《自然地理新论》中，对"系统分析法"做了较为详细的论述。1983 年，浦汉昕在"地球表层的系统与进化"中，用系统论和耗散结构理论阐述了地球表层的结构、功能与演变规律。同年，钱学森（1911—2009）的"保护环境的工程技术——环境系统工程"论文，进一步论述了地球表层的特性，并以不同尺度把地球表层分为 4 个结构层次，同时还提出了创立"地球表层学"的建议。1986 年，中国科学院地理研究所开展了地表能量转化和物质迁移的研究，如土壤-植被-大气系统（Soil-Plant-Atmosphere Continue System，简称 SPAC）研究，主要特点在于：空间尺度上侧重中小尺度，时间上侧重现代自然地理过程，方法上采用动态分析。显然，这意味着综合自然地理学的基础理论研究又有了新的进展。

3. 中国综合自然地理研究总结

50 多年来，中国综合自然地理学研究在古地理学、现代自然地理过程、土地科学、综合自然区划、区域生态综合评价与区域可持续发展等领域均取得了显著进展,对地理学综合研究的深入发展起到了促进作用。在老一辈综合自然地理学家如林超、黄秉维、周廷儒、赵松乔、陈传康等学者奠定的基础之上,综合自然地理学展开了大量的综合研究实践,如综合自然区划、资源综合开发、国土整治、区域规划、环境保护等工作,以自然地理学为基础,结合相邻学科的理论方法,解决具有综合性特点的复杂问题,一方面使得综合自然地理学具有了顺应时代发展的特色,另一方面也使其有了长足的发展。

(1) 区域地理综合研究

20世纪50年代,为适应经济建设,全面了解全国的自然条件和资源潜力,我国开展了大范围的区域综合开发和区域规划工作。从1951年开始,首先对西藏地区进行了地理综合考察,这是新中国成立后第一次规模巨大的综合自然地理科研实践活动。1952—1959年间涉及各种自然资源的大规模综合考察项目包括:青藏高原自然资源考察与自然条件垂直地带性分异研究;西北地区高山冰雪资源及其开发利用的调查研究;西北防风固沙定位观测实验与治理沙漠措施研究;黑龙江流域和海南岛的土地资源调查;黄河中游地区水土流失的调查研究与水土保持规划的制定;西部地区南水北调线路的勘察;华北黄、淮、海冲积平原自然条件的综合调查与土壤改良利用研究;华南热带生物资源的综合调查与研究等。此外,在典型地段和小区域(如阿尔泰山南坡、川西、太湖、广东鼎湖山等地)进行了景观调查与制图。区域地理综合考察,为国家经济建设提供了大量的基础资料,也为开展综合自然区划提供了条件。

2013—2015年间,为系统掌握权威、客观、准确的地理国情信息,满足经济社会发展和生态文明建设的需要,国务院开展了第一次全国地理国情普查工作。普查内容包括自然地理要素(包括地形地貌、植被覆盖、水域、荒漠与裸露地等)和人文地理要素(包括与人类活动密切相关的交通网络、居民地与设施、地理单元等)的空间分布、特征及其相互关系。普查以2015年6月30日为标准时点,以我国资源三号高分辨率测绘卫星影像为主要数据源,对普查数据进行了时点核准,如实表达了地理国情要素在标准时点的现实状况。2017年,国务院发布了调查结果,成为制定和实施国家发展战略与规划、优化国土空间开发格局和各类资源配置的重要依据。

近年来,在自然区划和土地类型研究的基础之上,选择青藏高原、海岸地带、半干旱农牧交错地带、黄淮海平原、长江三角洲等敏感地域,进一步将区域单元作为资源与环境的整体来认识,针对我国水土流失、水资源短缺、土地退化、自然灾害等区域资源环境问题,研究了不同地区的土地人口承载力、水资源承载力、自然生产潜力、生态承载力等综合性问题,并探讨了区域生态安全评价、生态风险评价、环境影响评价、环境演变方向等一系列问题。在制定全球变化区域响应对策、灾害与风险防范、重大基础设施建设带来的生态环境效应评估等方面发挥着重要作用。

(2) 自然地理区划研究

在综合考察的基础上,自然区划工作进一步发展。综合自然区划,是从根本上来认识区域自然环境综合特征及其生产潜力的重要手段。它是综合考察的引申,又是区域规划决策的基础。20世纪,以林超、罗开富、黄秉维、任美锷、侯学煜、赵松乔和席承藩等为代表的科学家为中国综合自然区划工作做出了卓越贡献,奠定了我国这一领域在国际上的领先地位。1954

年,罗开富、林超和冯绳武分别提出了自然区划方案,初步建立了我国综合自然区划的方法论;1959 年,中国科学院自然区划工作委员会编写出版了《中国综合自然区划(初稿)》,首次明确区划的目的是为农、林、牧、水等事业服务,全面、系统地发展了自然区划理论与方法,成为我国综合自然区划经典方法论的标志。此后,任美锷(1961;1979)、侯学煜(1963)、席承藩和丘宝剑(1980)、赵松乔(1983)、黄秉维(1989)、赵济(1995)等也相继提出了各自的全国自然区划方案。

根据农业发展和生态保护的需要,提出了一系列农业区划和生态区划方案。周立三、邓静中等编制的《中国农业区划初步意见》(1955)是中国第一个农业区划方案;侯学煜 1988 完成的《中国自然生态区划与大农业发展战略》标志着中国生态区划的研究正式启动。2001 年,傅伯杰等提出了中国生态区划方案,揭示不同生态区的生态环境问题及其形成机制,为全国各区域进一步开展生态功能区划奠定了宏观框架。同年,中国科学院生态环境研究中心编制了《生态功能区划暂行规程》,对省域生态功能区划的一般原则、方法、程序、内容和要求做了规定,用于指导和规范各省开展生态功能区划。

近年来,郑度主持的"中国生态地理区域系统"(2000)是自然区划的代表性研究。在分析前人区划研究工作与成果的基础上,探讨了自然地理区划方法论及其体系,提出了包括区划本体、区划原则、区划等级系统、区划模型和区划信息系统的自然地理区划范式,并通过区划模型,实现区划原则、指标体系和单位等级系统的综合。樊杰(2007)主持的"中国主体功能区划",阐述了主体功能区划的科学基础,提出了区域发展的空间均衡模型,探讨了地域功能演替对空间均衡过程的影响,提出了区划方案效益最大化是同区域如何划分和对地域功能随时间变化的正确把握程度相关的。2008 年,国家环境保护总局和中国科学院共同编制了《中国生态功能区划》,基于生态系统服务功能的生态功能区划思路和区划方法,将全国初步划分为208 个生态功能区。

(3) 土地科学研究

随着综合自然区划工作的深入发展,对于小区域、小尺度的自然地理综合分析研究在精确化、实用性方面提出了更高的要求。在总结国内外综合自然地理学研究工作经验的基础上,汲取了苏联景观学方法论的精髓和英、澳等国关于土地综合研究的方法,在全国广泛展开了土地资源普查和小区域土地质量评价的研究。研究的主要方面:一是把"土地"作为自然综合体进行分析研究,划分土地类型,编制大比例尺的土地类型图,并对各类土地的质量进行对比分析评价;二是把"土地"作为重要的自然资源进行分析研究,结合生产利用的需要和可能性,划分土地适宜性和质量等,并对各级土地进行经济评价。其中,《中国 1:1 000 000 土地类型图》《中国 1:1 000 000 土地资源图》和《中国 1:1 000 000 土地利用图》的编制工作影响最大。两方面的工作,进一步充实了综合自然地理学的内容,促使中国综合自然地理学研究向纵深发展。另外,中国还进行了大、中、小比例尺的土地系列制图研究,并且利用遥感(RS)、地理信息系统(GIS)和全球定位系统(GPS)手段来收集、分析资料,进行土地制图工作。

1978 年以后,我国相继进行了两次土地资源调查。第一次土地资源调查是 1980 年试点,根据 1984 年发布《土地利用现状调查技术规程》进行调查,从准备到结束历时 20 年,首次查清了全国土地资源的情况。第二次土地资源调查从 2007 年开始,历时 3 年完成。查清了每块农村土地的地类、位置、范围、面积分布和权属等情况;掌握了每宗城镇土地的界址、范围、界线、数量和用途;将基本农田保护地块(区块)落实到土地利用现状图上,并登记上证、造册;建立了土地调查数据库,实现调查信息的互联共享。近年来,我国还相继颁布了《城镇土地分等定级规程》(GB/T18507-2001)、《农用地质量分等规程》(GB/T28407-2012)和《农用地定级规程》(GB/T28405-2012)等,掀起了全国范围内土地分等定级和估价工作的全面展开。

近些年来,中国自然地理学者以全球变化研究为契机,从不同的角度、再次开始对人地关系进行深入探讨。通过对全球变化及其区域响应、土地利用/覆被变化及其效应、生态建设与生态评估、自然灾害综合研究等重大问题进行基础研究与应用研究,使得自然地理学研究得到了不断的丰富和发展(中国地理学会,2009)。

(六) 综合自然地理学的发展趋势

在中国地理学会《地理学学科发展报告》(自然地理学)(2009)中,将综合自然地理学的发展趋势概括为以下 4 个方面。

1. 更高层次的综合和集成

综合研究是发展自然地理学最主要的方向。综合自然地理学是地理学综合研究中最先进行理论探讨的学科,综合研究符合学科发展的潮流和趋势,是地球表层整体研究的需要,也是带动部门自然地理学最有效的途径。这种综合性体现在了论题的综合、方法的综合、尺度的综合和理论的综合。区域、类型和过程的综合研究是区域可持续发展和全球环境变化研究的基础,也是地球系统科学重要的理论基础。随着社会经济的发展和科学技术的进行,人类活动对自然环境施加的作用越来越大,其影响也越加显著。自然地理学应重视人文因素的影响及其反馈的研究。今后将会趋于更高层次的综合和集成,包括自然、经济、社会的因素基础,物理、化学、生物的过程集成,不同尺度的区域综合等。

2. 多学科的交叉、渗透与融合

现代科学发展的基本特点之一是从单一运动形态的研究走向多运动形态及其相互渗透、相互联系的综合研究。学科交叉研究已经成为创新思想及源头创新的沃土。地理学从建立之初就强调自然科学与人科学的交叉(傅伯杰,2017)。自然地理学与相邻学科(如生态学、环境科学、资源科学、生物学以及社会科学等)之间的横向交叉、渗透和融合成为明显的趋势。学科的融合、理论和方法的移植,提高了自然地理学的水平并不断开拓新的研究领域,形成新的边缘学科和交叉学科,如公共健康、环境行为、食物安全等问题的研究。一些面向特定对象的综合研究,如湿地研究、山地研究、沙漠与沙漠化研究、冰冻圈研究、自然灾害与风险管理都融合了多种相邻学科,成为专门对象综合研究的生长点。

3. "3S"成为重要技术手段

遥感技术、地理信息系统以及全球定位系统的应用,大大提高了综合自然地理学研究的效率和质量。可以更迅速、更准确地研究互相联系事物的本质和区域间的差异性及相互依赖性,尤其是使定量开展大区域的综合研究,模拟分析自然地理综合体的性质、结构、空间分布和时间演化成为可能。现代地理学在 GIS 技术的基础上,不断引进和发展新方法和新技术。研究的尺度不断向微观和宏观两个尺度扩展,带来了方法和技术上的革新,也使得自然地理学研究出现了"全球化"与"精准化"的发展趋势。借鉴和使用相邻学科的数据采集、数据分析方法和技术成为综合自然地理学发展的潮流,从而推动研究的不断深化。

4. 应用研究领域不断拓展

综合自然地理学传统上主要是为农业服务,随着人类活动对自然界扰动强度的不断增大,人口、资源、环境和发展(population,resource,environment,development,简称 PRED)一系列问题的出现,现代综合自然地理学"人文化"和"生态化"的发展趋势越来越明显,如生态保护与环境建设、资源的综合开发利用、退化土地的整治与恢复、景观生态规划与设计、自然灾害与生态风险防范,人与自然关系的协调和区域可持续发展等。综合自然地理学研究出现了"政策化"与"实用化"的发展趋势:"政策化"倾向表现为注重自然生态系统的时空格局、自然资源利用强度的区域差异、生态系统服务与人类福祉及社会公平正义的关系;气候变化的产生及其效应,极端天气事件带来的灾害和灾后恢复等;"实用化"则表现为社会服务的应用研究领域不断拓展。面向国家需求,经世致用,为决策、政策、规划及工程咨询提供科学依据,为国家建设和人类美好未来做出积极的贡献,基本目标是协调自然生态和社会经济的平衡发展。

1.4 综合自然地理学的任务及实践意义

(一) 综合自然地理学的任务与前沿领域

1. 综合自然地理学的任务

现代综合自然地理学是一门理论性较强、理论与实践并重的自然地理分支学科。与部门自然地理学相比,关注自然地理环境的整体性,具体来说,主要有下列几方面:

(1) 研究自然地理环境各组成要素间的相互关系,揭示彼此之间物质和能量相互转化的过程规律以及不同空间尺度上多种自然地理过程的相互作用。

(2) 研究自然地理环境的动态变化,从整体上阐明其发展变化规律,注重格局与过程的综合研究(包括结构、功能、动态、驱动力、过程、机制),探求进行调节和控制的途径,预测其演化趋势。

(3) 研究自然地理环境的空间地理规律,进行自然区划和土地类型研究,建设完善的区划理论体系,揭示土地结构与生态功能和环境效应的演变过程与机制,阐明各级自然区和各种土地类型的综合特征及开发利用方向。

(4) 综合研究和评价区域自然条件和自然资源,进行区域生态综合评价,开展地域结构对应变换分析,推动建设地理学的研究。

(5) 研究人类活动对自然地理环境的影响和作用,尤其是人类生态系统的形成机制、变化和发展趋势,寻求合理开发、利用、治理、保护的途径。

2. 综合自然地理学的前沿领域

目前，综合自然地理学的前沿研究领域包括：

（1）全球环境变化的影响与人类响应。在已有要素和过程综合的基础上，探索地球系统各组成部分之间复杂的社会-环境相互作用的耦合机理，寻求在局地、区域和全球尺度上缓解人地紧张关系的解决方案和转型方式。

（2）陆地表层过程与格局的综合研究。重点研究陆地表层过程与格局变化的成因机理、幅度与速率、影响与适应，辨识变化的自然与人文驱动因素，模拟变化的动态趋势，评估变化趋势的可控、可缓及其程度。

（3）特殊区域的综合研究。重点关注一些更容易受到全球环境变化与人类活动影响的区域科学问题，如干旱半干旱区的水分循环和水资源形成、山地自然-人文环境和灾害相互作用、极地（包括青藏高原）冰冻圈环境变化及其对全球气候的影响、海岸带与岛屿灾害及其可持续发展等。

（二）综合自然地理学的实践意义

现代地理学不仅注重理论探讨，也重视实践应用。把综合自然地理学的理论应用于实践，为经济建设和社会发展服务，是其发展的根本动力和方向。

自然地理环境是人类社会赖以生存、生活和生产的环境。科学技术越发展，社会和环境的关系越复杂，对环境的利用和改造也越需要综合、全面的考虑。农业区划、工业布局、交通建设、环境保护、城市规划、旅游开发等多方面都与综合自然地理学有关，但主要还是自然资源和条件评价、人类影响环境所引起的变化预测、环境的合理地域组织以及区域经济结构的优选等。归纳起来，主要有以下几方面：

1. 区域开发的研究

区域研究是综合自然地理学理论联系实际、为社会经济发展服务的重要体现。有关地理环境的改造利用和区域规划设计的综合研究称为"建设地理学"（Constructive Geography）。揭示区域自然地理环境的地域分异规律，进行自然区划和土地类型研究，阐明各级自然区和各种土地类型的综合特征以及开发、利用方向；对区域自然条件和自然资源进行综合研究和评价；研究区域人为环境的形成机制、变化和发展趋势，寻求开发利用和治理保护的途径。这些研究是确定区域发展战略、制定区域规划和进行国土整治的重要基础，不仅是建设地理学研究的主要内容，也是综合自然地理学在区域科学方面的应用方向。

2. 生态环境的研究

在全球变化背景下，植被退化、水土流失、土地荒漠化、生物多样性减少等生态风险因素不断加剧，直接威胁到了人类赖以生存的生态系统的安全。与此同时，大气污染、雾霾肆虐、水体污染、酸雨蔓延等环境问题也已成为举世瞩目的问题。对受人为活动干扰和破坏的生态系统进行生态恢复和重建，利用自然地理系统的基本规律，揭示自然环境的变化趋势，寻求有效地改善和调控自然环境的途径，使之恢复到结构最优、功能最强的稳定状态。近年来，综合自然地理学在我国推进生态环境保护、建设资源节约型和环境友好型社会中发挥了重要作用,如生态恢复重建、生态脆弱区的治理、土壤退化综合整治、湿地资源开发利用、生态功能区划、工业污染防治与乡镇企业规划布局、生态安全格局构建等。

3. 土地资源的研究

综合自然地理学在土地资源调查、土地资源评价、土地开发利用、土地资源承载力揭示及土地利用规划中发挥重要作用。针对我国粮食安全、城市化占用耕地、土地退化等问题,近年来在土地利用变化研究领域开展了大量的研究工作,如土地利用/覆被的历史变迁,土地利用/覆被变化的驱动因子分析,土地利用/覆被变化的环境与生态效应,土地利用/覆被变化与全球气候变化的相互作用,土地利用/覆被变化与耕地、粮食、土地退化等可持续发展重点问题的相互关系,现有土地利用方式的可持续性及其调控途径等。这些研究为解决国家战略需求、区域社会经济发展与环境方面的问题做出了贡献。

4. 地理预测的研究

综合自然地理学研究自然地理环境的动态,从整体上阐明其发展变化规律,探求进行调节和控制的途径,预测其演化趋势。开展预测、预报是现代地理学的重要标志。目前,人类活动已经深刻地改变了自然地理环境的面貌,尤其是在全球变化的背景下,国家对一些重大项目、重大环境问题都展开了预警、防范与适应方面的研究。如对南水北调工程、三峡工程、塔里木沙漠公路防护林生态工程、西气东输工程沿线地区进行的环境影响分析和预测研究,对自然灾害和生态风险,尤其是洪水、台风、沙尘暴等进行的预警和防范研究,就是基于对自然地理环境结构、功能、稳定性和演变规律的认识,展开的预测研究。

复习思考题

1.1 如何理解综合自然地理学的研究对象?

1.2 自然地理环境的主要特征是什么?

1.3 综合自然地理学与部门自然地理学的主要区别是什么?

1.4 论述综合自然地理学的学科特点。

1.5 试述综合自然地理学在地理学科体系中的地位。

1.6 试述综合自然地理学的发展趋势。

扩展阅读材料

[1] Arnold David 著. 地理大发现. 闻英译. 上海:上海译文出版社, 2003.

[2] Future Earth. Future Earth 2025 Vision. http://www.futureearth.org/media/futureearth-2025-vision. 2014.

[3] Paul Claval 著. 地理学思想史. 郑胜华译. 北京:北京大学出版社, 2007.

[4] Анучин 著. 地理学的理论问题. 李德美等译. 北京:商务印书馆, 1994.

[5] 李双成, 蒙吉军, 彭建. 北京大学综合自然地理学研究的发展与贡献. 地理学报. 2017,

72(11):1937-1951.

[6] 美国国家科学院国家研究理事会. 理解正在变化的星球：地理科学的发展方向. 刘毅，刘卫东，等译. 北京：科学出版社,2011.

[7] 美国国家研究院地学、环境与资源委员会地球科学与资源局重新发现地理学委员会编. 重新发现地理学与科学和社会的新关联. 黄润华译. 北京:学苑出版社,2002.

[8] 宋长青,冷疏影. 21世纪中国地理学综合研究的主要领域. 地理学报,2005,60(4):546-552.

[9] 许学工,李双成,蔡运龙. 中国综合自然地理学的近今进展与前瞻. 地理学报,2009,64(9):1027-1038.

[10] 中国科学协会主编,中国地理学会编著. 地理学学科发展报告(自然地理学). 北京:中国科学技术出版社,2009.

第2章　自然地理环境的整体性

自然地理环境是由许多要素如地貌、气候、水文、植被、动物以及土壤等组成的。但这些要素并不是简单汇集在一起，而是在相互制约、相互联系的情况下形成了一个特殊的自然综合体或自然地理系统。各要素也不是孤立存在和发展的，而是作为自然地理系统这一整体的一部分发展变化的。

2.1　自然地理系统

系统论是 20 世纪 20 年代奥地利生物学家 Ludwig von Bertalanffy（贝塔朗菲，1901—1972）创立的。按照系统论的观点，系统是物质存在的普遍方式和属性。整个物质世界，大至宇宙天体，小至分子、原子和核子，都是以系统的方式存在着，并处于整体系统的联系之中。自然地理环境作为一个复杂的物质体系也不例外，属于一个系统，具有系统的所有特点。因此，从系统的观点研究自然地理环境，应遵循系统论的基本原则。

（一）系统论的基本原则

1. 整体性原则

整体性是系统论的基本观点。系统是由组成部分构成的整体，整体与部分相互依存、相互制约，任何部分都不具备作为整体的结构和功能。部分的孤立作用与它作为系统的组分在总体中所起的协调作用有着本质的区别，"整体大于部分之和"，作为整体，系统具有各个组成部分所不具备的新性质、新功能。整体性原则要求把系统作为整体来研究，着重研究组成系统各部分之间的相互作用，揭示系统的整体结构和整体功能。

2. 综合性原则

对系统的研究必须从其组成、结构、功能、相互联系和历史发展等诸方面进行综合地、系统地考察。从方法上来讲，综合是相对分析而言的。分析是基于简化的观点，即把一个整体分解为各个部分分别加以研究，综合是基于系统的观点，从整体出发，将各部分联系起来全面地加以研究，即由总体到局部、由概括到更深入的思维过程。所以，综合与分析是统一的。系统方法以综合为基础，在综合的过程中把分析有机地结合起来，从综合出发，在综合基础上进行分析，再回到综合。

3. 层次性原则

系统论把整个客观世界看作一个结构有序、多层次等级结构的统一体。层次性原则要求把每一个认识对象皆视为一个系统，它包括若干个层次结构，每一层次结构又由若干要素组成;每一认识对象都自成系统,当认识范围扩大时,原来的系统在更大规模的系统中又成了要素或子系统。

4. 功能结构原则

系统结构是内部各要素之间的空间和时间相互联系的方式和秩序,是系统保持整体性、具有一定功能的内在根据,是一个系统区别于另一个系统的根本标志。功能是系统与外部环境之间实现物质、能量和信息交换的能力,是系统结构的外在表现。所以结构是内部各要素相互作用的秩序,是系统的内部描述;而功能是对外界作用过程的秩序,是对系统的外部描述。据此,功能结构原则强调,系统一定的结构相应一定的功能,结构不同,即便有相同的组成要素,也会导致系统性质的改变和整体功能的变化。

5. 动态性原则

系统之所以是一种动态系统,系出于其运动和变化发展之中。一方面,系统具有稳定性的一面,这是系统存在的根本条件;另一方面,系统又是动态的,即其状态随时间而发生变化。随着时间的推移,系统的结构和功能会发生变化,达到一定程度就会导致旧系统的瓦解和新系统的产生。因此,系统分析必须考虑时间因子,考虑系统的动态变化。

(二) 自然地理系统的基本属性

系统论的基本原则,不仅有助于我们认识自然地理环境的组成、结构和功能,而且有助于我们运用系统理论分析自然地理环境的基本规律。自然地理环境作为一个复杂的物质体系,可作为一个系统——自然地理系统来加以研究。按照系统论观点,自然地理系统具有以下基本属性。

1. 整体性

自然地理系统的各要素并非简单地汇集在一起,而是在相互制约、相互联系中形成一个特殊的自然综合体。各自然要素也不是孤立存在和发展的,而是作为整体的一部分在发展变化。各自然要素在特定边界约束下,通过能量流、物质流和信息流的交换和传输,形成具有一定有序结构、空间分布上相互联系、可完成一定功能的多等级动态开放系统。也就是说,复杂的整体现象并不等于因果链上孤立属性的简单相加,它是在整体水平上具有特殊新功能和新属性的复杂整体。

2. 相关性

自然地理系统各部分相互联系、相互作用,各部分的相关性构成系统特有的网络关系,即系统结构。任一部分和任一要素的变化都会引起其他部分和其他要素的变化,从而导致整个自然地理系统的变化。例如,毁坏植被不仅使自然地理系统的生物生产力降低,也破坏野生动物的生境,导致生物多样性减少;又使土壤失去庇护从而造成水土流失,并通过泥沙在水系中的沉积改变水文系统;毁坏植被还改变地面的光照、蒸发和径流,从而影响局地气候;毁坏植被甚至影响全球气候,因为一方面被毁植被在分解过程中放出 CO_2 等温室气体,另一方面植被减少又降低绿色植物吸收 CO_2 的能力,两者叠加起来成为大气圈中温室气体集聚的一大原因。1991 年美国"生物圈二号"实验的失败,正是因为细菌在分解土壤有机质的过程中,耗费了大量的氧气;而细菌所释放出的 CO_2 经过化学作用,被"生物圈二号"的混凝土墙所吸收,原有的循环平衡被打破所致。

3. 有序性

有序性是自然地理系统内部有机联系的反映,决定了系统发展和变化的规律。自然地理系统和周围系统(例如地质环境和宇宙环境)形成了一个更大的系统,而其本身又可分为低一级的子系统。这些系统互相镶嵌,可区分为一系列不同层次或组织水平的系统,低一级组织水平的系统是高一级组织水平系统的组成部分。高一级组织水平的系统控制低一级子系统的性质和发展,低级子系统的变化也会影响高级组织水平的系统。例如,全球气候变化会必然产生区域自然地理系统的响应,区域自然地理系统的变化也会积累成全球自然地理系统的变化。

4. 动态性

自然地理系统内部存在着能量、物质和信息的复杂运动,系统的整体性、相关性和有序性也只能在系统自身复杂的运动中表现出来。自然地理系统有着发生、发展和灭亡的过程,系统不是被动的、机械的东西,而是由能动的、复杂的许多过程所构成,系统内部的矛盾运动是决定系统动态特征的根本原因。

5. 开放性

开放性是指系统与环境之间既有能量也有物质的交流,其基本特征就是系统有能量、物质和信息的输入与输出,系统成分及其间的相互关系可通过反馈关系来调节,使输入与输出实现动态平衡,从而使系统达到稳定状态。自然地理系统是一个开放系统,太阳辐射能是自然地理系统的主要能源。太阳辐射能推动了地球的大气循环、水循环及全部的生命运动,并且不断降低系统的总熵,形成具有悠久进化历史的高度复杂的耗散结构。开放系统所产生的有规则结构是靠系统不断从环境吸收能量和物质,并且在能量和物质的消耗与消散中维持的,所以称为耗散结构。

2.2　自然地理环境整体性认识的发展

根据地球表层内部组成结构的特性、空间分布的规律及随时间的动态变化,近代自然地理学曾经总结出一条重要的基本原理——地球表层的整体性。整体性是综合自然地理学研究的基本出发点。自然地理环境整体性的思想经历了三个发展阶段:① 自然综合体学说阶段,从自然地理要素具有相互联系来认识整体性;② 地理系统学说阶段,从地理环境的结构和功能来认识整体性;③ 耗散结构理论阶段,从地理环境是一个非平衡有序开放系统的角度来认识整体性。

（一）自然综合体学说——内在联系的整体性

1. 地球表层的整体性

综合自然地理学一向把地球表层不同等级秩序的自然综合体视为一个有机的统一整体。在整体中,各种自然现象和过程都不是孤立的、偶然的堆砌,而是相互联系、相互制约的,这种内在联系性就是地球表层整体性的表现。按照传统的观点,所谓整体性,就是指自然综合体各组成要素和各组成部分之间的内在联系,它们相互联系、相互制约并组成一个整体,一个要素会影响其他的要素,一个部分会影响其他的部分,有"牵一发而动全身"之效应。例如,全球气候变化,影响到海平面的升降,导致生物界、风化壳、成土过程和土壤的变化,最终使自然环境发生变迁。

2. 自然综合体学说

传统自然地理学的整体性,是以自然综合体学说为基础,按照自然地理现象和事物的因果联系法则,即阐明有因果关系的事物之间,在时间上的连续性和空间分布上的吻合性,阐明从原因转为结果的机制,从而达到揭示自然地理环境的结构与动态特征的目的。

关于自然地理环境的整体性观念,已有相当悠久的历史。著名地理学家 Dickinson(迪金森,1905—1981)曾指出,自然地理学必须以"一系列相互联系和相互转化的运动形式"作为研究对象,意味着对自然地理环境的认识就是一个整体。对这个"整体"的名称,早期运用最广泛的就是自然综合体。自然综合体的思想在 17 世纪就已萌芽。Varenius 对当时已积累的有关地球知识进行综合,Humboldt 通过对自然现象之间因果关系的揭示,提出了地球是一个不可分割的、有机的、各部分相互依存的整体的思想,在其巨著《宇宙》中明确指出,"自然地理学的最终目的是认识多种多样的统一,研究地球各种现象的一般规律和内部联系。"其后,Докучаев 也预言了将会产生一门研究各自然现象要素相互联系的科学。

俄国"十月革命"后,从自然界整体观念出发组织的综合考察,大大推动了自然综合体的研究;另外,辩证唯物主义哲学思想也有力地促进了自然综合体思想的成长。Калесник(1947)就提出:"地理学的重点不在于尽量吸收其他科学的材料,而是用地理学的方法去处理这些材料,即按照新的方式以独特的观点来取材和分类。我们的注意所在不是事实本身,而是阐明事实之间各方面的联系,揭示整个地球空间中地理过程复杂总体的结构。"著名苏联地理学家 Берг、Григолъев、Калесник 和 Исаченко 等吸收前人的理论,发展了自然综合体的思想,并建立了严格的地理体系。

3. 自然综合体的研究趋势

20 世纪 60 年代以来,自然综合体的研究逐渐走向精确化阶段,表现在:① 以定量观测分析代替定性描述;② 以模拟实验补充野外观察;③ 以数学模型探索复杂的自然地理过程并进行预测。这些进展,在自然区划和土地科学研究中,地理环境的水热平衡研究中,生物圈与生态系统研究中都有反映,尤其重要的是反映在自然综合体的系统研究中。系统研究的加强,使自然地理规律的表达逐步趋向模式化;在自然地理过程的动态模拟、自然综合体演化趋势预测、自然地理和景观理论的检验和完善等方面获得了新的成就,并成为现代自然地理学的主流。

(二) 地理系统学说——结构和功能的整体性

1. 系统的整体性

现代系统理论认为,整体性是系统的基本特征。系统的整体性是指系统在一定结构基础上的整体性,即系统是在要素的基础上,以某种方式的相互作用形成整体结构,表现出具有某种整体功能。而无组织的综合,虽然也同样当作整体,但这种整体内部各个组成部分之间不具备一定的组合方式,这种综合只有量的叠加,没有形成系统的结果,不能完成一定功能,所以不具备整体性。因此,系统论认为,系统的整体性应是结构与功能的整体性。

自然界中,物质都有其整体结构,也表现一定的整体功能,而作为物质系统的任何个别要素或组成部分也都有自己的结构和作用。但系统作为整体的作用,永远大于组成整体的部分单独作用的总和,即著名的"整体大于部分之和"的非加和定律。客观世界的一切事物都有一定的结果,也都有一定功能。在系统的整体中,结构和功能是对立统一的。没有单独存在的结构,也没有无结构的功能,结构决定着功能,功能对结构又有反作用,结构是功能的基础,功能是结构的表现。结构是内在的、相对稳定的,功能是外在的、多变的。结构的变化会引起功能的变化。因此,要改变事物的功能,必须先改变事物的结构。因此,研究系统的整体性,既要强调着眼于系统整体功能,认识其综合效应,又要回答功能是怎样由结构决定的以及系统如何随结构和功能的变化而发生变化。

2. 自然地理系统的整体性

1963 年,Сочава 在"自然综合体"概念的基础上进一步提出了"地理系统"的概念并指出,所谓自然地理系统,是指各自然地理要素通过能量流、物质流和信息流的作用结合而成的具有一定结构、可完成一定功能的整体。要素之间和要素与环境之间不断进行物质、能量和信息的交换和传输,形成一个动态的、多等级的开放系统。自然地理系统的结构应从空间结构和时间结构两方面来考虑,空间结构是时间上稳定的地理综合体各组成要素的分布格局;时间结构是维持着空间结构的地理综合体在状态上的一系列变化的结局。

Калесник 认为,自然地理结构是指各要素之间相互作用和相互联系的性质。Исаченко 则认为自然地理系统是:"在空间分布上相互联系,并作为整体的部分发展变化的各地理组成成分相互制约的动态系统。"把自然地理结构定义为:建立在景观组成部分之间内在联系的动态系统基础上的空间-时间组织。

自然地理系统的整体性,就是地球表层物质系统的整体性结构和由此产生的整体功能及其时间演化的规律性。整体性的强弱取决于各组分间结构的完备性和功能的协调性。整体性强的表现为组分复杂多样,结构精巧,各组分的性能可充分发挥,物质流和能量流通畅,流量大,输入、输出和储存间的比例恰当,抗干扰能力强,稳定性好,生产效率高且质量好。相反,整体性弱的则表现为组分和结构简单,功能不协调,如水土流失严重的地区。因此,自然地理环境的整体性,就是其整体性结构和由此产生的整体功能及其时间演化的规律性。

(三) 耗散结构理论——非平衡有序系统的整体性

1. 耗散结构理论

耗散结构理论是由比利时布鲁塞尔学派的领导人 Prigogine(普利高津,1917—2003)1969年在一次理论物理和生物学的国际会议上发表的论文"结构、耗散和生命"中提出的。其着眼于系统与外界环境的相互联系、相互作用上,研究对象是开放系统。耗散结构理论揭示了事物从混乱无序状态向稳定有序状态发展的过程和规律。Prigogine 由于对非平衡热力学的贡献,尤其是他因耗散结构研究而荣获 1977 年诺贝尔化学奖。另外,Prigogine 还提出了远离平衡态系统中不可逆过程的理论。

耗散结构的中心思想是,在宏观世界中,除了通常的处于平衡态条件下的稳定有序结构,即平衡结构外,还有一种处于远离平衡态条件下的稳定有序结构,称耗散结构。耗散结构与平衡结构同为有序稳定结构,但平衡结构是一种"死"的结构,它不需要靠外界供应物质和能量来维持;耗散结构是一种"活"的结构,它要不断地与外界发生物质和能量的交换才能维持其稳定有序状态,而且正是通过这种有序稳定状态耗散物质和能量。因此,耗散结构找到了由无序通向新的有序的桥梁,也为地球表层进化的研究提供了新途径。由此可见,耗散结构具有三个共同特性:存在于开放系统之中;保持远离平衡的条件;系统内各个要素之间存在着非线性的相互作用。

耗散结构理论是研究耗散结构的性质及其形成、稳定和演变规律的科学,它以开放系统为研究对象,着重阐明开放系统如何从无序走向有序的过程。耗散结构理论指出,一个远离平衡态的开放系统通过不断地与外界交换物质和能量,在外界条件变化达到一定阈值时,可以通过内部的作用产生自组织现象,使系统从原来的混沌无序状态自发地转变为时间上、空间上和功能上的宏观有序状态,形成新的、稳定的有序结构。这种非平衡态下的新的有序结构,依靠不断地耗散外界的物质和能量来维持,故称"耗散结构"(dissipative structure)。

2. 地理耗散结构

20 世纪 70 年代兴起的耗散结构理论被成功地运用到自然地理环境的综合研究中。耗散结构必须具备两个条件:一是不断与外界有物质与能量交换;二是要有一定结构、功能和自我调节能力,为系统引入负熵流。地球表层是一个由非生物界、生物界和人类社会组成的复杂巨系统,它无论在结构和功能上,还是在自我调节能力上都表现出高度的有序性。首先,地球表层生物有机体的产生与存在,是其成为高度有序的耗散结构开放系统的重要论据;其次,地球表层是一个巨大的开放系统,在于它同外界持续进行着物质和能力的交流。因此,地球表层是一个耗散结构。

地理系统是一个远离平衡态的开放系统,要素之间存在着非线性关系,它通过与外界不断交换物质与能量,有可能在一定条件下形成新的、稳定的有序结构,实现从无序向有序的转化,这种新的、稳定的有序结构即地理耗散结构。作为一个远离平衡态的地理系统,从无序的混沌状态形成了耗散结构之后,就具备了一定的抵抗外界环境干扰的能力,可吸收外界环境的一般性涨落。一般来说,地理系统的耗散结构水平愈高,涨落回归能力愈强,保持地理系统的稳定性愈好。一旦发生难以抵御的巨大涨落时,可使地理耗散结构崩溃或解体,经过一定的演化,又会形成新的耗散结构形式。

2.3　自然地理环境的组成

自然地理环境是一个庞大的物质体系,其组成包括三部分:自然地理环境的各种物质;自然地理环境的各种能量;在能量支配下物质运动所构成的各种动态体系,即自然地理要素。

(一) 自然地理环境的物质组成

关于物质组成,可以从几个层次进行讨论。最基本的层次是化学元素组成,大气、水、岩石和生物的化学元素组成都已做过精确的研究。例如,我们已经知道大气中 N(78.09%)、O(20.95%)、Ar(0.93%)、CO_2(0.03%)和其他许多元素的准确含量,也已经熟悉各种水体的化学组成,仅 H 和 O 即占 96.5%,此外还有若干常量元素和微量元素,对于岩石圈的化学组成,O 和 Si 之和超过 74%,Al、Fe、Ca、Na、K、Mg 六种元素共占 24%,其余所有元素只占 2%。

但对于组织水平很高的自然地理环境,人们更多注意的不是其化学元素,也不是一般的化合物、盐类等物质,而是层次更高的各种物质体系,即以气体物质为主的大气圈,以液态水为主的水圈,以

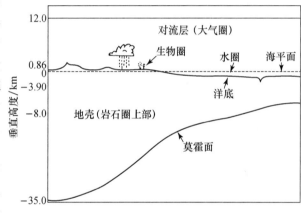

图 2.1　自然地理环境的物质组成
(据戴君虎等,2001,有改动)

固体岩石为主的岩石圈,以生物有机体为主的生物圈。通常情况下所说的自然地理环境的组成成分是指:大气对流圈(troposphere)、水圈(hydrosphere)、沉积岩石圈(lithosphere)和生物圈(biosphere)(图 2.1)。

1. 大气对流圈

对流圈是大气圈底部对流运动最显著的圈层,主要由气态混合物组成,集中了整个大气质量的 3/4 和几乎全部水汽。其下界是海陆表面,上界随纬度、季节等不同而不同,平均在 10～12km。大气对流圈的特点是对流作用强盛,温度随高度增高而降低。大气对流层之上的平流层(其中的臭氧层)、中间层、电离层和散逸层,尽管不属于自然地理环境,但几乎每一层都对自然地理环境有着重要意义。

2. 水圈

水圈是地球表层水体的总称,由世界大洋、河流、湖泊、冰川、沼泽和地下水等组成。水圈主要为液态,但其中含有多种可溶性盐类、有机体和溶解气体。水是地球表面分布最广和最重要的物质,是参与自然地理环境物质和能量转化的重要因素。水分循环可调节气候、净化大气,水还溶解岩石中的固体物质,为满足生物生长需要创造了前提。

3. 沉积岩石圈

沉积岩石圈位于岩石圈的表层,厚度平均约有 5 km,其上面往往覆盖着一层风化壳及土壤(达几十米),太阳辐射进入只能达数十米深。整个岩石圈经常处于运动状态,如地震、火山、升降运动和水平运动等,造成等级不同的地貌形态。岩石圈表面的陆地部分是人类和陆生生物的栖息场所,低洼处成为海洋、湖塘的聚集场所。岩石风化物质提供了成土母质,满足植物对矿物质养分的需要等。

4. 生物圈

生物圈是地球表层生命有机体及其生存环境的整体,其范围与自然地理环境十分近似。在地球表面上到平流层、下到 10 多千米深的地壳,形成一个有生物存在的包层。实际上,绝大多数生物生活在陆地之上和海洋表面以下各约 100m 厚的范围内。在地球上之所以能够形成生物圈,是因为在这样一个薄层里同时具备了生命存在的 4 个条件——阳光、水、适宜的温度和营养成分。生物圈最显著的特征是整体性,即任何一个地方的生命现象都不是孤立的,都跟生物圈的其余部分存在着历史的和现实的联系。生物有机体参与各种地理过程的形成和发展,作为自然景观的组成成分并常常成为景观最突出的特征。

(二) 自然地理环境的能量组成

自然地理环境的能量主要包括太阳辐射能、地球内能和潮汐能三大类。其中,太阳辐射能是自然地理环境最重要的能量来源,推动大气环流、水分循环、生命活动及所有自然地理过程的持续发展。

1. 太阳辐射能

(1) 太阳辐射

太阳表面温度高达 6000 K,可视为一个理想的黑体,不断地向宇宙空间辐射巨额能量。太阳每时每刻都发出大量的光和热,到达地球的太阳能为 1.75×10^{17} J/s,仅为其光能的 20×10^{-8}(20 亿分之一)。太阳内部由 H 元素组成,此外还有 Na、Mg、Ca 等,这些原子之中潜藏着巨大的能量,当这些原子核之间聚合时,就可以把潜能以电磁波的形式释放出来。输入地球的太阳能大部分被自然地理环境所得。

如果把到达地球大气外界的太阳辐射视为 100 个单位,约有 31% 的太阳辐射因地球的反射(包括云层反射、散射和地面反射)而折回宇宙空间,4% 为平流层所吸收,其余 65% 则为自然地理环境的各组成成分吸收、流通和转化。这部分包括直接辐射和散射辐射两部分,它们是自然过程,如大气环流、大洋环流、地表径流、绿色植物生产过程、成土过程以及外力地貌过程等的动力学基础。

太阳短波辐射输入地球后最终以连续的长波辐射输出地球达外部空间。在全球尺度上输入的能量等于输出的能量,两者达到平衡,符合能量守恒的普遍定律;但是在局地尺度上,输入与输出并不相等。我们把一定区域辐射能的输入和输出的差额称为辐射平衡,如下式

$$Rg = (Q+q)(1-\sigma) - F_0$$

式中,Rg 为辐射平衡(或辐射差额、净辐射),Q 为直接辐射,q 为散射辐射,σ 为反射率,F_0 为有效辐射。辐射平衡值 Rg 表示了该地太阳能的净收入。对于自然地理过程来说,辐射平衡是比太阳总辐射更为直接的动力基础。

(2) 太阳辐射能的地理分布特征

① 太阳总辐射的地理分布特征

根据 Будыко 在《地表热量平衡》(1956)中的研究,太阳总辐射分布因纬度而异,即总辐射等值线基本沿纬线延伸。总辐射自北半球回归高压带向两极逐渐减少,并且近似以赤道为轴线,在南北两半球呈对称状分布。回归高压带可达 836.8 kJ/(cm² · a),60°纬线以上地区为 251～335 kJ/(cm² · a),相差很悬殊。同时,由于海陆热力差异影响,等值线的分布往往显著偏离纬线方向。Будыко 的研究,正确地揭示了自然地理环境中地带性规律的能量基础。

② 辐射平衡的地理分布特征

Будыко 研究结果表明,由于大洋反射率小于陆地反射率,同纬度大洋辐射平衡值比陆地高 84～185 kJ/(cm² · a),且辐射平衡等值线基本与纬线平行。陆地辐射平衡值较小且等值线常因下垫面的复杂变化而偏离纬线甚至呈闭合状。辐射平衡的地理分布具有随纬度增加而减少的变化趋势,平均在 40°处,全球辐射能的收支由低纬区域的盈余过渡到高纬区域的亏损。另外,辐射平衡随时间有明显的日变化和年变化的节律周期。

(3) 辐射平衡 R 的应用

辐射平衡 R 是自然地理过程的动力因素。

① 作为划分地表热量带的指标

目前,R 已经普遍地被用作划分地表热量带的指标(表 2.1)。

表 2.1 划分地表热量带的指标[*]

$R/[\text{kcal}/(\text{cm}^2 \cdot \text{a})]$	<20	20～35	35～50	50～75	>75
热量带	寒带	亚寒带	温带	亚热带	热带

[*] 1 cal=4.1868 J

② 确定干燥指数

Будыко 根据 Григорьев 的意见,认为辐射平衡与降水的关系,对于主要的自然地理过程的发展和强度来说具有确定的意义,如下式

$$A = R/Lr$$

式中,A 为干燥指数(aridity index),R 为辐射平衡,L 为蒸发潜热,r 为降水量。

干燥指数 A 可视为辐射平衡值与蒸发年降水量消耗热量之比,或蒸发力 R/L 与降水量 r 之比。在干旱区,降水量极少,A 趋向极大;过湿区,辐射热主要消耗于蒸发。A 不等于1,都表明热量水分不均衡。只有 $A \approx 1$ 时,辐射热状况与蒸发过程、土壤充气过程都配合得很好,各种生物发展的条件才最佳。干燥指数与各自然带的对应关系如表 2.2 所示。

表 2.2　干燥指数与各自然带的关系

A	<0.35	0.35~1.1	1.1~2.3	2.3~3.4	>3.4
景观带	苔原	森林	草原	半荒漠	荒漠

另外,Григорьев 和 Будыко 把辐射平衡与干燥指数结合起来,发现了全球水平地带的分布规律和地理地带周期律(the periodic law of geographical zonality,表4.3)。

2. 地球内能

从自然地理学的角度来看,地热(geotherm)和重力(gravity)是具有显著意义的地球内能。在自然地理环境发展的历史中,地球内能曾经占据相当重要的地位,并与太阳能一起构成主要的能源,但后来由于地球内能急剧衰减,而太阳辐射能较少变化,以致目前地球内能对自然地理环境的影响只具有局部意义。

(1)地热

地热是地球内部的热能。目前,地球内部热能的来源问题尚无定论。一般认为,是由岩石中放射性元素衰变释放出能量,以热的形式储存于地球内部。热传导的结果,一部分地热通过地球表面向外发散,使得地表每年得到 $167\sim210 \text{ J/cm}^2$ 来自地球内部的热量。平均而论,这样的数值微不足道,但地热田是地热对地表集中作用的地区,地热使地下水变成热水或蒸汽,然后沿断层或裂隙上升到地表,形成特殊的自然景观。地热更重要的作用是在地质时代,通过地球内部的构造运动,显著地改变地表的海陆分布,从而影响气候的形成、大气环流、河流发育和生物演化等。在地球形成之初,即距今约 50 亿年前,地球内部核转变能达 $4.184 \times 10^{24} \text{ J/a}$;45 亿年前,尚有 $4.184 \times 10^{22} \text{ J/a}$;而 19 亿~26 亿年前,减为 $4.184 \times 10^{21} \text{ J/a}$。这一巨大能量,对原始地理环境的形成曾经起过重要作用。

(2)重力

重力是地心引力和地球自转惯性离心力的合力。由于惯性离心力只是略微改变地球引力的方向,并使重力在一定程度上小于地球引力,所以重力可以简略地视作地球引力。重力使地球上的所有物质都被引向地表,总是力图使他们处于相对稳定的平衡状态。在重力作用下,组成地球的物质按照密度的大小,从地心向外呈有序的同心圆状排列,依次包括岩石圈、水圈和大气圈。据估算,海平面以上大陆部分有 $2.8 \times 10^{24} \text{ J}$ 的位能,相当于每年输入地球的太阳能的一半,这是由构造运动和太阳辐射转化而来的能量。位能在固体物质位移中会转化成动能,而在降水、河流、洋流及空气流动情况下则转变成机械能。

3. 潮汐能

潮汐能(tidal energy)是在日、月引潮力的作用下产生的能量。在引潮力的作用下,使地球的岩石圈、水圈和大气圈分别产生了周期性的运动和变化。其中,固体地球在日、月引潮力作用下引起的弹性塑性形变,称固体潮汐,简称固体潮或地潮;海水在日、月引潮力作用下引起的海面周期性的升降、涨落与进退,称海洋潮汐,简称海潮;大气各要素(如气压场、大气风场、地球磁场等)受引潮力的作用而产生的周期性变化(如 8、12、24 小时)称大气潮汐,简称气潮。海潮作为一种自然现象,是塑造海岸地貌的一个重要因素,为人类的航海、捕捞和晒盐提供了方便,更为重要的是其蕴含的巨大能量还可被开发利用。据估算,全球潮汐能的理论蕴藏量约为 3×10^9 kW;我国海岸线曲折,漫长的海岸蕴藏着丰富的潮汐能资源,理论蕴藏量达 1.1×10^8 kW。

此外,自然地理环境的能量还有宇宙射线,但其能量仅有到达地表的太阳辐射能的亿分之一。据计算,每年进入地理环境的太阳辐射能约为 552.6×10^{22} J,虽然只占太阳辐射能的 20 亿分之一,但却占自然地理环境能量收入的 99.98%,而地球内能、潮汐能和宇宙射线总计仅占 0.02%。因此,太阳辐射能是自然地理环境最主要的能量基础,是地球上一切生物现象和非生物现象产生的能量基础。

(三) 自然地理环境的组成要素

自然地理环境物质组成包括了三个无机组成成分和一个有机组成成分,各成分在能量驱动下发生动态变化,使自然地理环境形成各种成因和形态的地貌,热量水分及其组合丰富多彩的气候,千差万别的海洋河湖水文特征,相差悬殊的植被、动物界和土壤等特征。地貌、气候、水文、生物以及土壤等,均被视为自然地理环境的组成要素。要素可以是物质,也可以是现象,但都必然是动态的。

1. 地貌

地貌(physiognomy)是地壳的表面形态,如陆地上的山地、平原、丘陵、河谷,海底的大陆架、大陆坡、深海平原、海底山脉等。各种地貌都是转化后的太阳能以外力形式与地球内力相互作用的结果。地貌的特征、成因、分布及演变规律均受外力与内力的制约,同时与其物质基础岩石有密切的关系。因为地貌是大气、水和生物作用的场所,地表形态的差异必然引起各种自然地理过程和现象的变化。

2. 气候

气候(climate)是大气平均状态和极端状态的多年天气的综合表现。太阳辐射、下垫面性质、大气环流和人类活动是气候形成的重要因子。气候特征通常以气候要素的平均值、极端值、气候指标和各种气候图表来表示。气候作为最活跃的自然地理要素之一,影响着地表热量平衡、海陆水分循环、陆地水文网和生物的分布以及风化壳和土壤的形成。

3. 水文

水文(hydrology)指地理环境中各种水体的形成、时空运动、变化发展及地理分布规律。陆地水文以河流为主要研究对象,兼及湖泊、沼泽、冰川和地下水。它们的水文现象、水文过程及地理功能,对自然地理环境各要素的相互联系经常起纽带的作用。海洋水文特征及其与大气的能量和物质交换影响全球气候。如水与大气相联系,决定着水热的配置,地球重力赋予水一定的功能,使之对地表形态有塑造作用,水还滋养着整个生物界,没有水就没有生命。因此,水文是自然地理环境的重要组成要素。

4. 生物

生物(biology)非原始地球所固有,但自出现以来,其特殊作用不可替代。首先,绿色植物通过光合作用将自然地理环境中的无机物合成为有机物,同时又把太阳能转化为化学能储存于有机物中。它们还通过食物链的联系,改造着周围环境,其作用表现在:改变大气圈、水圈的组成,参与风化作用、土壤形成、地貌改造、岩石和非金属矿产的建造等。人类作为生物的特殊部分,既有自然属性的一面,又有社会属性的一面,在自然地理环境组成中,人类起着十分特殊的作用。

5. 土壤

土壤(soil)是自然地理环境中各要素相互作用下形成的派生要素,以不完全连续的状态存在于地球表层 4 个圈层紧密交接的地带。它是有机界和无机界相互联系的纽带,自然土壤中生长发育的绿色植物以其光合作用改造了地理环境,创造和积累了大量有机物质,农业土壤则保证了作物的收成,对人类文明有不可磨灭的功绩。

总之,自然地理环境的各种物质成分在以太阳辐射能为主的能量驱动下发生动态变化,形成了各种自然地理环境的组成要素。各组成要素虽然都有各自的发展规律,但它们并非孤立于自然地理环境中,而是相互联系、相互制约和相互依存的,没有一个要素可以不受其他要素的影响或不给予其他要素影响。因此,正是这种以物质交换和能量转化为特征的各要素相互联系和相互作用,使自然地理环境成为一个统一的整体。

2.4　自然地理环境中的能量转换

自然地理环境各组成成分之间以及各自然综合体之间的相互联系、相互作用是通过能量转换(energy transformation)和物质循环(matter cycle)来实现的。从系统论的角度看,这就是自然地理系统的功能。由于能量转换和物质循环的存在,才可能把各种组成成分融合为自然综合体以及把一定等级的不同自然综合体融合为高一级的自然综合体,从而决定了自然地理环境的整体性,使自然地理环境成为地球上一个相对独立的物质系统。

自然地理环境中各种能量因素之间发生着复杂的转化过程。对自然地理环境来说,太阳辐射和地球内能都是外部因素,它们在地理环境中的冲突,形成了两种过程对立发展的局面:来自地球内能的构造运动形成了原始地貌的骨架,而由剥蚀、搬运、堆积等使地表固体物质在重力作用下释放构造作用的潜能,况且构造作用力越大,释放潜能的重力也越大。重力指向地心,力图使地面夷平,并按照密度来建立地理环境中物质分布的秩序;而构造力和某些生物过程、分子过程则力图破坏这种秩序。这一对立过程中,两种内能之间发生着转化。

太阳能作为自然地理环境最主要的能源基础,在进入自然地理环境以后,被大气、水体、地面和土壤吸收并转化为热能,在时空上进行重新分配,经过多次转化并最终返回宇宙。

（一）太阳辐射能在无机界的转化

太阳辐射能在无机界的转化主要是指太阳能在岩石圈上层、大气圈和水圈中的交换。

1. 地表垂直方向热力梯度

太阳辐射进入地表后,发生了一系列转化。被地球表面吸收的太阳辐射增高了陆地表面和海洋表面的温度,地表增温后必然向外以长波的方式辐射能量,大气中的 H_2O、CO_2 和 O_3 吸收长波辐射,这样地表的热量就转送给大气。因此说,地面是大气的主要热源。在接近地表处,还通过水的蒸发、热的传导来传送热量;在高空,则通过湍流、涡旋把水汽和热进一步向上混合,这样,就形成了从地表向上的热力梯度。

2. 高低纬度间热量交换

由于辐射平衡地理分布不平衡,低纬度能量过剩,而高纬度能量不足,这样就形成了经向的热力梯度,造成了经向的大气环流,使其成为大规模能量交换的推动者。也正是由于经向环流,才使低纬不致过热,高纬不致过冷。在海洋上空形成的高、低压中心产生长久持续的风力。海水受这种风力的影响,在科氏力和大陆轮廓的影响下,形成了世界大洋洋流系统,其中从低纬到高纬的暖流把热量带到了高纬。总之,大气和洋流的大规模运动,是太阳能由热能变成动能的结果,而大气和洋流的运动又进一步推动着热能的交换。

3. 海陆间热量交换

由于海洋与大陆增温冷却的不同,形成了冬季大陆高压、海洋低压和夏季大陆低压、海洋高压的海陆间周期性转换方向的热力梯度,引起了海陆环流,对海陆间的热量交换起着重要的作用。夏季温暖湿润的季风登陆,将热能和水汽带到大陆,并形成降水。

太阳能在无机界的转换中,水的蒸发起着巨大的作用。由于蒸发的气化潜热很大,通过蒸发可将大量能量转移给大气。地球表面海洋占 71%,陆地只占 29%,因而水圈与大气圈的热量交换占有重要地位,广大水面通过蒸发途径将热量传输给大气。水圈与岩石圈之间的能量交换主要是通过大气圈气流活动来实现,当然河流在岩石圈与水圈的能量交换中也起一些作用。

太阳能在无机界的交换,使得地表、水体、大气组成一个相互影响、相互作用的能量系统。

（二）太阳辐射能在有机界的转化

在有机界,太阳能转化为化学能。太阳能是维持所有生命系统的总能量。在植物的光合作用中,太阳能被固定下来,经过草食动物及不同营养级的肉食动物的转化,太阳能被暂时保留在生物圈中。这种被绿色植物固定的太阳能,是五彩缤纷的植物界和生机勃勃的动物界活动的能源。

在太阳总辐射中,只有可见光部分（0.4～0.7 μm）,才能被绿色植物利用进行光合作用,这部分光线称为光合辐射,约占太阳总辐射的 50%。在最有利的条件下,光能利用率可提高到

5%,理论上光能利用率为 10%,但实际上很少超过 5%。由于绿色植物的叶子不能覆盖全部地面,加上叶面的反射,所以光合作用的光能利用率只有 0.1%～1%,平均约为 0.5%。在光合作用过程中

$$6CO_2 + 6H_2O + 2817.3\ J \xrightarrow{\quad 光合作用 \quad} C_6H_{12}O_6 + 6O_2 \uparrow$$

每合成 1 mol 的碳水化合物要消耗 2817.3 J(674 cal)的能量,这些能量以化学潜能的形式储存在生物圈中。光合作用的光能利用率虽然不高,但到目前为止,人类的食物资源以及整个动物界活动的动力都是靠光合作用转化太阳能,也正是地球上被绿色植物固定的太阳能总量给生命总量规定了一个限度。

　　能量在有机界的转移是靠三种能流来实现的(图 2.2)。

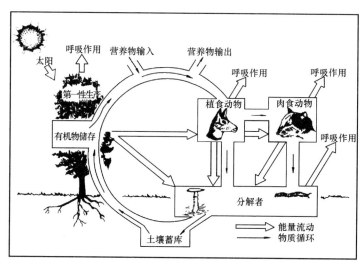

图 2.2　生态系统中的能量流动

(据伍光和等,2000)

1. 第一能流

　　第一能流又称食物链(food chain),因为绿色植物固定的太阳能在生态系统中是通过食物关系在生物间发生转移的。食草动物取食植物,食肉动物捕食食草动物,即植物→食草动物→食肉动物,从而实现了能量在生态系统的流动。美国耶鲁大学 Lindeman(林德曼,1915—1942)研究了靠天然生态系统固定的能量及分配到生态系统各群体中的比例关系,提出了生态学中的所谓"十分之一定律"(10 Percent Rule),也叫"林德曼效率",就是能量金字塔。以绿色植物为基础,以食草动物开始,能量逐级转移、耗散,最终全部散失到环境中,有人把由这种食物链所传递的能量称为"第一能流"。

2. 第二能流

　　第二能流又称腐烂链或分解链(decompose chain),这是从死亡的有机体被微生物利用开

始的一种食物链。如动植物残体→微生物→土壤动物;有机碎屑→浮游动物→鱼类。这种食物链传递过程包含着一系列分化和分解过程,有机物死后被细菌分解,释放出 CO_2、H_2O 和热量。在陆地生态系统中,这类食物链占有很重要的位置。有人将由这种食物链传递的能量称为生态系统的"第二能流"。

3. 第三能流

生态系统还有另一种能量传递过程,这就是储存和矿化过程,即所谓的"第三能流"。生态系统中常有相当一部分物质和能量没有被消耗,而是转入了储存和矿化过程,为人类的需要蓄积丰富的财富,如森林蓄积的大量木材、植物纤维等都可以储存相当长的一段时间。但是这部分能量最终还是要腐化,被分解而还原于环境,完成生态系统的能流过程。矿化过程是在地质年代中大量的植物和动物被埋藏在地层中,形成了化石燃料(煤、石油等),成为现代工业发展的能源基础。这部分能量经燃烧或风化而散失,从而完成了其转化过程。

太阳能在有机界的转化,实际上是通过能量转移,将无机界与有机界联系起来,它不仅进行能量的储存,也通过腐烂链的分解释放能量,并且以热的形式重新返回太空,完成能量的循环。

2.5 自然地理环境中的物质循环

在自然地理系统中,能量转化是物质循环的动力基础,物质循环是能量转化得以实现的载体。正是由于物质循环和能量转化,自然地理系统才能不断向前发展。

一般来说,自然地理环境中物质循环的方式可以归纳为四种类型,即大气循环、水分循环、地质循环和生物循环。四种类型的物质循环,既代表了三个无机圈层之间以及生态系统内部的物质流通过程,也反映了自然地理系统物质组分的"固、液、气"三种形态的转变以及势能与动能、显热与潜热的相互转化。

(一) 大气循环

大气循环(atmosphere cycle)是大气总体运动规律的体现,也是决定大气圈层成为一种相对稳定的动态系统的重要因素。大气循环运动的基本形式就是通常所说的大气环流。按空间范围和规模的大小,大气环流可分为行星风系、季风环流和局地环流等不同层次。

大气环流的原动力来源于太阳辐射能,但是不同规模的大气环流,又各有其不同的形成因素。在物质能量系统中,大气环流具有重要的意义和作用。大气环流最显著的作用在于传输大气中所含的各种物质元素和贮存的热能,不断对地表的热量和水分的空间分配进行调节,从而形成各种气候,促使天气发生变化。但是不同规模的大气环流,其作用的大小和性质又互有差异。

1. 行星风系

行星风系(图 2.3)水平空间范围在 1000km 以上,时间超过 1 周。其形成源于太阳辐射能

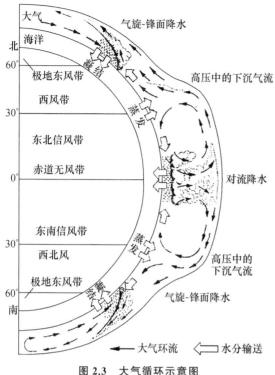

图 2.3　大气循环示意图

在地球表面分布的纬度空间差异性,而直接起因于纬度间的气压差异。行星风系的重要作用在于使自然地理系统形成了不同的气候带,进而引起了地表的土壤、植被发生地带性分异。

2. 季风环流

季风环流的形成,源于海洋水体和陆地风化壳两种下垫面物理性(尤其是热容量)的巨大差异,起因于冬、夏季海陆上空气温的对比差所引起的高、低气压系统的更替,另外还受行星风系季节性南北移动的影响。季风环流的主要作用在于它作为一个环节,把地球表层的水分循环连接成为一个完整的动态系统,并直接调节了大陆的干湿状况,形成了季风气候。

3. 局地环流

局地环流是指规模较小(中、小尺度)的大气环流系统,形成因素复杂多样。高山高原地区,对大气运动的热力和动力有着直接的影响,往往形成独特的大气环流系统;热带沙漠地区的气候炎热干燥,主要是大尺度的气流下沉运动的结果。一般说来,局地环流都具有强化地表风化剥蚀作用以及形成特殊的地方气候和小气候的效应。

(二) 水分循环

水在地球上环绕分布构成水圈,包括了海洋、陆地水、大气水和地下水。因热力状况不同,水圈中的水可为气态、液态和固态。在热力、重力等多种外力的作用下,水圈中的水不断运动着,并进行着三态的交替变化。由于受质量守恒定律的支配,水的循环运动保持着连续性,它包含着多种路径的循环过程或环节。

1. 水分循环的路径

在太阳辐射能的作用下,水从海陆表面蒸发,上升到大气中,成为大气的一部分。水汽随着大气的运动转移并在一定的热力条件下凝结,因重力作用降落形成降水。一部分降水在地表被植物拦截和被植物散发;一部分渗入土壤形成壤中流和地下径流;还有一部分被蒸发重新进入大气;剩余的降水才能形成地表径流,流入大海或蒸发进入大气(图 2.4)。水分循环又叫水循环或水文循环。水分循环通常由水分蒸发、水汽输送、凝结降水和地表径流四个环节组成,构成了一个不断运动循环、往复交替的系统。

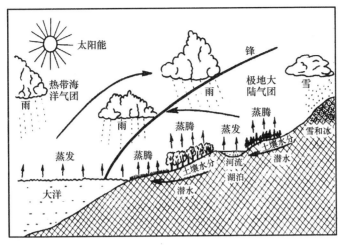

图 2.4　水分循环示意图

2. 水分循环的类型

　　水分循环(hydrologic cycle)按照循环路径可分为大循环和小循环两种。大循环即海陆间循环,是全球性的水分循环,由许多海洋、陆地和区域的小循环组成。它是指从海洋上蒸发的水汽,被气流带到大陆上空,在适当的条件下凝结,又以降水的形式降落到地表,其中一部分渗入地下转化为地下水,一部分又蒸发进入大气,还有一部分则沿地表流动形成江河而注入海洋。小循环又分为海洋小循环和陆地小循环:海洋小循环是指从海洋蒸发的水汽在海洋上空成云致雨,然后再降落到海洋表面上;陆地小循环是指从陆地表面蒸发的水汽,在内陆上空成云致雨,然后再降落到大陆表面。

3. 水分循环的意义

　　水分循环是地球上最重要的物质循环之一,深刻地影响全球地理环境结构,自然界中发生的一系列物理的、化学的和生物的过程。主要表现在以下几个方面:① 水分循环把水圈中所有的水体联系在一起,也将四大圈层联系在一起;② 水分循环不仅是巨大的物质流,而且是巨大的能量流,使得地表从太阳获得的辐射能重新分布;③ 水分循环是岩石圈风化壳产生机械输运作用,促使地表各种化学元素迁移的主要动因;④ 水分循环是陆地上雕塑各种地貌形态、形成各种水域的重要机制;⑤ 水分循环是维持生物生命活动,形成地表生态系统中水胶体系的基本条件,是沟通无机界与有机界物质联系的纽带;⑥ 水分循环使得水资源成为再生性资源。

(三) 地质循环

　　自然地理系统中,岩石圈的内部以及与其环境之间所存在的物质循环和能量转化过程,称为地质循环(geologic cycle)。地质循环的全过程实际蕴含着太阳能与地球内能的一系列转化及其相应的四种作用过程:风化剥蚀作用、搬运作用、沉积作用和构造作用(图 2.5)。

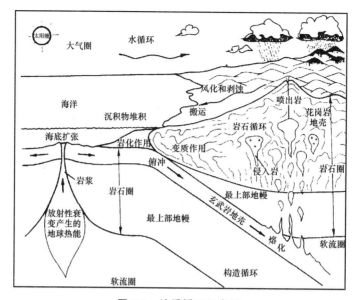

图 2.5　地质循环示意图

（据 Christopherson，2006）

1. 风化剥蚀作用

风化作用是指陆地表层各种外营力对岩体的破坏作用。风化作用按其性质通常又可分为物理风化、化学风化和生物风化。三种风化作用实际上并不是孤立进行的，而是一个互相联系、互相影响的统一过程。风化作用的结果是使地球表层的岩体在地面物理化学环境条件下遭受破坏，形成相对稳定的风化壳，成为剥蚀作用的物质源泉。剥蚀作用是各种外力在运动状态下对地面岩石及风化产物的破坏作用。剥蚀作用包括风的吹蚀作用、流水的侵蚀作用、地下水的潜蚀作用、海水的海蚀作用和冰川的冰蚀作用等。总之，风化作用和剥蚀作用都是破坏地表岩石的强大力量。不同之处主要在于前者是相对静止地对岩石起着破坏作用，而后者是流动着的物质对地表岩石起着破坏作用。二者互相依赖、互相促进，岩石风化有利于剥蚀，而风化产物被剥蚀后又便于继续风化，从而加剧了地表岩石破坏作用，并源源不断地为沉积岩的形成提供着充足的物质来源。

2. 搬运作用

风化剥蚀作用的产物，在太阳能和重力能提供原动力的前提下，被流水、冰川、海洋、风、重力等转移离开原来位置的作用称为搬运作用。搬运作用驱使风化物迁移，实现了地表物质的重新分配。搬运方式主要有机械搬运和化学搬运，如风、流水、冰川、海水、重力的搬运作用为机械搬运；在流水、湖泊、海水等水体中还进行着化学搬运，通常有真溶液和胶体溶液两种搬运形式。

3. 沉积作用

风化剥蚀产物在搬运过程中，由于水体流速或风速变慢，冰川融化或其他物理化学条件改变,从而导致被搬运物质逐渐沉积下来,形成沉积物。根据沉积物的成因和分布的差异,通常分为陆相沉积和海相沉积,前者又分为风成、水成和冰成三种沉积物;后者又分为滨海、浅海和深海沉积物。从沉积物开始形成到固结为沉积岩,期间需要一系列复杂的物质转化过程,这就是岩化作用。在深度、温度和压力等条件发生改变的环境下,疏松的沉积物逐渐密实,改变了原来的结构和成分,变成固结的沉积物。

4. 构造作用

由于地球内能的释放,直接驱使地壳发生抬升、下降、断裂、褶曲和板块的水平移动,同时还引起火山喷发和地震现象等。在地壳构造运动过程中,剧烈的岩浆侵入和喷出活动可使沉积岩发生变质,形成各种沉积变质岩;而地壳隆起部分的地表岩石又重新经受风化、剥蚀、搬运、沉积等过程,形成了连续不断的物质变动和转移的地质循环系统。

(四)生物循环与生物地球化学循环

1. 生物循环

生物循环(biological cycle),即生物作用所引起的物质循环。从生态学角度说,生物循环是生态系统内部和生态系统之间所进行的物质循环。

(1)生物循环的基本途径

生物循环的基本途径有两种:一种途径是植物和微生物活质作为岩石风化壳及其衍生物土壤与大气之间的物质联系环节,直接参与地质循环、水分循环和大气循环运动过程,并通过自身的生物物理和生物化学作用,促进水分循环以及水迁移元素和空气迁移元素在地球表层的循环;另一种途径是通过各种生物的生命活动与其无机环境进行物质交换(包括能量转化),亦即通过生物的新陈代谢作用,促使自然地理系统的无机物和有机物在更广泛的范围内进行循环,其实质是生物地球化学元素的循环。

生物循环集中表现在生物的新陈代谢过程中。任何有机体的存在和发展,都需要依靠从外界摄取、积累物质和能量,并消耗、分解这些物质和能量来维持,这就是生物新陈代谢的同化过程和异化过程。同化过程是生物输入、处理、贮存外部环境的物质和能量的过程。动物主要是同化有机界的物质和能量,而植物主要是同化无机界的物质和能量。同化的最终结果是把外界物质变成有机质,将外部能量转化为生物体内能量,不断充实自己,同时改造外部环境。异化过程是与新陈代谢过程对立的另一过程,是生物有机体的物质和能量对外界环境的输出过程。在此过程中,实现了有机向无机的转化。生物的生命活动就是在这样的同化和异化过程中不断进行的。

(2)生物循环的重要作用

生物循环的重要作用表现在:① 绿色植物通过光合作用把太阳能转化为生物能,为一切生命活动奠定了能量基础,成为生物进化的原始动力,从而推动着自然地理系统不断向前发展;② 生物作为土壤-植物-大气系统(SPAC)之间的一个联系环节,成为物质与能量相互交换的一个重要通道;③ 生物循环对于能量的贮存和消耗,对于化学元素的迁移和积累,对于碳循环、氮循环、氧循环和其他有关成分的循环等具有明显的作用;④ 生物循环实现了有机界与无机界之间的转化。

2. 生物地球化学循环

生物地球化学元素,通常是指生物有机体中含量较多的元素,也就是构成生物生活物质的基本元素。生物地球化学循环(bio-geo-chemical cycles)是自然地理环境中微观的物质循环,一般来说,主要是指组成生物有机体的基本元素在生态系统之间输入和输出以及在生物有机体与无机环境之间进行的交换过程。生物地球化学循环可分为气体型循环和沉积型循环两种类型。气体型循环属于全球性的循环,循环物质主要储存在大气圈和水圈中,如氧、碳、氮等元素的循环;沉积型循环多属于区域性的循环,循环物质主要储存在岩石圈和土壤圈中,如作为生命主要养分的磷、硫等元素的循环。下面主要介绍一下碳、氮、磷和硫元素的循环。

(1) 碳的循环

碳是构成有机体的基本元素,占生活物质总量的 25%。在无机环境中,碳主要以 CO_2 或者碳酸盐的形式存在。一般来说,碳的循环有三种形式(图 2.6)。

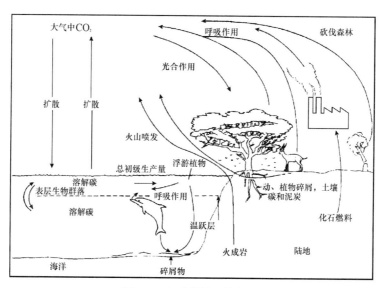

图 2.6   全球碳循环简化图

(据 Thompson,1986)

① 第一种形式

生态系统中的碳循环基本上是伴随着光合作用和能量流动过程进行的。在有阳光的条件下,植物通过光合作用把大气中的 CO_2 转化为碳水化合物,用以构成自身组成。同时,植物通过呼吸作用把产生的 CO_2 被释放到大气中,供植物再度利用,这是碳循环的最简单形式,也是第一种形式。CO_2 在大气中的存留时间或周转时间为 50～200 年。

② 第二种形式

植物被动物采食后,碳水化合物转入动物体内,经消化和合成,由动物的呼吸作用排出 CO_2。此外,动物排泄物和动植物遗体中的碳,经微生物分解被返回到大气中,供植物重新利用,这是碳循环的第二种形式。陆地生物群中含有大约 5.5×10^{10} t 的碳,海洋生物群中含碳大约有 3×10^9 t。

③ 第三种形式

全球储藏的矿物燃料中含有大约 10×10^{12} t 的碳,人类通过燃烧煤、石油和天然气等释放出大量 CO_2,它们也可以被植物利用,加入生态系统的碳循环中。此外,在大气、土壤和海洋之间时刻都在进行着碳的交换,最终碳被沉积在深海中,进入更长时间尺度的循环。这些过程构成了碳循环的第三种形式。

应当指出,碳循环的上述三种形式是对全球碳循环过程的一种简化,这些形式的碳循环过程是同时进行、彼此联系的。

(2) 氮的循环

氮是生态系统中的重要元素之一,因为氨基酸、蛋白质和核酸等生命物质主要由氮所组成。大气中氮气的体积含量为 78%,占所有大气成分的首位。

由于氮属于不活泼元素,气态氮并不能直接被一般的绿色植物所利用。氮只有被转变成氨离子、亚硝酸离子和硝酸离子的形式,才能被植物吸收,这种转变称为硝化作用。硝化作用主要有三种途径:一是一些特殊的微生物类群如固氮菌、蓝绿藻和根瘤菌等,即生物固氮;二是闪电、宇宙线辐射和火山活动,也能把气态氮转变成氨,即高能固氮;三是随着石油工业的发展,工业固氮也成为开发自然界氮素的一种重要途径。

自然界中的氮处于不断的循环过程中(图 2.7)。首先,进入生态系统的氮以氨或氨盐的形式被固定,经过硝化作用形成亚硝酸盐或硝酸盐,被绿色植物吸收并转化成为氨基酸,合成蛋白质;然后,食草动物利用植物蛋白质合成动物蛋白质;动物的排泄物和动植物残体经细菌的分解作用形成氨、CO_2 和水,排放到土壤中的氨又经细菌的硝化作用形成硝酸盐,被植物再次吸收、利用合成蛋白质。这是氮在生物群落和土壤之间的循环。由硝化作用形成的硝酸盐还可以被反硝化细菌还原,经反硝化作用生成游离的氮,直接返回到大气中,这是氮在生物群落和大气之间的循环。

此外,硝酸盐还可能从土壤腐殖质中被淋溶,经过河流、湖泊进入海洋生态系统。水体中的蓝绿藻也能将氮转化成氨基酸,参与氮的循环,并为水域生态系统所利用。至于火山岩的风化和火山活动等过程产生的氮,它同样进入氮循环,只是其数量较小。

当人类工业固氮之前,自然界中的硝化作用和反硝化作用大体处于平衡状态,随着工业固氮量的增加,这种平衡状态正在被改变。据估计,为了满足迅速增长的人口对粮食的需求,2000 年的全球工业固氮量可能超过 1×10^8 t,这将对全球氮循环产生怎样的影响,是值得研究的重要科学问题。

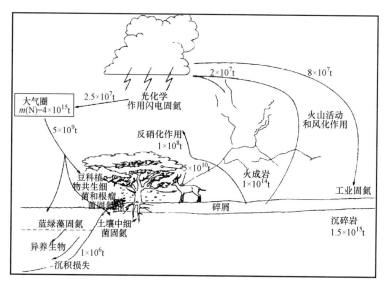

图 2.7　全球氮循环简化图

（据 Thompson,1986）

（3）磷的循环

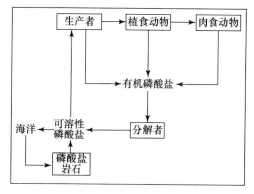

图 2.8　磷循环简化图

磷是构成生物有机体的另一个重要元素。磷的主要来源是磷酸盐类岩石和含磷的沉积物。它们通过风化和采矿进入水循环,变成可溶性磷酸盐被植物吸收利用进入食物链。以后各类生物的排泄物和尸体被分解者微生物所分解,把其中的有机磷转化为无机形式的可溶性磷酸盐,接着其中的一部分再次被植物利用,纳入食物链进行循环;另一部分随水流进入海洋,长期保存在沉积岩中,结束循环(图 2.8)。

（4）硫的循环

硫是原生质的重要组分,它的主要库是岩石圈,但它在大气圈中能自由运动。自然界的硫最初来自黄铁矿(FeS_2)和黄铜矿($CuFeS_2$)等含硫的矿物。含硫矿物被风化剥蚀后,硫就进入土壤。土壤中的硫一部分被地表径流溶解进入海洋;一部分被氧化以挥发性气体的形式进入大气;还有一部分被植物吸收,通过食物链的关系分布于生物圈。进入海洋的硫,一部分以沉积的方式,亿万年之后成为煤或石油中的硫;一部分则进入生物体被吸收。生物体中的硫在生物体死亡腐败过程中,一部分以 H_2S 的方式进入大气,其余的重又回到土壤,使循环得以继续。而大气中的硫却以降水的形式降落到海洋和土壤中,又开始了新的循环。

2.6　自然地理环境中的化学元素迁移

由于元素迁移,化学元素在自然地理环境的不同部位和不同组成成分之间进行重新分配,这些过程与前述物质循环的四大过程是相一致的。元素的迁移是微观的物质循环,它作为地表自然界物质运动的重要形式,贯穿于各组成成分之间,并使之建立紧密的相互联系、相互制约的关系。

(一) 化学元素的分布

自然地理环境的各大圈层中,化学元素的分布背景是:地壳中氧(O)、硅(Si)、铝(Al)、铁(Fe)、钙(Ca)、钾(K)、钠(Na)和镁(Mg)等元素占地壳总质量的 97%,其他元素约占 3%;水圈中氧(O)、氢(H)、氯(Cl)、钠(Na)占 98.48%;大气圈中氮(N)、氧(O)、氩(Ar)占 99.81%;土壤中的氧(O)、钙(Ca)、钾(K)、硅(Si)、铁(Fe)、铝(Al)、钠(Na)、镁(Mg)、钛(Ti)、氮(N)占93.45%;有机体主要由氧(O)、碳(C)、氢(H)、氮(N)、钙(Ca)组成,占 99.7%。

生物体含有 70 多种化学元素,其中 25 种化学元素是动植物生长、发育和繁殖所必需的营养元素。氮(N)、氢(H)、氧(O)、碳(C)、镁(Mg)、钙(Ca)、钠(Na)、磷(P)、钾(K)、氯(Cl)、硫(S)、硅(Si)、铁(Fe)等元素是构成生物体的基本元素(basic elements),占 99.95%,称为大量元素;其中氮(N)、氢(H)、氧(O)、碳(C)占 95%～97%,又称关键元素(key element)或能量元素;其他元素仅占 0.05%,称为微量元素(microelement)。通常以生物体内元素的平均含量 10^{-2}% 作为划分大量元素和微量元素的标准。微量元素含量虽少,但所起生物学作用却不容忽视,没有微量元素就没有生命。微量元素参与呼吸、光合、造血、蛋白质合成、激素合成等许多重要的生理生化过程,并且这些过程中微量元素起着活化作用和催化作用。

(二) 化学元素的迁移

从微观来看,自然地理环境的组成成分均由化学元素组成。无论是水、空气、岩石或有机体都只是在一定的理化条件下,其组成元素呈相对稳定、相对静止的存在形式。随着自然地理环境中物质运动和介质环境的变化,原有的组成元素就会失去稳定状态,发生转移和重新分配,然后又在新的理化条件下以新的形式暂时固定下来。这种过程,称为元素的地球化学迁移(geochemical migration),它通常会引起元素的分散和富集。

1. 地表化学元素迁移方式

地表化学元素迁移是指在地表环境因素的作用下,化学元素及其化合物在自然环境空间位置的移动以及存在形式或存在状态的变化。按环境介质的不同,迁移方式可分为水迁移(aqueous migration)、大气迁移(aerial migration)和生物迁移(bio-migration)三大类。

(1) 水迁移

水迁移是指化学元素在地表水、地下水中呈简单离子、络(配)合离子、分子形态、胶体状态和悬浮物进行迁移。由于水是生物-土壤-岩石-大气系统中的特殊联系环节,各圈层之间化学元素的交换、迁移、转化常常是通过土壤溶液、潜水、地表水来实现的。因此,元素的水迁移在地表元素的集散中起很大作用。水迁移过程中,元素的迁移能力可以用水迁移系数(coefficient of aqueous migration)K_X 表示

$$K_X = \frac{100m_X}{an_X}$$

式中,m_X 为水中元素的含量(mg/L),n_X 为岩石中元素的含量(%),a 为水中矿物残渣的含量(mg/L)。

（2）大气迁移

从大气圈的化学组成来看,仅 N、O、Ar 和 CO_2 四种即已占整个大气层的 99.99%,而且其组成相当稳定。其他元素或化合物含量虽微,但因受人类活动的影响,其变化速率很快。特别是气溶胶,是近代人类社会工业生产废弃物排放后的一种重要迁移形式。

大气中的化学元素除来自陆地尘土、火山喷发和海洋表面盐沫等之外,现代人类活动与生物活动释放的物质增长很快,且多以悬浮颗粒物或气溶胶的形式存在,它们从陆地或水面进入大气后,依元素性质与存在状态之不同,多数在污染源地附近沉降或经降雨的淋洗作用返回地面,部分也可以呈气溶胶形式进入高空环流再迁移到很远的地方。1962 年,Rachel Carson(蕾切尔·卡逊,1907—1964)出版的《寂静的春天》(*Silent Spring*)就是由于揭示南极冰川上存在从其他大陆漂移过来的现代人工合成的有机氯农药——DDT 而震惊世界的。在北半球的格陵兰冰帽上近年来测到的 Pb、Hg 异常值,则是人为活动释放出的微量污染元素经大气远距离输送的另一明证。

近地污染物的传输受污染物源强、源高、风向、风速、湍流强度以及下垫面等各种自然地理环境因素的制约,其迁移过程十分复杂。

（3）生物迁移

元素的生物迁移过程与生物生命过程的形成与分解是紧密相连的。无论是陆地或水体,只要有生命存在就一定有元素的生物迁移过程。生物迁移是指化学元素被生物吸收,随生物循环而运动。生物对化学元素选择性吸收,使地表化学元素发生筛选,重新分配。生物迁移的总方向是把生命元素吸收和保存在生物圈内。生物对地表环境中的元素迁移有直接作用和间接作用。间接作用表现在随着生物的进化,种类的增多以及生物圈的扩大,生物地球化学过程的作用越来越大,影响、甚至决定着大气圈、水圈和岩石圈之间的环境化学联系。直接作用是指生物本身直接参与地表环境的地球化学过程、元素迁移和许多矿物的形成。在整个地表环境的发展历史进程中,几乎所有的化学元素都多次被生物有机体吸收,又从有机体中释放出来,但总的来说元素的生物迁移多数都是局部的。用生物吸收系数(A_X)可以表示出元素的生物迁移强度

$$A_X = \frac{L_X}{n_X}$$

式中，L_X 为植物灰分中 X 元素的含量，n_X 为该植物生长的土壤或岩石中 X 元素的含量。

在地表环境中，化学元素通过大气、水体与生物的迁移过程，虽然各自条件不同，元素迁移的方式不一样，但它们之间相互制约、紧密相关而联成一体。元素在地表水或地下水中的迁移不仅与生物迁移紧密相连，且生物作用又不断地改变着水环境的介质状况与氧化还原条件。大气迁移则在更大的区域范围内把元素的水迁移与生物迁移连接在一起，使元素的迁移循环过程变得更加复杂，以致成为全球变化的一个根源。

2. 地表化学元素迁移的影响因素

地表元素迁移是化学元素在自然环境中巨大而复杂的运动形式。地表元素迁移的动因离不开一定的内在因素与外部条件。内在因素包括元素的性质，也包括元素与其他要素之间组合（键合）的能力；外部条件包括化学元素所在环境介质的光热因子、水土状况、生物活力与人为影响等地理环境因素。具体来说，包括以下几个方面：

（1）内在因素

元素迁移能力与化学键类型、电负性、原子和离子半径、原子价有密切关系，而离子电位值是元素地球化学的重要参数，它与元素的溶解度和迁移形式有关。地表环境中的各种天然络合物和胶体对许多元素的迁移有特别重要的意义。大多数微量元素与低分子的有机酸、腐殖酸等化合物形成络合物后，其活性提高，并且在一定范围内对环境反应不敏感，因此，络合作用对一些不易迁移的金属元素的迁移有重要意义。另外，地表还是一个胶体世界，胶体具有吸附和交换离子的能力，对元素的迁移和沉积影响很大。

（2）地球化学环境

地球化学环境是元素迁移的重要影响因素。在酸性条件下，Ca、S、P、Mn、Cu、Zn、Cr 具有较强的迁移能力；在碱性条件下，V、Cr、Se、As 迁移能力很强。另外，同一元素在不同的酸碱条件下溶解度差别很大。在氧化条件下，Cr、V、Se、As 等被氧化而形成的易溶解络合物随水迁移，Fe、Mn 等元素在氧化条件下不易迁移；但在还原条件下则具有较大的迁移能力。

（3）自然地理条件

地表的水热条件、水量分布、气流变化、地貌形态以及生物等自然地理条件都是影响元素迁移的因素。地表的水热条件影响元素和化合物的活动性、聚合状态和固体晶体状态，也影响它们在地理环境中的反应速率和方向，因此气候对元素的迁移影响很大。在地带性气候影响下，形成表生地球化学地带性。地形影响化学径流速度，从而影响物质的分异，不同部位有不同的物质组成。生物对元素的迁移和集散也有很大的影响，地表环境中化学能是通过原子的生物循环释放出来的，因此可以说地理景观的地球化学特征是元素生物循环的结果。

（4）人类影响

人类是地壳元素迁移、循环的强大营力。在漫长的历史进程中，人类通过生产活动，从环境中获取物质和能量，经过加工、制作与合成后变成人类生活所必需的消费品，同时又将一些未能利用的剩余废弃物归还给环境，再通过大气扩散、水体转移等来完成元素的迁移过程，促使环境的化学成分发生一定的变化，使自然界的元素发生重新分配，加速元素的迁移、循环。

人类的社会生产活动如果不能自觉地保护自然生态结构的合理性,而一味地追求利润,就很可能会破坏生态系统结构,造成环境污染,引起严重的生态恶化。此外,人类还创造了自然界没有的新元素和新同位素。

(三) 地表化学元素的地域分异

自然地带性学说表明地表化学元素迁移的能量来源具有地带性,地表元素的迁移能力以及地表元素的分布特征也必然会呈现很强的地带性与地域分异特征。

1. 地表化学元素的浓集与分散

自然地理环境中化学元素的地带性分布是一定地理环境条件下元素迁移的结果。地球表面能量分配的不平衡性与地带性规律决定地表化学元素的迁移转化过程及其区域分异特征。由于元素的迁移能力和速度是随地表水热状况、生物地球化学条件的变化而改变的,因此化学元素迁移的结果导致地表化学元素的地域分异:在此处分散、流失,在彼处浓集、积累。土壤作为现代自然景观演化过程的一面镜子,是成土母质、水热条件、生物作用与人类开发过程的综合反映,因此土壤中各种化学元素自然背景含量的区域变化,可以比较客观地反映出不同区域元素迁移过程的变化规律。

如果以背景值作为标准,凡趋向于浓度降低的属于分散、流失;反之则属于浓集、积累。如果以生物最适浓度的上下限为标准,那么凡低于最适浓度下限而引起生物患缺乏病的便为缺乏;凡高于最适浓度上限而引起生物中毒的则为过剩。环境中某些元素缺乏或过剩而引起生物效应的地区称为生物地球化学省(bio-geo-chemical provinces)。由于地带性因素和非地带性因素作用结果,生物地球化学省呈地带性和地区性的分布,并常常与地球化学景观一致。

与生命有关的元素(包括生物必需的营养元素和在自然条件下对生物有害的元素)的地理分异在农林业、畜牧业、养殖业、医疗卫生和环境保护等方面均有极其重要的意义。因为环境中与生命有关的化学元素含量异常(不足、过剩或比例失调)而形成生物地球化学省,使动植物和人类患生物地球化学病。

2. 地表化学元素地域分异规律

由于地表化学元素迁移受水热条件、地貌形态以及生物等自然地理条件的影响,因此地表化学元素呈现出明显的地域分异规律。

在中国东部湿润半湿润区,土壤中 Cu、Ni、Co、V、F、Cd、Mn 等元素含量变化基本上呈下列纬向变化趋势:

$$华北 > 华中 > 华南 = 东北$$

也就是说,除东北区因潮湿多雨、淋溶强,元素迁移强烈,土壤元素背景较低之外,其余地区土壤的元素含量与地带性成土规律是相当吻合的。

在中国北部的草原荒漠区,元素背景含量的经向变化也很明显,Cu、Zn、Cr、Ni、V 等元素的背景含量,由东向西逐渐递增的趋势十分明显,这与降水的变化趋势也相当吻合,符合元素迁移类型由淋溶到累积的变化规律。

由此可见,中国地表元素迁移的地域分异规律与中国南热北寒、东湿西干的地理特征是一致的,与影响元素迁移的生物、气候特征的变化是吻合的。

(四) 地表化学元素集散的实践意义

地表化学元素迁移和集散的研究有重大的实践意义,具体来说表现在以下几个方面(赵松乔等,1988):

1. 土地利用

由于元素迁移,地表物质发生有规律的分化,形成各种地球化学景观(geochemical landscape),在垂直方向上形成景观地球化学作用层。为了发展农业生产,因地制宜地进行农业布局,就需要全面了解景观地球化学特性,改造不利于农业生产的自然条件。此外,为了合理利用土地资源,维持土壤肥力,需要适当的耕作措施和施肥,使土壤有机质很好地矿质化,加速化学元素的释放,以满足生物小循环,尤其是农作物吸收的需要。

2. 食物安全

地理环境中,化学元素的含量是影响食物安全的重要因素之一。生物的生长发育对环境化学有很大的依赖性。生物体不仅含有大量元素,而且含有许多重要的微量元素。任何一种元素的缺乏或过剩,都会影响正常的生命活动。动物营养元素的直接来源是植物性饲料和饮水,其化学成分又和土壤化学组成密切联系。因此,当景观地球化学作用层中元素含量不适合动物营养的正常需要时,动物就可能患病。所以,当发现某些元素缺乏时,可在饲料中加入适量的不足元素,或正确地施肥,使土壤补充所缺少的化学元素,提高农牧产品的营养价值,消除地方病;如果某些元素过剩时,可在饲料中加入对过剩元素的拮抗元素,也可扩大吸收过剩元素的牧草播种面积,防止土壤某些元素过剩而通过牧草危及牲畜。

3. 公共健康

地表环境化学异常也会引起人的生物地球化学地方病。最常见的是水、土、空气、植物中缺乏碘直接引起人体的碘营养不足,发生地方甲状腺肿,地方甲状腺肿严重的地区还流行呆小症(又称克汀病)。碘盐是当前防治地方甲状腺肿的最通用的方法。此外,较广泛分布的地方病还有氟斑釉齿和氟骨症。氟中毒的主要原因是水、土、粮食和蔬菜中氟含量高,解决的办法是改良水质和找寻低氟水源,或调入外地粮食等。另外,还有一些地方病,如大骨节病、克山病等,发病原因还不清楚。有人认为环境低硒是克山病和大骨节病发生的重要因素之一。

4. 矿产勘查

采用景观地球化学方法普查、寻找盲矿床是追踪地下矿产的一个较好的方法。许多离地面不太深的矿脉,在地下常遭到水、空气、生物等风化作用,使它的一部分化学元素向周围分散开来,在矿脉的周围形成一个矿体金属元素的次生分散晕,景观各要素,如植物、土壤、水、疏散堆积物和沉积物中的一种或几种金属元素含量大大地增高,明显地高于该区的背景值。因此,当分析了景观各要素后,就可以圈定矿产的次生分散晕,判定矿产的位置。

5. 环境修复

地表环境是一个不断进行物质循环和物质自净的庞大的化学地理系统。"三废"污染往往会使地理环境恶化,平衡破坏、质量下降,损害自然资源、危害人体健康,产生一系列环境污染问题。环境修复可以用化学地理理论和方法建立一套合理解决的途径,主要表现在以下几方面:环境背景值的研究,环境容量的研究,污染物在地理环境中的分布研究,污染物在环境中的迁移研究等。

2.7　自然地理环境的空间结构

从系统论观点来看,任何系统都具有一定的结构,系统的结构是系统保持整体性以及具有一定功能的内在依据,是系统的"部分的秩序"。自然地理环境是地球表层最完整、最复杂的自然综合体,在空间上表现出整体性特征。自然地理环境的结构是指各组成要素或组成部分之间的排列组合方式。严格来说,自然地理环境的结构包括空间结构和时间结构两个方面。时间结构将在下章讨论,此处主要阐述自然地理环境的空间结构。

由于自然地理环境中物质密度差异及物质运动的多样性,决定了其空间结构的复杂性。但在垂直方向的分层性、相互渗透性和水平方向的地域结构性方面,表现得非常清晰。

(一) 分层结构

源于地球重力和物质密度的分层结构,是整个地球结构的重要特征。占据地球表面的自然地理环境的分层结构,继承了地球结构的这一特征,并且与地球结构具有同一起因。空气、水体、岩石和生物有机体是自然地理环境的 4 类基本物质组成,重力的作用决定了地表物质按照密度差异进行空间垂直分布,密度小的物质分布于上部,密度大的物质分布于下部。空气、液态水和岩石依密度顺序作层状排列,由上向下依次构成了大气圈、水圈和岩石圈,生物圈则分布于三个圈层相邻接的交界面上。这就是自然地理环境在垂直方向上分层结构的显著特征。

自然地理环境的分层结构决定了三大圈层之间的物质交换主要沿垂直方向进行。例如,土壤水分沿母质和土壤毛细管上升至地表,通过蒸发进入大气;大气降水、水分的渗透、尘埃的沉降等则是相反的方向。另外,三大圈层本身也具有分层结构。对流层可分为对流层顶、上层、中层、摩擦层和贴地层。水圈可分为空中水层、地表水层和地下水层,水圈主体的世界大洋也可按深度分为表层、次表层和深层,或者按水温状况分为暖表层、温跃层和深海层。生物圈的植物群落也可分为乔木层、灌木层、草本层和苔藓层,土壤也可分为表土层、心土层和底土层。由此可见,分层结构是自然地理环境非常普遍的结构特征。

自然地理环境的分层结构并不具有严格的几何学意义,表现在层界面不平整、层厚不一致、任何层次都不可能大面积连续分布等方面。

(二) 渗透结构

在自然地理环境中,生物圈并不单独占有任何空间。生物活动范围包括对流层下部、整个水圈、土壤圈以及沉积岩石圈上部。从此意义上说,生物圈渗透于上述诸圈层之中。一般来说,水生生物完全生活于水圈,陆生生物分布于大气贴地层和沉积岩石圈表层,植物根系扎入土壤层吸收土壤水分和养分,枝叶则伸展在大气圈中,通过光合作用吸收 CO_2,释放 O_2。因此,在地球表层三个圈层相互接触处形成了陆地景观层,这里水圈是地表水、地下水以及其他多种形式积累起来的圈层,这里聚集了地球上绝大多数的生物($>99\%$)。在陆地景观层中,存在着许多物质和能量转化的主要机制,进行着各种溶解、氧化与还原、水化作用生物的合成与分解、岩石的机械破坏、地表物质的搬运和堆积、大气降水、径流、蒸发与蒸腾作用,以及土壤、冰川和各种地貌的形成等。因此,生物圈总是与其他圈层全部重叠或部分重叠。这是自然地理环境具有渗透结构的显著特征。

另外,自然地理环境的各圈层内部,物质渗透也很明显。每一个圈层中都包含大量属于其他圈层的物质。例如,大气圈中含有岩石圈、水圈物质和生物有机体,沉积岩石圈中,尤其是土壤风化壳中含有空气、水和多种土壤生物等。

(三) 水平结构

水平结构又称地域结构,是自然地理环境地域分异的结果。无论是自然地理环境整体,还是其组成要素,都在水平方向和垂直方向上按照一定的规律发生分异,并形成若干次级自然综合体。在平面图上,这些次级自然综合体是自然地理环境整体的部分,即结构单元。换言之,某一特定范围的自然地理环境既可由若干要素组成,也可由若干范围较小的结构单元组成。无论是组成要素,还是结构单元,都是自然地理系统的子系统。

自然地理环境的地域结构,取决于两类地域分异因素(地带性因素和非地带性因素)的综合作用。也可以说,取决于自然地理环境的两类能量(太阳辐射能和地球内能)的综合作用。太阳辐射能在地表各纬度带的不均匀分布,造成自然地理环境的纬度地带性分异,最终形成以地带性特征占优势的结构单元,如热量带、自然带和自然地带等。况且,无论是陆地,还是海洋都存在这种结构单元。另外,在地球内能作用下,产生的海陆分布、地势起伏和岩浆活动等现象,造成自然地理环境的非地带性分异,形成了以非地带性特征占优势的结构单元,如绵延不断的山地、辽阔的高原、浩瀚的内陆盆地等。各级各类结构单元的镶嵌组合,形成了自然地理环境的地域结构。

复习思考题

2.1　如何认识自然地理环境的整体性?

2.2　何谓耗散结构? 何谓地理耗散结构?

2.3　试述自然地理环境的整体性(系统性)的特征。

2.4　简述自然地理环境的物质组成。

2.5　简述自然地理环境的能量组成。

2.6　自然地理环境的要素有哪些？

2.7　简述能量在自然地理环境中转换和传输的过程。

2.8　简述自然地理环境中物质循环的 4 种类型。

2.9　论述化学元素迁移对自然地理环境的影响。

2.10　简述自然地理环境的空间结构。

扩展阅读材料

［1］Bennett R J and Chorley R J. Environmental systems：Philosophy，analysis and control. Methuen and Co LTD，1978.

［2］Gregory K J 著.变化中的自然地理学. 蔡运龙等译.北京：商务印书馆，2006.

［3］Will Steffen 著.全球变化与地球系统：一颗重负之下的行星. 符淙斌，延晓冬，马柱国，等译.北京：气象出版社，2010.

［4］Сочава 著. 地理系统学说导论. 李世玢译. 北京：商务印书馆，1991.

［5］贝塔兰菲著. 一般系统论. 秋同，袁嘉新译. 北京：社会科学文献出版社，1987.

［6］陈传康. 自然地理学、地球表层学和综合地理学. 地理学报，1988，43(3)：258-264.

［7］樊杰. 地理学的综合性与区域发展的集成研究. 地理学报，2004，59(S1)：33-40.

［8］傅伯杰. 地理学综合研究的途径与方法——格局与过程耦合.地理学报，2014，69(8)：1053-1059.

［9］谢向荣. 波雷诺夫院士及其风化壳、景观地球化学学说. 土壤通报，1958，(2)：41-51.

第 3 章　时间演化规律

自然地理环境在空间和时间的发展是统一的,空间地理分布规律不能离开时间而存在;同样,时间演化也必须有空间表现形式。

现代自然地理环境是经过漫长的地质历史时期发展演化而形成的。在自然地理环境发生和发展的整个历史过程中,各组成成分和它们之间相互作用的关系也在不断地发生变化。虽然现代自然地理环境反映出了当前地球表层各种自然地理过程的特点和形式,但地质历史时期的发展过程迄今仍影响、甚至控制着现代自然地理环境。

自然地理环境发展的方向性、节律性、稳定性就是时间演化规律的一种表现。

3.1　自然地理环境发展的方向性

自然地理环境的发展是有方向性的发展,也就是说,随着时间的推移,它的发展不断复杂化,从一种质的状态进入另一种新质的状态,新的形态总是不断代替旧的形态。无论在有机界,还是在无机界都有这样的方向性。

(一) 岩石圈发展的方向性

在地球漫长的演化过程中,岩石圈发生了复杂的变化。近年来,许多学者从大地构造、岩浆活动、生物发展、沉积建造和地球化学环境等不同方面探索其发展。从以下几个方面,我们就可以发现岩石圈的发展亦具有明确的方向性。

1. 地壳演化的大地构造具有明显的方向性

根据陈国达(1912—2004,地质学家)1956 年创立的地洼学说,地壳构造的演化基本经历了三个阶段:地槽区(活动区)→地台区(相对稳定区)→地洼区(新的活动区)(图 3.1)。在地壳构造发展演化过程中,活动区和稳定区可以相互转化,不仅地槽区可以转化为地台区,地台区也可以转化为地洼区,这种转化绝不是简单的重复,而是由简单到复杂、由低级到高级的螺旋式地向前发展。地洼本身也不是地壳发展的最后形式和阶段,更可能转化为别的更新的构造单元。

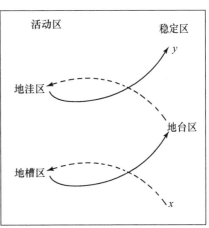

图 3.1　地壳演化过程示意图

(据陈国达,1956)

2. 地貌随时间的发展也具方向性

根据 Davis 的侵蚀循环学说(又称地理轮回说),假定地壳抬升后再没有上升、下降运动及大的气候变化,由流水逐渐夷平地表,从以下蚀为主的"V"形河谷的河流青年期开始,经过侧蚀为主的壮年期,最后进入侵蚀微弱、谷地间地面降低成缓坡的老年期,整个地表被磨蚀成几乎是起伏不大的平原,即准平原。然后地壳再上升进入第二个轮回,往复下去。这种地貌自幼年期、青年期、壮年期进入老年期的地理循环理论,虽然遭到了许多人的批评,但如果把地理循环和地质构造联系起来,不要把地理循环看成封闭循环,而是螺旋性的循环,即有方向性的前进运动,则 Davis 的侵蚀循环学说还是符合地貌发展规律的。

3. 风化壳的发育以及土壤的形成过程也具方向性

根据 Полынов 的风化发育阶段学说,不同的化学元素在化学风化过程中迁移能力的差异,大致分为 4 个阶段:① 基岩初期以物理风化为主,化学风化微弱,元素很少迁移,岩屑型风化壳是发育初期的代表;② 化学风化的早期阶段,主要是氯化物和硫酸盐被淋溶,碳酸盐相对难溶常在原地富集,称为富钙阶段;③ 化学风化中期阶段,风化壳进一步发育,不仅 Cl^-、SO_4^{2-} 大量迁移,CO_3^{2-} 也大量淋失,由于 Si 与 Al 相对富集,故称富硅铝阶段;④ 风化壳发育到晚期,化学风化进行得比较彻底,可迁移的元素基本都被析出,几乎丧失了全部盐类和呈胶体状态的 SiO_2,残留下难以迁移的铁铝化合物,称为富铝铁阶段。

(二) 大气圈发展的方向性

大气圈的形成和发展是与整个地球的演化分不开的,其演化主要反映在化学成分变化上。大气圈的发展经历了原始大气、CO_2 大气到现代氮氧大气这样一种方向(全石琳,1988)。

1. 原始大气

大约在 45 亿年前,原始大气圈与原始地壳差不多同时出现,蕴藏在地球内部的各种气体元素随着火山爆发大量逸出地表,并被地球重力吸附,形成了原始的大气圈。从现代火山喷发出来的气体成分分析,原始大气主要由 H_2O、CO、CO_2、N_2、NH_3 和 CH_4 所组成,由于缺乏游离的氧,原始大气处于还原状态,与现代大气有本质区别。原始大气在大气圈发展史上占据了漫长的时间。

2. CO_2 大气

在漫长的历史时期,原始大气组成成分也在逐渐发生变化。开始是以 CO_2 和 N_2 的增加为主要标志。由于原始绿色植物的出现,光合作用释放的 O_2 对原始大气发生缓慢的氧化作用,CO 经氧化成 CO_2,CH_4 经氧化成 CO_2 和 H_2O,NH_3 经氧化成 H_2O 和 N_2,于是大气中 CO_2 和 N_2 不断增加。随着生物的进化和增多,大气中 O_2 逐渐增多,CO_2 也就相应增多,在距今 19 亿～10 亿年前,CO_2 在大气成分中占优势地位,使原始大气变成 CO_2 大气。

3. 现代氮氧大气

古生代和中生代是生物大发展时期,尤其是陆生森林植物大量出现,植物光合作用成为改变大气成分的重要因素，O_2 不断从 CO_2 中分解出来，使得大气中 O_2 越来越多，而 CO_2 逐渐"稀释"，直到现代 O_2 的水平。O_2 的增加又导致了臭氧层的出现。大气中 N_2 的增加除与 NH_3 的不断氧化有关外，还直接取决于生物的发展，生物在生存期间要吸收环境中的氮化合物，合成蛋白质。当动植物腐烂时，蛋白质一部分直接转化为 N_2，另一部分转变为 NH_3 和 NH_4^+，NH_3 在游离氧的作用下又转变为氮。N_2 是化学性质不活泼的气体，在大气中越积越多，终于形成了以 N_2、O_2 为主的现代大气。

（三）水圈发展的方向性

地球刚形成时并不存在水圈。随着大气圈的形成和演化，部分火山气体物质（主要是水蒸气）凝聚后就形成了原始海洋水。其出现时间大约在距今 40 亿年前后。水圈发展的方向性主要表现在以下几个方面：

1. 水圈中水体总量逐渐增大

现在普遍认为，水圈（大洋）是由火山活动所释放的物质形成的。在地球形成初期，水以结晶水形式存在于地球内部。由于地球内部剧烈运动造成地震和火山爆发，晶体水变成水汽同岩浆喷发出来飘逸在大气中（现代火山活动每次喷发都有约 75% 以上的水汽喷出）。另外，还有一部分水汽可能是陨石冲击地球时所释放的。随着地壳逐渐冷却，大气温度慢慢降低，其中一部分水汽保存在大气中，但大部分则以尘埃为凝结核变成雨滴降落地面，形成小溪、河流和湖泊，最终在地球表面相对低凹处形成原始海洋。据估计，35 亿年前地球表层的水量只有目前的 1/10。

2. 海水性质由酸性到弱碱性变化

据 H J Rossler（勒斯勒，1985）资料，前太古代的原始海洋水中溶有大量 Cl^-、F^-、HCO_3^-、H_2S 等组分，因此具有明显的酸性特点，pH 为 2~3。原始海洋水和凝集在地球表面的原始岩浆水通过蒸发和自然循环作用，在大陆表面形成了淡水。元古代和太古代时期，水圈中海洋水的 pH 逐渐增大，从强酸性演变为弱酸性。这种水溶液无论在大陆表面，还是在海洋底部，都强烈地侵蚀着硅铝酸盐岩石，从其中淋溶出碱金属和碱土金属元素，使大量 K^+、Na^+、Ca^{2+}、Mg^{2+} 等金属离子进入海洋，导致海水的 pH 逐渐增加，至元古代末原始的酸性海洋水已演变到接近于中性。显生宙，海洋水的 pH 继续增加，最后演变为现代的弱碱性（pH＝8.4）水。

3. 海水含盐浓度逐渐增大

地球在漫长的地质时期，最初的海洋水量较少，含盐量很低（尤其是碳酸盐含量）。由于水分循环，地表径流携带陆地表面风化作用产生的大量盐类元素汇入大海，使海水盐分不断增加；与此同时，海洋水分不断蒸发，而盐类几乎不会蒸发，就使盐浓度越来越大。大洋底部随着海底火山喷发，也会不断地给海洋增加盐类。此外，海洋生物大量吸收海水中的 $CaCO_3$ 形成骨骼和贝壳而最终沉积在海底，使海水中的 CO_3^{2-} 含量大为减少，而氯化物逐渐积累使得盐浓度增大。据估计，在元古代后期，世界海洋的盐度为 10‰~25‰，而现在世界大洋的海水平均盐度为 35‰。

（四）生物圈发展的方向性

地球上自出现原始生命至现在丰富多彩的生物圈大千世界,无论在生物门类、属种数量、生态类型和空间分布等方面都经历了巨大的变化。根据众多学者长期深入综合研究结果认为,生命的起源和发展需要经过两个过程:第一个过程是生命起源的化学进化过程,即由非生命物质经一系列复杂的变化,逐步变成原始生命的过程;第二个过程是生物进化过程,即由原始生命继续演化,从简单到复杂,从低等到高等,从水生到陆生,经过漫长的过程直到发展为现今纷繁复杂的生物界。两个过程都表现出了明显的方向性。

1. 生命起源的方向性

地球上最初的原始生命,是在原始地球条件下,由非生命物质在极其漫长的时间,经过 4 个阶段的化学进化过程演变而成的。

（1）从无机小分子物质生成有机小分子物质

在原始地球条件下,原始大气成分在宇宙射线、强烈的紫外线和频繁的闪电等能量的作用下,合成了各种氨基酸等小分子有机物,完成了从无机物向简单有机物的转化。这一结论已被美国芝加哥大学 S.Miller（米勒,1953）在实验室所证实。氨基酸等小分子有机物经雨水作用最后汇集在原始海洋中,日久天长,不断积累,使原始海洋含有了丰富的氨基酸、核苷酸、单糖等有机物,为生命的诞生准备了必要的物质条件。

（2）从有机小分子物质形成有机高分子物质

原始海洋中的氨基酸、核苷酸、单糖等有机小分子物质经过极其漫长的积累和相互作用,在适当条件下,氨基酸通过缩合作用形成原始的蛋白质分子,核苷酸则通过聚合作用形成原始的核酸分子。生命活动的主要体现者——原始的蛋白质和核酸的出现,意味着生命从此有了重要的物质基础。

（3）从有机高分子物质组成多分子体系

以原始蛋白质和核酸为主要成分的高分子有机物,在原始海洋中经过漫长的积累、浓缩和凝集,形成团聚体漂浮在原始海洋中,与海水之间自然形成了一层最原始的界膜,构成独立的多分子体系,能够从周围海洋中吸收物质来扩充和建造自己,同时又能把“废物”排出去,具有了原始的物质交换作用而成为原始生命的萌芽。

（4）从多分子体系演变为原始生命

具有多分子体系特点的团聚体在原始海洋中不断演变,特别是蛋白质和核酸两大主要成分的相互作用,其中一些多分子体系的结构和功能不断地发展,终于形成了能把同化作用和异化作用统一于一体的、具有原始的新陈代谢作用并能进行繁殖的原始生命,这一阶段的演变过程是生命起源的关键。

原始生命诞生以后,生命演化就从化学演化阶段进入到生物进化阶段,自然地理环境相应地从无机界的沉寂发展为有机界的繁盛世界了。

2. 生物进化的方向性

地球上生物的进化经历了漫长的岁月,随着自然地理环境的演变,从最原始的无细胞结构生物进化为有细胞结构的原核生物,从原核生物进化为真核单细胞生物,然后按照不同方向发展,出现了真菌界、植物界和动物界。清晰地反映出生物从低等逐渐向高等进化的方向性。

(1) 植物演化的方向性

海洋是生命的摇篮。太古代至元古代前期,海洋中出现了最早的生物——蓝藻和细菌等原核生物。前震旦纪至志留纪,由原核生物分化增殖,逐渐形成多细胞的真核藻类植物。距今约4亿年前,由于海陆更替,藻类植物逐渐适应了陆地环境,成为陆生植物的祖先。志留纪-二叠纪,因湿润多氧的环境,蕨类植物生长旺盛,组成了蕨类植物的灌丛和森林。二叠纪-白垩纪早期,裸子植物适应了陆生环境,松柏、银杏等生长十分茂盛。从白垩纪早期至今,被子植物统治了整个植物界,占植物界数量的一半以上。

可以看出,植物在漫长的进化过程中,从藻类→裸蕨植物→蕨类植物→裸子植物→被子植物,具有由低级到高级、由简单到复杂、由水生到陆生的方向性。

(2) 动物演化的方向性

20亿年前,海洋中开始出现单细胞动物,到元古代原始多细胞动物逐渐进化成为种类繁多的原始无脊椎动物(包括腔肠动物、扁形动物、线形动物、软体动物和环节动物等),结构越来越复杂,但都需要生活在水生环境中。后来出现了原始节肢动物,有外骨骼和分节的足(如昆虫等),对陆地环境的适应能力较强,脱离了水生环境。志留纪出现了地球上最早的脊椎动物鱼类,泥盆纪某些鱼类进化成为原始的两栖类,而某些两栖类则进化成原始的爬行类。中生代某些爬行类又进化成为原始鸟类和原始哺乳动物类。第四纪时期人类从猿类中分化出来。

可见,经过极其漫长的进化年代,动物结构逐渐变得复杂,生活环境逐渐由水中到陆地,最终完全适应了陆上生活。经历了从单细胞动物→多细胞动物→无脊椎动物→鱼类→两栖类→爬行类→哺乳动物→人类的进化过程。

生物圈的发展历史表明,生物进化是从水生到陆生、从简单到复杂、从低等到高等的过程,都呈现出一种进步性发展的趋势。

3.2 自然地理环境发展的节律性

自然地理环境不断向前发展的过程中,存在着许多重复发生的现象和过程,如昼夜的更替、季节的更替、冰川的进退、潮汐的涨落、候鸟的迁徙、鱼类的洄游、生物的生死以及物种的盛衰等。我们把自然地理过程或现象随时间的演化而重复出现的变化规律称为自然地理环境的节律性,简称节律性(rhythm)或节奏性、韵律性。

自然地理环境发展的节律性可概括为三种类型:周期性节律、旋回性节律和阶段性节律。

(一)周期性节律

由于地球自转和公转运动的周期,决定了地表接受的太阳辐射有明显、严格的昼夜变化和季节变化。我们把这种自然地理过程或现象按严格的时间间隔重复的变化规律称为周期性节律。其中,昼夜节律(circadian rhythm)和季节节律(seasonal rhythm)是周期性节律的主要表现形式。

1. 昼夜节律

由于地球绕地轴自转,使地球大部分地区在每天 24 小时都有昼和夜的交替以及相应的加热和冷却的交替,对此自然地理环境的各种成分亦作出了积极的响应,表现在许多自然地理过程和现象都随着昼夜交替而重复出现。随昼夜更替而变化的昼夜节律是很多的,如温度的日变化、相对湿度和绝对湿度的日变化、山谷风和海陆风的风向变化;植物白天主要进行以积累自身物质为主的光合作用,在晚上则进行以消耗自身物质为主的呼吸作用;昼行性动物"日出而作,日入而息";浮游动物随日光的上下迁移;岩石的机械风化在白天为热胀,在夜间为冷缩,都是昼夜节律的现象。昼夜节律的显著程度随纬度的增加而减小,在两极地区的表现较为特殊。

2. 季节节律

由于地球的公转,使地球大部分地区出现了季节的更替,许多自然地理过程和现象随之出现了以季节(年)为周期的节律变化。随季节更替而有规律重复出现的季节节律也有许多表现。如温带地区夏热冬寒、夏雨冬雪,河流、湖泊的流水和封冻,农作物的春华秋实、候鸟的南北迁移,鱼类的洄游繁殖,动物的冬眠和夏眠都是季节节律的表现。化学元素的迁移也具有日周期变化和年周期变化,如中国北方温带和寒带,冬季由于低温冻结,元素迁移与极地相似;而夏季相反,高温多雨,各种生物生长繁茂,风化作用强烈,元素迁移条件与热带、亚热带相似。季节节律的显著程度随纬度的增加而增加,在赤道地区基本不存在季节节律,而昼夜节律却十分突出。

昼夜节律和季节节律主要根源于地球的自转和公转以及由此引起的能量输入和转换的节律性变化。另外,自然地理环境的周期性节律还有如潮汐现象,有全日潮、半日潮、半月周期潮和月周期潮等,表现为海水周期性潮起潮落、海岸的节律性潮进潮退现象。这主要由来自月球和太阳对地球的引潮力所致。

(二) 旋回性节律

旋回性节律(cycle rhythm)是指地理现象重复出现的时间间隔长度不定,或者是按不等的时间间隔重复出现。如太阳黑子出现的最大数量是平均 11 年重复出现一次,但重复出现的时间是不严格的,有时 7 年出现一次,有时多到 17 年才出现一次,所以太阳黑子的最大数量的出现是旋回性节律的一个例子。在自然界中,地质旋回(geological cycle)和气候旋回(climatic cycle)是最典型的旋回性节律。

1. 地质旋回

岩层的沉积层序非常鲜明地反映了地质旋回的节律性,如在地层剖面上见到的由老渐新反复出现砾岩-砂岩-页岩-石灰岩的岩相更迭及岩层厚度的变化,就反映了从海退到海侵或从地壳上升到下降的旋回节律。

地质旋回节律可以延续很长时间,如加里东时期旋回节律可以延续 2 亿年,前半期是地壳沉降占优势,后半期是地壳上升占优势,随着沉降发生海侵或褶皱运动。海西时期的地质旋回延续时间稍短,为 1.25 亿年,前半期也以沉降占优势,后半期以上升占优势。

2. 气候旋回

气候的变迁也呈现一种旋回性节律。6 亿多年来的地球气候史是以温暖时期和寒冷时期交替演变为其基本特点的。另外还有干-湿的变化。根据旋回周期的长短,气候旋回可分为世纪内旋回(inner century cycle)、超世纪旋回(ultra century cycle)和冰期-间冰期旋回(glacial interglacial period cycle)三种。

(1)世纪内旋回

波动周期较短,在几年至几十年范围内。气候上常见的有 22～23 年周期及 35 年的周期。著名地理学家竺可桢院士(1890—1974)认为中国温度的升降有 50～100 年的周期。北京大学气候学家王绍武(1932—2015)教授对中国 20 世纪气候趋势的分析中认为降水从干到湿有 10 年的周期,但气温从暖到冷有 20 年周期。气温与降水联系起来,大致按暖干-冷湿-冷干-暖湿-暖干的顺序变化,周期是 40 年。

(2)超世纪旋回

周期长短超过 100 年以上的旋回,如周期为 1800—1900 年的超世纪气候旋回。这种旋回分两个阶段:寒湿气候阶段,长 300～500 年,期间冰川扩展,河流水量增加,湖泊水位上升;干热气候阶段,长达 1000 年以上,期间冰川后退,河流变浅,湖泊水位下降。竺可桢研究中国 5000 年气候变迁时,也提出 400 年、800 年、1200 年和 1700 年的周期。

(3)冰期-间冰期旋回

波动周期在 1 万年以上,甚至超过 100 万年的气候旋回,第四纪初期极地和温带的冰川作用很普遍。第四纪冰川作用由一系列冰期和间冰期组成。冰期气候寒冷,间冰期气候温暖;冰期冰川覆盖面积扩大,间冰期冰川覆盖面积缩小。在阿尔卑斯地区,曾有恭茨、明德、里斯、雨木四次冰期和三次间冰期。

(三)阶段性节律

生命活动受生物自身特性作用所形成的节律制约,同时生物界的进化也表现为阶段性的突变。按节律的性质分为两类:生物生长节律和生物进化节律。

1. 生物生长节律

生物生长节律指生命活动受生物特性作用所形成的节律,生物特性所引起的生物节律(biological rhythm)可分为不同的层次。

首先,各种生物都要经历胚胎、出生、成长和衰亡的过程,其后代也都要重复相似的过程。每一个生长期内,其生长过程符合逻辑斯蒂曲线(logistic curve),又称"S"形曲线(图 3.2)。

其次,这种节律周期的长短,因生物种类的不同而相差很大,如草本植物与木本植物的周期相差较大,而动物之间以及动物与植物之间周期的差别更是非常大。

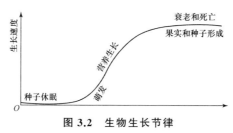

图 3.2　生物生长节律

另外,生物群体还具有独特的随时间变化的节律性,如"生物钟"。生物不仅需要同步自己的体内节律,还需要同步外部环境,绝大部分生物都自然地发展了各自的"体内时钟",以预测随时间呈周期性变化的外部环境。

总之,生物特性所引起的节律,实际上是生物感受外界环境条件变化的过程中不断调节自身的生理运动所表现出来的自动调节环境因素制约能力的一种功能。

2. 生物进化节律

美国古生物学家 N. Newell(纽维尔,1962 和 1967)统计了显生宙海洋和陆地无脊椎动物化石的分布资料,根据科一级生物门类的新生与灭绝占比(百分数),绘制出变化曲线图,显示出 5 个灭绝高峰,而每次大灭绝之后,都会出现一次生命大爆发。

第一次生物灭绝事件在 4.4 亿年前的奥陶纪末期,约 85% 的物种灭绝,腕足和苔藓虫 1/3 的科消失了,牙形刺、三叶虫、笔石中的很多种类也灭绝了,造礁生物受到了沉重的打击,总共有超过 100 个科在这次事件中消失。古生物学家认为这次物种灭绝是由于全球气候变冷造成的。

第二次生物灭绝事件在 3.7 亿年前的泥盆纪末期,由于天体撞击,海生无脊椎动物。受影响最大的是造礁生物,如层孔虫、四射珊瑚、床板珊瑚等。腕足、牙形刺、三叶虫、疑源类、无颌类和盾皮鱼类同时也受到影响。这次事件导致了鱼类的大发展。

第三次生物灭绝事件在 2.5 亿年前的二叠纪末期,大陆聚集形成了一个超级大陆,海岸线急剧减少,生态系统遭到严重破坏。陆地深处极度干旱,植物减少,大气中的氧气减少,陆地上的动物因缺氧而减少。这是有生命以来最大最严重的物种灭绝事件。估计有 90% 的海洋生物和 70% 的陆地脊椎动物灭绝。这次事件导致了爬行动物的大发展。

第四次生物事件在 1.95 亿年前的三叠纪末期,由于海水中大规模缺氧,造成 76% 的物种灭绝,主要是海洋生物灭绝。

第五次生物灭绝事件在 6500 万年前的白垩纪末期,80% 的物种灭绝,包括全部恐龙、翼龙、鱼龙等海洋爬行动物,海洋中的菊石类也一同消失。科学家推测是由于小行星撞击地球或火山大面积喷发造成。这次事件导致了哺乳动物的大发展。

在地质史上,由于地质变化和大灾难的发生,生物经历过 5 次自然灭绝。现在,由于人类活动造成的影响,物种灭绝速度比自然灭绝速度快 1000 倍,地球正在进入第六次大灭绝时期。第六次物种大灭绝是现代人类真正经历的第一次物种大灭绝,由人类活动引发,具体表现为由于植物生存环境被破坏、气候变化、外来物种入侵、自然资源过度使用和污染等因素,造成许多物种灭绝或濒临灭绝。科学家估计,到 21 世纪,全球变暖将导致 1/2 的植物面临生存威胁,超过 2/3 的维管植物可能完全灭绝。

从五次生物灭绝事件可以看出,生物门类的灭绝和新生相伴而生,生物门类从诞生、发展、繁荣、衰退到灭绝具有明显的阶段性节律。伴随着某些生物门类的灭绝,总会出现新物种的大爆炸,高级取代低级,跃进式地进化发展。

3.3　自然地理环境发展的稳定性

比较周期性节律和旋回性节律可以发现两者的本质区别:周期性节律过程中,每一个节律重复,自然地理环境保持着稳定的空间结构;而在旋回性节律过程中,每一个节律的重复,自然地理环境的空间结构会发生巨大的改组。也就是说,自然地理环境不断向前演化的历史进程中,在相当长的一段时间内维持着相对的稳定状态,各要素之间有着平衡的联系,物质和能量的输入、输出处于动态平衡,自然地理环境的结构和功能保持着稳定的状态;外界变动或人为干扰所致的不稳定影响受到自然地理环境自我调节机制的制约,使得自然地理环境总是力图恢复原态,维持稳定。每一具体的自然地理环境都是变动性和稳定性的对立统一。

(一) 自然地理环境的稳定性

自然地理环境的动态性和稳定性是相互对立、又有着紧密联系的两个不同概念。自然综合体无时无刻不在发生着变化,绝对的稳定性是不存在的。稳定性只是相对于一定时段和空间的稳定性,指的是某自然综合体的性质和结构在一定的环境条件下保持基本不变的过程。稳定性可从两个方面来理解:一是从自然综合体变化的趋势看其稳定性;二是从自然综合体对干扰的反应来认识其稳定性。

自然地理环境的稳定性(stability)是指其影响条件发生变动或人为干扰的场合下,自然地理环境的状态并不会变动过大,或变动后经自我调节机制的作用,使其逐渐恢复原态的性质。干扰(disturbance)既包括自然地理系统环境条件的改变,如太阳活动、小行星撞击、地球自转和公转参数的变化、地球内能的积累和释放、人类利用自然和改造自然的实践活动等;也包括自然地理系统内部某些要素数量和质量的变化。

干扰具有多重性,对自然综合体的影响表现为多方面。总体看,干扰对自然综合体的结构产生一定影响,进而直接改变了自然综合体的功能,在不同程度上将影响各级自然综合体的稳定性。自然综合体对干扰的反应存在一个阈值:只有在干扰的规模和强度高于这个阈值时,自然综合体的性质和结构才会发生质的变化;而较小的干扰作用下,一般不会对自然综合体的稳定性产生影响。因此,干扰可看作是对自然综合体演变过程的调节器。在通常情况下,自然综合体沿着自然的演变过程发展,在干扰的作用下,自然综合体的演变过程出现加速或延缓趋势。

(二) 正反馈和负反馈

自然地理环境之所以具有稳定性,是由于自然地理环境的自我调节功能。自然地理环境的自我调节,在很大程度上取决于它的各个组成成分以及各自然综合体之间的相互联系的性质。这种联系可用系统动力学(system dynamic)的因果反馈关系来研究。

凡具有因果关系的变量,它们的关系不是正因果关系,就是负因果关系。如 A 事物增加,B 事物也随之增加,就是正因果关系,符号表示为"+";若 A 事物增加,B 事物随之减少,则为负因果关系,符号表示为"−"。如果把许多有联系的因果关系首尾串联,便可形成一个闭合的因果关系环。这种因果关系环就是我们所说的反馈(feedback),也称为反馈环。所谓反馈,是指系统的输出信息反过来又影响系统输入的现象。根据输出信息对系统输入的影响,系统的反馈可分为正反馈和负反馈两种类型。

1. 正反馈

如果回返信息使系统输入或过程原因在原来变化方向上得到放大,进一步偏离初始状态,称为正反馈(positive feedback)。也就是说正反馈是当反馈环中一个要素发生变化,通过反馈环中各环节的连锁反应,加强这种变化趋势,使其脱离初始状态。这种在变动中自我增强的作用是正反馈的作用。

例如,"猫的数量"与"鼠的数量"为负因果关系,而"鼠的数量"与"鼠药数量"是正因果关系,"鼠药数量"与"猫的数量"为负因果关系。如图 3.3 所示:猫的数量减少,老鼠数量增多;老鼠数量增多,灭鼠药增多;灭鼠药增多,进一步使猫的数量减少。表现为一种抑制"猫的数量"增加的作用。

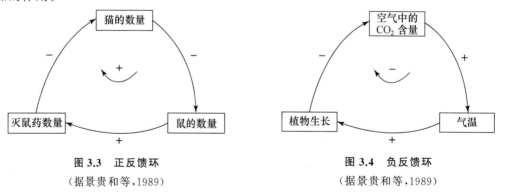

图 3.3   正反馈环
(据景贵和等,1989)

图 3.4   负反馈环
(据景贵和等,1989)

2. 负反馈

如果回返信息使系统输入或过程原因在原来变化的方向上得到抑制或缩小,趋向回到初始状态,称为负反馈(negative feedback)。也就是说负反馈是当反馈环中一个要素发生变化,通过反馈环中各要素的连锁反应,减弱了这种变动,使变化趋于稳定。这种在变动中自我调节的作用是负反馈的作用。

例如,当空气中 CO_2 含量增加时,空气温度因温室效应而提高;空气温度升高,植物生长茂盛;植物生长茂盛,增强光合作用,因而使 CO_2 减少。这就使 CO_2 含量不会增加过快,而趋于稳定(图 3.4)。所以负反馈可以通过连续反应,起自我调节的作用。

由上分析可见,正反馈是使偏差增强,而负反馈则使偏差抵消。

(三) 正反馈和负反馈的关系

对于自然地理系统来说,正负反馈是并存的。负反馈使系统保持原先的存在状态;正反馈则使系统朝着一定的方向演化。由于负反馈起着对系统稳定的作用,因此以前过多地重视负反馈在生态平衡中的作用,甚至认为生态平衡仅由负反馈来决定,而忽视了正反馈的作用。实际上,自然地理系统中的各种相互作用和反馈是极为复杂的,系统的状态往往是在若干种正反馈和负反馈支配下变化发展的,形成复杂的反馈-响应机制。由于正反馈的自我增强作用和负反馈的自我调节作用,系统必然处在变动与稳定、增长与衰减的变化之中。当负反馈占优势时,自我调节作用强于自我增强作用,系统保持稳定状态;当正反馈占优势时,自我增强作用超过自我调节作用,使系统发生自组织演化,最终达到一种新的稳定状态。

如图 3.5 所示,"植物总数"同时受"出生数"和"死亡数"两个变量的控制,当"出生数"所在的正反馈环的自我强化作用超过"死亡数"所在的负反馈环的自我调节作用时,"植物总数"将呈增长趋势;但当"死亡数"所在的负反馈环的自我调节作用超过"出生数"所在的正反馈环的自我增强作用时,系统将趋于稳定。可见,系统的稳定性不仅决定于负反馈,而是负反馈与正反馈相互冲突中负反馈占优势的结果。

自然地理系统不同等级的自然单元都是在历史发展过程中形成和不断向前演化的。所谓"稳定"只是代表整个演化过程的一个阶段。整个地球表层是由简单到复杂、不断向前发展的不可逆过程。虽然自然地理环境在某个阶段是稳定的,但在其历史长河中又是向

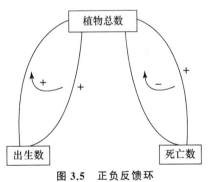

图 3.5 正负反馈环
(据景贵和等,1989)

前发展的。负反馈的自我调节作用不会引起自然环境演化的终止。负反馈的自我调节作用在演化过程中虽然是起着"保守"的作用,但其作用有一定限度,当某些变动超过"阈值"时,自我调节便会失去作用,系统会偏离初始状态发生组织演化,达到新的稳定状态。

3.4　自然地理环境发展演化过程与趋势

自然地理环境从简单到复杂,从无序到有序,成为越来越复杂的耗散结构。这种发展具有不可逆性质,并将最终造成其结构与特征的根本改变。自然地理环境的发展演化历程可用表 3.1 所示。

表 3.1　自然地理环境发展演化检索表

地质时代			距今年代 (10^6 a,百万年)	海陆变迁	生物进化	
					植　物	动　物
显 生 宙	新 生 代	第 四 纪 全新世 更新世	0～1.75	喜马拉雅山 强烈隆升		人类出现
		第 三 纪 上新世	1.75～7.0	亚丁湾、红海、 加利福尼亚湾等 海湾裂开	显花植物繁盛	高等哺乳动物
		中新世	7.0～26.0			
		渐新世	26.0～37.5			
		始新世	37.5～53.5	北冰洋裂开		
		古新世	53.5～65.0	北大西洋扩展		
	中 生 代	白垩纪	65.0～136.0	南大西洋裂开	被子植物出现	鸟类
		侏罗纪	136.0～192.5	南极大陆与非洲		爬行动物
		三叠纪	192.5～225.0	非洲与美洲分离	裸子植物出现	原始哺乳动物
	古 生 代	二叠纪	225～280	强烈的海西运动		
		石炭纪	280～345		蕨类植物繁盛	两栖爬行动物
		泥盆纪	345～395	加里东运动	裸蕨植物繁盛	两栖动物
		志留纪	395～435			鱼类
		奥陶纪	435～500			无颚类
		寒武纪	500～570			
隐 生 宙	元 古 代	晚前寒武纪	600～1000		菌类、有性生殖出现	
		上寒武纪	1000～2000		菌丝和绿藻出现	
		中寒武纪	2000～2500		单细胞、蓝绿藻出现	
	太 古 代	古寒武纪	2500～4500		细菌开始出现	

(一)古代自然地理环境的一般发展过程

一般认为地球年龄为 50 亿～70 亿年,而已知最古老的岩石年龄未超 46 亿年。大约在 46 亿年前,从太阳星云中开始分化出原始地球,温度较低,轻重元素浑然一体,并无分层结构。原始地球一旦形成,有利于继续吸引和积聚太阳星云物质,使体积和质量不断增大,同时因重力分异和放射性元素蜕变而增加温度。当原始地球内部物质增温达到熔融状态时,比重大的亲铁元素加速向地心下沉,成为铁镍地核,比重小的亲石元素上浮组成地幔和地壳,更轻的液态和气态成分,通过火山喷发溢出地表形成原始的水圈和大气圈。从此,行星地球开始了不同圈层之间相互作用以及频繁发生物质-能量交换的演化历史。原始沉积岩石圈、大气圈、水圈和生物圈的初期阶段,可以追溯到距今 25 亿年前的太古代。

1. 太古代早期(距今 25 亿年前)

地球表面已有许多小型花岗岩陆块,其间为深度不一的古海洋。地壳运动和岩浆活动广泛而又强烈,火山喷发十分频繁,"脱气"过程形成了大气圈和水圈。大气圈富含 CO_2、水蒸汽、火山尘埃、很少的氮和非生物成因的氧。陆地是炎热的、荒芜的。后期水圈中陆续出现了蛋白质、核酸、原核细胞、细菌和蓝藻,开始形成了生命。

2. 元古代(距今 6 亿～25 亿年)

大陆地壳逐渐扩大、增厚,火山活动相对减弱,大气中 CO_2 浓度降低,游离氧增加。原核生物进化为真核生物,嫌气生物转化为好气生物,物种数量增多。植物经历第一次大发展,晚期出现了原始动物。造山运动多次发生,并使小陆块逐渐拼合为泛古陆。

3. 古生代(距今 2.3 亿～6 亿年)

泛古陆分裂,形成冈瓦纳、北美、欧洲和亚洲四个大陆。大陆分裂引起海侵,海生无脊椎动物空前繁盛,海生植物出现向陆生植物过渡的迹象,鱼类诞生。加里东运动后,古欧洲与北美合并为一个大陆。海西运动后,欧美大陆和冈瓦纳古陆合并,晚二叠纪,亚欧大陆形成。至此,新的泛大陆宣告形成,海退现象相伴而生,鱼类和两栖动物达到旺盛,陆生植物日益繁荣,蕨类森林遍布各大陆。

4. 中生代(距今 0.7 亿～2.3 亿年)

自晚二叠纪起,泛大陆再次分裂成南北两片,北方的劳亚大陆和南方的岗瓦纳大陆,造山运动强烈。中生代的气候非常温暖,对生物的演化产生重要影响,爬行动物繁盛之后又走向灭绝,鸟类、哺乳动物、被子植物欣欣向荣。

总体看来,古代自然地理环境的变化主要包括:① 由构造运动引起的海陆变迁、陆地表面起伏程度的改变以及地面物质的大规模迁移;② 作为气候变化表现形式的全球冷暖干湿变化,大气环流形势和气候带的改变;③ 上述各种变化导致的生物界的发展。

(二) 新生代以来自然地理环境的发展趋势

虽然古代的某些发展变化过程至今仍影响着现代自然地理环境,但它们作为历史过程中的一些环节,与现代自然地理环境毕竟缺乏直接的联系。因此,我们关注的重点是新生代,特别是第四纪以来的环境发展或变迁过程。现代自然地理环境是通过新生代,特别是第四纪以来的发展变化逐步形成的,也可以说就是第四纪构造运动和气候变迁的直接结果。另外,人类的产生和发展对地球表层系统的演化也产生了深刻影响。

1. 第四纪构造运动

第四纪强烈的地壳构造运动,在大洋底沿中央洋脊向两侧扩张。对太平洋板块移动速度测量表明,平均每年向西漂移最大达到 11cm,向东漂移 6.6cm。新构造运动使新生代的海陆轮廓显著改观。古地中海消失,欧、非两大陆进一步靠拢,现代大地貌单元基本形成。陆地上新的造山带是第四纪新构造运动最剧烈的地区,如阿尔卑斯山、喜马拉雅山等。地震和火山是新构造运动的表现形式。地震集中发生在板块边界和活动断裂带上,如环太平洋地震带、加利福尼亚断裂带、中国郯庐断裂带等。火山主要分布在板块边界或板块内部的活动断裂带上。大陆平均海拔由新生代初的 300 m 增至 875 m。巨大的地势起伏影响了气候的变化,干扰了自然地理地带分布,而与巨大山系和高原伴生的盆地和平原因为形成比较发达的河湖水系则不断接受河湖沉积。构造运动造成的各种海底地貌对洋流、海水理化性质及水生生物也发生强烈影响。许多较古老的山系在经历准平原化过程而趋于夷平之后,又发生"回春"作用,地势相对高差再次增大。

2. 第四纪气候变迁

第四纪期间,高纬地区和中低纬高山地区发生了多次冰川作用,冰期与间冰期交替出现是第四纪的显著特征。据研究,每百万年发生的冰川作用即达 20 次左右,冰期与间冰期的温差为 3~4℃或 6~10℃不等。冰期中,气候显著变冷,高纬度地区的大陆冰盖扩大,中低纬山岳冰川下伸,古冰川面积最大时,相当于现代冰川面积的 3 倍;间冰期,温暖程度还略高于现在,年均温高 2~3℃,冰川退缩,冰盖缩小。冰期与间冰期的交替出现,对自然地理环境造成了显著的后果,表现在气候带的移动、地表侵蚀和堆积状况、水文状况、有机界及土壤发生变化,海平面高度变化超过 100 m,海岸线位移达数百千米,厚层黄土堆积等许多方面。最近 1 万年来的全新世时期,冰川大量消融,气候全面转暖,年均温上升 8~10℃,海平面大幅度上升,中低纬山地雪线抬升 1000 m 以上,自然地带向极地方向移动 5~10 个纬度,自然地理环境逐渐具备现代特征。但这种变化具有显著的波动性。

3. 人类的产生和发展

第四纪是人类出世并迅速发展的时代,人类的发展经历了以下四个主要阶段:① 早期猿人阶段(200 万~175 万年前),能人(Homohabilis)在东非坦桑尼亚出现,"能人"意即能制造工具的人,是最早的人属动物,这可能是早期的直立猿人;② 晚期猿人阶段(100 万年前),直立猿人(Homoerectus)最早在非洲出现,懂得用火,开始使用符号和基本的语言,直立猿人从非洲扩散到中国、爪哇,最著名的代表是北京猿人和爪哇猿人;③ 早期智人阶段(50 万年前),智人(Homosapiens)于旧石器中期在非洲出现并迁移到中低纬度的欧洲和亚洲,这是人类第二次走出非洲;④ 晚期智人阶段(25 万~3.5 万年前),现代人(Homo sapiens sapiens)在非洲南部出现,能够制造更为高级的工具,已经具备成熟的语言体系和文明社会;约 5 万年前,现代人分布到中东地区;到 3.5 万年前,现代人分布到达欧洲,最著名的代表是法国克罗麦昂人(Cro-Magnon);在更新世晚期,大约 3 万~2 万年前,现代人通过白令陆桥进入北美洲并向南迁移;进入全新世后,现代人分布到除南极洲以外的各个大陆,并且成为唯一生存至今的人科动物(hominids)。

人类的产生和发展是地球表层系统进化史上最近的重大飞跃。开始时人类只是天然系统中的一个普通消费环节,后来由于人类以社会生产的方式改变了生态系统的能量和物质的输入、输出和流通转换,形成了独立的具有更为高级的耗散结构开放系统——人类生态系统(human ecosystem)。火的使用是人类第一次将大量的能量投入到生态系统中,自此以后输入的能量逐渐增多,人类生态系统的进化发展也越来越快。现在人类的活动已极大地改变了地球表层的面貌,人类的作用使具有耗散结构的环境系统进入了一个全新的发展阶段。

3.5 自然地理环境发展演化的基本特点

自然地理环境的发展演化是具有方向性和周期性特点的一个非常复杂的过程。这种复杂性主要表现在新的组成成分或要素的出现以及由此导致的结构复杂化,沉积过程加强,岩石圈厚度增加,水圈含盐量增加和离子成分有规律的变化,大气成分发生质的变化,地貌复杂化和气候多样化,生物从低级形式向高级形式发展,新物种产生和一些旧物种灭绝,地域分异越来越显著等。

1. 自然地理环境的发展规律

Исаченко(1986)曾试图揭示自然地理环境最重要的发展规律。他指出:第一,自然地理环境所有组成成分的发展都是相互联系的,因此组成成分发展的同时,成分间的物质和能量交换也得到了加强。第二,自然地理环境的发展具有前进式发展的特点,表现为新组成成分的陆续出现,太阳能的逐渐积累和自然界的地域分异日益强化。第三,发展是跃进式的,而非直线过程,周期现象并不决定主要发展方向。第四,纬度地带性作为普遍规律在整个发展过程中发挥了作用。第五,自然地理环境的发展是事物矛盾斗争的结果。其中,有机体对环境的适应和改造起着特殊的作用。

2. 自然地理环境演化的特点

(1) 从简单到复杂,从无序到有序

自然地理环境演化过程中,地球表层系统的能量与物质逐渐以同心圆的形式分异,最初形成岩石圈、大气圈和水圈,随后又从无机环境发展到有机环境,形成生物圈。这样,地球表层中能量与物质的分布不均匀性增加。与此同时,太阳能在地球表层中的流通转化途径日趋复杂。最初只是在无机环境中以物理、化学的形式流转,以后被有机体固定转化,从而使地球表层提高了固定太阳能的能力,太阳能在环境系统内部不断积聚。自然地理环境作为一个开放系统,负熵流不断增加,积累着越来越多的自由能,使它不断进化,形成越来越复杂有序的耗散结构。然而自由能在地球表层中不是均匀分布的,从纵剖面看,在海陆表面积聚的太阳能最为丰富,向上向下都急剧减少,但它们的消散是逐渐的,因此,地球表层的边界有逐渐过渡的性质。

(2) 地球表层依次形成了三大耗散结构

地球表层形成了三大耗散结构,即自然地理系统(physical geographic system)、生态系统(ecosystem)、人类生态系统(human ecosystem)。自然地理环境系统的演化就是这三大系统的进化发展。自然地理系统是生态系统的环境,生态系统是在自然地理系统中孕育发展的。

由于有机体固定、转化太阳能,引入的负熵流比自然地理系统更多、更强,因此也更为有序,功能更强。人类生态系统是以人为中心的生态系统,与天然生态系统有本质的区别,是以人的社会生产与消费实现系统与环境的能量和物质交流及其在内部的流转。人类生态系统从天然生态系统中获取最重要的负熵流,维持人类生存所必需的食物等。人类将天然生态系统不断地改造成人工生态系统,譬如农田生态系统、牧场生态系统、城市生态系统。除此之外,人类生态系统还大量开发利用地球表层在过去地质历史时期积聚的太阳能,如煤、石油、天然气等。人类生态系统是生态系统进化的产物,由于它获取了更强的负熵流,形成了远比天然生态系统复杂有序的耗散结构,并且表现出比自然地理系统和生态系统高得多的进化速率。

（3）物质能量依次在三大耗散结构中流通

自然地理系统、生态系统、人类生态系统三者除了发生化学上的联系外,在能量与物质交换方面也紧密相连。地球表层内的能量在三个系统中的流通途径是:自然地理系统→生态系统→人类生态系统。当一个系统从另一个系统中获取负熵时,必然引起后一系统总熵的增加。生态系统的生产者自身固定太阳辐射能,增强了地球表层的负熵流,因此与自然地理系统是协调一致的。人类生态系统从环境中索取能量与物质,同时又将大量废弃物排放到环境中去,危害了生态系统和自然地理系统的正常功能,导致环境系统总熵增加,环境问题日趋严重。人类一方面从自然环境中获取能量和物质,另一方面又要克服生态系统和自然地理系统的退化,这是一对永恒的矛盾。但有矛盾才有发展,正是这对矛盾推动人类社会改造环境、适应环境。

总之,自然地理环境随时间演化是一个不规则的螺旋状发展过程。一方面不断地由简单向复杂、由低级向高级向前进化;另一方面又不断地重演着相似的事件和过程。其中,在周期性节律和生物生长节律过程中,自然地理环境维持稳定的组成、结构和功能;而在旋回性节律和生物进化节律的始末,自然地理环境发生大规模改组,出现"巨涨落",原有的稳定系统遭破坏,而重新自组织出一个新的稳定系统,实现了系统的进化,这就是自然地理环境演化的基本特点。

复习思考题

3.1　论述自然地理环境发展的方向性。

3.2　何谓节律性？简要叙述节律性的表现形式。

3.3　何谓自然地理环境的稳定性？

3.4　举例说明正反馈和负反馈的概念。

3.5　为什么说自然地理环境的稳定性取决于正、负反馈的对比关系？

3.6　简述新生代以来影响自然地理环境的主要因素。

3.7　简述自然地理环境时间演化的基本特点。

3.8　辨析自然地理系统、生态系统和人类生态系统之间的关系。

扩展阅读资料

[1] Frederick K. Lutgens, Edward J. Tarbuck 著.地球科学导论.徐学纯,梁琛岳,郑琦,等译.

北京:电子工业出版社,2017.

［2］Gregory K J 著.变化中的自然地理学.蔡运龙等译.北京:商务印书馆,2006.

［3］Will Steffen 著.全球变化与地球系统:一颗重负之下的行星.符淙斌,延晓冬,马柱国,等译.北京:气象出版社,2010.

［4］理查德·福提.生命简史:地球生命40亿年的演化传奇.高环宇译.北京:中信出版集团股份有限公司,2018.

［5］理查德·利基.人类的起源.符蕊译.杭州:浙江人民出版社,2019.

［6］浦汉昕.地球表层的系统与进化.自然杂志,1983,6(2):126-128.

［7］索金斯.地球的演化.张发南译.北京:科学技术文献出版社,1982.

［8］许汉奎,冯伟民,傅强.远古的灾难——生物大灭绝.南京:江苏凤凰科学技术出版社.2014.

［9］约翰·索恩斯.时间:环境系统的变化为稳定性,见霍洛韦 S,莱斯 S P,克伦丁 G.当代地理学要义:概念、思维与方法.北京:商务印书馆,2008.

［10］张兰生,方修琦,任国宇.全球变化(第2版).北京:高等教育出版社,2017.

［11］张丕冀.地球的演化与生命运动.天津:天津科学技术出版社,2010.

［12］钟永光,贾晓菁,钱颖等.系统动力学.北京:科学出版社,2013.

第4章　空间地理规律

全球范围的自然地理环境是一个整体,但其各个部分又存在着地域上的分异和组合。研究自然地理环境的地域分异和地域组合,揭示其一般规律性,是综合自然地理学的基本内容之一,而且正是对这一自然规律的揭示和研究才促成了本学科的诞生和发展。自然地理环境的空间地理规律(regional rule)包括地域分异规律(rule of regional differentiation)和地域组合规律(rule of regional combination)。

4.1　地域分异规律概述

自然地理环境是由各组成部分和要素构成的统一整体,但整体的不同部分,却经常表现出极为显著的特征差异。如南美亚马孙河及非洲刚果河流域因终年高温多雨而形成热带雨林景观,南极大陆和格陵兰岛却以突出的严寒而长期被大陆冰川覆盖,非洲的撒哈拉及欧亚大陆腹地则因极端干旱而出现了广阔的沙漠。这些都表明,地球表层自然地理环境的不同部分,都存在着显著的空间分异。

(一) 地域分异的概念

自然地理环境各组成成分及整个自然综合体,按照确定的方向发生分化,以致形成多级自然区域的现象,称为自然地理环境的地域分异(regional differentiation)。制约或者支配自然综合体分异的客观规律,称为地域分异规律。地域分异规律反映了地域间的相互联系和空间的相互作用,是自然地理环境的基本特征之一,以至于自然地理环境不可能存在两个自然特征完全一致的区域。

俄罗斯土壤地理学家 Докучаев 最早在《关于自然地带的学说》(1899)和《土壤的自然地带》(1900)中系统地提出了自然地带性学说。他说:"由于地球与太阳所处的位置关系,由于地球的运转及其形状,使得地球表面的气候、植物和动物的分布,都按照一定的严密顺序由北向南有规律地排列,因而使地球表面分为不同地带,例如寒带、温带、副热带、赤道带等。如果成土因子呈带状分布,那么土壤在地球表面的分布也具有一定的地带性,这些地带大致与纬线平行。"从此以后,人们对于地域分异规律的认识有了新的发展,一方面发现了自然地带相对立的非地带性分异,另一方面又发现了自然地带内部的地方性分异规律,但两者都不否定自然地带的存在,反而进一步从不同侧面证实了自然地带的客观存在。

地域分异不仅存在于自然地理环境中,在社会经济环境中亦有表现(如农业区位论的杜能环)。其中,自然地域分异是地理环境的背景,社会经济人文地域分异都在此背景上发生,所以自然地域分异往往是整个地理环境分异的主导因素,或者是与之保持密切关系的派生现象。因此,自然地理环境地域分异的研究是地理环境综合研究的一个十分重要的方面。

(二) 地域分异的基本因素

引起地域分异的基本因素有两个:一是太阳辐射能沿纬度方向分布不均,造成与此相关的许多自然现象和过程沿纬度方向有规律的带状分异,这种分异因素称为纬度地带性因素,简称地带性因素(zonal factor)。地带性因素根源于古希腊罗马的气候带,经 Humboldt 发展为植物地带,到后来 Докучаев 提出自然地带性学说,以后很多地理学家将其视为地域分异的主要因素。二是决定海陆分布、地势起伏、地貌差异和岩浆活动等现象的地球内能,使得大地构造、地貌分区和干湿度分区不沿纬线方向延伸,相对"地带性"而言,称为非地带性因素(azonal factor)。

地带性因素和非地带性因素的能量都来自自然地理环境的外部,前者来自太阳辐射能,后者来自地球内部聚集的放射能,两种能量互不联系,互不从属,但都作为外部条件对自然地理环境发生作用,使景观和自然地理成分同时具有地带性特征和非地带性特征。

地带性因素与非地带性因素是自然地理环境基本的分异因素,决定着自然地理现象的大规模分异。在两种基本地域分异因素的共同作用下,还有派生的地域分异因素(如温带干湿变化)及地方性的分异因素(如地方气候)。派生的地域分异也是两种基本的地域分异因素共同作用下形成的。如温带大陆的湿润森林地区、半湿润森林草原地区、半干旱草原地区及干旱荒漠地区就是派生的地域分异因素的反映。地方性的分异因素只是导致地球某一局部的分异,与基本的地域分异因素完全不同。

(三) 地域分异的尺度

自然地理环境中,在基本的地域分异因素、派生的地域分异因素和地方性的地域分异因素的作用下,存在大、中、小三种尺度的地域分异规律。如陆地与海洋之间的差异,大山系、大高原和大平原之间的差异等属于大尺度分异;河谷与邻近分水岭间的差异,丘陵阴阳坡的差异等属于小尺度差异;具有足够海拔高度的山脉的垂直地带性差异属于中尺度差异。一般来说,大尺度的地域分异规律包括全球性分异、全大陆(或全海洋)分异和区域性分异;中尺度分异包括由高原、山地和平地内部地貌分异引起的区域分异,地方气候差异引起的地域分异以及垂直带性分异;小尺度分异又称为地方性分异或局地分异,主要由局部地形的差别、小气候的差别、岩性土质的差别和人类活动的影响产生的分异。

各种尺度的地域分异并不是彼此孤立的,而是互相间存在着密切的关系。一般说来,大尺度分异是中、小尺度分异的背景。例如,拉丁美洲赤道带的安第斯山,其基带为热带作物带,从山麓到山顶依次出现了热带咖啡带、温带谷物带、原始森林带、高山草地带、永久积雪带等垂直带性差异。反之,通过某地小尺度区域分异的比较和概括,也可以反映出高级的大尺度分异规律。

　　自然地理环境在不同尺度分异规律的作用下,分化为一系列等级和规模不同的区域单位。大尺度分异形成等级高、范围大的区域,在其背景下,中、小尺度的分异又形成级别渐低、范围渐小的区域,使地球表面形成一个由多等级区域单位构成的复杂的镶嵌体系。

4.2　全球性的地域分异规律

　　地带性因素和非地带性因素是造成全球性地域分异规律的基本原因。之所以称为全球性的分异规律,是因为其规模是全球性的。全球性地域分异有三种表现形式:热力分带、海陆水平分异和海陆起伏分异。

(一) 热力分带性

　　地球表层的热能主要来自太阳能。地球表层获得太阳能的数量决定于日地距离、太阳光线对该地区的入射角及太阳光线经过大气圈时所发生的变化。由于地球是一个球形体,太阳入射角与一个地方的地理纬度关系很大。低纬度的入射角大,高纬度的入射角小,因而太阳辐射能量在高、中、低纬的分布也就不同(表 2.1)。太阳辐射随纬度不同而发生的热力分带性具有全球规模,是一种全球性的地域分异规律。不论在大陆还是在海洋,这种热力分带性都有明显的表现。

　　地球表层热量平衡的地带性是太阳辐射能地带性分布的第一个直接结果。而辐射平衡诸因素纬向分布不平衡性的最重要结果,就是形成了气团、大气环流、水分循环的地带性。大气环流是热量与水分重新分布的强大机制,而许多自然地理过程的强度又都取决于热量和湿度的相互关系。因此,气候地带性以及景观地带性均根源于此。说明这种贯穿全球的热力分带性,乃是构成纬度地带性分异规律的基础。

(二) 海陆水平分异

　　地球的板块构造运动使地球表面分成四大洋和七大洲。海洋和陆地是自然地理环境的基本分异。由于陆地固体表面与海洋水层的物理性质不同(海洋有不同的热容量和反射率,有无限的水分储藏量和强烈的热交换),不仅表现为海洋和大陆的强烈对比,构成明显不同的陆地生态环境和海洋生态环境,并且通过海陆间的相互影响,造成次一级的地域分异——海陆过渡环境。

　　海陆分布的形成主要是地幔软流圈长期对流的结果,重力说、地壳均衡说、大陆漂移说、海底扩张说和板块构造说都曾给予解释。但无论哪个学说,海陆分异的基本因素都是地球内能。软流圈的对流作用可以使大洋中脊两侧的大洋板块向外侧扩张,沿大洋中脊不断有深部物质溢出,构成推动板块的主要动力。大洋板块与大陆板块接触时,俯冲于大陆板块之下,形成了大陆外围的岛弧和海沟。

　　全球大陆分布呈相对应的三对:欧洲大陆与非洲大陆、亚洲大陆与澳洲大陆、北美大陆和南美大陆,南极大陆是独立分布的。大洋与大陆呈相间和对蹠分布的特点,大西洋、印度洋和太平洋三个大洋分布于三对大陆之间,北冰洋与南极大陆呈对蹠分布。这种分布形式表面上呈"四面体",但是沿地球的腰部,欧洲与非洲之间的地中海,亚洲与澳洲之间的南洋海群,南、北美洲之间的加勒比海,形成一个下陷"腰带",因此,固体地球的形状颇似北极在下、南极在上的"葫芦体"。

海陆分异的全球性规模还表现在以下三个方面:① 海洋面积比大陆大得多,海洋面积占71%,大陆面积仅占29%;② 海陆分布在各纬度不均匀,陆地大部集中于北半球(图4.1),占北半球的39%,是造成南北半球气候差异的重要原因;③ 若把地球表层分为陆半球和水半球,陆半球的海洋也比陆地所占面积大,占52.7%,水半球的海洋则占90.5%。

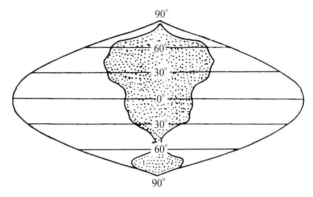

图 4.1 大陆和大洋沿纬度带分布的概括图式

全球性地域分异还表现在:所有大陆的外形多呈三角形,且尖端指向南方;环太平洋构成地震-火山带,西太平洋为岛弧分布区,海沟主要分布于大陆边缘;南北大陆之间基本上为"地中海"带,连同亚洲大陆南部的"古地中海区",也是活动造山带、地震-火山分布带。

由于世界上两个最大的大洋——太平洋和大西洋是近于南北走向的,所以由海陆引起的分异主要是沿经线方向延伸,按经度从沿海向内陆发生变化的。

(三) 海陆起伏分异

对地球固体部分不同高度区间进行面积统计(表4.1),绘成全球性海陆起伏曲线(图4.2),可以清晰地反映出全球垂直分异特征。按照地面形态可分为六类:山地和高原(海拔>500m)、平原和丘陵(海拔0~500m)、大陆架(深度0~200 m)、大陆坡(深度200~2500 m)、大洋盆地(平均深度>3800m)和深海沟。这一分异表面上看是一种垂直分异,但实际上它们之间已成为自然综合体的地域间分布规律,而且各自然综合体之间有着物质和能量的联系。因此,也属于全球性的地域分异规律。

由于高山区和海沟所占面积都不大,陆地的高度大都低于1000 m,而大洋深度大部分在3000~6000 m,所以陆地表面和大洋底部成为地球表面两个高度相差极大的水平面,即地球固体部分可分为两个最大的地貌形态:大陆(平均高度 875 m)和大洋盆地(平均深度 3800 m)。呈独特的巨大高原形状的大陆,平均高出世界大洋底部 4675 m。海陆起伏显然属于全球性的区域分异。

表 4.1　地球上不同高度和深度所占面积比较

陆　地(h/m)	各级高度所占面积		海洋(h/m)	各级深度所占面积	
	$S/10^6\ km^2$	占地表面积/(%)		$S/10^6\ km^2$	占地表面积/(%)
3000 以上	8.5	1.6	0~200	27.5	5.4
3000~2000	11.2	2.2	200~1000	15.3	3.0
2000~1000	22.6	4.5	1000~2000	14.8	2.9
1000~500	28.9	5.7	2000~3000	23.7	4.7
500~200	39.9	7.3	3000~4000	72.0	14.1
200~0	37.0	7.3	4000~5000	121.8	23.9
0 以下	0.8	0.1	5000~6000	81.7	16.0
			6000 以上	4.3	0.8
	148.9	29.2		361.1	70.8

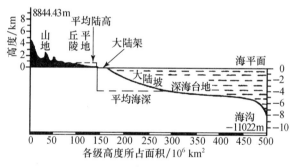

图 4.2　海陆起伏曲线

上述全球性地域分异,热力分带性形成的基本原因是太阳辐射能按纬度分布的不均,海陆分异形成的基本原因是地球内能。两种能量一种来自太阳辐射,一种来自地球内部。太阳辐射引起许多自然现象按纬线方向延伸、南北方向发生更替;地球内能引起的海陆分异大致沿经线方向延伸,从沿海向内陆发生变化。其中,除热力分带性属于地带性分异外,其余均属于非地带性分异。

4.3　大陆和大洋的地域分异规律

在整个地球表层分为大陆和大洋的基础上,大陆和大洋内部自然地理环境也各有自己独特的地域分异规律。

(一) 大陆的地域分异规律

大陆的地域分异规律是贯穿整个大陆的,按其形成因素可分为三类:纬度地带性、干湿度地带性和水平地带性。

1. 纬度地带性

纬度地带性,是指自然地理环境组成成分及自然综合体大致按纬线方向延伸而按纬度方向有规律的变化。它是地带性分异因素——太阳能按纬度方向呈带状分布所引起的温度、降水、蒸发、径流、风化和成土过程、植被等呈带状分布的结果(表 4.2)。这些组成成分相互作用组成的自然地理综合体,按纬线方向延伸而按纬度方向有规律变化,在自然地理学中很早就称之为地带性规律,所以地带性(zonality)就是特指纬度地带性。

表 4.2 陆地主要森林景观地带的定量指标

地 带	年辐射差额 /(kJ·cm^{-2})	昼夜温度 ≥10℃ 的积温/℃	年降水量 /mm	年蒸发量 /mm	年径流量 /mm	净初级 生产量 /(t·ha^{-1}·a^{-1})
冻原带	54.4～83.7	<600	300～500	100～250	200～300	2.5
泰加林带	104.7～125.6	1000～1800	300～800	250～500	100～350	7.0
亚泰加林带	125.6～146.5	1800～2400	500～8000	400～500	100～300	8.0
阔叶林带	146.5～230.3	2400～4000	600～1000	400～600	150～400	13.0
亚热带常绿林带	272.1～293.1	4500～7000	1000～1500	500～900	300～800	20.0
热带季雨林带	272.1～293.1	9000～9500	1200～1600	600～1000	400～800	16.0
赤道雨林带	251.2～272.1	9000～9700	1500～2000	900～1250	500～1000	40.0

* 据 Исаченко,1986,有改动

1921 年,俄罗斯学者 Комаров(科马罗夫)提出了有机体分布的"经度地带性"概念(Исаченко,1986),后来又有人提出"水平地带性"(horizontal zonality)的概念,使之与垂直带性相对立。Комаров 的"经度地带性"的本意是反映植被在大陆西岸、大陆内部和大陆东岸的不同分布现象。这种现象是客观存在的,应该得到反映。但这种现象形成的主要原因是海陆分布关系,而非太阳能按经度分布的差异,故称这种现象为"经度地带性"是不恰当、不科学的,因为很少有什么地带严格按照经度方向发生变化,它混淆了地带性的本质。水平地带性本来就是指纬度地带性,但后来把"纬度地带性"与"经度地带性"都包括在水平地带性中,与垂直带性对立,也是从现象出发、不追求这种现象形成原因的一种表现(景贵和等,1989)。

大陆的地带性规律在海洋为大洋地带性规律所代替。虽然一个大陆的地带可以在另一个大陆重复出现,但大陆自然地带被大洋所切断,代之以海洋自然带。最明显的自然地理地带,如苔原地带、泰加林地带和赤道雨林地带,都具有横跨整个大陆的特点。

纬向的地势构造带常常与气候生物土壤地带结合,成为地理上的重要界线。例如,阴山-天山地势构造带与气候生物土壤结合,成为温带和暖温带的重要界线;秦岭山地与气候生物土

壤地带结合,成为暖温带与亚热带的重要地理界线;南岭则成为中亚热带与南亚热带的重要地理界线。

2. 干湿度地带性

干湿度地带性,又称为经度省性(longitudinal provinciality),是指自然地理环境各组成成分和整个自然综合体,从沿海向内陆按经度方向发生有规律的更替。从海岸到大陆内部,气候状况、植物群落及土壤类型都有规律性的变化。在大陆东岸、大陆西岸和大陆内部各有自己独特的地带组合或地带谱,据此,在大陆范围内可以划分为自然大区(sector),如欧亚大陆的东亚季风大区、西欧大西洋大区和欧亚草原荒漠大区等,都是大陆范围内干湿度地带性的反映。

大陆范围内的干湿度地带性主要与非地带性分异因素有关。由于海洋和大陆的存在以及由此引起的海陆环流是干湿度地带性存在的重要原因。大地构造-地势及古地理条件往往加强干湿度地带性的分异。一般来说,经向方向延伸的大地构造-地势单元,如乌拉尔山、科迪勒拉山、安第斯山、大兴安岭-太行山等都成为海陆汇流的障碍,往往成为气候干湿的重要分界线,因而常成为大陆东岸大区、大陆西岸大区和大陆内部大区的明显界线。《中国综合自然区划》(1959)所划分的湿润地区、半湿润地区、半干旱地区和干旱地区都是干湿度地带性的表现。从以上分析可以看出,干湿度地带性的形成取决于地球内能的非地带性因素。

3. 水平地带性

大陆的地带性分异图式,实际上是纬度地带性和干湿度地带性共同作用的产物。地带界线除在大平原区基本上与纬线方向平行外,在某些地方可与纬线斜交,地带宽度也可以变窄或变宽,在地貌变化急剧处,或者"大陆性地带"转变为"海洋性地带"的地方,地带将发生尖灭或间断。例如,欧亚大陆中部的大陆性草原地带和荒漠地带,均在大陆东西两岸转变为海洋性森林地带时发生了尖灭,而中纬森林地带只分布于大陆东西两岸,在大陆内部发生了间断。与此同时,某些"经度省性"表现明显的地区也包含着纬度地带性的表现,形成不同热量带的自然地带的南北组合,例如中国东部的季风区。

因此,实际表现的地带性分异,并非纯粹的纬度地带性,而是不可避免地叠加了干湿度地带性的影响,所以称为水平地带性(horizontal zonality)。水平地带性的分布图式可分三类:① 某些大平原或低山丘陵区,特别是大陆内部的大平原,呈现纬度地带性分异,如欧亚大陆内部的南北分异;② 干湿度占优势的地方,呈现经度省性,如北美大陆西部;③ 当海陆分界线与纬线斜交,而且热量分异和干湿分异同时起作用时,水平地带可与纬线斜交,如中国华北、东北的水平地带略呈东北-西南方向排列。

(二) 大洋的地域分异规律

大洋的地域分异规律是贯穿整个大洋的,按其主要形成因素又可分为两类:表层纬向自然带和底层自然区域,也就是地带性和非地带性的表现。

1. 大洋表层纬向自然带

大洋表层是指大洋表面以下 200 m 深的范围。这里的水能进行垂直环流和水平环流,因而得到强烈的混合,洋流的水深达 100～200 m 左右,由于太阳能可以透射到 200 m 深处,因此大洋表层是绿色植物集中带,是大洋的基本生产部分,也是大洋的消费者——动物最集中的部分。

大洋表层纬向自然带主要是气候地带性,即太阳辐射、温度、风向和降水等的地带性引起的大洋的温度、洋流、盐度和含氧量差异(表 4.3),以致海洋生物也有相应的区别,从而引起大洋表层自然综合体按纬线方向延伸而按纬度方向有规律的变化。

表 4.3 世界海洋纬向律定量指标

纬 度	年辐射差额 /(kJ·cm⁻²)	水面平均温度/℃	降水量 /mm	蒸发量 /mm	盐度/(‰)
60°～70°N	96.3	2.9	—	—	3.287
50°～60°N	121.4	6.1	1 050	574	3.303
40°～50°N	213.5	11.2	1 140	863	3.391
30°～40°N	347.5	19.1	962	1 212	3.530
20°～30°N	473.1	23.6	815	1 411	3.571
10°～20°N	498.2	26.4	1 247	1 488	3.495
0°～10°N	481.5	27.3	1 930	1 270	3.458
0°～10°S	481.5	26.7	1 193	1 342	3.516
10°～20°S	473.1	25.2	986	1 621	3.552
20°～30°S	422.9	22.1	835	1 442	3.571
30°～40°S	343.3	17.1	875	1 284	3.525
40°～50°S	238.6	9.8	1 056	951	3.434
50°～60°S	117.2	3.1	915	622	3.395

* 据 Исаченко,1986,有改动

与大陆表面相比,虽然大洋表面性质均一,但由于大洋表层水体在水平与垂直方向上有很大的运动性,使大洋纬向地带性不如大陆纬度地带性清楚,尤其是界线具有很大的变动性,甚至随季节还作一定的南北移动。大陆地带性划分的标志是土壤和植被,而大洋表层纬向地带性的标志则是浮游生物群。大洋浮游生物与光照、水体温度、矿物养料等理化性质、水体运动等有关,而大洋生物发育的纬度地带性主要表现为浮游生物的多度变化。据此,大洋可分为 7 个自然带:(南、北)极地带、(南、北)温带、(南、北)热带和赤道带。

(1)北极带。包括巴伦支海大部分水面以外的北冰洋以及北美东部纽芬兰到冰岛一线西北的大西洋部分。极地海域由于长期存在冻层,表层水温低,光照不足,又因大陆冰冻期长,江河流入海洋的营养盐类不多,故海洋生物种数有限,仅在冰融化的边缘海域,才有浮游生物,并将一些鱼类和其他动物吸引到此处。其中具有经济价值的鱼类主要有北极鳕、白海鲱等;此外,还有鲸目动物(北极鲸或格陵兰鲸)以及海豹、海象和海鸥、海雀、海鹦等。

(2)北温带。北邻北极带,南至北纬 40°左右的海域。由于终年受极地气团影响,虽然冬

季表层水温较低,但盐度小,含氧量多,水团垂直交换强,水中营养盐类丰富,浮游生物很多,故使大量以浮游生物为饵料的鱼类得到繁殖和生长,成为世界重要渔场的分布区域。北温带鱼类的种数远比北极带丰富,主要有太平洋鳕鱼、鲱鱼和大马哈鱼等,在世界渔业经济中具有重要地位。哺乳动物中,在太平洋海域有海狗、海驴、海獭、日本鲸和海豚;在大西洋水域有比斯开鲸、白海豚和海豹等。

(3)北热带。位于北纬40°到北纬10°～18°之间。全年受副热带高压带控制,广大海域水体垂直交换微弱,深层水的营养盐类不易上涌,浮游生物和有经济价值的鱼类都较少。但是,在受赤道洋流影响的海域,含有丰富营养盐类的深层水上涌,使浮游生物和鱼类得以繁殖,形成有价值的鱼类捕捞区。北热带哺乳类动物很少,主要有抹香鲸。本带北部繁殖有多种浮游动物,南部有大量的珊瑚、海龟和鲨等。

(4)赤道带。位于北纬10°～18°和南纬0°～8°之间。处在赤道低压区,全年气温高、风力微弱、蒸发旺盛,加之有赤道洋流引起海水的垂直交换,使下层营养盐类上升,生物养料比较丰富,鱼类较多,属于多海洋生物型地带,主要有鲨、鳕等,飞鱼为赤道带典型鱼类。

(5)南热带。位于南纬0°～8°到南纬40°之间。本带由于高压特别强盛,致使热带位置向北推移,其他特征和成因均与北热带基本相同。

(6)南温带。位于南纬40°～60°之间,海洋生物的发育和生长条件与北温带相似。海生植物繁茂,巨型藻类生长极好,浮游生物丰富,是南半球海洋动物最多的地带。这里生活着几种南、北温带均可见到的动物类群,如海豹、海狗、鲸以及刀鱼、小鳁鱼、鳎鱼和鲨鱼等。冬季有南方的海洋动物在此越冬,夏季有热带海洋动物前来肥育。在非洲大陆西南和南美洲秘鲁沿海,因有上升流存在,把深层海水中丰富的营养盐类和有机物质带到海水表层,使浮游生物大量繁殖,因而鱼类非常丰富,成为南半球重要的捕捞区。

(7)南极带。位于南纬60°以南到南极大陆之间,全年盛行来自极地的东南风,水温很低。在短促的夏季,有温带的洄游鱼类来此肥育;南极海域有丰富的磷虾作为饵料,故有较多的鲸类;此外还有海豹、海狗、海驴和一些鸟类。与北极带一样,这里生物种类较少,但个别种如硅藻、磷虾和企鹅等数量很多。

大洋表层纬向自然带由于受寒流、暖流影响而与纬线略有偏斜,但由于海洋表面比陆地表面更加均一,所以海洋自然带比陆地自然带分布更为平直。Богтанов(波格丹诺夫)则将世界海洋划分为11个自然带(图4.3)(陈家振,1986),并与陆地上的自然带做了比较,结果发现两者完全协调一致。

2. 大洋底层自然区域

大洋底层的自然区域是水圈和岩石圈相互接触所形成的水下自然综合体。这里水中溶解的气体、盐类和水底有机体相互作用,进行着水底的风化过程,形成各种海底软泥。海底软泥是跟陆地上土壤差不多的物质,这里也有海底生物有机体。

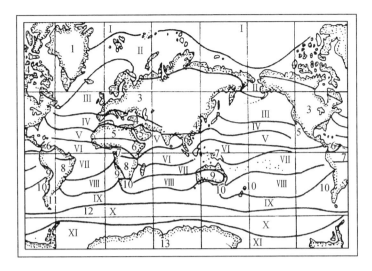

大洋自然带	大陆自然带	大洋自然带	大陆自然带
Ⅰ. 北极带	1. 北极冰封荒漠带	Ⅵ. 赤道带	7. 赤道森林
Ⅱ. 副北极带	2. 副北极苔原和森林苔原带		8. 热带亚热带森林草原
Ⅲ. 北温带	3. 温带泰加林带、阔叶林和草原带	Ⅶ. 南热带	9. 热带草原及热带沙漠
Ⅳ. 北亚热带	4. 地中海硬叶林和湿润亚热带	Ⅷ. 南亚热带	10. 干燥的和湿润的亚热带
Ⅴ. 北热带	5. 热带沙漠	Ⅸ. 南温带	11. 温带无林带
	6. 热带稀树干草原	Ⅹ. 副南极带	12. 副极带
		Ⅺ. 南极带	13. 南极大陆冰封带

图 4.3　世界大洋表层自然带

　　大洋底层自然区域随海底地形及距岸远近发生有规律的更替,底栖生物有机体和海底软泥因而也发生有规律的变化。这种更替实际上是水下自然综合体随深度及距岸远近而发生的有规律的变化。由于大洋底部太阳能的影响非常微弱,而海底地形是大洋底层自然区域分异的直接因素。

　　大洋底层的非地带性规律,首先表现于在底部中央为基本上呈南北延伸的大洋中脊和岩浆溢出带,而两旁为大洋盆地;其次,大洋底部从海平面到海底分化为大陆架、大陆坡、大洋盆地和深海沟等海底地貌类型,不同海底地貌类型,其光线条件、营养物质含量不同,加上海水运动条件、沉积条件的差异,生物的数量及组成均有不同,由此导致海洋景观发生相应变化。按其规模,可视为大洋规模的垂直分异规律。

4.4　区域性地域分异规律

　　区域性分异(regionality differentiation)包括区域性大地构造-地貌分异、省性分异(provincial differentiation)和带段性分异(belted zone differentiation)三种类型,仍然是一种大尺

度的地域分异。

(一) 区域性大地构造–地貌分异

区域性大地构造–地貌分异,主要是指相应于一定大地构造单元的地貌分异所形成的自然综合体的分异。按其分异尺度,区域性大地构造–地貌分异一般相当于一级大地构造单元(如地槽、地台或构造体系等)上的相应地貌单元所引起的分异。每一大地构造区域不仅具有地质发展史和地质构造的组合共同性,而且具有岩性组合的共同性,有时可能以一种或几种岩性的组合占优势,并且有共同的地貌表现,如大的山系、大平原、高原等,均可形成相应的分异单元。我国的华北平原、黄土高原、天山山地、塔里木盆地、内蒙古高原、四川盆地、江南丘陵等,大都是由于地质基础在不同的大地构造单元上,形成了不同的区域地貌组合特征,进而引起水热、植被、土壤等自然结构的分化。相对于大地构造分异而言,地势地貌分异对地表其他组成成分具有更直接的影响,更能形成景观的差异性。

大地构造–地貌分异可形成尺度不同的非地带性景观单元。例如,西西伯利亚低地、中西伯利亚高地、青藏高原、蒙古高原、四川盆地、山西高原、大同盆地等。它们都有自己比较一致的地质基础,但占据的空间差距悬殊。中国的东部季风区、西北干旱区和青藏高原区三个大区是由最大一级的大地构造–地貌分异单位构成的自然大区;塔里木盆地、云贵高原、黄土高原、天山山系是次一级分异单位;山西高原、四川盆地则是更次一级的分异单位,其内部还可做进一步划分。

(二) 省性分异

省性分异和带段性分异是区域性地域分异规律的另外两种表现形式,是地带性和非地带性因素共同作用所形成的派生的区域性地域分异规律。

Мильков(米尔科夫,1957)把“省性”理解为地带性条件下的非地带性,即地带性单位内的非地带性分异,尤其偏重于自然地带范围内的非地带性分异。陈传康等(1993)认为,省性可在任何级别的地带性单位中得到表现,因此具有不同的等级规模。

(1) 热量带范围内的省性分异是最大一级的省性分异

苏联地理学家 Герасимов(格拉西莫夫,1905—1985)称其为“相性”。赤道带的气候省性差别不显著;热带形成了西岸信风气候、内陆干旱气候和东岸季风气候的差别;亚热带形成了西岸地中海气候、大陆内部亚热带荒漠和草原气候、东岸夏湿冬干的季风气候的差别;温带形成了西岸西风气候、大陆温带荒漠和高原气候、东岸季风阴湿气候的差别等。热量带内的气候省性通过干湿度差异对其他自然地理要素和自然地理综合体的特点产生巨大的影响。大洋洋流对热量带的气候分异也有影响。洋流的分布差异,实际上也可视作大洋热量带内省性分异的表现。

(2) 地带性单位内的大地构造–地貌分异,是地质地貌的省性分异

大地构造–地貌分异常常强化气候的省性分异,形成了具有气候和大地构造–地貌两种省

性分异相结合的综合性省性分异。例如,欧亚大陆温带,若以综合省性分异为依据,可分为西欧、中欧、东欧、俄罗斯平原、西西伯利亚西部低地、西伯利亚中部高原、西伯利亚东部山原和远东沿海等不同自然区域。这些自然区域既是气候省性,也是构造-地貌的省性分异,属于综合的省性分异规律。

（3）省性在自然地带内也有明显表现

例如,中国亚热带（温度带）作为欧亚大陆亚热带东岸,其本身是温度带内的一种综合省性表现,同时又可以分为南、中、北三个自然地带,每个自然地带都有明显的省性分异。如中亚热带自然地带内的省性分异,有从东向西的明显分异:东部浙闽沿海区受海洋影响,冬季较温暖,夏秋季节台风影响较大,降水比较均匀,夏秋季节有暴雨,形成暖温性常绿阔叶林红黄壤景观;中部湘赣地区夏末秋初在副热带高压控制下经常出现伏旱,季节性水热不平衡,冬春受寒潮影响较大,春末夏初的阴雨影响较大,形成中生性常绿阔叶林红壤景观;西部川黔地区,地势较高,降水均匀但强度不大,多云雾天气,气候阴湿,形成湿生性常绿阔叶林黄壤景观;云南高原区域,受寒潮影响小,受西南季风和西南暖流影响大,年内水分的干湿季分明,为冬干夏湿的南亚季风气候,形成常绿阔叶林红壤景观。

（三）带段性分异

带段性分异是指一定的非地带性区域单位内的地带性分异规律。由于这一规律在自然地带内有明显的表现,故称为带段性。带段性分异的形成如同省性分异一样,是受非地带性和地带性两者分异因素共同作用的产物。所不同的是,带段性的前提是一定的非地带性单位内的地带性分异,而省性分异的前提是一定的地带性单位内的非地带性分异。带段性自然地带都不能横跨整个大陆,而仅成为自然地带的一段,因而它不是整个大陆的地域分异,而是大陆内部区域性的地域分异。

带段性在温带纬度上的表现最为典型,在大陆边缘和大陆内都有不同的表现。

① 大陆东岸,带段性十分明显,不仅与大陆内部的地带段不同,而且与大陆西岸也不同。例如,中国东部、北美东部、澳大利亚东部都是如此。欧亚大陆东岸和北美东岸由北向南,带段的排列顺序是:温带针阔叶混交林暗棕壤地带-暖温带落叶阔叶林棕壤地带-亚热带常绿阔叶林红黄壤地带,这些地带段都只延续于大陆的东部边缘。

② 大陆内部,地带段性的表现是围绕大陆的干旱中心,大致呈马蹄形分布。例如,欧亚大陆从北向南的带段分布是:温带森林草原黑土黑钙土地带-温带草原栗钙土地带-温带干旱荒漠地带等,表现出大陆内部所特有的地带段。此外,在澳大利亚大陆、非洲大陆、北美大陆和南美大陆都有这种内陆地带段的表现。

③ 大陆西岸,由于海陆相互影响的性质不同,带段表现较为特别。例如,欧亚大陆西岸的地带段的排列顺序为:温带针阔叶混交林暗棕壤地带-温带阔叶林棕壤地带-地中海常绿硬叶林褐土地带等。大陆东西两岸带段性的差异,主要是受大陆东西两侧洋流的不同性质（暖流和寒流）和流经路线不同所致。

4.5 中尺度地域分异规律

中尺度地域分异规律包括由高原、山地和平原内部的地势地貌分异引起的区域分异,地方气候差异引起的区域分异和垂直带性分异三种类型。

(一) 由高原、山地和平原内部的地势地貌分异引起的区域分异

由地质构造形成的大平原、高原和山地等区域单位的内部,由于地势条件和地貌过程的差异引起的次一级地域分异规律,为中尺度的地域分异之一。这种地域分异虽然是以非地带性的地势变化和地貌成因为主要作用形成的,但它是在地带性分异的背景下进行的,是一种以非地带性因素为主,受地带性因素控制的中尺度地域分异形式之一。

中国华北平原内部的地域分异,就是中尺度地域分异的典型。华北平原内部从东部的渤海海滨向西部太行山、燕山山麓,依地势地貌可分为五部分:海滨平原、冲积平原、洪积冲积平原以及它们之间的两个交接洼地区(程伟民等,1990)。五个不同的地貌区形成了不同的水热结构,进而形成不同的自然景观。

(1) 海滨平原区。由滦河三角洲、黄河三角洲和渤海西岸平原组成。这里潮汐作用显著,其中有潟湖、贝壳沙堤和近代三角洲堆积平原等构成局部分异,在排水不良、地势低洼的地方,沼泽化、盐渍化严重,是华北平原上土地利用条件最差的地区。

(2) 海滨平原与冲积平原之间的交接洼地区。此地区堆积物相对较少,是地势比较低的洼地分布区,如现存的文安佳、黄庄洼等地。这些低洼地排水不良,而集水成湖沼,周围的土壤因浅层地下水的矿化度高而出现盐渍化比较严重的现象。这些洼地或生长耐盐的芦苇等植物,或作平原蓄水水库,或填平作耕地,土壤盐渍化都十分严重。

(3) 冲积平原区。华北平原内部面积最广大的部分。平原上地势起伏不大,排水中等,但有古河道网所造成的纵横交错的微地貌,天然堤和河间洼地构成的岗地与岗间洼地交错分布。天然堤地势略高、排水良好、无盐渍化现象,是平原上的主要棉花、小麦生产基地,但干旱季节水源困难。岗间洼地地势相对低洼、排水不良、盐渍化现象严重,但土壤肥沃、平整连片,或经修建排灌系统加以改良,仍为较好的粮棉用地,局部特别低洼之处,已辟为水稻田。

(4) 冲积平原与洪积冲积扇之间的交接洼地区。地势相对低洼,排水不畅,又为扇缘地下水出露带,有的地方积水成湖,如白洋淀,现为芦苇水荡;有的则被淤积填平,如宁晋泊、大陆泽等,地下水位很高,土壤盐渍化较严重。

(5) 西部山麓的洪积冲积扇形地平原区。由出自燕山、太行山、豫西山地的许多大小河流在山前形成的洪积冲积扇联合而成的扇形地联合平原。地势缓倾、排水良好、地下水埋藏较深,平原面受河流切割而开始分化,无洪涝、盐碱之患,且引灌方便,是华北平原上最好的棉花种植地区。

可以看出,这五部分不仅地貌有差别,土壤、植被、人类经济活动特点也有很大差别。但地

貌分异是主导因素,其他成分的分异都或多或少在其影响下发生。继续向西可以看到进一步的过渡,太行山麓的丘陵与盆地相间分布区,地形切割和水土流失均较严重,干旱也较严重。再向西是山麓丘陵分布地区,之后是太行山地(太行山本身也有内部分异)。再进到山西高原,又有山地和河谷平原之分。到吕梁山地,同样有中尺度的地貌分异。

华北平原和山西高原内部的地貌地势分异说明,任何大平原和大高原都绝不可能具有几何平面性质,其内部不可避免地出现地势起伏。同样,任何高大的山系,也都不可能保持一成不变的海拔、相对高度和完全一致的山文特征,也会发生地势地貌分异。中国的许多山系,如天山、祁连山和昆仑山等都具有海拔高度向东递降的趋势,这一分异最终导致了山地东部和西部的许多自然地理要素、垂直带谱结构和整个自然景观的显著差异。

(二) 地方气候差异引起的区域分异

地方气候(local climate)是由于局部地貌、森林、水体、城市等地理景观的影响,引起地表的水热状况的地方性差异,这种差异并不改变大范围的气候特征,而是在大的气候背景下形成地方气候。地方气候差异相应地可引起自然综合体的差异,是中尺度地域分异的重要原因。海岸气候、湖泊气候、森林气候、城市气候等都属于地方气候。在地方气候的影响下,往往形成特殊自然地理环境,可见地方气候对地域分异是有一定影响的。

1. 海岸气候

由于海洋对气候的调节作用,海岸气候的特点是相对湿度较高、冬暖夏凉,气温年变化相对内陆地区要小。也有些地方海岸气候比较特殊。例如,非洲大陆西岸,位于信风带内,东北信风是离岸风,不能带来降水,因此荒漠一直分布到海边。但是在热带大陆西岸沿海地带,当信风吹到海洋,把表面的海水吹走,深海冷水上升,促使气温降低,在海面上形成一个冷空气层,上空则有一个逆温层,因而可形成相对湿润的特殊海岸气候。

2. 湖泊气候

由于湖泊水体的存在而造成不同于周围陆地的一种局地性气候。湖面上气温变化与周围陆地相比较为和缓,冬暖夏凉,夜暖昼凉;湖面上湿度大,夜雨多于日雨。由于夏季和白天雨量较少,使年总降水量偏少,但冬季和夜间湖区降水量反而比陆地多;湖泊和陆地之间形成以昼夜为周期变化风向的湖陆风。湖泊的影响可波及附近一定距离的陆地,使之具有湖泊气候的某些特点。湖泊面积愈大,湖水愈深,湖泊气候的特点及其对周围陆地的影响愈明显。

3. 森林气候

广袤的森林覆被地区,由于大量的蒸腾,使水汽遇寒气而凝结增加降水。连绵不断、高低不等的树冠,使得太阳辐射和日照时数比空旷地区少。森林内气温变化和缓,风速小,相对湿度和绝对湿度比空旷地区大。另外,森林可通过保持水土、调节河流流量以及保持自然环境和生态等的影响在自然地域分异中起重要作用。

4. 城市气候

由于城市下垫面发生了剧烈变化,绿色植被大部分被建筑物、沥青或水泥路代替。另外,人口高度密集,高强度的经济活动消耗大量的燃料,工业生产使大量工业烟尘和微粒进入大气,形成与城市周围不同的局部气候,即城市气候。由于气温高和地面蒸发少,形成所谓"热岛效应";又由于凝结核多、下垫面糙度大、上升气流强烈,有利于增加降水,产生"雨岛效应"。

5. 地方性风

地方性风对地域分异也有一定的影响。一个地方的盛行风向,除了决定于大气环流系统外,还决定于当地山脉和河谷的分布特点,可形成特殊的地方性风,如焚风、布拉风、狭谷风等。新疆的阿拉山口是一个西北-东南向谷地,长100 km,是冷空气进入新疆的重要通道,八级以上大风日一年可达150天。因此,在山口风蚀区,形成了典型的风蚀雅丹地貌——"魔鬼城"景观。

总之,地方气候差异可以引起其他自然地理成分及自然综合体的地方性分异,有时甚至会起主导作用。

(三) 垂直带性分异

垂直带性(vertical zone)是指自然地理综合体及其组成成分大致沿等高线方向延伸,而随山势高度发生带状更替的规律。山体达到一定高度以后才可能有垂直带的表现。基带以上垂直带出现的高度,温带一般大于800 m;热带一般在1000 m以上。例如珠峰南翼,1000 m以下为基带季雨林带,1000~2500 m为山地常绿阔叶林带。如果山地隆起的高度不足以引起自然综合体及其要素的急剧变化,就不可能出现垂直带。垂直带形成的根本前提是构造隆起和山地地势;直接原因是山地气候条件(水热及其对比关系)随高度发生的垂直变化。垂直带通常以植被和土壤为主要标志,并结合水热条件和地貌特点进行划分。

1. 垂直带性与地带性和经度省性的关系

垂直带性既受地带性因素的影响,又受非地带性因素的影响,但它既不同于地带性规律,又不同于非地带性规律,是两种因素相互作用的区域性地域分异规律。

(1) 垂直带性受地带性的影响

垂直带性与纬度地带性有相似之处。两者的直接原因都是因水热对比关系不同而引起的变化。如珠穆朗玛峰南坡,从低到高可出现山地季雨林带-山地常绿阔叶林带-山地暗针叶林带-山地灌丛带-亚高山草甸带-高山寒冻风化带,经雪线再往上就是冰雪带(图4.4)。在湿润气候条件下从低纬到高纬,从热带到北极,可观察到热带雨林地带-亚热带森林地带-常绿阔叶林带-针阔混交林地带-针叶林地带-冻原地带-冰雪地带等。可见,两者变化规律有相似性。

然而两者产生的原因是有差别的。太阳辐射入射角随纬度发生的变化引起太阳辐射按纬度分布差异是地带性产生的主要原因;而水热对比关系随绝对高度发生变化是垂直带产生的主要原因。温度随高度的递减是由于远离作为大气热源的地面所引起的,与同高度自由大气间的热交换是山地热量损失的主要因素。况且,两者变化速率也不一样,一般垂直方向上每上升100 m下降$0.6\,℃$;而水平方向上却要向北变化超过100 km,才能降低$0.6\,℃$,纬度递减率是高度递减率的1‰。

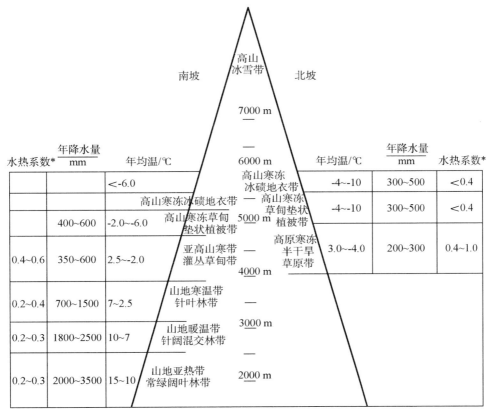

图 4.4 珠穆朗玛峰地区的垂直分带

(据陈传康等,1993)

* 水热系数 $= \dfrac{0.16 \times \sum t}{r}$,式中 $\sum t$ 为日温 $\geqslant 5℃$ 持续期间活动温度总和,r 为同期降水量。

南坡	北坡
低山热带季雨林带:海拔 1600 m 以下;	高原寒冻半干旱草原带:海拔 4000~5000 m;
山地亚热带常绿阔叶林带:海拔 1600~2500 m;	高山寒冻草甸垫状植被带:5000~5600 m;
山地暖温带针阔叶混交林带:2500~3100 m;	高山寒冻冰碛地衣带:5600~6000 m;
山地寒温带针叶林带:3100~3900 m;	高山冰雪带:6000 m 以上。
亚高山寒带灌丛草甸带:3900~4700 m;	
高山寒冻草甸垫状植被带:4700~5200 m;	
高山寒冻冰碛地衣带:5200~5500 m;	
高山冰雪带:5500 m 以上。	

　　另外,垂直带受纬度地带的影响,表现为每一纬度带只要山势隆起达到一定高度,都可以是垂直带的基带。如长白山地处温带针阔混交林暗棕壤带,其基带就是针阔混交林暗棕壤地

带,赤道雨林地区山地的基带是赤道雨林,向上依次过渡至高山冰雪带。

（2）垂直带受经度省性的影响

垂直带受经度省性的影响也很明显。例如,地处西风带的天山,来自大西洋和北冰洋的湿润气流,一方面沿山地北坡爬升,形成降水;另一方面顺山脉走向向东运移,使降水逐渐分散,形成天山北坡由西向东逐渐变干的状况。在垂直带谱上表现为大陆性由西向东增强,垂直地带高度由西向东逐渐升高的特征。而地处天山山系西段内部的伊犁河谷,因为山地向西开口并呈喇叭形排列,西来湿润气流受阻于盆地南北两侧及东部山地,产生了大量降水,降水量向东递增,形成了以森林和草原为特征的湿润结构类型。另外,从天山中段北坡与东段北坡垂直带的比较中也可以发现垂直带受经度省性的影响（表 4.4）。由表可以看出,同一高度上中部比东部稍为湿润些。这是因为天山水气主要来自大西洋,中部降水多于东部所致。

表 4.4 天山中段北坡与东段北坡的垂直带

中段北坡	东段北坡
3600 m 以上为永久积雪带	
2700～3600 m 为高山草甸带	2300～2850 m 为森林棕褐土带
1500～2700 m 为森林棕褐土带	1500～2300 m 为干草原栗钙土带
1500 m 以下为草原栗钙土带	1500 m 以下为荒漠与灰棕漠土带

2. 垂直带谱

山体各垂直带的更替顺序及其组合形式称为垂直带谱（或垂直带结构）。垂直带谱的结构主要取决于其所处的地理位置和山体本身的特点。从低纬至高纬,带谱结构逐趋简单,如珠峰南坡有 7 个,长白山有 4 个,高纬地区山地仅有苔原带至永久冰雪带 2 个。各带分布的高度也逐渐降低,乃至尖灭,如山地针叶林带,珠峰南坡在 3100～3900 m,长白山在 1100～1800 m,小兴安岭在 800 m。从沿海至内陆,各带谱的差异也很明显。沿海湿润型垂直带谱常以多种山地森林为主,顶部积雪也较丰富。内陆干燥型垂直带谱常缺乏森林带,以荒漠带至山地草原、高山草甸等顺序更替。此外,山体的相对高度、坡向、排列状况和区域地形的变化等也可影响垂直带谱的性质。屏障作用大的山体,其迎风坡与背风坡带谱的结构有不同。喜马拉雅山南坡有 8 个垂直带,而北坡仅有 4 个。当山间盆地、谷地或切割高原的水热条件出现异常时,可发生某些带序倒置或反垂直带谱的现象。

（1）垂直带谱的特点

① 垂直带谱中不会出现比基带纬度偏低的带。基带是垂直带谱中海拔最低的带,其类型与山体所处水平自然带相同。同样海拔和相对高度的山地,在低纬、中纬和高纬的基带不同。低纬高山以热带或亚热带为基带,垂直带可囊括与热带、亚热带、温带、寒带甚至极地带热量条件相似的垂直带。高纬阿拉斯加山脉,其基带只能是山地苔原或山地针叶林。

② 高山冰雪带的出现是衡量垂直带谱发育完备的标志。通常,在每一个纬度地带内,山

体的高度超过雪线以上者,才能有本纬度地带内完整的垂直带谱。雪线(snow line)是指永久冰雪带的下界,其高度一方面受当地太阳辐射影响,自赤道向极地有降低趋势,在低纬区可高达 5000～6000m,在高纬区则逐渐降到海平面附近;另一方面受降雪量制约,雪线最高的山地不是纬度最低、气温最高的山地,而是最干旱的山地。一般来说,气温高的地方雪线也高,而降雪量多的地方雪线也低,因此雪线高度常常是气温与降雪综合作用的结果。

③ 森林带是山体垂直带谱的另一个重要组分。郁闭森林分布的上界称之为树线(tree line)或森林上限。在树线以下发育着以乔木为主的郁闭的森林,以上则是无林带,发育着灌丛或草甸,常形成垫状植物带。树线的高度,除了决定于气温和降水外,强风对它也有影响。最热月份平均气温 10℃ 的等值线与森林上限相吻合,最热月份平均气温大于 10℃ 的地方为森林带,小于 10℃ 的地方为无林带。

(2) 中国垂直带谱特征

发育在不同地域山体的垂直带具有各自特殊的带谱性质、类型组合和结构特征,不同水平地带的垂直带的各类型之间,亦存在着一定的联系,反映出它们在三度空间上的规律变化。中国是一个多山地、高原的国家。在东部季风区、西北干旱区和青藏高寒区三大自然区内的垂直带结构类型也明显不同,反映了所处水平地带的温度和水分状况的组合特征。

① 东部季风区垂直带结构类型特征。东部季风区的垂直带均以山地森林各分带为主体,而且一般由两个以上森林类型所组成。植被多属中生类型,生物化学风化占优势,发育各类森林土壤,呈酸性反应;每一个温度带的垂直带谱结构都反映着该水平地带的特征。如地处亚热带北缘的神农架山地,垂直带的基带为常绿阔叶林带,优势垂直带为常绿及落叶阔叶混交林带;东北长白山属温带山地,其垂直带的基带和优势垂直带都是山地针阔混交林带。向上依次为山地暗针叶林带、亚高山矮曲林带、高山苔原带和高山寒冻风化带,相应发育山地暗棕壤、山地苔原土和山地寒漠土。

② 西北干旱区垂直带结构类型特征。由于水分状况的不同,垂直带带谱结构的基带由灌丛草原向干草原、荒漠草原、荒漠过渡,而山顶都有草甸。土壤由栗钙土向棕钙上、灰漠土、灰棕漠土过渡。植物种类中,旱中生或旱生种类逐渐占优势,土壤黏化过程明显,碳酸钙累积更丰。垂直带的阴阳坡之间的差别很明显。在这些地区,针叶林常常不能形成完整的林带,森林和草甸、草原植被交替存在。这是大陆性垂直带结构类型中的特征之一。在半干旱区,落叶阔叶林、针叶林带和草原带各占一定位置。干旱区以草原带和高山草甸带占优势,森林除针叶林带外,没有落叶阔叶林带出现。极干旱区则以荒漠带和草原带为主。

③ 高寒区垂直带结构类型特征。青藏高寒区以垂直分布现象非常显著为特点,垂直带与水平自然地域紧密结合,独具特色。东南部山地,受湿润气流影响较大,垂直带以山地森林各分带为主体,与东部季风区相类似,不同的是由于海拔较高,森林以上各分带发育。腹地和西北部,寒冻、干旱剥蚀作用普遍,物理风化强烈,发育着高山草甸土、草原土、荒漠土等高山土壤,质地粗疏,呈中性至碱性反应;植被以寒旱化或旱生类型为主,以高山草甸、草原或荒漠带占优势。各垂直带类型有一定的区域变化。从边缘至内部,随着海拔增高,垂直带结构由繁至

简,分带数目由多至少。深入高原内部,随着海拔增加和干旱的增强,垂直带的基带和优势分带为山地/高山草原带。可以看出,由于地势和海拔引起的温度水分条件的不同,青藏高寒区的山地发育着不同的垂直带,其优势垂直分带或基带在高原面上连接、展布,反映出自然地域的水平分异;反过来又制约着其上垂直带的一系列特点(郑度等,1979)。

综上所述,垂直带是在山势构造上升、纬度地带性因素与经度省性因素共同作用下形成的,它不同于纬度地带性规律,也不同于经度省性规律,而是属于中尺度的地域分异规律。

(四) 隐域性

1. 显域性与隐域性

一些学者把地表各水平分布的自然地带和亚地带在地带性因素和非地带性因素相互作用下所具有的明显的自然地理综合特征的现象,称为显域性(zonality),把反映地带性特征为主的地域称为显域性地域;而把地表那些具有特殊表现形式的某些低平地域,如荒漠、草甸、沼泽、盐碱地的分布规律性称为隐域性(intrazonality),把反映非地带性特征为主的某些低平地域称为隐域性地域。因为标志地域分异隐域性的草甸土和草甸植被、沼泽地和沼泽植被、盐碱地和盐碱植被分别分布于不同的自然地带,它们同那些适应当地水热条件、分布于一定的自然地带而表征水平地带性的显域性土壤和植被截然不同,就好像是水平地带性分异规律被它们掩盖或隐藏起来了。隐域性形成的根本原因是地势相对高度的差异,在各种水平自然地带内,地势相对高度的变化可直接改变地表水和地下潜水的分布状况,相应地会引起一系列自然地理现象和过程发生地域差异,从而形成隐域处境。

2. 隐域性分异受地带性分异影响

隐域性地域分异固然受非地带性因素控制,但同时也受地带性因素影响,如沼泽在不同地带的具体属性不同。不少沼生植物,如芦苇、苔草等具有很强的适应性,分布相当广泛,但是,不同的水平地带的沼泽却具有不同的特征。温带平原(如东北三江平原)和高原山地(如川西若尔盖)积水条件下的沼泽属温湿性沼泽,主要植物有芦苇、拂子茅、禾草、苔草、镳草等,土壤类型为草甸沼泽土;而属于热湿-暖湿型的热带、亚热带沼泽(如四川盆地中的河湖滩地沼泽)的建群种则是芦苇、薹草、香蒲等,土壤类型为腐泥沼泽土。因此,隐域性可看作水平地域分异中派生的规律,是叠加了地带性因素影响的非地带性现象。由此推论,垂直带性也可视为另一种隐域现象,因为由于地势起伏引起的垂直地带性本身是非地带性现象,而各带谱的特征又反映出水平地域分异的规律。

4.6　小尺度的地域分异规律——地方性分异

自然地理环境大中尺度的地域分异是由纬度地带性、经度省性及垂直带性"三维规律"支配的,而在局部地区的小范围内,其分异则突出地受到地方性所支配。

地方性(locality)是指在地带性和非地带性规律共同作用的基础上,自然地理环境由于局部因素(如地貌部位、小气候、岩性土质、排水条件等)引起的小范围的地域分异规律性。地方性分异是自然地理环境中最普遍和最低级的地域分异。在野外考察时,我们所能最直接观察到的往往就是地方性差异现象。地方性分异的研究具有更为普遍的实践意义。由于人类活动,不论是对自然资源的开发利用,还是对自然的改造和保护,都是从具体的、较小的自然地理单元开始的。因此,研究地方性分异将有助于人们深入认识、利用与保护自然。

(一) 地方性分异因素

在中尺度地域分异的背景上,引起地方性分异的局部因素主要是地貌部位的差别、小气候的差别、岩性土质排水条件的差别以及人类活动的影响。虽然这些因素都在一定程度上相互作用、互相联系,但在不同的分异背景下,它们各自具有不同的演进方向和强度,但其中的某一方面可构成主导的分异因素,支配着局部地区自然地理环境的分异。

1. 地貌部位引起的分异

地貌部位通常也称地貌形态部位,在局部范围内地形的高度、坡形、坡向、坡度及其组合关系决定了不同地貌部位环境的差别。例如,从河谷向分水岭过渡,地貌形态的垂直更替依次是:河床→河漫滩→阶地→山麓面→谷坡→山坡→山顶等部位,均为不同的地貌部位(图4.5),其中还可以进一步细分出更细的地貌部位。这种地貌部位的差异,对其他景观成分也引起相应的一系列变化,如生态的系列变化等。

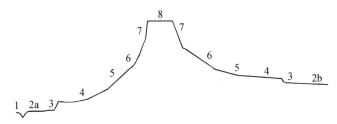

图 4.5　地貌面的划分示意

(据陈传康等,1993)

1. 河床;2a. 河漫滩;3. 阶坡;4. 阶面;5. 山麓面;6. 谷坡;7. 山坡;
8. 山顶;2b. 平地面

地貌部位的差别是小尺度地域分异的重要因素,可以导致物质与能量的重新分配。通过影响水热条件形成不同的小气候;不同地貌部位可以导致地质地貌外动力作用的方式、强度以及物质迁移过程的差异性,加剧或延缓地表的侵蚀、搬运和堆积作用,造成局部地域分异;不同的地貌部位其地表排水条件和地下水埋藏条件也有较大差异。由于地貌部位不同引起地表物质与能量的再分异,从而影响着植被和土壤的地方性分异。

地貌部位不同对植被分布影响明显。因为地形的细微变化会引起水分状况的差异,从而引起矿物养分、盐类等的变化。一般来说,自然地理环境中高地较干、低地较湿,所以植被按照生态序列沿斜坡排列,从高处较喜干的种类到低处较喜湿的种类,或从高处的贫瘠种类到低处的养分较多的种类,构成一个生态系列。在干旱区,地貌形态微小的变化都会引起植被明显的变化,体现了干旱区植被生长对水分的极大维系性。

地貌部位不同也影响着土壤的特性。不同的地貌部位具有不同的成土母质类型和矿物组成成分,影响到土壤的机械组成和地球化学分异过程。另外,不同地貌部位还引起土壤水分状况和土壤温度的差异,从而使土壤形成过程表现出地方性分异。如位于褐土地带的华北平原,由山麓到滨海依次出现褐土、草甸褐土、草甸土、滨海盐土等。

2. 小气候引起的分异

小气候(microclimate)反映了近地面层的光、热、风、水分等要素的综合状况,通常以光照、温度、湿度和风的状况来表示近地面层气候的差异。影响小气候的因素主要有地貌部位、植被类型、土壤性质、周围环境和人类活动等。

地貌部位的差别对小气候的影响最为重要,主要表现在不同坡向和坡度的地貌部位会引起气温、降水、日照、通风条件和霜冻的差异。地貌部位对小气候的影响,在北半球中纬度地区南、北坡的分异可通过南、北坡植被分布的差异表现出来。另外,迎风坡和背风坡的差异亦可通过植被差异表现出来。

虽然小气候引起的地方性分异不如地貌部位明显,但其对地域分异的影响却更为直接。因为日照、降水、通风条件不同,直接影响到局部地段成土母质的风化程度,使土壤质地、土层厚度、土壤水分蒸发出现地域差异,从而引起植被的分异、土壤微生物和一些小动物的变化,对动植物的种类和生态系统产生影响。从景观生态学角度讲,地貌部位和小气候的结合构成不同的生境条件,演变成不同的生物群落,最终在空间上造成小范围地域分异。

另外,小气候引起的分异还可通过相邻环境(如水塘、林地、高大建筑、地理屏障等)的影响而引起。例如,小湖泊、水库、水塘等水体对邻近地区的影响,由于两者增温冷却快慢不同,空气中水汽含量不同,使邻近地区小气候发生变化。

3. 岩性、土质和排水条件引起的分异

在地貌部位和小气候相同的地段,由于岩性、土质和排水条件等的差别,也会形成不同的景观。另外,在同一地貌部位范围内,由于岩性、土质和排水条件等的微域差异,也可引起局部的地域分异,形成不同的景观形态单位。

(1) 岩性差别

在剥蚀侵蚀的山地丘陵区,岩性的差异对小尺度地域分异具有更明显的作用。岩性不同,导致岩石风化后土质的矿物成分、机械组成、酸碱程度等不同,影响土壤的理化性质,进而直接影响自然植物的生长和植物群落的形成。例如,在华北地区的一些山地,有些山坡的基岩为花岗岩、花岗片麻岩类的粗粒岩,地表风化物中含有较多的石英颗粒和长石矿物成分,形成的土质粗糙、疏松,土壤偏酸性,适宜松树生长;而在基岩为石灰岩的山坡,风化后的土层比较深厚,土质黏重,土壤为微碱性钙质土,适宜柏树生长。

（2）土质和排水条件差别

土质（或沉积相）和排水条件的地域差异对小尺度地域分异也有明显作用。在洪积冲积平原地区，通常可分为阶地、洪积扇、微倾斜平地、沙丘沙地、洼地、河漫滩地和古河道等微地貌形态。它们各自具有独特的沉积相，排水条件也各不相同。平原区内沉积相和排水条件的地域差异，影响土壤的发育和自然植被的演替，形成不同的土地类型。例如，黄河下游的泛滥冲积平原，沙丘沙垄地段排水良好，地表堆积的粉细沙在冬季常随风移动，自然植被是一些稀疏的旱生沙生草类；而在浅平洼地上，潜水接近或出露地表，排水条件差，常出现滞水现象，土壤潜育化和盐碱化明显，自然植被多为水生草本植物和耐盐碱的草类灌木丛。这类沙丘沙垄地和滞水洼地带，就是黄河下游泛滥冲积平原由于土质、排水条件不同形成的两种独特的土地类型。

4. 人类活动引起的分异

人类活动对自然地理环境的地方性分异作用显著。目前，随着人口数量的急剧增加和科学技术水平的飞速发展，人类活动深刻地改变着自然地理环境，尤其是随着工业化和城市化进程的加快，现代人类活动已成为一种重要的驱动力，改变着自然地理环境的面貌，如城市群的兴起、开发区的建设、修建梯田（如哈尼梯田）、拦河大坝（如三峡大坝）、桑基鱼塘（如珠三角水网洼地）、露天采矿、灌溉渠系、围海造田等，不仅改变了这些地方的地貌形态和组成要素（如植被、土壤、小气候和水文等），而且改变了原有自然地理过程（如径流过程、侵蚀过程、堆积过程等）。城乡分异是人类活动引起的地方性分异现象之一，也是现代土地利用分异中最普遍、深刻的分异规律。城市化的发展，不仅造成人口向城市集中，而且造成土地利用在农业和非农业上的分异，表现为乡村土地利用因距城市远近不同而产生的分异和城市内部土地利用的多样性。

（二）地方性分异规律

地方性分异有系列性、微域性及坡向性三种规律。

1. 系列性

系列性（seriality）是指由于地方地形的影响，自然环境各组成成分及单元自然综合体按确定方向从高到低或从低到高有规律的依次更替的现象。1907年，苏联植物生态学家 Kеллер（凯勒尔）称这种现象为生态序列，他用生态序列法清楚地表明，哪些植物对于某种生境或某种土壤来说是较典型的，以显示它在综合生态类型中生长发育得最好，而由于对某种植物具有减弱作用的生态因子，使得该种植物发育不良，而逐渐被另外合适的植物所代替。

在景观地球化学（landscape geochemistry）中，Полынов 根据化学元素的不同迁移条件划分的单元景观（elementary landscape）基本类型：残积处境、水上处境和水下处境（图4.6），是从另一

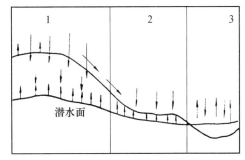

图 4.6 单元景观基本类型

1. 残积处境（自成单元景观）；2. 水上处境；

3. 水下处境（后两者均为从属单元景观）

（据 Перелъман，1958）

角度反映地形的垂直分化系列的。元素的这一从高到低的迁移规律,是受地形的垂直分化制约的,残积单元景观分布在分水岭上,水下单元景观分布在局部的积水区,从局部分水岭到局部积水区组成完整的地球化学联系。

在此,需要明确两个基本概念——生境和处境。"生境"(habitat)是指生物及其群体定居地段的所有生态因子的总体,这些生态因子对生物生活起直接的作用,如光、热、水、空气。"处境"(place)则指该地段在地形中的位置(地形要素、绝对高度、相对高度、坡向、地表坡度)及地面组成物质所决定的各种条件的总和。不同处境获得不同数量的太阳能,地面组成物质也不同,潜水深度、水分平衡、矿物质收支都不一样。虽然处境对生物生活起间接作用,但它会通过改变大气圈低层的光、热、水、气及土壤而影响生境。

系列性在不同的自然地带内有不同的表现。例如,在温带半湿润地区黑土地带内,依次为黑土、草甸黑土、暗色草甸土;而在暖温带半湿润地区褐土地带,依次为褐土、草甸褐土、浅色草甸褐土。不同的自然地带虽然具有不同的垂直分化系列,但任何自然地带,无论在平原,还是在山地,都存在这种垂直分化系列,来表现地带内的地方性分异规律。

2. 微域性

微域性(microscopic structure of region)是由于受小地形和成土母质的影响,在小范围内最简单的自然地理单元既重复出现又相互更替或呈斑点状相间分布的现象。微域性在半湿润或半干旱地区,在没有切割的平原地形中表现最明显。在地植物学中,这一现象很早就被发现,并称之为小复合体性(микрокомплексность)或复合体性(комплексность)。С.А.Монин(莫宁,1959)称这种分布规律为微域性,并以土壤横断面的方法在不同地形部位上来认识这一规律。例如,在河漫滩上,在河漫滩靠近河床的部分、中央部分和近阶地部分的不同地形部位,土壤按一定顺序相互更替。这种微域性表现的是自然地理最小单元的分布规律。

这里所说的自然地理单元就是景观,它是最基本、最低级的自然综合体,是地貌部位、小气候、岩性或土质、地表或地下排水条件、土壤和生物群落等自然地理要素内在联系最紧密的地段,是一种综合性最强、差异性最小的自然地理单元。

不同类型的景观在一定的地域内有规律地结合,便形成组合型景观。景观组合有两种基本形式:递变阶梯式组合和递变环带式组合(图 4.7)。前一种组合(a)多出现在山麓、丘陵坡地、平原区的缓起伏平地以及沿海地区;后一种组合(b)多出现在孤立突起的山顶、浑圆状的山丘和湖盆地区。当然复杂的自然地理环境中景观组合的形式并不限于这两种。

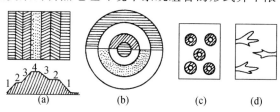

图 4.7　组合型景观和经常重复型景观

(a) 递变阶梯组合(山坡或海岸);(b) 递变同心环带组合(孤峰或湖盆);

(c) 分布有浅凹地的草原;(d) 遭受冲沟切割的台地

组合型景观按照一定的规律,在一定的范围内重复出现,这种地域单位称为重复型景观(图4.8)。例如,在黄土丘陵区,可以观察到河床、河漫滩、高低阶地、切割冲沟、黄土墚峁等景观从河谷到丘陵有规律组合,且此种组合在一定范围内可以重复出现,这种性质又称为复区性。

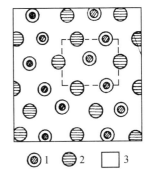

图 4.8　经常重复型景观及其表现
1~3 分别代表三种不同的土地类型

微域性的这种既重复出现、又依次更替或呈斑块状均匀分布的组合分布图式,称为土地类型的质和量的对比关系。所谓"质的对比关系"是指在一定范围内的土地类型组成及土地类型之间的差别和关系;所谓"量的对比关系"则指每一种土地类型在该范围内所占的面积及其比例。

3. 坡向性

坡向性(exposure)对局地分异有重要影响,这种影响不只是涉及小气候,也涉及水文状况、植被及土壤状况。例如,北半球南坡比北坡能接收较多的太阳辐射能,融雪也比北坡早,使南坡土壤水分迅速蒸发,因而也较为温热干燥,形成南坡植被比北坡稀疏,土壤覆盖较薄,含水也较少。

南北坡所组成的自然地理最小单元有明显的差异。南坡比平亢地具有更南方的特点,北坡比平亢地具有更北方的特点。这种现象不论在中纬度还是在高纬度地区都有明显的反映。

坡向性分异在植物地理学中很早就有论述。Алехин(阿略兴,1959)称这种坡向的作用为"先期适应法则",这一法则指明:"北方的喜湿植物过渡到南方的向北坡和谷底,南方的植物在向北推进时过渡到更温热的向南坡地。"

4.7　地域分异规律之间的相互关系

在地带性因素和非地带性因素共同参与下,不同尺度的地域分异规律作用的结果,大陆地域分异的平面结构、水平地带与垂直带性的相互关系以及地域分异的空间结构,都表现得极其错综复杂。

(一) 不同尺度地域分异规律之间的关系

地域分异规律由于其作用范围不同而分为不同等级(尺度)。按地域分异规律的形成因素及作用规模,可以分成五个等级:即全球性的地域分异、大陆和大洋的地域分异、区域性地域分异、中尺度地域分异和地方性分异。各地域分异规律之间的关系如图4.9所示。

(1)全球性的地域分异规律。热力分带和海陆对比是地球表面第一级分异规律,是受基本的分异因素即地带性因素和非地带性因素制约的。热量分带是受太阳能沿纬度分布不均决定的,而海陆对比是受地球内能决定的。

(2)大陆和大洋的地域分异规律。对于大陆的地域分异,纬度地带性是在热量带基础上

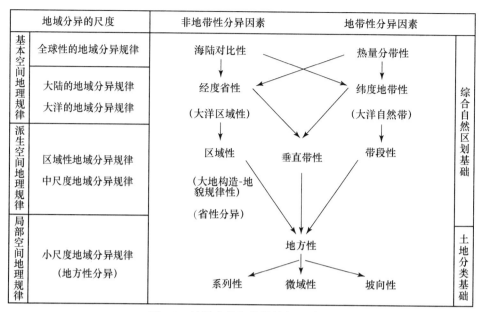

图 4.9　地域分异规律间的相互关系

(据景贵和等,1989,有改动)

的进一步分异,是比热量带规模小的分异。但其内部,生物、气候、土壤比热量带更趋统一;经度省性是大陆在海陆强烈对比的基础上进一步分异的结果,先决条件是海陆的分异,没有海陆分异,就没有经度省性。对于大洋的地域分异,人们对其研究远不如对大陆深入,因此目前仅划出海洋表层自然带,反映了海洋表层的纬度地带性分异规律。海洋底层区域性分异,由于受地球内能所引起的海底起伏的制约,是在海陆分异的背景上发生的,属大洋内部的次一级分异。

(3) 基本的分异规律。全球范围的海陆分异和热力分带,大陆的纬度地带性和经度省性以及海洋表层自然带和海底自然区都属于基本的分异规律,是在基本地域分异因素直接作用下的产物。全球范围的热力分带、大陆的纬度地带性以及大洋表层自然带,虽然作用范围和等级不同,但都是在太阳能沿纬度分布不均的地带性因素直接作用下形成的;而全球范围内的海陆分布、经度省性及大洋底层区域性分异,则反映着岩浆活动、构造运动等地球内能的分异作用。

(4) 派生的分异规律。区域性的分异是在两基本分异因素的相互作用下形成的。带段性是地带性因素在非地带性因素作用下产生的变型;省性分异是非地带性因素叠加了地带性因素的影响;垂直带性也是地带性因素与非地带性因素相互作用的结果,与带段性和区域性一样,属于基本分异因素相互作用下派生的分异规律。

(5) 地方性分异。又叫小尺度地域分异规律,是在地带性与非地带性相互作用的背景上,在地带内部或在自然区内部的局部空间分异规律。

地域分异规律是进行综合自然区划和土地分类的理论依据。其中,基本空间地理规律和派生的空间地理规律是综合自然区划的理论基础,而局部空间地理规律则是进行土地分类的理论基础。

(二) 大陆地域分异的水平结构

1. 大陆水平自然带

在各地域分异规律的作用下,大陆区域分异的平面结构表现得极其错综复杂。由于世界各大陆的位置、面积和轮廓互不相同,所以不能以某一个大陆为标准进行论述,只能根据各大陆的共性假定一个理想大陆进行分析论述。当然,所谓假定也不是任意的,而是根据各大陆基本轮廓的相似性和地域分异的实际情况进行假定。

在地理文献中假定的理想大陆图式主要有两种:一种是比较简单明了的卵形理想大陆图式(Strahler,斯特拉勒,1981)(图 4.10);另一种是比较复杂而详细的长方形理想大陆图式(Макеев,马克耶夫,1956)(图 4.11)。两种图式相比较,前一种图式突出了大陆轮廓的相似性,后一种图式则突出反映了大陆上地域分异的实际情况。

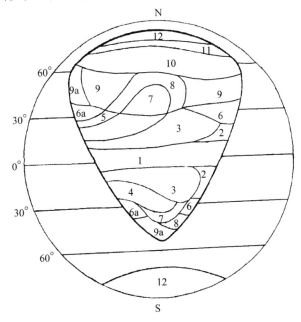

图 4.10　卵形理想大陆图式

1.赤道雨林地带;2.热带季雨林地带;3.热带稀树草原地带;4.热带荒漠地带;5.亚热带荒漠草原地带;6.亚热带森林地带,6a.地中海地带;7.温带荒漠地带;8.温带草原地带;9.温带阔叶林地带,9a.温带海洋性森林地带;10.寒温带针叶林地带;11.苔原地带;12.冰原地带

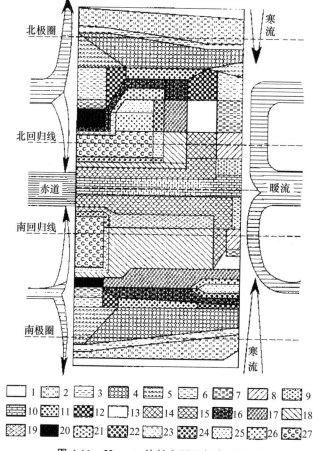

图 4.11　Макеев 的长方形理想大陆图式

1. 长寒地带;2. 苔原地带;3. 森林苔原地带;4. 泰加林地带;5. 混交林地带;6. 阔叶林地带;7. 半亚热带林地带;8. 亚热带林地带;9. 热带林地带;10. 赤道雨林地带;11. 桦树森林草原地带;12. 栎树森林草原地带;13. 半亚热带森林草原地带;14. 亚热带森林草原地带;15. 热带森林草原地带;16. 温带草原地带;17. 半亚热带草原地带;18. 亚热带草原地带;19. 热带草原地带;20. 地中海地带;21. 温带半荒漠地带;22. 半亚热带半荒漠地带;23. 亚热带半荒漠地带;24. 热带半荒漠地带;25. 温带荒漠地带;26. 半亚热带荒漠地带;27. 亚热带荒漠地带

　　Макеев 的理想大陆图式以洋流流向为背景,揭示了暖流与寒流对自然地带空间格局的影响。把大陆的水平自然带概括为 27 种类型,按地带谱的性质分为海洋性地带谱和大陆性地带谱。海洋性地带谱分布于暖流经过的沿岸带,大陆性地带谱分布于大陆内部和寒流流经的海岸。

　　大陆水平自然带的更替规律归纳为以下几点:① 南半球和北半球的地带谱基本上是对称的;② 环球分布的自然带只限于赤道、高纬度和极地,其他纬度出现了东西递变的非纬度地带性变化,即从沿岸森林、经草原到内陆荒漠的干湿度地带变化;③ 海洋性地带谱中,基本上都是各种类型的森林地带,到两极过渡为苔原地带;④ 大陆性地带谱主要出现于大陆内部,自荒漠带开始,经草原、泰加林和苔原地带过渡到极地冰雪严寒地带。泰加林作为在温带大陆性气候条件下生长的森林,在西岸发生尖灭,在东岸变窄;⑤ 在寒、暖流发生分流的大陆西岸,出现特殊的海洋性地带——地中海地带,这里有冬湿夏干的地中海气候及与之相应的常绿硬叶林。

2. 水平自然带与水热结构的关系

大陆水平自然带更替是纬度地带性与经度省性综合作用的结果,纬度地带性主要决定了温度(热量),经度省性决定了干湿度,因此水平自然带更替与水热系数密切相关。

Будыко 和 Григорьев 提出了辐射干燥指数 $A=R/L_r$,并确定了 A 与自然地带分布的关系(表 2.2),苔原(<0.35)、森林($0.35\sim1.1$)、草原($1.1\sim2.3$)、半荒漠

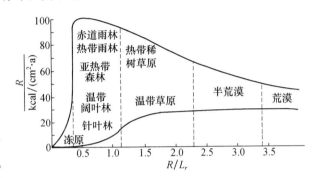

图 4.12 自然地带与水热条件的关系

($2.3\sim3.4$)、荒漠(>3.4)。同时,R 的绝对值也有很大意义。例如,森林景观的各种不同类型便是根据 R 的绝对值差别区分出来的(图 4.12)。

另外,Будыко 和 Григорьев 把净辐射(R)与干燥指数(A)结合起来,发现了全球地理地带周期律(表 4.5)。

表 4.5 地理地带周期律*

$A=\dfrac{R}{Lr}$ / $\dfrac{R}{4.2\,\text{GJ}/(\text{m}^2\cdot\text{a})}$	I 列 <0 极其过度湿润	II 列 $0\sim1/5$ 过于湿润	$1/5\sim2/5$	$2/5\sim3/5$	$3/5\sim4/5$	$4/5\sim1$ 湿润适中	III 列 $1\sim2$ 湿润稍有不足	IV 列 $2\sim3$ 湿润不足	V 列 $3\sim4$ 湿润极其不足
<0	万年积雪	—	—	—	—	—	—	—	—
$0\sim210$ (北极,亚北极,中纬度)		II a 北极荒漠	II b 苔原	II c 北泰加和中泰加林	II d 南泰加和混交林	II e 阔叶林和森林草原	III 草原	IV 温带半荒漠	V 温带荒漠
$210\sim315$ (亚热带)	—	VI a 有大量沼泽的亚热带森林	VI b 亚热带雨林				VII a 亚热带硬叶灌木林和灌木 / VII b 亚热带草原	VIII 亚热带半荒漠	IX 亚热带荒漠
>315 (热带)		X a 沼泽占绝对优势的赤道森林	X b 强沼泽化的赤道森林	X c 中沼泽化的赤道森林	X d 向稀树干草原过渡的赤道森林		XI 热带稀树干草原	XII 热带半荒漠	XIII 热带荒漠

* 据 Будыко,1960;Григорьев,1962

　　总之,水热对比关系是水平自然带更替的主要原因。但在具体情况下,这种关系各有差异。有些地方热力分异具有更大的意义,因此水平自然带具有更强的纬度地带性表现形式,如亚欧大陆内部、北美大陆内部的自然地带的南北变化。有些地方水分分异更具显著作用,使水平自然带具有更强的干湿度地带性质。还有些地方则存在着彼此过渡情况,水平地带呈斜交分布形式,如北半球大陆西岸中纬度偏北地区和大陆东岸的中纬度等地区,常出现斜向地带更替现象。可见,大陆上实际的空间地域结构比理论上的图式要复杂得多。

(三) 水平地带和垂直带性的关系

　　垂直带分异的基本前提是气温随海拔增加而降低,且降低速度与由赤道向两极的变化相比要快得多。水平地带的宽度以百公里(10^5 m)为单位来度量,而垂直带的幅度一般只有几百米。

　　不同纬度地带具有不同的垂直带谱,其中的基带把垂直带与水平地带联系起来。根据两者的关系,Макеев 将其分为海洋性和大陆性两种情况。只有在海洋性区域,山地上下水分条件的差异不构成气候类型差异的条件下,垂直带才可基本上重复水平自然地带系统(图 4.13);而在大陆性地域中,在中纬度地区具有特殊的干旱、半干旱垂直带谱,基带从草原或荒漠开始,向上由于降水增加,使局部转变为森林垂直带,因此又称为草原荒漠垂直带性谱(图 4.14)。

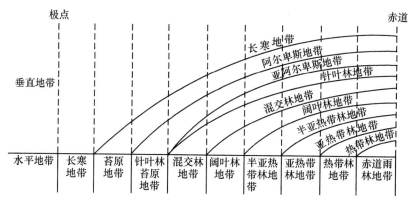

图 4.13　海洋性水平自然地带系统中的垂直带理想模式

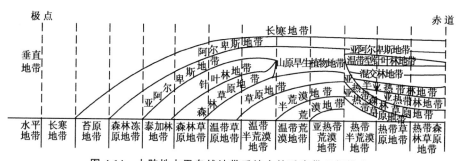

图 4.14　大陆性水平自然地带系统中的垂直带理想模式

(四)高原地带性分异规律

1. 高原三维带性

景观要素在许多高原上发生水平分异的现象早已被许多学者注意到。例如,青藏高原上年均温、活动积温从南向北递降,年平均降水量从东南向西北递减,植被和土壤在同一方向出现地带性更替,雪线、森林带、高山草甸带等垂直带界线的高度自南向北降低等。这些说明,纬度地带性和经度省性在青藏高原上都有鲜明的表现。Troll Carl(1972)的高原"三维带性"(three-dimensional zonality)指出,高原的自然地带南北方向依纬度变化,东西方向依环流形式变化,垂直方向依海拔高度变化(郑度,1979;图 4.15)。

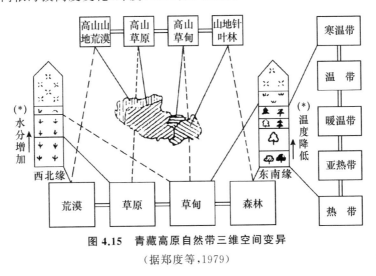

图 4.15 青藏高原自然带三维空间变异

(据郑度等,1979)

所谓"三维带性",是指以三维的坐标轴来表示自然地理环境的空间分布,用函数表示为

$$S = f(W, J, G)$$

式中,S 表示任何一个地点的自然地理环境,W 为纬向变化因素,J 为经向变化因素,G 为高度变化因素。

在平原地区,G 为常数或接近于常数,函数式可简化为

$$S = f(W, J)$$

在面积不大的山地,W、J 可视为常数或接近于常数,函数式可简化为

$$S = f(G)$$

2. 高原地带性的认识

青藏高原的自然地带和低海拔区相应的水平地带有着质的差别。陈传康等(1993)对于高原的地带性问题还有些新的认识:

(1)高原地带与同纬度低海拔水平地带的本质差别在于两者具有完全不同的热量背景。

后者的热量状况决定于该地带所处的地理纬度,而高原地带的热量特征则同时取决于高原的海拔和纬度位置。因此,高原地带较之同纬度的低海拔自然地带,总是具有"偏向极地"的热量特征,植物区系也表现出偏向极地的性质。

(2) 高原地带乃是高原边缘山系某个上部垂直带,因为地貌形态由山地转变为高原面、宽广的山间盆地或谷地面极大扩展后的一种平面表现形式。因此,地貌形态由山地转变为高原是形成高原地带性的前提。例如,藏南谷地灌丛草原地带,无非是雅鲁藏布江两侧谷坡垂直带中的灌丛草原带在这个纵谷中的扩展。

(3) 扩展了的垂直带,由于在地面上占据了比较广阔的面积,因而表现为水平地带,并成为高原内部山地进一步发生垂直分异的基础,即高原内部山地垂直带谱的基带。例如,青南高寒地带即是唐古拉山北坡垂直带的基带,柴达木山地荒漠地带是祁连山南坡和东昆仑山北坡垂直带的基带。

(4) 既然高原地带在本质上是由山地垂直带在高原面上扩展而成,那么除了低海拔平原区的纬度地带和经度省性外,任何处于垂直带谱自下而上第二带及其以上的带,只要有可能扩展成为水平地带,即可视为高原地带。由此可见,就有一个高原地带最低高度限制问题需研究。

(5) 在广大的高原上,打着垂直带烙印的高原地带,同任何纬度地带性和经度省性一样,必然发生水平方向的分异。这种分异的原因不是或至少主要不是因高度变化而造成的温度差别,而是纬度辐射因素和降水量的地区分布差异。因此,这是一种十足的水平分异。青藏高原大部分地区的地带性分异即属这一类型。

(6) 高原地带的展布。既然所有高原地带都是边缘山脉垂直带扩展而成,它们就很少可能在单一方向上发生更替,而必然表现为自高原边缘向内部辐合。但是,因为任何高原都不可能是圆形,内部山脉走向不一致,地势屏障作用不同,大气环流系统存在区域差异等,导致高原地带分布图式的复杂化,地带辐合中心不可能正好是高原的地理中心。自然地带从边缘向内部辐合,乃是高原地带性规律的重要特征之一。

4.8　自然地理环境的地域组合规律

与地域分异规律不同,地域组合规律(rule of regional combination)是自然地理环境的另一类空间地理规律。如果说地域分异是从高级单元分化成低级单元的现象,那么地域组合就是根据不同低级自然单元之间的相互作用和空间联系,合并成高级自然单元的现象。反映这种低级自然单元组合成高级自然单元的客观规律,称为地域组合规律。

过去很长时间,人们对"自上而下"的地域分异规律给予了更多的关注和研究,而对"自下而上"的地域组合规律却缺乏总结。自然界自上而下的分异与自下而上的组合本来就是客观存在的事实,对这种现象都应该有所反映。在自然区划中,一直采用的自下而上逐级合并的类型制图法就是基于地域组合规律。在土地分级研究中,从最小的相组合成限区、再进一步组合成地方的土地单元划分,也是基于地域组合规律。比起区域单元,局地尺度的地域组合规律的研究相对较为深入。

地域分异是从全球水平开始逐级分化成大陆(大洋)水平、区域水平乃至地方水平；地域组合却是从局部水平的组合开始，经地带水平的组合，到区域水平的组合，一直可以组合为全球水平。因此，地域组合规律就包括了局部水平的组合性、地带水平的组合性和区域水平的组合性等(景贵和等,1989)。

(一) 局部水平的组合性

局部水平的组合性是由于地方地形的影响，各单元景观(残积单元景观、水上单元景观和水下单元景观等)发生相互作用和空间联系，形成独具特色的不同单元景观的有规律的组合，其结果是形成一个比单元景观更为复杂的异质性单元——自然区(图 4.6)。从图 4.6 可以看出，不同的单元景观并不是孤立的，而是有空间联系和相互作用的，正是这种相互作用和空间联系，才使得这些不同单元能够合并成一个更复杂的综合体。

单元景观之间的空间联系和相互作用，是指通过地表水、地下水的流动使各单元景观间发生的联系；指通过气流活动引起的局部环流带来的水汽在各单元景观间传输，空气迁移元素如C、H、O、N 在各景观单元之间的交换以及花粉、孢子在各单元景观间的传播；也指通过水的活动引起的元素的迁移。当然，植物种属在各单元景观间的传播及动物种属的往返活动也是空间联系的一种表现形式。

上述种种空间联系及相互作用都是以物质运动的形式表现出来的，如水的流动、空气运动及生物的迁移等，但这些运动都是以太阳能作为动力基础的，都是太阳能量转换的不同形式，因而可以说局部水平的组合，是由物质和能量交换连接起来的残积单元景观、水上单元景观和水下单元景观的特有组合。这正是低级自然单元合并成高级自然单元的理论依据。

(二) 地带水平的组合性

地带水平的组合性是根据自然区间的相互作用和空间联系，把地带性部位上与大气候相适应的植被与土壤一致的自然区合并成自然地带。

在地带性部位上(即标准立地或残积处境)，植被与土壤同当地大气候条件相适应，其实质是大气候与植被和土壤之间的相互联系和相互作用，这是在垂直方向上的垂直联系和相互作用。这种土壤-植被-大气(SPAC)的垂直联系，主要是绿色植被利用通过大气的光、热、水和气体(主要是 CO_2)和土壤中的水分及养分制造成有机质。其水平联系和相互作用，主要是相邻自然区之间的热、水交换以及动、植物种属之间的传播和分布。由于同一个自然地带内不同自然区的地带性部位有相同的大气候条件，与之相适应的动、植物种属必然首先在这里定居，这就使不同自然区在一个地带范围内联系起来，然而在非标准立地或地带内(水上处境或水下处境，异常处境)的植被和土壤与地带性部位的植被和土壤可以很不一致，甚至在一个地带内可以有垂直带出现。

因而可以说，自然地带是由不同自然区合并成的异质性更复杂的单位，而只在地带性部位才具有同质性。

（三）区域水平的组合性

区域水平的组合性是由于大规模的热量交换和水分循环的影响，使各不同的地带段发生相互作用和空间联系，形成地带段的特有组合，其结果是组成比地带段更为复杂的异质性单位——自然地域。

大地构造-地势单元往往加强这种组合性，使这种组合有更清楚的界线。例如，温带、寒温带范围内的明亮针叶林棕色灰化土地带、针阔混交林暗棕壤地带、森林草原黑土地带与草甸草原黑钙土地带，根据热量交换和水分循环的特点合并成东北区域；在暖温带，落叶阔叶林棕色森林土地带、半干生落叶阔叶林淋溶褐土地带、半干生落叶阔叶林与森林草原褐土地带及干草原黑垆土地带，根据热量交换和水分循环的特点合并成华北区域，都是这种区域水平组合性的表现。当然，大地构造-地势单元对这种组合的界线总是起着一定的控制作用，例如，大兴安岭对于东北区域，秦岭山脉对于华北区域都是重要的分界线。

区域水平的组合，由于形成历史上的原因，常常在动物区系和植物区系上有明显的反映，例如，东北区系、华北区系、华中区系、华南区系的界线与东北自然区域、华北自然区域、华中自然区域及华南自然区域等都大体一致。

由单元景观合并成自然区，自然区组成自然地带，再由地带段组合成自然区域，这就是不同的低级区域单位合并成高级区域单位的组合规律。

复习思考题

4.1　试以本地的实际情况为例，说明地域分异的概念。

4.2　什么是地域分异的基本因素？它们之间有何关系？

4.3　辨析地带性、经度省性和水平地带性三个概念。

4.4　辨析带段性和省性分异。

4.5　带段性分异与地带性有何联系与区别？

4.6　省性分异与干湿度地带性有何联系与区别？

4.7　垂直带性分异与水平地带性分异的联系与区别是什么？

4.8　区域性地域分异有哪些类型？其主要特征是什么？

4.9　如何理解高原地带性分异规律？

4.10　理想大陆水平自然地带结构规律有何主要特征？

4.11　何谓组合型景观与重复型景观？其研究的意义何在？

4.12　地域分异各规律之间有何联系？

4.13　何谓显域性地域、隐域性地域？

4.14　何谓地域组合规律，主要有哪些表现形式？

4.15　地域分异规律和组合规律之间有何联系和区别？

扩展阅读材料

［1］Strahler A N，Strahler A H 著. 现代自然地理学.《现代自然地理学》翻译组译. 北京:科学出版社，1981.

［2］Troll Carl. The three-dimensional zonation of the Himalayan system. Geoecology of the High—mountain region of Eurasia. Wiesbaden：Steiner,1972.

［3］Григорьев А А，Будыко М И.论地理地带性周期律. 地理译丛，1965,（2）.

［4］Григорьев А А,江美球,赵冬. 地理地带性及其一些规律(续篇). 地理科学进展，1957，（2）:83-95.

［5］Григорьев А А,赵冬. 地理地带性及其一些规律. 地理科学进展，1957,（1）:12-22.

［6］Исаченко.今日地理学.胡守田,徐樵利译. 北京:商务印书馆，1986.

［7］П.С.Макеев 著. 自然地带与景观. 李世玢,陈传康,张林源译校. 北京:科学出版社1963.

［8］孙鸿烈,张荣祖. 中国生态环境建设地带性原理与实践. 北京:科学出版社，2004.

［9］郑度,杨勤业,赵名茶等. 自然地域系统研究. 北京：中国环境科学出版社，1997.

［10］郑度,张荣祖等.试论青藏高原的自然地带. 地理学报，1979，34(1):1-11.

第5章　综合自然区划

地球表面由于受各种空间地理规律的综合作用,使其各部分的自然地理特征发生明显的地域差异。因此,根据自然地理环境及其组成成分在空间分布的差异性和相似性,将一定范围的区域划分为一定地域等级系统,进而对各自然区的特征、变化和分布规律进行研究。综合自然区划的理论与方法是综合自然地理学的重要组成部分,其研究意义在于具体、系统地揭示自然地理综合体的地域分异规律和组合规律,掌握一定地域的自然地理综合特征,为合理开发利用自然资源、因地制宜进行生产布局以及区域生态建设与管理提供依据。

5.1　综合自然区划概述

(一) 综合自然区划的内涵

1. 自然区划与土地类型

自然地理环境是由一些大小不同、等级有高低、复杂程度有差别、相互有联系、特征有区别、分布范围彼此有交错重叠的地域单位组成的复杂和多等级的镶嵌体系。自然区划是研究自然地理等级单位的划分问题,而土地类型也是研究自然地理等级单位的划分问题,只是单位的等级不同、尺度不同。前者是区域地理研究的内容,后者则是局地地理研究的内容,由此可以看出局地地理学和区域地理学的主要区别和联系。一般来说,大范围自然区域的划分属于自然区划的研究范畴;小范围自然地段(土地分级单位)的划分属于土地类型研究的范畴。自然区划单位面积较大、结构复杂、独特性明显,能反映一个区域全面的自然特征;而土地类型单位面积较小、结构简单、相似性突出,只能代表所属区划单位的某一自然片段。

2. 自然区划的概念

所谓区划,就是区域的划分。由于区划的对象和性质的不同,大致可分为自然区划、经济区划和行政区划三大类别。自然区划,又称自然地理区划(physico-geographical regionalization, физико-географическое районирование),是按照区域的内部差异,把自然特征存在差异的部分划分为不同的自然区,按照区域从属关系建立一定的区域单位等级系统,是地域系统研究的主要方法。

广义的自然区划包括部门自然区划和综合自然区划。部门自然区划是对自然地理环境的各组成要素的区划,如地貌区划、气候区划、水文区划、土壤区划、植被区划和动物区划等,是按照它们自然特征的相似性和差异性逐级进行区域划分,并根据各区划单位自然特征的相似程度和差异程度排列成一定的区域等级系统。综合自然区划(integrated physico-geographical regionalization)着眼于自然地理环境的整体结构,以空间地理规律为指导,根据区域发展的统一性、区域空间的完整性和区域综合自然特征的一致性,逐级划分或合并自然地域单位,确定自然综合体边界,并按这些地域单位的从属关系建立一定形式的地域等级系统。狭义的自然区划特指综合自然区划。部门自然区划的对象虽然是整体的一个组成成分,但其特征和分异规律必然受整体特征与分异规律的影响。综合自然区划又以部门自然区划的资料为基础和依据。因此,综合自然区划与部门自然区划既相互区别、又相互联系和补充。

此外,按区划的特定目的,自然区划中有很多实用性自然区划,如农业自然区划、公路自然区划、建筑自然区划等。实用性自然区划侧重于应用目的,其原则、指标及等级系统等都以解决实际问题为特定,是自然、技术、经济三方面的结合,目标明确,实践应用性较强。

3. 自然区划的内涵

（1）自然区划既是划分又是合并

根据地域分异规律,可将地表自上而下依次划分为各种不同等级的自然综合体;根据地域组合规律,又可将等级低的自然综合体依次合并为更高一级的自然综合体。这种"自上而下"的划分和"自下而上"的合并是互相补充的。只有既按地域分异规律将地表划分为不同等级的低级单位,又根据地域组合规律的区域联系性将低级单位合并成高级单位,才能正确反映自然地理区划的实质。

（2）自然区划单位的基本特征

从综合自然区划的概念可以看出,自然区划单位必须满足三个基本条件:具有统一的发生学联系、具有完整毗连的空间和具有相对一致的整体特征。自然区划的对象是自然综合体,包括从最高级的地球表层系统到最低级的景观(或称自然地理区),有一系列不同级别的自然地域单位。通常,高级的单位往往包含若干个性质与结构相似的低级单位,而同一等级的若干个单位之间又总是存在一定的差异,正是这些差异把它们划分开来。这种"相似性"和"差异性"通常被视为自然区划的依据,也是自然区划单位的基本特征。

（3）自然区划单位的基本条件

自然区划的主要根据是区域的联系性。所谓区域的"联系性"主要指组成区划单位的各低级单位具有统一的自然历史发展过程和相互毗连的地域接触关系。缺乏共同的发育联系和空间毗邻的区域单位,即使在景观外貌上有很大的相似性,也不能合并为一个完整单位;反过来,也不能把有共同的发展过程和地域毗连的一个完整单位,因其内部局部景观外貌的特殊而划分出脱离这个高级单位的低级单位。也就是说,任何一个区划单位必须满足三个基本条件,只有在发展一致和空间完整的区域的"联系性"前提下的"相似性"和"差异性",才具有自然区划的意义。

4. 区划单位和类型单位的区别

自然区划通过区域系统研究方法,对地表自然界进行划分和合并,得出一定的区划等级系统,该系统强调区域单位的个体特征。对地表自然界的研究还有分类系统研究法,即类型划分研究。因此,地域系统研究方法包括了区域划分和类型划分两种地域系统研究方法,两者既有联系,也有区别。

区划单位(regionalization unit)和类型单位(type unit)的区别可以用区划图和类型图来理解。区划单位是地域上连续的不同自然地理综合体合并的结果,其在地表的存在是唯一的,具有区域共轭性的特点,不可能出现两个命名相同的区划单位;类型单位在地域上可以是不连续的、彼此分离的自然地理综合体,之所以概括为同一类型,是因为它们之间质的相似性,因而命名相同的类型单位在地表可以重复出现。每一级区划单位都属于一定的类型,都可以进行类型研究。由于自然综合体是多级序的,因此类型研究也是多系列的。

区划单位和类型单位都组成等级系统,但却是两类不同的等级系统。区划等级系统是自上而下建立的、具有空间尺度差异的一系列的区划单位组成的系统。高等级的区划单位是由相邻的不同低级单位合并的结果,不存在属性的抽象概括,越是高级区划单位所包含的低级单位越多,内部的复杂性也越大。类型单位系统是根据质的相似性,由多种多样的低级单位逐级概括成简单的高级单位,单位级别越高越抽象,更具有本质特征,分类依据越简单,但共同属性则越少。

(二) 综合自然区划的基本特点

综合自然区划是全面认识自然地理环境的重要途径,也是自然地理学发展到一定阶段的产物,具有以下几个显著特点(程伟民等,1990)。

(1)自然区划中差异性和相似性对立统一。在自然界中,在某种范围和等级之内,相似性和差异性都是相对的,相似中含有差异,差异中含有相似。这种互补的对立,构成了一切区划和分类研究,其中包括自然区划研究在内的基本依据。自然区划要求所划定的区域内部相似性最大,差异性最小,区域之间要求则相反。

(2)自然区划单位边界的过渡性。所有自然地理过程和自然地理界线,空间分布基本都呈现过渡的特点,一般不会有明显的界线,大多是连续和渐变的,导致两个相邻自然区域的边界呈现出不明显性和重叠性特征。

(3)自然区划单位的综合性和非重复性。因为自然区划不是根据某一个要素、某一种现象去划定区域,而是根据全部自然现象所表现的"集体效应"划分区域。同时,与土地类型不同,自然区划单位具有空间上的不可重复性。

(4)自然区划的综合分析与主导标志。在具体划分时,在综合分析的基础上,多采用反映主导分异因素的主导标志作为具体划分指标。这是因为主导分异因素的变化,往往影响到其他因素的变化,这就是所谓建立在地理相关分析基础上的主导标志法。

(5)自然区划单位间的相似性和差异性是相对的。由于自然区划系统的多级性,从较高的等级到较低的等级划分出来的单位,其内部相似性逐级增大,而相互之间的差异逐级减小。

除此之外,Исаченко(1965)还提出了自然区划的下列特点:① 区划中所划分的区域单位,由于其组成部门之间存在着空间联系而保持统一性和空间上的不可分割性。② 区划对象可以是各种不同的对象和现象,但必须是能够形成有规律的地域结合的"地域现象"。③ 区划是一种独特的系统方法,可以根据区域地理位置的共同性和它们之间所有规律的地域联系合并在一起。但是,与区域的共同性合并在一起的各个对象或现象之间的相互联系,是在历史发展过程中形成的。任何区域都是历史发展的产物。因此,区划是反映历史上形成的对象和现象的地域联系的区域系统方法。④ 区划可以是自上而下的划分,也可以是自下而上的合并。⑤ 任何区划对象都可以既按照区域的原则,又按照类型的原则来加以系统化。

总之,综合自然区划是一定时期区域自然地理研究成果的集中体现。自然区划需要对各级自然综合做全面的认识,不仅要正确认识地表的地域分异规律,还要深入分析各组成成分间的相互关系;不仅要掌握比较丰富的区域地理资料,了解区域自然历史过程,还需要有适当的理论和区划方法。因此,正确揭示区域自然规律的自然区划,不仅深化了自然地理学的理论和方法,而且可以全面、综合地评价自然条件和自然资源,为合理利用自然资源,编制生态建设规划提供科学依据。

(三) 综合自然区划研究回顾

中国春秋战国时期的《禹贡》,依据河流、山脉和大海的自然分界,把当时的中国分为冀、兖、青、徐、扬、荆、豫、梁、雍等九州。如把山西、陕西交界的黄河以东、河南黄河以北、河北黄河以西的地区划为冀州;把山东济水与河北黄河之间的地区划为兖州;把湖北荆山与河南黄河之间的地区划为豫州等。这种区域划分具有明显的地理学意义,已具有自然区划思想的萌芽,也被认为是世界上最早的自然区划著作。

1. 国外自然区划研究回顾

近代自然区划始于欧洲。19世纪初,Humboldt指出,地理学是研究现象的空间分布、空间关系和相互依存,自然现象的出现和地域有着密不可分的关系,地球不同区域具有其独特的外貌特征。Humboldt首次揭示了温度的空间分异特征,绘制了首幅世界等温线图,揭示气温与纬度、海拔的关系及气候与植被分布的关系。随着德国地理学家Hommeyer(霍迈尔)发展了地表自然区域的概念,提出在主要单元内部进行逐步分区的观念,并具体划定了大区、区、地区和小区4级地理单元用以表征区域体系。Hettner对自然区划概念做了进一步的阐述,对自然区划原则、不同级别自然区域的划分标志和依据进行了讨论,提出通过归纳和演绎的方法进行自然地理区划。19世纪末到20世纪初,Докучаев揭示了地球表面土壤的地带性分布规律与纬度气候带的一致性,提出了水平地带性和山区随海拔高度而变的垂直带性规律,成为自然地带学说的创始人。

西方国家开展了大量以生态区划为特色的自然区划研究。19世纪末,Merriam(梅里亚姆)以生物作为自然区划的依据来划分美国的生命带和农作物带,标志着生态区划研究工作的开始。1905年,Herbertson首次对全球主要自然区域单位进行了区划,开始注意到"主要自然区域"的综合特征与人类活动的影响,并指出进行全球生态地域划分的必要性。随着1935年英国生态学家Tansley(坦斯利,1871—1955)提出了生态系统的概念,以植被(生态系统)为主体的生态区划研究在国际上得到了蓬勃发展,但也出现了把植被区划等同于生态区划、忽视生态系统整体特征的研究误区。1962 年,加拿大森林学家 Loucks(劳克斯)提出了生态区的概念,并以此为单位进行生态区划。1976 年,美国生态学家 Bailey(贝利)在对区划原则、方法和植被进行探讨的基础上,提出了区域(domain)、区(division)、省(province)、地段(section)的美国生态区划方案,从生态系统的角度阐述区划是按照其空间关系来组合自然单元的过程。1996 年和 1998 年,Bailey 分别做了世界大陆和海洋的生态区划。

俄罗斯的自然区划开展也较早,有关区划的著作非常多。早在 1851 年,特拉乌特费捷尔(Траутфетер)就提出了俄国欧洲部分植被区划,划分了地区和州两级。1897 年,唐菲里耶夫(Танфильев)提出了俄国欧洲部分自然地理区划。1907 年,克鲁别尔(Крубер)再次提出俄国欧洲部分的自然区划。1913 年,Берг 进行了俄国景观地带的区划。1915 年,谢苗诺夫·天山斯基(Семнов Тяншанский,1827—1914)提出俄罗斯和高加索欧洲部分自然区划,按带和地区两级进行区域划分。此后,还先后开展了哈萨克斯坦土壤-植被区划(Григорьев,1944),苏联欧洲部分自然区划(Солнцев,1952),中亚细亚自然地理区划(Макеев,1956),西伯利亚与远东自然地理区划以及乌拉尔地区的多个自然区划。俄罗斯自然区划的研究,在很长时间内深刻影响了中国的自然区划工作。

2. 中国自然区划研究回顾

中国系统的自然区划工作始于 20 世纪 30 年代,其标志是竺可桢"中国气候区域论"的发表。1940 年,黄秉维首次对我国进行了植被区划研究。1954 年,罗开富、林超和冯绳武分别提出了自然区划方案,初步建立了我国综合自然区划的方法论。1959 年,中国科学院自然区划工作委员会编写出版了《中国综合自然区划》,首次明确区划的目的是为农、林、牧、水等事业服务,全面、系统地发展了自然区划理论与方法,成为我国综合自然区划经典方法论的标志。此后,侯学煜(1963)、任美锷(1979)、赵松乔(1983)、席承藩(1984)、黄秉维(1989)、赵济(1995)等也相继提出了各自的全国自然区划方案,奠定了中国这一领域在国际上的领先地位。

结合实践应用,中国开展了很多实用性自然区划工作。尤其是根据农业发展的需要,中国提出了一系列全国农业区划方案。1955 年,受农业部委托,由周立三主持,组织了经济地理学者编制了中国第一个农业区划方案《中国农业区划的初步意见》,将全国划分为 6 个农业地带和 16 个农业区。1981 年,中科院南京地理与湖泊所周立三等编制的《中国综合农业区划》,根据地域分异规律、农业生产发展方向和建设途径等,建立了 10 个一级区和 38 个二级区组成的区划等级系统。1988 年,侯学煜出版的《中国自然生态区划与大农业发展战略》,根据生态系统的差异,首次将全国划分为 22 个生态区,这标志着中国生态区划的研究正式拉开帷幕。

20 世纪六七十年代,交通部公路设计研究院联合北京大学地理系开展了公路自然区划研究,以中国地理条件、气候条件的复杂性为基础,在分析交通运输工程学与地理学的密切关系的基础上,采用综合性原则和主导因素原则,在区划过程中既考虑了地带性,也考虑了非地带性差异及其相互作用,相继提出了"中国陆路交通自然条件区划"(1964)和"中国公路自然区划"(1973)。1986 年,为区分中国不同地区气候条件对建筑影响的差异性,明确各气候区的建筑基本要求和提供建筑气候参数,由中国建筑科学研究院主持开展了《中国建筑气候区划》,采用综合分析和主导因素相结合的原则,区划系统分为两级:一级区划以 1 月平均气温、7 月平均气温、7 月平均相对湿度为主要指标,以年降水量、年日平均气温低于或等于 5℃ 的日数和年日平均气温高于或等于 25℃ 的日数为辅助指标,共分为 7 个一级区;在各一级区内,选取能反映该区建筑气候差异性的气候参数或特征作为二级区区划指标,共分为 20 个二级区。

2001 年,傅伯杰等提出了中国生态区划方案,将全国划分为 3 个生态大区、13 个生态地区、57 个生态区。同年,国家环保总局颁布了《生态功能区划暂定规程》,明确了生态功能区划的一般原则、方法、程序、内容和要求,并颁布了由 3 个生态大区(domain)、13 个生态地区(ecoregion)和 57 个生态区(ecodistrict)三级区构成的中国综合生态环境区划方案。中科院地理所郑度院士主持的国家自然科学基金重点项目"中国生态地理区域系统及其在全球环境变化研究中的应用"(1998—2000),建立了由 11 个温度带、21 个干湿区域和 49 个自然区组成的"中国生态地理区域方案",代表了近年来自然区划的研究水平。

着眼于全球,从区域着手,研究自然地域综合体,开展自然地理区划,是地理学的一个重要研究方向和领域。从资源利用的角度来看,研究自然区划是地理学探讨和协调人地关系的重要途径,通过分析自然资源条件与生态环境本底特征的区域差异,以期为协调自然资源开发利用和生态环境保护提供科学依据。

5.2 综合自然区划的原则和方法

综合自然区划的对象是客观存在的自然综合体,主要任务在于揭示历史上形成的不同等级的自然综合体在地域间的差异性与共轭关系,亦即自然综合体的空间地理规律。因此,关于空间地理规律的学说便成为综合自然区划的理论基础。这就是说,综合自然区划必须以分析空间地理规律的理论为指导,根据这种理论确定区划的原则和方法,建立区划单位系统,逐级进行区域划分。

(一) 综合自然区划的原则

为使综合自然区划结果符合客观实际情况,真实地反映自然地理空间规律,有必要制定若干区划原则来指导区划工作。区划原则既是进行区划的指导思想,又是选取区划指标、建立等级系统、采用不同区划方法的科学准绳。根据陈传康等(1993)学者的观点,把常用的区划原则分为两大类:一是区划的一般原则,任何区划都必须考虑,如发生统一性原则、相对一致性原则和区域共轭性原则;二是区划的基本原则,是综合自然区划所必须遵循的原则,如综合性原则和主导因素原则。

1. 一般原则

(1) 发生统一性原则

简称发生学原则,19 世纪后半叶已开始应用于自然区划实践。任何区域单位都是在地域分异因素作用下历史发展的产物,是一个自然历史体,具有自己的年龄,历史发展道路的共同性使它们具有发生统一性特征。因此,进行自然区划必须探讨区域分异产生的原因与过程。自然区划的发生统一性原则可以概括为以下几个内容:

① 任何区域单位都具有统一发展过程,但不同等级或同一等级的不同区域单位,其发生统一性的程度和特点是不同的。因此,区域单位的发生统一性是相对的,这一相对性正是从发生上进行地域划分的依据。

② 每个区域单位都有自己的"年龄",但不等于该区域固体基础(地质地貌)的年龄。况且,由于等级低的区域单位是由等级较高的区域单位中分化出来的,因此,区域单位的等级越低,其年龄越小,发生统一性越强。

③ 每个区域单位的形态结构和功能特征,取决于其历史发展原因和过程。因此,只要对每个区域单位的形态结构和功能特征进行详尽分析,就可反映其历史(或古地理)分异过程的特征,也就是贯彻了发生学的原则。

④ 对区域单位形成和演变的研究,自然区划时关注的重点是新生代,尤其是第四纪以来的环境发展或变迁过程。因为现代自然地理环境是通过新生代、特别是第四纪以来的发展变化逐步形成的。

(2) 相对一致性原则

相对一致性原则要求在划分区域单位时,必须注意其内部特征的一致性。这种一致性是相对的一致性,而且不同等级的区域单位各有其一致性的标准。例如,自然带的一致性体现于热量基础大致相同;自然国的一致性体现于热量基础大致相同条件下的大地构造与地势起伏大致相同;自然地带的一致性体现于水热对比关系及与之相应基带的土类、植被类型、景观类型也相类似;自然省的一致性体现于水热对比条件相同下的地势起伏大致相同;山地自然省则体现于垂直带谱的结构相同,最后到了自然区(景观)的一致性,体现在地带性与非地带性的一致性。由此看来,区域单位内部特征的一致性不是绝对的,而是相对的一致性。区划单位一致性的相对性质,表明其本身存在着一个等级单位系统。相对一致性原则既适用于"自上而下"的顺序划分,又适用于"自下而上"的逐级合并。

(3) 区域共轭性原则

区域共轭的思想源自 Полынов 和 Перелъман 的景观地球化学学说,即根据地球化学元素迁移和能量交换联系起来的地球化学景观。每个具体的区划单位都要求是一个连续的地域单位,不能存在着独立于区域之外而又从属于该区的单位,这一属性即为区域共轭性。该原则决定了区划单位永远是个体的,不能存在同一区划单位彼此分离的部分。根据这一原则,尽管山间盆地与其邻近山地在形态特征方面存在很大差别,但必须把两者合并为更高级的区域单位。同理,尽管自然界可能存在两个自然特征很类似、但彼此隔离的区域,也不能把它们划为一个区域单位。例如,关于柴达木盆地的区划归属,有些方案基于柴达木盆地景观与蒙新高原的荒漠半荒漠景观很相似,将其划归蒙新高原自然区,但基于区域共轭性原则应该将其划入青藏高原区,因为阿尔金山和西祁连山均属于青藏高原。

2. 基本原则

（1）综合性原则

综合性原则主要起源于地域分异和区划单位的整体性。任何区域单位都是一个统一的整体，即自然综合体，都是地域分异因素——地带性因素和非地带性因素作用下的事物。因此，在自然界既没有纯粹地带性的自然区域，也没有纯粹非地带性的自然区域。贯彻综合性原则应注意：区划单位是各个自然地理要素在发生上具有内在联系的统一整体，即自然综合体；这个整体是发生上同一和统一的区域；发生上彼此不同的区域，应各自有其不同的形态结构和功能特征。由此可见，综合性原则本身就规定着综合自然区划只能是综合体的划分，而不是各个要素的划分。因此，在进行区划时，必须全面分析区域单位所有成分和整体特征的相似性和差异性，特别是地带性特征和非地带性特征的表现程度，并以此特征来划分区域和确定界限。

（2）主导因素原则

地域分异因素固然非常复杂，但仍可以区分出主导因素和次要因素来。在综合分析的基础上，发现各要素对自然综合体的影响是不同的，可以找出一个或几个起主导作用的因素作为主导因素。主导因素对区域特征的形成、不同区域的分异有着重要的影响。其变化不仅使区域内部特征产生量的变化，甚至可以引起质的变化。主导因素原则强调在区域分异中起主导作用的主导因素，选取其某一个或几个主导标志来作为确定区界的主要根据，并且按统一指标进行某一级分区。

主导因素原则和综合性原则并不矛盾。采用综合性原则，挑选出具有分区意义的、相互联系的标志后，还可以再从中挑选出具有决定性意义的主导标志。但是运用主导标志确定区界时，若不考虑其他环境条件包括气候、地貌、水文、土壤、植被等进行订正，划分出的界线存在片面性。某一主导标志与区域分异的关系不可能是严格的函数关系，而只能是相互关系，因此必须进行相关分析。用单一指标确定区界不一定能保证划分的各个区符合相关性和区域内部结构的相对一致性。基于此，有人把这两原则合称为：综合性分析与主导因素分析相结合原则。由此也可以看出，综合性原则和主导因素原则是综合自然区划中特有的关键性的原则。

所有上述各项原则，并非彼此排斥，而是互为补充，刘南威等（1993）将它们归结为一条总原则——"从源、从众、从主"的原则："从源"，是指必须考虑成因、发生、发展和共轭关系；"从众"，是指必须考虑综合性和完整性；"从主"，是指必须考虑其典型性和代表性。

（二）综合自然区划的方法

为了使上述原则得到正确贯彻，必须采用相应的区划方法，才能达到目的。区划的原则和方法是紧密相连的。每一个区划原则，都必须通过相应的方法加以贯彻。目前，区划的方法主要有古地理法、类型制图法、顺序划分法、部门区划叠置法、地理相关分析法、主导标志法以及GIS与模型方法等几种。

1. 古地理法

区域单位的古地理研究是阐明区域分化历史过程的最有效办法。由于古地理的研究内容涉及方面较广,研究方法也多种多样,自然区划中只是引用有关方法,并结合历史自然地理的研究来检验区划单位的发生统一性,所以此方法也称历史检验法。进行自然区划时,可通过实地古地理和历史自然地理遗迹的考察以及孢子花粉分析,并借鉴有关古籍文献及地质历史研究资料,对区划对象和各级自然综合体的形成和演变过程、地域分异的历史背景、自然特征成因的共同性和差异性等加以分析研究,划分出不同性质和不同等级的区域单位。因此,发生统一性原则必须通过古地理法来贯彻。但是,要确定区域单位的年龄和发展历史需要占有丰富的古地理资料,而目前并不是所有区域都具备足够的资料,所以现在一般把古地理法作为一种必要的辅助方法。

2. 类型制图法

类型制图法又称合并法,或"自下而上"区划法,是根据土地类型单位的对比关系进行区划的方法。该方法早期在部门自然区划中普遍应用,如地貌区划、土壤区划、植被区划等都是以其类型图为依据的。土地类型图出现后,就成为综合自然区划的依据,也就是根据土地类型组合分布图式的差别来进行区划。该方法从划分最低级的区域单位开始,然后根据地域共轭性和相对一致性原则把它们依次合并为高一级单位。在实际工作中,合并法通常是在土地类型图的基础上进行(图 5.1)。

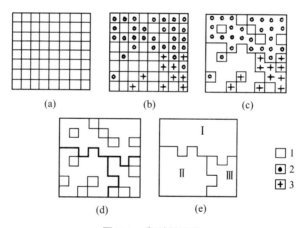

(a)　　　　　　(b)　　　　　　(c)

(d)　　　　　　(e)

图 5.1　类型制图法

（a）划分出若干具体土地单位；（b）对土地单位进行分类,区分出三种土地类型(1,2,3)；（c）去掉土地单位的具体界线,即为表示土地类型差别的景观图；（d）根据土地类型的质和量的对比关系,即组合分布图式的地域差异,划分自然地理区(粗线条为自然地理区界线),同一种分布图式所占有的范围相当于一个自然地理区；（e）去掉土地类型界线,即为自然地理区(Ⅰ,Ⅱ,Ⅲ)

3. 顺序划分法

顺序划分法即"自上而下"区划法,与类型制图法正好相反。此方法是根据地域分异普遍规律——地带性和非地带性,按区域的相对一致性和区域共轭性,先划分出最高区域单位,然后逐级向下划分低级的单位(图 5.2)。顺序划分法和类型制图法是贯彻相对一致性原则和区域共轭性原则的重要方法。

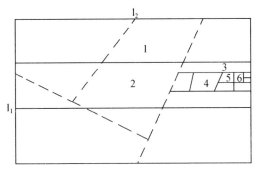

图 5.2　顺序划分图式

1. 根据大尺度的地带性和非地带性分异划分热量带和大自然区(1_1：热量带界线，1_2：自然大区界线)；2. 热量带和大自然区互相叠置，得出地区一级单位(地区也可视为热量带内的高级省性分异单位)；3. 根据地区内的带段性差异划分地带、亚地带；4. 根据地带、亚地带内的省性差异划分自然省；5. 自然省划分为自然州；6. 自然州划分为自然地理区

4. 部门区划叠置法

部门区划叠置法是采用各部门自然区划图(如气候区划图、地貌区划图、土壤区划图和植被区划图等)来划分区域单位，把各部门区划图叠置后，以相重合的网络界线或它们之间的平均位置作为区域界线。当然，这并非机械地搬用这些叠置网格，而是在充分分析和比较各部门区划轮廓的基础上来确定界线。由于部门自然区划之间的不协调给部门区划叠置法的运用带来一些困难，但不能因此认为它"不可靠"或"太机械"而加以否认。从区划的发展来看，特别是随着遥感、地理信息系统和地理大数据的普遍应用，叠置法的优点更加突出。

5. 地理相关分析法

地理相关分析法又称网格分析法，是运用各种专门地图、文献以及统计资料，对各自然地理成分之间的相互关系做分析后进行区划的方法，在目前自然区划工作中运用比较广泛。地理相关分析法的程序如下：首先将自然区划所需的相关文献资料、统计数据和专门地图加以筛选，分别标注在适当比例尺大工作底图上，同时划出坐标网格；然后进行地理相关分析，并按其相关关系的密切程度编制出带有综合性的自然要素组合图；最后在此基础上逐级进行自然区域划分。地理相关分析法是贯彻综合性原则、主导因素原则、发生统一性原则和区域共轭性原则的重要方法。但一般说来，此方法工作量较大，适用于工作基础薄弱、缺乏部门自然区划和土地类型研究的区域。如果与部门区划叠置法配合使用，将会取得较好的效果。《中国综合自然区划》(1959)主要运用了地理相关分析法，但对部门叠置法有所忽视，导致整个区划偏重于土壤区划的网格，对地貌区划网格则重视不够。

6. 主导标志法

主导标志法是贯彻主导因素原则经常使用的方法。此方法强调选取反映地域分异主导因素的指标作为确定区界的主要依据,尤其强调在进行某一级分区时必须按照统一的指标划分。在此需要注意区分主导因素和主导标志两个概念。区域分异的主导因素一般是指地带性和非地带性因素。划分区域单位的主导标志同区域分异的主导因素有一定关系,是各组成成分对区域分异因素不同程度的反映。各种气候指标以及地貌形态、土壤、植被等的分布界线都可能成为主导标志。通常,用来确定区域界线的主导标志往往是那些最鲜明、最灵敏的具有指示意义的标志——派生组成成分的土壤和植被以及各种气候指标,而不是地域分异的主导因素。因此,单独使用主导标志法时必须持慎重的态度。

7. GIS 与模型方法

长期以来,自然区划都是地理学的核心研究内容。由于受先验知识的制约,在区划指标和具体界线的确定中,主观性较强,个体差异较大(郑度,2008)。20 世纪 60 年代以来,随着计量地理学的兴起,地域区划研究中逐渐引入数理方法和技术,对于地理学中线性可分问题能够给予精准的表达,但对于地理学中占主导地位的线性不可分问题,却缺乏有效的解决办法。GIS技术的出现,空间自相关分析、冷热点分析、半方差分析、空间统计分析等方法为地理问题的空间表达提供了强有力的载体形式。近年来,一些新的技术和方法,如空间聚类分析、判别分析、回归分析等参数模型以及遗传算法、人工神经网络和分类与回归树等非参数模型,被广泛应用到自然区划中,增强了自然区域划分的客观性和边界确定的准确性。

(三) 综合自然区划原则与方法的关系

1. 原则与方法之间的关系

综合自然区划的原则和方法是紧密联系的,这种联系如图 5.3 所示。

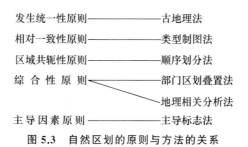

图 5.3　自然区划的原则与方法的关系

综合自然区划的这些原则和方法都是相互补充的。应用其中的一个原则和方法,并不排斥其他原则和方法。下面,以综合性原则和主导因素原则及与之相应的地理相关分析法和主导标志法为例,说明它们之间的关系。

2. 地理相关分析基础上的主导标志法

黄秉维等(1989)主张应用建立在地理相关分析基础上的主导标志法,实践证明也是目前最好的区划方法。综合性原则强调在进行某一级区划时,全面考虑区域单位各组成成分和区域整体综合特征的差异性,而后选择某些相互联系的指标作为划分区界的依据。尽管地域分异因素非常复杂,但仍可区分出主导因素。运用综合性原则选取具有确定区界意义的、并且相互联系的标志后,可以再从其中选定具有决定性意义的主导标志。然而,在运用主导标志,如某一气候指标的等值线确定区界时,若不参考其他指标,如地貌、水文、土壤、植被等指标对区界进行订正,划定的区界未必正确。这是由于主导因素决定的地域分异非常复杂,区域单位整体及不同组成成分对主导因素的反映也不可能相同。一般来说,任何主导标志与地域分异之间都不可能有严格的函数关系,而只能是相关关系。因此,过分强调以某一主导标志确定区界或硬性规定在进行某一级分区时必须采用统一的指标,确定的区界将不免具有任意性,并且未必能保证所划分的各区具有该级区域单位应有的相对一致性。

由此看来,采用主导标志法并不意味着只注意某一主导标志而忽视其他标志。否则将违背综合性原则,使综合自然区划下降为部门自然区划。事实上,每一个区域单位都有分异主导因素,但反映这一主导因素的往往不是某一主导标志,而是几个相互联系的标志和指标。这样一来,就已接近综合标志法了。可以通过建立在地理相关分析基础上的主导标志法来解决这个矛盾,而这实际上是综合性原则和主导因素原则相结合的方法。

以自然带划分为例,说明在地理相关分析基础上运用主导标志法的大致步骤。首先,把已有的土壤、植被和景观等资料与各种气候指标等值线进行对比,确定某个指标(如≥10℃积温等线)对热量带的分布具有最大的相关关系。然后,根据土壤、植被和景观分布资料初步确定划分各带界线的积温数值,例如,以≥10℃的4500℃积温等值线作为中国亚热带北界。最后,以这一数值作为主导标志使用外延法,适当考虑与其他自然地理要素的相关关系,确定各带的界线。但是,通过这种方法所确定的界线只是初步的,当进一步对此界线进行深入研究时,必然发现需要进行适当调整,甚至会发现同一自然带界的不同段可以采用不同指标数值,而且可以规定一定的指标数字间隔或幅度作为确定界线的根据。

鉴于上述方法,自《中国综合自然区划》(1959)发表以来,学术界先后提出了不少关于修改界线指标的意见(林超,1960),也提出了给自然带不同段规定不同积温指标的意见(杨宗干等,1961)。苏联土壤地理区划新方案也因为同样缘故给亚欧大陆西部和东部确定了不同的指标。中国华南西部(云南)和东部也有类似情况。一般来说,西部除干热河谷外积温有效性较强,所以采用的指标可略低。这就是说,在使用积温指标时,不但要考虑其绝对值,而且要考虑其有效值。例如,海南的积温(8400℃)虽比云南景江(7800℃)多600℃,且持续日数相同(365天),两者的热带性实际上却没有显著差别(丘宝剑,1963)。林超(1960)在河北省的工作也证明,由于界线各段的过渡性质不同,当参考其他成分的分布状况对根据气候指标初步确定的界线进行调整时,不同段的调整指标可以不同。在地貌界线与气候界线基本上一致时,无需做重大调整;在界线不明显处,一般应划在镶嵌过渡带中部,界线两侧首先是过渡带,其后分别向外侧过渡为岛状分布带。

因此,在进行自然区划时,可以根据综合性原则和主导因素原则,采用与其相应的地理相关分析法和主导标志法确定区域单位的界线。两个原则和方法是密切联系和互相补充的,在实际工作中可以结合运用。建立在地理相关分析基础上的主导标志法,可以说是当前最好的区划方法。

　　总之,发生统一性原则、相对一致性原则、区域共轭性原则作为区划的一般原则是进行任何区划都必须考虑的。综合性原则是使综合自然区划真正实现综合的重要保证,而主导因素原则不过是在某种情况下的权宜手段,通过它可以比较容易地划分出区域单位来。其他如地带性原则、非地带性原则、生物气候原则、省性原则等,显然是上述诸原则的具体化。

(四) 综合自然区划的指标体系

1. 自然区划的指标体系

　　自然区划指标是划分各级区划单位等级及确定区划单位空间界线所采用的标志(刘胤汉,2010)。区划的指标体系反映了不同等级区划单位之间和同一等级区划单位之间的本质差别。一般来说,自然区划指标体系主要由一组自然要素组成,这些自然地理要素在区划中的重要程度随着区划等级的不同而不同。区划指标不仅有数值型指标,还有描述型指标。

　　(1) 气候指标

　　水热条件的组合是决定自然综合体大尺度差异的主要因素。气候指标经常采用温度和湿度。温度是决定地表大尺度差异的主要因素,对于自然综合体的一切过程都有影响。温度指标包括日平均气温≥10℃积温和日数,最热月、最冷月及年平均温度,无霜期,极端最低气温的多年平均值等,温度条件的作用多随干湿状况不同而变化。湿度指标包括年降水量、年蒸发量、干燥度等。

　　(2) 地貌指标

　　地貌指标包括平原与丘陵性平原、相对高度小于 200m 的丘陵、相对高度在 200～500m 的低山、具有显著山间平原或谷地(总面积不小于 20％)的山地、具有明显的垂直分带(但只有一个带占绝对优势、相对高度在 500m 以下)的低山地、具有明显的垂直分带(有两个或多个带层占优势、相对高度在 500m 以上)的中高山地、顶部接近或超出雪线以上的相对高度在 500m 以上的高山与高原山地等。

　　(3) 植被指标

　　在自然界中,植被具有明显的气候指示性作用。植被指标多采用植被类型,如森林、草原、荒漠等。森林类型又有赤道雨林、季雨林、常绿阔叶林、落叶与常绿阔叶混交林、落叶阔叶林、针阔混交林、针叶林等;草原类型有草甸草原、荒漠草原等。

　　(4) 土壤指标

　　土壤是自然界的一面镜子。土壤的形成是气候、地貌、母质和生物等因子综合作用的结果。土壤指标多采用土壤类型,包括砖红壤、红壤、黄壤、黄棕壤、棕壤、暗棕壤、漂灰土、褐土、栗钙土、灰钙土、棕钙土、漠钙土等。

　　(5) 人文指标

　　在综合自然区划时,也要兼顾一些人文要素指标,以反映人类活动对生态系统的影响。人文指标多采用土地资源、农作物类型、耕作熟制等描述型指标,一般在区划中起辅助作用。

2. 自然区划指标选取的原则

任何区划都是利用各种定性和定量的指标确定其区划界线。由于选择了不同的区划指标,往往会形成不同的区划结果。因此,自然区划指标的选取非常重要,应该注意以下原则。

(1) 指标的选取和指标体系的确定,应该体现区划目的、区划原则和区划尺度,反映导致区域分异规律发生的主要因素。因此,指标选取既要客观地反映事物的本质,又要以尽可能少的数量涵盖尽可能多的信息。

(2) 指标体系的确定不仅要有利于分区,更要直接有利于分区界线的确定。一般较高级单位的划分依据侧重考虑生物气候的差异,先注意水平地带性,后考虑垂直带性。

(3) 由于自然区划单位的多等级性,要求建立多级的综合指标体系。不同等级的区划单位,采用不同的指标。一般而言,气候是大尺度下自然综合体的主要决定因素,而地貌和地形对水热因子的分布起重要的作用,所以在区划的过程中往往被确定为主要指标。

(4) 区划指标随区划目的不同而有所差别。例如,主要为农业生产服务的综合自然区划,指标的选择主要考虑自然条件对农业生产影响与限制程度较大的因素,如气候条件中的温度指标和水分指标。

(5) 各项指标的运用不是唯一的。例如,以≥10℃积温作为自然区划的重要指标固然很有必要,但在用≥10℃积温指标时,必须注意到:① 同样的积温,强度越大持续时间越短,强度越小持续时间越长,对作物产生不同影响;② 温度日变化不同,积温的有效性不同;③ 严寒霜冻、干旱等气象灾害也影响积温的有效性。因此,为弥补用积温划分热量带的不足,必须同时考虑低温。例如,全国农业区划委员会编制的《中国自然区划概要》(1984),温度带的划分主要根据≥10℃积温,同时结合最冷月气温和低温平均值,参照农业特征(适种作物和熟制),将我国划分为 14 个温度带(表 5.1)。

表 5.1 《中国自然区划概要》(1984)温度带划分指标

自然大区	温度带	指　　标	辅助指标	农业特征
东　部 季风区	温带	最冷月气温<0℃	低温平均值 <−10℃	有"死冬"
	寒温带	≥10℃积温 <1700℃	≥10℃日数 <105 天	一季极早熟的作物
	中温带	1700～3500℃	106～180 天	一年一熟,春小麦为主
	暖温带	3500～4500℃	181～225 天	两年三熟,冬小麦为主,苹果、梨等
	亚热带	最冷月气温>0℃	低温平均值 >−10℃	无"死冬"
	北亚热带	≥ 10℃ 积温 4500 ～5300℃	≥10℃日数 226～240 天	稻麦两熟,有茶、竹等

续表

自然大区	温度带	指 标	辅助指标	农业特征
东 部 季风区	中亚热带	5300～6500℃	241～285 天	双季稻-喜凉作物两年五熟,橘、桐、油茶等
	南亚热带	6500～8000℃	286～365 天	双季稻-喜凉或喜温作物一年三熟,龙眼、荔枝等
	热带	最冷月气温＞15℃	低温平均值＞5℃	喜温作物全年都能生长
	边缘热带	≥10℃积温 8000～8500℃	最冷月气温 15～18℃	双季稻-喜温作物一年三熟,椰子、咖啡、剑麻等
	中热带	＞8500℃	＞18℃	木本作物为主,橡胶、椰子等
	赤道热带	＞9000℃	25℃	可种赤道带、热带作物
西 北 干旱区	干旱中 温带	≥10℃积温 1700～3500℃	≥10℃日数 100～180 天	可种冬小麦
	干旱暖 温带	＞3500℃	＞180 天	可种长绒棉
青 藏 高寒区	高原寒带	≥10℃日数不出现	最热月气温＜6℃	无人区
	高原亚 寒带	＜50 天	6～12℃	牧业为主
	高原温带	50～180 天	12～18℃	农业为主

(6) 指标数值的精确性。任何区划指标数值都有其精度,而任何精度都有其相对性。所以数量化不是绝对的,而且指标数值也并不是越精越好。有时一个精确度较差、定性的模拟值,比一个刻板的、过于精确的值更能深刻地反映自然区划单元的本质,反而更合理、更准确、更实用。例如,自然地带的划分,着重以生物气候为依据,以气候、土壤、植被和该地带的主要代表农作物之间的相关性来划分,比起单独依靠精确的气温指标或单独的土壤、植被的界线划分显得更为合理。

3. 区划等级与指标的关系

在自然区划中,如何处理级别与指标之间的关系,国内外尚不统一。目前,大致存在两种情况:① 异级异依据、同级同指标,就是在自然区划单位系统中,对同级区划单位划分时,采用同性质的指标。例如,《中国综合自然区划(初稿)》(1959)在同一级的不同区划单位中采用的是统一指标,即自然地带采用生物气候指标,自然省采用地质地貌指标;② 异级同依据、同级异指标,就是在自然区划等级单位系统中,对同一级的不同区划单位采用不同性质的指标。例如,《中国自然区划纲要》(1979)在我国东部季风区采用温度指标,在西北干旱区采用水分指标。两种处理倾向只是相对的区分,都有其合理性。可以认为,不同级别地域单元或同一级别不同单位的划分,所采取的依据和指标应该有所差别。这种差别可能是"质"的,也可能是"量"的。由于自然综合体由一系列自然要素所组成,而各要素在自然综合体中所起的作用有差别,应采用综合的指标来进行划分。

(五) 综合自然区划的界线

1. 界线的性质

自然区划单位的界线是区域划分的具体体现,表明两个相邻的、彼此不同的自然综合体在质上转变的线或带,一般处在自然综合体特征变化最显著的带段。自然区划的界线是一条逐渐变化、宽窄不一的过渡带。在功能上既可以是毗邻地域之间相互联系的纽带,也可能是阻碍区域关联的隔离屏障,究其本质而言,自然地域界线具有显著的辨识、区分不同自然地域单元的特性。综合而言,自然地域界线表现出以下基本性质:

(1) 过渡性和模糊性

由于自然地域综合体本身是极为复杂的开放系统,地域分异的原因及其空间作用范围也各不相同,地域分异多表现为渐变的特征;因而,自然地域系统中很少出现突变的现象;相应的,自然地域界线往往表现出模糊性和过渡性的特点。某一区域的典型特征主要表现在其地域中心,从中心向边缘其地域特征逐渐过渡,趋于模糊及至消失。尽管如此,地质构造等地球内能作用下的非地带性单位之间的自然地域界线,相对于地带性因素作用下形成的界线,往往较窄而清晰。

(2) 异质性和多样性

由于同时受到两种或多种不同性质和组成的地域系统的影响,自然地域界线往往是区域异质性最大的地方,生物多样性相应最为丰富。这种异质性与多样性,首先表现在生态系统生境上,由于边界往往是一条有宽度的过渡带,而过渡带上有相邻两种或多种地域系统的生境呈现多种形式的镶嵌分布,从而具有两种或多种的区域系统特点,为多种生物的生存和竞争提供了适宜的生境。同时,两个地域系统之间还存在着不断的物质交换和能量传输,相互渗透又彼此制约,形成了自然地域界线丰富的多样性和异质性。

(3) 等级性与尺度性

等级尺度特征是自然地域空间单元的基本特性,自然地域界线作为划分同一等级自然地域空间单元的依据与表征,同样具有等级性与尺度性,即界线的确定与区划对象的等级尺度紧密相关,低级别的自然地域界线在高级别的自然地域分异中不复存在。同时,高等级的地域单元,由于内部均一性差,其自然地域界线相对低等级界线更为模糊,边界更宽。在具体的区划中,自然地域界线的尺度性主要表现为在划分不同等级的地域单元时,关注的区域分异规律不同,选用的界线指标也不同。

(4) 脆弱性与动态性

自然地域界线处于两个地域系统的接触地带,区域之间的互相联系构成了界线两侧较为频繁的物质和能量交换,具有毗邻区域相互联系的纽带作用;边界处于不同地域共同作用影响的地带,相邻系统的组分在这里呈现敏感的协调共存。界线的结构和功能易受到两种或多种干扰的影响而发生非线性变化,表现出明显的脆弱性或敏感性、动态性。一般来讲,固体基础如地质地貌的变化速度较慢,植被和土壤的演变较快。在制订区划方案的过程中,高级别的地域界线应该采用变化速度较慢、稳定性较好的界线。

2. 界线的类型

由一个地域单元过渡到另一个地域单元的界线大体上可以区分出三种基本类型：

（1）较明显界线

在空间上表现为自然地域单元之间的过渡带缩小到最狭窄的程度，如沙漠—绿洲边缘带等。通常是自然综合体的地域分异主要取决于非地带性因素时才会出现。

（2）较模糊界线

自然地域单元之间的界线在空间上表现为宽度较大的过渡带。在过渡带内出现相邻两侧地域单元所各具的特征，并向一定方向增长或减少。这类界线多由地带性因素制约，界线非常模糊、稳定性差、波动较大，如我国干旱-半干旱地区的分界线。

（3）镶嵌状界线

自然地域单元间界线过渡地段上出现锯齿状的镶嵌或成岛屿状分布，两个地域单元的代表类型同时存在或相互交错，如农牧交错带、城乡交错带。

5.3　综合自然区划的等级系统

综合自然区划是反映自然地理环境空间地理规律的一种系统研究方法。通过它，可根据自然条件的相似性和差异性，将地域加以划分或合并，得出一定的区域等级系统。区划正确与否取决于能否客观地反映空间地理规律，而区划的等级系统正是这种规律的具体体现。因此，等级系统的研究是自然区划方法论的重要内容。

地域分异的结果，使自然界分化为一系列大小不同、等级有高低的区域单位，任何一级区域单位都是同时在地带性和非地带性因素的影响下形成的。然而，一部分区域单位的分化主要取决于地带性因素，另一部分则主要取决于非地带性因素。因此，自然界同时存在着两类区域单位——地带性单位和非地带性单位，区划也有两种等级单位系统，即所谓的"双列系统"。

由于地带性因素和非地带性因素同时作用于地表自然界，而上述两类区域单位各自反映其中一种地域分异因素，因此它们是不完全的综合性单位，其等级系统也是不完全综合性的区划等级系统。自然界还存在着反映两种分异因素的完全综合性单位，其等级系统就是一般所谓的"单列系统"。

双列系统和单列系统既有联系又有区别，对区划工作都有重要意义。下面将详细介绍这些单位的定义、划分及它们之间的关系等。

（一）双列系统

双列系统实际是分别按照地带性分异规律和非地带性分异规律拟定的两列自然区划单位等级系统——地带性区划单位和非地带性区划单位。

1. 地带性区划单位

地带性区划单位是由于地带性因素(太阳辐射)在地表按纬度分布的差异,引起与之有关的自然地理综合体大致沿纬线方向延伸而呈带状分布的自然地理单位。

地带性区划单位具有以下几个特点:

① 在地带性因素与非地带性因素的对立统一过程中,地带性因素起主导作用;

② 地带性单位主要是根据平亢地上的气候、植被、土壤及自然综合体划分的,其内部在地质与地貌特征方面存在很大差异,因而是不完全的综合单位;

③ 由于非地带性因素的破坏,地带性单位分布往往具复杂形式,尤其在温带,只有赤道和极地的地带性单位才大致沿纬线分布;

④ 地带性单位的空间变化具有不可逆性和南北半球对称的特点;

⑤ 地带性单位的界线是逐渐过渡的,没有鲜明的界线,因而增加了划分的难度。

目前,通用的地带性区划单位有:自然带、自然地带、自然亚地带和自然次亚地带。

(1) 自然带

自然带(пояс)简称带,是地表沿纬线延伸的宽阔部分,在其范围内有大致相同的净辐射值及与热力条件相关的基本相同的自然地理过程,如风化过程、成土过程、地貌过程等。热量相同的地域,绿色植物的自然生产潜力是相似的。地理学界对于自然带的定义及其划分依据尚存争议。中国多数地理学者赞成自然带是最高级的地带性区划单位,认为自然带应按热量的地域差异及其对整个自然界的影响来划分。由于自然带之间不仅存在热量分配上的差别,而且还表现在大气环流、植被、土壤和动物界等方面明显的差别。因此,不能单纯把自然带理解为热量带或温度带,而是一个具体的综合性的景观带。

基于上述理解,自然带的划分应该在地理相关分析基础上找出主导标志。通常选取的主导标志是综合性气候特征及其指标,如地面热量平衡、最热月与最冷月平均气温、活动积温等。自然带没有明显的界线,而为过渡带所衔接。因此在决定自然带范围时,还应参照其他自然标志,如土壤与植被是重要的参考标志,应将其与自然带的气候特征相互映照。

自然带的具体划分,最早的方案是把地球分为五带:热带、南温带、北温带、南寒带和北寒带,后来在五带的基础上又细分出一些具有独立性的过渡带。Herbertson(1905)在其世界区划方案中将自然带分为:极带、冷温带、暖温带、热带、赤道带和西藏高原高山区(将其作为特殊区与带并列)六类(图5.4)。当然,在不同文献中对于自然带的划分和命名并不完全统一,存在着大同小异的状况(表5.2)。

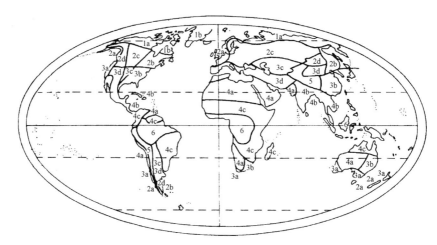

图 5.4　Herbertson 的世界自然区划方案

1. 极带：a. 低地(寒漠)，b. 高地或冰冠(格陵兰)；

2. 冷温带：a. 西缘(西欧)，b. 东缘(圣劳伦斯)，c. 中部低地(西伯利亚)，d. 中部高地(阿尔泰)；

3. 暖温带：a. 西缘(地中海)，b. 夏季降雨东缘(中国)，c. 中部低地(图兰)，d. 高原(伊朗)；

4. 热带：a. 西部荒漠(撒哈拉)，b. 热带夏雨(季风区)，c. 中部(苏丹)；

5. 热带或亚热带高山区(西藏)；

6. 湿热的赤道低地(亚马孙)

表 5.2　不同方案划分带的图式

Herbertson	Григорьев	Герасимов	苏联土壤生物-气候区划	Макеев	中国综合自然区划	苏联地理简明百科辞典
极带	北极带	北极带	寒(极)带	寒带		极带
	亚北极带			寒温带		亚极带
冷温带	温带	北方带(温带)	寒温(北方)带		寒温带	温带
			温(亚北方)带	暖温带	温带	
暖温带			暖温亚热带	半亚热带	暖温带	
热带	亚热带	北亚热带亚热带	亚热带	亚热带	亚热带	亚热带
	热带	热带	热带	热带	热带	热带
赤道带	赤道带	水热带		赤道带	赤道带	亚赤道带
						赤道带

＊据陈传康等，1993

　　由于自然带普遍具有逐渐过渡的特性，适当把相对独立性明显的过渡带划分为等价的自然带，以作为最高一级的地带性区域单位，这是必要而可行的，但却不能不分等级、无限制地把自然过渡带都划为并列的自然带。

自然带的划分具有一定的理论和实际意义。自然带内由于热量条件的一致性决定了农业生产上的熟制大体相同,如温带一年一熟,暖温带两年三熟。自然带也大体反映光温生产潜力的大小,即自然带内日平均气温≥10℃期间的光合辐射,在其他环境条件都合适的情况下,所能达到的干物质产量大体相同。自然带也影响适种作物的类型,如棉花在暖温带的不同地带内都可种植,而在温带所有地带都不能种植。因此,自然带的划分也便于推广农业生产经验和作物,进行气候生产潜力估算,是进行土地资源等别划分的基础。

(2) 自然地带

自然地带(зона)分异是发现较早的地理规律,也是研究比较深入的区划单位。自然地带简称地带,是次一级的地带性单位,通常被视为最基本的地带性,是指在平亢地上发育有与大气候的水热组合条件相适应的土壤和植被的地段,并且具有同型景观的地段连接在一起,大致沿纬线方向延伸、而按纬度有规律更替的自然综合体。

平亢地(плакор)是指地表平坦、排水良好、没有强烈侵蚀、没有强烈堆积、地下水距地表较深、不影响土壤发育、土壤颗粒粗细适中的平地。只有平亢地,才能有与当地的大气候条件相适应的土壤和植被(又称为显域性土壤和植被)。这样的平亢地在每个地带内虽然都可以找到,但不是每个地带内处处都是平亢地,它只占自然地带内一种特殊位置——地带性部位(或显域性部位)。除此之外,地带内的隐域性部位相应地发育隐域性土壤或植被,甚至可以出现垂直带结构。

由此可见,自然地带是把那些在平亢地上发育有与地带性气候相适应的土壤和植被,因而具有同型景观的地段联结在一起。因此,在其范围内既可包括平地,也可包括丘陵,还可包括山地。如《中国综合自然区划》(1959)所划分的自然地带可以横贯大兴安岭,《苏联土壤区划》所划分的土壤地带可以跨过乌拉尔山,都是根据平亢地这个特有的地带性部位划分的。

自然地带的划分常常采用气候指标(如生长期≥10℃积温、辐射差额、干燥指数等),再与土壤及植被的界线进行对比分析。气候指标都是用气象台的资料计算的,而气象台多是建于平地地域,因而它所代表的气候条件是平地地域的大气候,与此对比的土壤和植被也必须是平亢地上的。这就是说,每一自然地带的平亢地上的大气候条件,与平亢地上的植被与土壤进行相关分析,正是划分自然地带的关键。《中国综合自然区划》(1959)所划分的自然地带正是由于进行了平亢地上大气候与土壤、植被的相关分析,因此自然地带的划分是比较成功的。

由于在基本自然地带之间常存在着过渡地带,一般有两种情况:一种情况是各自然地理成分和地理综合体本身彼此镶嵌结合而互相过渡;另一种情况是两个基本地带的成分,特别是植被成分混杂于过渡带内。对此,处理的办法有两种:一种办法是把过渡带平分为两半;另一种办法是把过渡带作为独立的地带或低一级的亚地带,此时面积起重要意义,一般范围大的视为地带,小的则是亚地带。

(3) 自然亚地带

自然亚地带(подзона)简称亚地带,是自然地带内再划分的地带性单位。在宽广的自然地带内部,某些组成成分的量变(还不足以引起整个自然地带质变)引起地带内自然综合体的地带性分异,从而产生了亚地带。例如,中国温带半湿润地区森林草原黑土地带可分为森林草原淋溶黑土亚地带及草甸草原黑钙土亚地带;暖温带半湿润地区褐土地带可分为半干生落叶阔叶林淋溶褐土亚地带及半干生落叶阔叶林与森林草原褐土亚地带。

地带内亚地带的划分,理论上有两种划分方法:一种方法是将基本地带通常划分为南、中、北三个亚地带,如泰加林地带包含三个亚地带;另一种方法是将过渡带通常只划分为南、北两个亚地带。

亚地带并非见于所有的自然地带,许多范围较窄的自然地带划分不出这级单位,尤其是那些大气候、植被、土壤界线比较一致的时候更是如此。

亚地带的研究目前还不很深入。根据局部地区的研究成果来看,亚地带是以显域性的植被亚型和土壤亚型为主要标志。

（4）自然次亚地带

自然次亚地带（полоса）简称次亚地带,被认为是最低级的地带性单位。它不是普遍存在的自然区域,在某些亚地带内自然地理综合特征或自然地理要素发生局部的和更次级的地带性分化才构成次亚地带。例如,俄罗斯苔原地带可根据植被、气候等标志,分为北极苔原、典型苔原和森林苔原 3 个亚地带,典型苔原又可再分为藓类地衣苔原和灌木苔原 2 个次亚地带。

目前,关于亚地带和次亚地带的研究还很不够,具体划分方案也较少见。从理论上讲,地带内地带性单位的进一步划分是可能的,表 5.3 是某些地带性进一步划分的可能图式。

表 5.3　某些地带进一步划分的可能图式

地　带	亚　地　带	次　亚　地　带
苔原地带 （俄罗斯）	北极苔原亚地带	
	典型苔原亚地带	藓类地衣苔原次亚地带
		灌木苔原次亚地带
	森林苔原亚地带	北方森林苔原次亚地带
		南方森林苔原次亚地带
森要草原地带 （俄罗斯）	北方森林草原亚地带	灰色森林土阔叶林次亚地带
		灰化黑土阔叶林次亚地带
	南方森林草原亚地带	淋溶黑土草甸草原次亚地带
		典型黑土草甸草原次亚地带
暖温带落叶阔叶林地带 （中国）	棕色森林土落叶阔叶林亚地带	
	褐色土半旱生落叶阔叶林亚地带	淋溶褐土落叶阔叶林次亚地带

图式表明,某些地带的进一步划分,主要是以局部土壤标志或植被标志作为依据。某些地带是以植被型划分为亚型和群系纲作为地带内进一步划分的主要依据,而另一些地带则以土类差异为主要根据划分亚地带,并以亚类差异为主要根据划分次亚地带。

2. 非地带性区划单位

非地带性单位是由非地带性因素作用形成的。非地带性因素是指决定海陆分布、地势起伏、岩浆活动等现象的地球内能。它首先使地球表面分成海洋和陆地,而有了海陆就有海陆相互作用。这种海陆相互作用与地势构造分异结合起来,就形成了非地带性单位。

非地带性单位具有以下特点:

① 地带性因素和非地带性因素相互作用过程中,非地带性因素起主导作用;

② 非地带性单位的完整性决定于地势构造和地质发展史的统一性,其内部可以允许有不同的地带性单位存在;

③ 非地带性单位的空间分布"切断"了按纬线延伸的地带性单位,呈"斑块状"分布;

④ 非地带性单位在高、低纬交替不明显,中纬具有从沿海向内陆更替的明显趋势;

⑤ 非地带性单位常具明显的边界。

目前,通用的非地带性单位等级系统是:自然大区、自然地区、自然亚地区和自然州。

(1) 自然大区

自然大区(сектор)简称大区,是最高级的非地带性单位,往往占据大陆的巨大部分,与大地构造-地貌单元紧密联系,通常相当于古地台或巨大的造山运动带。因其地理位置和地势起伏的影响,每个大区在全球大气环流中都占有特殊地位,形成大气活动中心,存在着引起气团移动和变性的特定条件。因此,各大区之间在气候的大陆度、湿润条件以及纬向气候差异性等方面,都有较明显的差异。每个大区的地带数量、排列顺序和轮廓都有其自己的特点,甚至同一地带中位于不同大区的各个地带段,也具有自己的"个体"特征。

例如,中国大部分领土位于东亚大区和亚洲中部大区范围。东亚大区的特征是具有湿润的季风气候以及由南向北连续更替的森林地带谱;亚洲中部大区的特征是具有干旱气候以及荒漠带谱;青藏高原高耸于亚洲中部大区的南半部,具有特殊的气候和地带谱,应视为一个特殊的"亚大区",甚至可以看作一个独立的大区。三个大区的大地构造差异非常显著,地势差异悬殊,大区的界线几乎完全决定于地势界线。正是根据这一原则,《中国综合自然区划》(1959)把全国划分为三个大区,各大区的主要特征见表5.4。

表 5.4 中国三个大区的主要特征

大 区	东部季风大区	西北干旱大区	青藏高寒大区
占全国总面积/(%)	47.6	29.8	22.6
占全国总人口/(%)	95	4.5	0.5
气候	季风,雨热同季,局部有旱涝	干旱、水分不足限制了温度发挥作用	高寒、温度过低限制了水分发挥作用
地貌	大部分地面在500m以下,有广阔的堆积平原	高大山系分割的盆地、高原,局部为窄谷和盆地	海拔4000m以上的高原及高大山系
地带性	纬向为主	经向或作同心圆状	垂直为主

续表

大　区	东部季风大区	西北干旱大区	青藏高寒大区
水文	河系发育,以雨水补给为主,南方水量充沛,北方稀少	绝大部分为内流河,雨水补给为主,湖泊水含盐	西部为内流河,东部为河流发源地,冰雪融水补给为主
土壤	南方酸性、黏重,北方多碱性;平原有盐碱,东北有机质丰富	大部分含有盐碱和石灰,有机质含量低,质地轻粗,多风沙土	有机质分解慢,作草毡状盘结,机械风化强
植被	热带雨林、常绿阔叶林、针叶林、落叶阔叶林至落叶针叶林、草甸草原	干草原、荒漠草原、荒漠,局部山地为针叶林、荒漠草原	高山草甸、高山草原、高山荒漠,沟谷中有森林
农业特征	粮食生产为主,干鲜果类,林、牧、渔业	以牧为主,绿洲农业	沟谷及低海拔高原面有农业,高原牧业

* 据席承藩、丘宝剑等,1984

（2）自然地区

自然地区（область）简称地区,是比大区次一级的非地带性单位,又叫作"自然国""自然历史国""地理国"。自然地区与自然大区两者的地域分异因素及其特征标志基本一致,但自然大区的特征标志在自然地区范围内得到比较具体的反映,尤其在地势与地质构造方面,自然地区具有明显的确定性。因此,自然地区比自然大区的发生统一性和区域界线更加鲜明。

划分地区的主要依据是地质地貌基础,范围相当于第Ⅱ级大地构造单位。但每一个地区仍有自己的植被、土壤和景观的共同特征。中国境内自然地区划分,东部季风大区自北向南大致可分为东北地区、华北地区、华中华东地区、华南西南地区等;西北干旱大区可分为内蒙古地区、甘新地区等;青藏高原大区大致可分为青藏高原西北部地区和青藏高原东南部地区。表5.5是俄罗斯三个地区的主要特征。

表 5.5　俄罗斯三个地区的主要特征

名　称	俄罗斯平原	西西伯利亚低地	中西伯利亚苔原
褶皱基底的性质	前寒武纪地台	沉陷很深的古生代褶皱构造	前寒武纪地台
新构造运动的基本特征	较弱的差异运动	总趋势:下沉	总趋势:抬升
地形和地表沉积物基本特征	平均高度170m;高地与低地交替分布,地表沉积物复杂多样	平均高度约100m,地表平坦,由近期松散水成和冰川沉积物构成	受到强烈切割的高原（平均高约500m）,有的地方为山地地形;主要为致密的岩石

续表

名 称	俄罗斯平原	西西伯利亚低地	中西伯利亚苔原
大气环流特征湿润程度	靠近大西洋,极地海洋气团经常重复出现,水分比较充沛,大陆度不高	远离大西洋,接近西伯利亚冬季高压,水分减少和大陆度增强	距离水分源地最远(有山体屏障将其与太平洋隔开);冬季气候强烈变冷并形成季节性高压;气候比较干燥,且大陆性很强
地带性的性质(N52°以北)	5个地带:苔原地带、泰加林地带、阔叶泰加混交林地带、森林草原地带和草原地带;混交林地带和阔叶林亚地带向西扩大,宽达14个纬度,向东形成楔形,泰加林地带和草原地带向东扩大;各地带的界线因地势影响而变得非常复杂	4个地带:苔原地带、泰加林地带、森林草原地带、草原地带;各地带呈完整的纬度带域相互更替,过渡界线不清楚;泰加林所占面积最大,宽达10个纬度	2个地带:苔原地带和泰加林地带;森林草原和草原呈岛状分布于泰加林地带内;泰加林达到最大的宽度(宽达20个纬度),其界线在这里达到它的南北极限;地带性因地形影响而变得很复杂;有些地方表现出垂直带性(山地苔原)
植被的某些特征	阔叶树种分布广泛,在泰加林中以暗针叶树种占优势	几乎没有阔叶乔木,泰加林中以暗针叶树种占优势	完全没有阔叶树种,在泰加林中以亮针叶树种占优势
多年冻土分布沼泽化程度	仅见于苔原东部北半部很显著	见于苔原和北泰加林中普遍强烈	普遍分布较弱

（3）自然亚地区

自然亚地区（подобласть）简称亚地区,是地区的一部分,其范围内具有最明显的地势起伏与地质构造一致性,每个亚地区的地质构造、地貌形态、地表沉积物性质等基本相似,在气候、土壤、植被以及土地类型的组合上也具有明显的共同性。

当大地构造-地势分异清楚时,地质地貌基础仍是划分亚地区的标志,大致相当于大地构造的Ⅲ级单位。在中国,典型的亚地区有山西高原、四川盆地、柴达木盆地、阿拉善荒漠、准噶尔盆地、塔里木盆地、东天山山地和阿尔泰山山地等。

当大地构造-地势分异不清楚时,亚地区的划分需考虑山系和盆地的组合状况。如鲁东鲁中山地、大别山南襄盆地及邻近丘陵山地平原等区。亚地区的划分有的要反映气候省性差异,所以其界线不一定与地貌区划中相应单元完全符合。

（4）自然州

自然州（округ）是比自然亚地区低级的非地带性单位,也称为"次亚地区"。目前对其研究很不充分。一般认为,自然州的划分标志是亚地区内地质地貌的差异以及由此产生的其他自然条件的变化。一般来说,自然州的范围大致与Ⅳ级大地构造单位相当,但也不是绝对的。在山地区划自然州时要注意山系的中等组合状况,在平原区则应注意沉积物的分布状况和气候省性分异。

从分析的角度出发,一部分自然地域单位的分化主要取决于地带性因素;另一部分则主要取决于非地带性因素。因此,自然地域单位可分为双列等级系统:地带性区划单位和非地带性区划单位。从综合的观点出发,双列系统的自然地域单位虽然都是具有综合性的自然地域单位,但它们却只是分别侧重反映某一方面的地域分异因素,因此应视为不完全的综合性地域单位。这样说来,地表应存在着综合反映地带性因素和非地带性因素的自然地域单位,这就是单列条件。

主张采用双列系统的学者以 Исаченко 为代表,其观点如下:

① 综合自然区划的等级系统应当反映出客观存在的两类起因不同、互不从属的地域分异规律。由于地表自然界存在着反映这两类分异规律性的地域,所以综合自然区划也就应有双列等级系统。

② 两个"互不依存和没有从属关系"的系列"只有在景观中才完全结合起来"。由于自然区划不是经常都分到景观,因此需要一种特殊的"联系单位"(affiliation unit)把两个等级系统联系起来。这种联系单位是在地带性单位和非地带性单位叠置后获得的,而且只有等级相对称的单位叠置才是合理的。

③ 地带性单位和非地带性单位是基本的,而联系单位是次要的。

根据 Исаченко 的观点,把地带性单位和非地带性单位分别作为纵横坐标轴,其等级对称的单位交叉叠置所得的联系单位如图 5.5 所示。

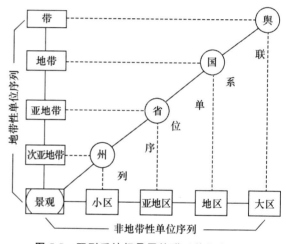

图 5.5　双列系统相叠置的联系单位序列

(据全石琳,1988)

据此,苏联的许多区划工作者都采用了双列系统。Крынов(克雷诺夫)第一次运用双列系统划分了带、地带、亚地带;省、州、亚州两个序列,贯彻双列系统最彻底(陈传康等,1993)。中国河北、陕西、河南等省在 20 世纪 60 年代也曾采用双列系统进行自然区划。

(二) 单列系统

主张采用单列系统的学者认为:

① 从分析的观点出发,根据地域分异的地带性规律和非地带性规律,相应地划分两类不完全综合的地域单位,并建立双列系统是完全必要的。但从综合的观点出发,综合自然区划应当综合反映地域分异的规律性,划分完全综合性的地域单位,并建立完全综合的单列等级

系统。

② 单、双列等级系统,并不是互相排斥、对立的。在一定意义上讲,双列等级系统中的"联系单位"恰好相当于单列多级系统的区划单位;因此,"联系单位"不是次要的单位,而是主要的或基本的单位。

③ 双列系统确实有一定的实践意义,但在综合自然区划中,它只是获得完全综合性区划单位,建立完全综合性的单列系统的重要手段和必要步骤。

由上述可知,单列系统和双列系统的理论依据基本一致,其主要分歧在于强调的方面和使用的术语不同。

在综合自然区划中,究竟怎样划分完全综合性的地域单位并建立起由这些单位构成的单列等级系统呢? 简单来说,就是按照区划的原则和方法,首先划分地带性单位和非地带性单位,然后通过有机联系的叠置和对比分析建立完全综合性区划等级系统。这里的"叠置"包含两方面的意义:一是指等级相称的单位叠置;二是指并非机械的交叉,而是通过地理相关分析的基础上交替运用不同的主导标志对叠置后的界线进行适当的调整和修正。也就是说,双列系统的不完全综合的区划单位通过有机联系的叠置可以转化成由完全综合性区划单位构成的单列系统。

双列系统区划单位的叠置,使地带性区域单位内有非地带性差别,非地带性单位内有地带性差别,从而形成了两种综合性区划单位——省性单位和带段性单位。它为单列系统在带内划分地区、地区内划分地带等提供了理论依据。

基于上述思想,陈传康等(1993)拟定了通过双列系统获得单列系统的示意图(图5.6、图5.7)。

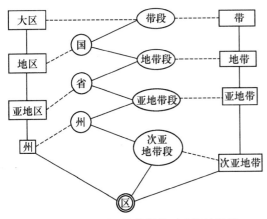

图 5.6 由双列系统获得单列系统的示意

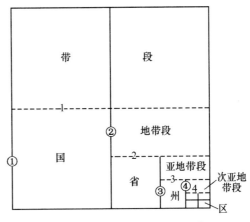

图 5.7 单列系统逐级划分示意

① 大区界线,② 地区界线,③ 亚地区界线,④ 州界线;
1.带界线,2.地带界线,3.亚地带界线,4.次亚地带界线

从图示可以看出,单列系统所包括的区划单位自上(高级)而下(低级)依次为:带段→国→地带段→省→亚地带段→州→次亚地带段→区(景观)。其中,带段、地带段、亚地带段、次亚地带段是带段性单位,即非地带性单位内的地带性分异;国(страна)、省(провинция)、州(округ)、区(район)是省性单位,即地带性单位内的非地带性差异,借用行政区划的等级单位名称,使级别一目了然,但又不是行政单位。

其中,高级单位质的规定性大致如下:

1. 带段

带段是自然带和自然大区叠置后得出的第一级带段性单位。因为它是自然大区内的一段自然带,所以在热量条件、大地构造单位和大地貌单元的组合特征等方面都具有共性。又因为它是气候省性的最高级分异单位,所以它又有一定的地带谱。例如,中国东部季风大区可划分为赤道带、热带、亚热带、暖温带和寒温带 5 个带段。

2. 国

国是带段的一部分,它是非地带性单位的地区与带段叠置后的产物,是最高级的省性单位,是带段内地质地貌省性和气候省性相对一致的较大的区划单位。划分"国"的标志,首先考虑的是大地构造基本单元的一致性。因为一定的地质地貌省性常伴随形成气候过程的省性。每个自然国都具有一定的大陆度、大气环流特征和地带谱,常为一定的优势土类所分布。例如,中国东部季风大区的暖温带(带段)范围内所划分的湿润地区、半湿润地区和半干旱地区,便属于自然国一级的区划单位。

3. 地带段

地带段是地带与国叠置后的第二级带段性单位,是国内次一级的、水热对比关系相对一致的区划单位。每个地带段都具有相对一致的生物气候土壤特征,地貌发育的外营力作用也具有一定的共性。地域分异主要发生在新生代以来。例如,中国东部季风大区的暖温带,因其水热对比关系具有自东南向西北递变的特点,所以地带段是东北-西南向延展;西北干旱大区的各带段,由于深居内陆,水热对比关系具有由南向北递变的特点,所以地带段大致呈东西向延伸。西北温带干旱地区内的荒漠草原棕钙土地带、荒漠草原灰钙土地带、荒漠灰棕漠土地带便是大致呈东西向延展的地带段。

4. 省

省是地带段内省性分异的单位,也就是亚地区与地带段叠置后的产物,是第二级省性单位。它是在地带段范围内按照地质地貌省性或气候省性的分异而划分的。具体说来,当地带段内的地质地貌省性差异明显时,可以划分出平原、丘陵、高原和山地之类的自然省;当地带段内的地质地貌省性差异不明显时,可根据气候省性的差异划分自然省。在一般情况下,每个自然省大致相当于一个Ⅱ级或Ⅲ级地质构造单元的范围,它具有一定的地方气候(山地气候、海岸气候等)特征和一定的优势植被纲,并与一定的土壤亚类和土属的分布密切相关。山地自然省还有其一定的垂直带谱。中国典型的自然省有:三江平原、海河平原、四川盆地和丘陵、秦巴山地、大别山地和贵州高原等。

据此依次类推,省内的地带性分异→亚地带段,亚地带段内的省性分异→州……交替使用地域分异的带段性标志和省性标志逐级划分至止区(景观)。鉴于国内外对于省以下单位的研究还很不深入,所以不再逐一详述。

(三)《中国综合自然区划》

从 1956 年开始,中国科学院自然区划工作委员会就开始了由黄秉维主持的较大规模的综合自然区划工作。在各部门自然区划工作的基础上,比较全面地总结了以往的区划经验,集中了许多中外专家学者的意见,并于 1959 年编写出版了《中国综合自然区划(初稿)》。

1. 区划的目的、要求与指标

(1)区划的目的

综合自然区划是根据地表自然综合体的相似性与差异性将地域加以划分,进而按区划单位来认识自然综合体的发生、发展与分布的规律。认识自然综合体的目的是:① 阐明自然资源与自然条件对于生产与建设的有利方面与不利方面;② 阐明充分利用自然和改造自然的可能性。综合自然区划对于各项经济建设与生产都有一定的作用,但与水资源和土地资源的利用关系更为密切。

(2)区划的要求

综合自然区划的先决任务是拟定符合上述目的,而且能够比较充分地反映出自然综合体的相似性与差异性的区划分类单位系统。因此,考虑了以下几个方面的要求:① 综合自然区划的对象是自然综合体而不是个别自然现象;② 自然综合体的相似性与差异性是相对的,随区划单位的缩小或扩大而不同;③ 自然综合体的相似性与差异性应尽可能根据区划的应用实践服务目的来衡量;④ 区划分类单位系统必须适合中国自然历史的特殊性;⑤区划分类单位系统必须与世界的、特别是亚洲区划体系在一定程度上相衔接。

(3)区划的指标

在综合自然区划系统中,较高级分类单位的划分应着重考虑地带性因素,即气候、土壤、生物因素,而对较低级单位的划分,着重考虑非地带性因素。因为地带性因素包括热量、水分、土壤中植物养分和有机界,直接参与自然界中物质与能量的交换与转化过程,与土地自然生产力关系比较密切,同时在全世界或整个大陆的分布也具有此较明显的规律性。非地带性因素一般是在比较狭小的范围以内,改变物质与能量交换的条件。

另外,由高级单元到低级单元,区划指标选择还应该注意:① 先着重以自然界中现代特征与进展特征为主要依据,后以现存特征为主要依据;② 先着重以不能改变或不易改变的自然条件为主要依据,后以较易改变的自然条件为主要依据;③ 先着重以较概括的指标(如多年平均值)为主要依据,后以较详细的指标(如季节变化形式、变率等)为主要依据。

2. 区划的等级系统

《中国综合自然区划》(1959)采用了单列系统。自上而下依次把全国共划分为 3 个自然大区(东部季风大区、蒙新高原大区和青藏高原大区),6 个热量带与亚带(赤道带、热带、亚热带、暖温带、温带和寒温带),18个自然地区和亚地区(湿润地区8个、半湿润地区3个、半干旱地区3个、干旱地区4个),28个自然地带与亚地带(10个地区仅各有一个地带,另8个各含2~3个地带),90个自然省。自然省以下只列出了区划单位的等级名称,而未进行具体区划。其等级系统及其各级区划单位的名称、代号、实例和对应单位如表5.6所示。

表 5.6 《中国综合自然区划》(1959)系统举例

等级序列	名 称		举 例	对应单位
零级	自然大区		中国东部季风大区	舆
	热量带与亚带	Ⅲ	暖温带	带段
第一级	自然地区与亚地区	ⅢB	半湿润地区	自然国
		ⅢC	半干旱地区	
第二级	自然地带与亚地带	ⅢB1	半干生落叶阔叶林淋溶褐土地带	地带段
		ⅢC1	干草原黑土地带	
第三级	自然省	ⅢB(3)	黄淮平原省	自然省
		ⅢC(2)	陕甘黄土高原丘陵省	
第四级	自然州			自然州
第五级	自然县			区(景观)

(1) 零级:自然大区和热量带

零级单位包括自然大区和热量带与亚带。首先,把全国划分为三个自然大区,并提出我国三大区划分的依据:① 现代地形轮廓以及对它有决定作用的新构造运动的不同;② 自然综合体地域分异所服从的主导因素的差异;③ 气候最主要特征及其土壤、指标、地貌外营力和水文主要特征的差异;④ 自然地理主要过程(物理、化学和生物等过程)的差异及其历史演化过程的差异;⑤ 人为活动对自然影响及其开发、利用与改造自然方向的差异。三大自然大区作为划分第一级单位的准备步骤。自然大区实际上也是综合性的区划单位,但主要以非地带性特征为主,归入非地带性的区划单位系列之中,由于自然大区的划分对农业生产不会有很大帮助,所以未列为一个级。

其次,划分热量带和亚带。根据≥10℃积温等值线,以最冷月平均气温和极端最低温度多年平均值为辅助指标,将东部季风区和蒙新高原区划分了六个热量带:赤道带(积温>9500℃)、热带(8000~9500℃,最冷月均温>16℃)、亚热带(4500~8000℃,0~16℃)、暖温带(3200~4500℃,−8~0℃)、温带(1700~3200℃,−8~−24℃)和寒温带(<1700℃),还单独划分出青藏高原。

(2) 第一级:自然地区和亚地区

自然地区和亚地区是根据互相关联的热量条件和水分条件等方面的共同性划分的,即在热量带的基础上按水分条件分为四个类型:湿润、半湿润、半干旱和干旱地区。各自然地区的特征如下:① 湿润地区的植被为森林植被,土壤为无石灰性土壤,腐殖质含量不高,矿质养分比较贫乏,基本上没有盐渍化,干燥度①大致在 1 以下。在热量、地形和排水状况都许可的条件下,农业可以得到稳定的收获。年平均降水变率在 20% 以下,旱患很少。② 半湿润地区植被为森林草原、草甸、草原和比较干旱的森林以及在青藏高寒区域中草甸与针叶林交错及草甸与草原交错而以草甸为主的复合类型。土壤中有一部分有石灰质积聚,有些地方有盐清化作用,腐殖质含量比其他地区为高,土中矿质养分相当丰富,干燥度最高可达 1.5 左右。在热量、地形和排水状况都许可的条件下,农业可以得到相当稳定的收获。但年平均降水变率在 20% 以上,旱灾频率较大,有时还发生严重的旱灾。③ 半干旱地区的植被主要为干草原及在青藏高寒区域中干旱森林、草甸与草甸草原交错及草原与草甸草原交错而以草原为主的复合类型。土壤中一般都有钙积层,盐渍作用很普遍,干燥度最高可到 2。在没有灌溉的条件下,还可耕作,但收获不稳定。④ 干旱地区包括荒漠与荒漠草原,即使在热量和地形都允许的条件下,除了少数采用特殊耕作方法的地方以外,没有灌溉就没有农业。

在温带地区,由于降水季节分配导致存在东部和西部两个亚地区;在亚热带地区,由于西南季风和焚风影响,同样在 103°E 东西分别存在两个亚地区。根据热量和水分两个网格重叠的结果,构成 18 个自然地区和亚地区。

(3)第二级:自然地带和亚地带

自然地带和亚地带的划分,是根据植被与土壤的地带性及其在不同热量带的表现,即生物气候特点,细分为 28 个自然地带和亚地带。如温带干旱地区东部亚地区分为荒漠草原-棕钙土地带、山前荒漠草原-灰钙土地带、荒漠-灰棕荒漠土地带;对亚热带湿润地区东部亚地区分为北亚热带落叶阔叶与常绿阔叶混交林-黄棕壤与黄褐土地带、中亚热带常绿阔叶林-红壤与黄壤地带、南亚热带常绿阔叶林-砖红壤化红壤地带。在实践中,自然地带和亚地带还可作为了解哪些地方可以生长哪种农作物、林木、牧草等的依据以及计算气候生产潜力的依据。

(4)第三级:自然省

自然省又称为"区"或"自然区",是在地带以内生物气候的差异。自然省往往与一定地貌单位相符,由于在有些地带之内,地形是生物气候地域差异的主要原因。因此,自然省的划分,主要是根据大地貌单元(表 5.7)。基于此,把全国划分为 90 个自然省。

表 5.7 《中国综合自然区划》(1959)中"省"的地貌分类

① 平原与丘陵性平原	平原与丘陵
② 丘陵(相对高度小于 200m)	
③ 低山(相对高度 200~500m)	低山
④ 具有显著的间山平原或谷地(占总面积不小于 20%)的山地	间山平原

① 干燥度 $= \dfrac{0.16\sum t}{r}$,式中,$\sum t$ 为日温 $\geqslant 10℃$ 持续期间活动温度综合,r 为同期降水量。

续表

⑤	具有明显垂直分带,但只有 1 个垂直带或亚带占绝对优势的山地(相对高度<500m)	
⑥	具有明显垂直分带,但有 2 个或 2 个以上垂直带或亚带占有相当比重的山地(相对高度>500m)	中山与高山
⑦	顶部接近或超过雪线以上的高山与高原山地(相对高度>500m)	

（5）第四级:自然州

自然州是自然省的一部分。在平地地域,一个自然州的划分根据和自然特点可以这样规定:① 在地貌上属于一个发生类型或几个在发生上相接近的类型;② 地面组成物质相同(在比较简单的情况下)或其组合型式相同(在比较复杂的情况下);③ 由于在一个区内,大气候基本上是一致的,再按前述条件划分的自然州中,其内部不但大气候状况相同,小气候(在地形比较简单的情况下)或中气候(在地形比较复杂的情况下)的分布规律和组合型式基本上也是相似的;④在一个自然州内,在上述基本因素共同制约之下,土种甚至土壤变种及植被群系具有相似的分布规律与组合型式,水文状况也大致相同。总之,自然州是按地貌和地面组成物质来划分的,但由于这两项条件的内部一致性,其他自然现象也随之形成更大的内部一致性。

（6）第五级:自然县

自然县没有进行具体划分。

《中国综合自然区划》(1959)方案如表 5.8。

3. 区划的评价

《中国综合自然区划》(1959)集中国综合自然区划方案之大成。刘胤汉(1982)对该方案的优点、理论特点和不足之处进行了评价,主要表现在以下几个方面:

（1）区划的优点

① 区划吸收了比较先进的自然区划理论和一定的自然区划经验,并从中国实际出发,做出中国综合自然区划方案,正确反映了中国自然界客观存在的自然区域分异特点,第一次系统而详尽地揭示了中国的地理地带性规律,第一次在区划等级系统中充分反映出地带性区划单位,为区域经济发展的宏观研究提供了地域自然结构的依据,成为中国综合自然区划的典范。

② 区划有一套完整的综合自然区划的理论与方法作为指导,按照地域分异规律,选取地带性与非地带性单位交叉排列,采取比较合理的方法,每一级区划单位都有明确的概念、划分原则和指标等,各级区划单位的划分十分严谨。特别是黄秉维提出的"关于综合自然区划的若干问题"的方法论的探讨,促进了中国综合自然区划研究工作的开展以及自然区划的方法论的进一步提高。因此,《中国综合自然区划》(1959)既充分反映出中国自然条件的分异特点,又从理论上进行了系统的探讨,对中国及各省(区)的综合自然区划工作影响极大。

表 5.8　《中国综合自然区划》(1959)方案

热量带	自然地区	自然地带	自然省(按地形的生物-气候的分类排列)
I.寒温带	I A.湿润地区	I A₁.寒温带明亮针叶林-棕色灰化土地带	I A₁₍₁₎.大兴安岭北部
II.温带	II A.湿润地区	II A₁.温带针叶林与落叶阔叶混交林-灰化色森林土地带	II A₁₍₁₎.三江平原, II A₁₍₂₎.小兴安岭北部, II A₁₍₃₎.东北东部山地
	II B.半湿润地区	II B₁.温带森林草原-淋溶黑土地带	II B₁₍₁₎.东北部山前平原北部, II B₁₍₂₎.东北东部山前平原南部
		II B₂.温带草原-黑土地带	II B₂₍₁₎.东北中部半原, II B₂₍₂₎.三河山间丘陵, II B₂₍₃₎.大兴安岭中部
	II C.半干旱地区	II C₁.温带干草原-暗栗钙土地带	II C₁₍₁₎.大兴安岭南部东麓南部高平原丘陵, II C₁₍₂₎.呼伦贝尔-锡林郭勒东部高平原丘陵, II C₁₍₃₎.集宁-多伦高平原丘陵
		II C₂.温带干草原-淡栗钙土地带	II C₂₍₁₎.锡林郭勒中部高平原丘陵, II C₂₍₂₎.乌兰察布南沿高平原丘陵, II C₂₍₃₎.前套及鄂尔多斯东部高平原, II C₂₍₄₎.大青山地
	IID'.干旱地区东部亚地区	II D'₁.温带荒漠草原-棕钙土地带	II D'₁₍₁₎.百灵庙-温都尔庙迤北高平原丘陵, II D'₁₍₂₎.乌兰察布中北部高平原丘陵, II D'₁₍₃₎.鄂尔多斯中西部高平原
		II D'₂.温带山前荒漠-灰钙土地带	II D'₂₍₁₎.兰州-河西西走廊同山盆地, II D'₂₍₂₎.诺明戈壁, II D'₂₍₃₎.诺明戈壁
		II D'₃.温带荒漠-灰漠荒土地带	II D'₃₍₁₎.阿拉善-额济纳平原, II D'₃₍₂₎.准噶尔盆地, II D'₃₍₃₎.阿尔泰山前平原, II D'₃₍₄₎.阿尔泰山前平原
	IID''.干旱地区西部亚地区	II D''₁.温带荒漠草原-棕钙土地带	II D''₁₍₁₎.额敏河谷地
		II D''₂.温带荒漠-灰钙土地带	II D''₂₍₁₎.伊犁河谷地
III.暖温带	III A.湿润地区	III A₁.暖温带落叶阔叶林-棕色森林土地带	III A₁₍₁₎.辽东山地丘陵, III A₁₍₂₎.胶东山地丘陵
	III B.半湿润地区	III B₁.暖温带半干生落叶阔叶林与森林草原-褐色土地带	III B₁₍₁₎.辽河下游平原, III B₁₍₂₎.小清河平原, III B₁₍₃₎.黄淮平原, III B₁₍₄₎.鲁中山地
		III B₂.暖温带半干生落叶阔叶林与森林草原-褐色土地带	III B₂₍₁₎.海河半原, III B₂₍₂₎.冀北山地, III B₂₍₃₎.晋南关中盆地

（续表）

热量带	自然地区	自然地带	自然省（按地形的生物-气候的分类排列）
	III C.半干旱地区	III C$_1$.暖温带干草原-黑垆土地带	III C$_{1(1)}$.晋中间山盆地、III C$_{1(2)}$.陕甘黄土高原丘陵、III C$_{1(3)}$.陕甘高原山地丘陵
	III D.干旱地区	III D$_1$.暖温带荒漠-棕色荒漠土地带	III D$_{1(1)}$.东疆间山盆地、III D$_{1(2)}$.塔里木盆地、III D$_{1(3)}$.拜城谷地、III D$_{1(4)}$.匹羌山前丘陵
IV.亚热带	IV A'.湿润地区东部亚地区	IV A'$_1$.北亚热带落叶阔叶与常绿阔叶混交林-黄棕壤与黄褐土地带	IV A'$_{1(1)}$.江淮下游平原丘陵、IV A'$_{1(2)}$.南阳盆地、IV A'$_{1(3)}$.大别山地、IV A'$_{1(4)}$.岭一大巴山地
		IV A'$_2$.中亚热带常绿阔叶林-红壤与黄壤地带	IV A'$_{2(1)}$.江西平原丘陵、IV A'$_{2(2)}$.湖南丘陵、IV A'$_{2(3)}$.湘西-黔东山地丘陵、IV A'$_{2(4)}$.四川盆地丘陵
		IV A'$_3$.南亚热带常绿阔叶林-砖红壤化红壤与黄壤地带	IV A'$_{3(1)}$.台湾中北部半原、IV A'$_{3(2)}$.闽粤沿海丘陵半原、IV A'$_{3(3)}$.桂南丘陵盆地、IV A'$_{3(4)}$.台湾山地
	IV A".湿润地区西部亚地区	IV A"$_1$.亚热带常绿阔叶林-红壤地带	IV A"$_{1(1)}$.滇东高原、IV A"$_{1(2)}$.横断山脉南部、IV A"$_{1(3)}$.滇西山地、IV A"$_{1(4)}$.横断山脉中部
V.热带	V A'.湿润地区东部亚地区	V A'$_1$.热带季雨林-砖红壤地带	V A'$_{1(1)}$.台湾-高雄平原、V A'$_{1(2)}$.粤南平原丘陵、V A'$_{1(3)}$.海南平原丘陵、V A'$_{1(4)}$.海南山地
	V A".湿润地区西部亚地区	V A"$_1$.热带季雨林-砖红壤地带	V A"$_{1(1)}$.滇南间山盆地
VI.赤道带	VI A.湿润地区	VI A$_1$.赤道带雨林地带	VI A$_{1(1)}$.南沙群岛
VII.青藏高原区	VII B.半湿润地区	VII B$_1$.草甸与针叶林地带	VII B$_{1(1)}$.横断山脉北部
	VII C.半干旱地区	VII C$_1$.森林与草甸及草原地带	VII C$_{1(1)}$.祁连山脉东部-甘南山地
		VII C$_2$.草甸草原与草原及草甸地带	VII C$_{2(1)}$.祁连山西部-积石山高原山地、VII C$_{2(2)}$.青南高原山地、VII C$_{2(3)}$.冈底斯高原山地、VII C$_{2(4)}$.玉树-藏南高原山地
	VII D.干旱地区	VII D$_1$.干草荒漠地带	VII D$_{1(1)}$.柴达木盆地、VII D$_{1(2)}$.阿金山地、VII D$_{1(3)}$.喀喇昆仑山地
		VII D$_2$.高寒荒漠地带	VII D$_{2(1)}$.羌塘山原

③ 区划的实践性强、目的性明确。区划不仅分析研究了中国的自然地理环境,而且着重考虑了直接参与自然界物质和能量交换的基本过程。揭示中国自然地理环境的特征比较深刻,尤其全面评价了自然条件和自然资源,为合理利用和拟定改造自然规划提供了科学依据,是全面认识中国自然环境的一次大总结。

④ 区划方案的突出贡献是第一次将中国划分为三大区,更真实地反映出中国概略区划的基本特点,符合中国自然界分异的基本规律。

(2)区划的理论特点

① 明确提出中国综合自然区划的主要任务是为农、林、牧、副、水利等事业的规划与先进经验的推广提供科学依据,重点是为利用土地和水利事业服务。

② 广义理解地带性分异规律。由于纬度地带性、大气环流和海陆分布引起的水分条件的地域差异以及由于热量条件与水分条件的组合关系对土壤、植被的影响产生了自然现象的水平地带性,而地势高度产生了垂直地带性。水平地带性与垂直地带性分异规律统称为地带性分异规律。

③ 在高级区划单位中,主要反映地带性分异规律,首先表现出水平地带性,其次表现出垂直地带性;低级区划单位以反映非地带性分异规律为主。

④ 采用不同区域相同级别的统一原则、统一依据与统一指标进行区划。大致来说,前三级单位(地区、地带、省)遵循生物气候原则,后二级单位(州、县)遵循地质地貌原则。

⑤ 在各级高级区划单位中,依次交替使用主导标志,使带、区单位相间排列。例如:热量带以温度为主要划分指标,自然地区采用水分指标,自然地带又以温度及其相应的土壤、植被为主要指标等。

⑥ 区划单位的命名上,自然地区采用温度带加水分条件命名;自然地带采用温度带、植被、土壤三名法命名;自然省采用地理名称与地貌类型名称相结合命名。

(3)区划的不足

① 区划等级单位过多,区划等级系统包括自然大区和热量带、自然地区和亚地区、自然地带和亚地带、自然省、自然州和自然县,实际应用不太方便。

② 区域单位命名,在高级单位中没有冠地理位置,使某些区域名称带有类型的性质。如:热带季雨林砖红壤地带分别出现在热带湿润地区东部亚地区和热带湿润地区西部亚地区,温带山前荒漠草原灰钙土地带分别出现在温带干旱地区西部亚地区和温带干旱地区东部亚地区。另外,自然地带名称过长,不便于记忆与应用。

③ 各级区划单位的具体界线分歧较大,争执较多,这与具体地域科学研究的程度、资料完全与否有关,同时也说明"自上而下"的区划需要有"自下而上"的区划方法进行补充的必要性。

4. 区划的改进

《中国综合自然区划》(1959)方案发表后,曾引起热烈讨论。20世纪80年代以后,黄秉维指出了该方案的不足和问题,并进行了修改和简化(黄秉维,1989),提出了未来区划工作的建议。

(1)方案存在的问题

① 区划系统过于复杂。原方案在自然区和热量带以下分为 5 级,加上亚级,实际上从上到下要经过 10 次划分。分级多,划分出来的单位也多。全国共划分出 90 个自然省,鉴于中国地域辽阔,情况十分复杂,这个数目并不算大,尤其是对于省级以下人员利用,似乎还嫌过于简单。但是,该方案的主要读者,首先是考虑全国问题的农、林、牧、水工作人员,其次才是省级人员,对于他们层次过多、等级过繁就不适宜了。

② 将温度带误称为热量带。原方案中将"温度带"称为"热量带"是错误的。温度和热量在物理学上是两个不同的概念,影响植物生长的是温度,划分的依据也是温度,用热量带这个名称是仿效某些外国学者的用法,应当予以更正。

此外,原方案分出赤道带、热带、亚热带、暖温带、温带、寒温带,亚热带又分为南、中、北 3 个亚带,体例较零乱,也需加以修改(表 5.9)。

表 5.9　中国温度带划分指标 *

温度带	寒温带	中温带	暖温带	北亚热带	中亚热带	南亚热带	边缘热带	中热带	赤道热带
无霜期/天	<90	90~150	151~220	>221~240	>241~350	>350		(无霜冻记录)	
气温≥10℃/天	<100	100~170	171~220	>220	>230~240	>300	365	365	365
≥10℃积温/℃	<1600	1600~3200	3200~4500	>4500	>5000	6000~6500	8000		
最暖月温度/℃	<19	19~24	24	>27	28	28	>28		
最冷月温度/℃	<−30	−30~−16	>−16~−10	>0	>3~4	>10	>15	18	23
极端最低气温/℃				>−12	0				

* 据黄秉维,1986

改进的方案共分出 12 个温度带、21 个干湿地区和 45 个自然区。

(2) 区划工作的建议

① 任何自然区划都应当反映自然现象的地域分异性。从大范围看,水平自然地带性是最显著的特征之一。垂直地带性是次一级的自然分异规律,呈地带性分布的因素多与广大农业有密切关系。在区划中首先表达自然地带性是理所当然的。从发生的观点来看,区划应先表达地带性,然后是非地带性;先表达现代因素,然后表达残存因素,注重与农业有关的发生。

② 农业生产基本上是植物生产。植物的生产性能因种而不同,生产潜力与理论光能利用效率有一定的差距。但可以通过引种、选种、育种来逐步缩小。其他因素大体上可以限制因素率加以综合。

③ 影响植物生产的有关自然因素中,有些在一定限度内是可以改变的。按其可改变性区分为三四类有助于观察一个生产系统的生产力是否可以提高,如何提高。这种分类要考虑自然、技术和经济随时代条件的变化。在区划中要先考虑不能或很难改变的因素。

④ 结合上述三点,注意联系各个因素在空间尺度和时间尺度的一致性,分清主次,提纲挈领,既考虑生产,又要注意自然资源的保护与持续利用。

⑤ 区划系统层次尽可能减少,区划单元的数量和命名要考虑读者的方便和需要。

⑥ 采用类型区划和区域区划相结合的方法,既便于比较,又便于表达区划单元的独特性。

具体可先在较高级别进行类型区划,然后在较低级别转化为区域区划。

⑦ 区划和区划单元的说明,应有助于解决发展农业生产、保存农业资源、引进生物品种、推广先进技术等。

(四)《中国综合农业区划》

20 世纪 50 年代以来,中国相继提出了一系列全国农业区划方案。周立三(1990—1998)、邓静中(1920—994)等编制的《中国农业区划的初步意见》(1955)是中国第一个农业区划方案。1981 年,全国农业区划委员会完成的《中国综合农业区划》体现了当时我国农业区划研究成果的总体水平。1988 年,侯学煜完成的《中国自然生态区划与大农业发展战略》则将农业发展与生态保护紧密结合在一起。

1. 农业区划的特点

中国综合自然区划一直有为农业服务的传统。为农业服务的综合自然区划,在分析自然地理环境的地域分异时,特别重视与作物生长关系密切的光、热、水、土等自然条件及人类活动的地域特征,并从中选取对农业有重大影响的指标作为区划依据。因此,所划分的自然区,既能反映自然界的地域分异规律,又能反映农业生产潜力和发展方向的区域差别,是配置农业生产的重要依据。

农业区划(agricultural regionalization)是根据各地区不同的农业自然资源条件、社会经济条件以及农业生产特征,按照区别差异性、归纳共同性的基本原则,把区域划分成若干在生产结构上各具特点的农业区,不同的农业区具有不同的发展方向。

农业区划的目的在于从影响农业的自然条件出发,指明分区农业发展的方向、潜力及需要改良的地方,因地制宜地指导农业生产。因此,农业区划是科学指导农业的合理布局和制定农业规划的手段和依据,是指导农业生产、实现农业现代化不可缺少的基础工作。

2.《中国综合农业区划》

1978 年以来,中科院南京地理与湖泊研究所周立三院士率领研究团队,以江苏为试点系统开展了《中国综合农业区划》研究,为我国农业区划工作奠定了理论和实践基础。1979 年,由全国农业区划委员会组织有关部委和科研院校的 100 多位专家,开始《中国综合农业区划》的研究和编写,1980 年 5 月完成初稿。《中国综合农业区划》是我国首部全面、系统论述我国农业资源与农业区划的专著,为分区规划、分类指导和调整农业生产结构与布局发挥了重要作用。

(1)区划的原则

《中国综合农业区划》的区划原则是:① 发展农业生产自然条件和社会经济条件的相对一致性;② 农业基本特征和发展方向的一致性;③ 农业生产关键问题与建设途径的相对一致性;④ 保持一定行政区划的完整性。

(2)区划的指标

基于区划的原则,指标选取主要包括以下 5 个方面。

① 农业生产条件。主要包括各种自然条件和资源(气候资源、土地资源、水资源、生物资源、各

种自然灾害等)及社会经济条件(人口劳力、技术装备程度、交通运输条件、经济发展水平等)。

②农业生产特点。主要指农、林、牧、副、渔等现有生产基础,包括各部门和作物的布局现状、部门结构、生产水平、商品化程度等。

③农业发展潜力。指从生产发展中的薄弱环节和关键问题(如产量不高不稳、生态平衡失调等)入手找出障碍因素和主要矛盾,从高低产典型的对比中发掘生产潜力。

④农业发展方向。指研究每个地区的生产发展方向,发展的主次轻重,要求扬长避短,发挥地区优势。

⑤农业发展途径。指实现生产发展方向需要解决的关键问题及采取的重要措施等。

(3)区划的系统

《中国综合农业区划》将全国划分为 10 个一级农业区和 38 个二级农业区。

一级农业区包括:①东北区,②内蒙古长城沿线区,③黄淮海区,④黄土高原区,⑤长江中下游区,⑥西南区,⑦华南区,⑧甘新区,⑨青藏区,⑩海洋水产区。其中,①～④农业区位于秦岭-淮河以北,是中国各种旱粮作物的主产区;⑤～⑦农业区位于秦岭-淮河以南,是中国水稻以及亚热带、热带经济作物主产区。此 7 个一级区属中国东部地区,是中国人口、耕地和农、林、牧、渔业分布集中地区;⑧～⑨农业区属于中国西部地区,是地广人稀、以放牧畜牧业为主的地区。一级区概括地揭示中国农业生产最基本的地域差异,既反映中国农业自然资源的地带性特征,特别是热、水、土等配合对发展农业的可能性,也反映各地区长期历史发展过程形成的农业生产的基本地域特点。这些条件和特点,有很大稳定性,可成为农业发展大的地域单元。

二级农业区着重反映农业生产发展方向和建设途径的相对一致性,结合分析农业生产的条件、特点和问题进行划分(表 5.10)。

表 5.10　《中国综合农业区划》系统

一级区	二级区	一级区	二级区
Ⅰ.东北区	Ⅰ1.兴安岭林农区 Ⅰ2.松嫩三江平原农业区 Ⅰ3.长白山地林农区 Ⅰ4.辽宁平原丘陵农林区	Ⅵ.西南区	Ⅵ1.秦岭大巴山林农区 Ⅵ2.四川盆地农林区 Ⅵ3.川鄂湘黔边境山地林农区 Ⅵ4.黔桂高原山地农林牧区 Ⅵ5.川滇高原山地农林牧区
Ⅱ.内蒙古及长城沿线区	Ⅱ1.内蒙古北部牧区 Ⅱ2.内蒙古中南部牧农区 Ⅱ3.长城沿线农林牧区	Ⅶ.华南区	Ⅶ1.闽南粤中农林水产区 Ⅶ2.粤西湘南农林区 Ⅶ3.滇南农林区 Ⅶ4.琼雷及南海诸岛农林区 Ⅶ5.台湾农林区
Ⅲ.黄淮海区	Ⅲ1.燕山太行山山麓平原农业区 Ⅲ2.冀鲁豫低洼平原农业区 Ⅲ3.黄淮平原农业区 Ⅲ4.山东丘陵农林区	Ⅷ.甘新区	Ⅷ1.蒙宁甘农牧区 Ⅷ2.北疆农牧林区 Ⅷ3.南疆农牧区

一级区	二级区	一级区	二级区
Ⅳ.黄土高原区	Ⅳ1.晋东豫西丘陵山地农林牧区 Ⅳ2.汾渭谷地农业区 Ⅳ3.晋陕甘黄土丘陵沟谷牧林农区 Ⅳ4.陇中青东丘陵农牧区	Ⅸ.青藏区	Ⅸ1.藏南农牧区 Ⅸ2.川藏林农牧区 Ⅸ3.青甘牧农区 Ⅸ4.青藏高寒牧区
Ⅴ.长江中下游区	Ⅴ1.长江下游平原丘陵农林水产区 Ⅴ2.豫鄂皖平原山地农林区 Ⅴ3.长江中游平原农业水产区 Ⅴ4.江南丘陵山地林农区 Ⅴ5.浙闽丘陵山地林农区 Ⅴ6.南岭丘陵山地林农区	Ⅹ.海洋水产区	

(五)《中国生态地理区划》

由于《中国综合自然区划》(1959)所采用的是 1956 年及以前的资料,受研究深度、观测资料年限、台站分布等影响,若干界线的确定带有假定、推测的成分,指标的选取也有待改进与完善。近年来,随着社会发展与科学技术的进步,已积累了丰富的系统观测资料。综合的及部门的自然区划与生态区划的研究也获得了许多成果。为了更深入地认识我国自然环境和生态系统的复杂性、多样性和特殊性,探讨全球环境变化对我国自然环境和社会经济的可能影响,1998—2000 年间,中国科学院郑度院士主持进行了中国生态地理区域的研究(杨勤业,2002;郑度等,2008)。

1. 生态地理区划的原则和方法

(1) 区划的原则

根据生态地域划分所面对的客体具有整体性、开放性、相对稳定性和时空层次性等特征,生态地域划分采用了区域等级层次原则、区域的相对一致性原则、区域发生学原则和区域共轭原则。此外,还考虑地域主导生态系统类型、生态稳定程度、生态演替方向以及所划分出的区域的主要生态环境问题、生态危机的轻重程度、地域分布特征、生态整治方向和对策措施的相似性或差异性。

(2) 区划的方法

由于早期的区划多是专家集成的定性工作,近年来又出现了单纯模式定量化的倾向,但分区界线往往与实际出入较大,选取指标的地理意义难以诠释。生态地理区划采用了自上而下的演绎与自下而上的归纳相结合的方法,界线拟定采用了专家智能判定与建立模型、采用数理统计与 GIS 空间表达相结合的方法。

2. 生态地理区划的指标体系

(1) 划分温度带的指标。包括≥10℃ 的天数与积温值、最暖月平均温度、最冷月平均温度、极端最低气温多年平均值等。由于地势因素的影响，≥10℃积温值存在明显的地区差异，表中用括号表示（表 5.11）。

表 5.11　温度带划分指标

温度带	主要指标		辅助指标			备　注
	≥10℃积温日数/天	≥10℃积温数值/℃	1月平均气温/℃	7月平均气温/℃	平均年极端最低气温/℃	
寒温带	<100	<1600	<−30	<16	(<−44)	针叶落叶林
中温带	100~170	1600~3200(3400)	−30~−12(−6)	16~24	(−44/−25)	针、阔叶混交林
暖温带	170~220	3200(3400)~4500(4800)	−12(−6)~0	24~28	−25~−10	阔叶林
北亚热带	220~240	4500(4800)~5100(5300) 3500~4000 （云南）	0~4 3(5)~6 （云南）	28~30 18~20 （云南）	−14(−10)~−6(−4) −6~−4 （云南）	亚热带季雨林
中亚热带	240~285	5100(5300)~6400(6500) 4000~5000 （云南）	4−10 5(6)~9(10) （云南）	28~30 20~22 （云南）	−5~0 −4~0 （云南）	马尾松 常绿阔叶林
南亚热带	285~365	6400(6500)~8000 5000~7500 （云南）	10~15 9(10)~13(15) （云南）	28~29 22~24 （云南）	0~5 0~2 （云南）	香蕉,菠萝,木瓜,木薯,洋桃荔枝,龙眼,柑橘;壳斗科、樟科占优势,伴有热带树种,橡胶树
边缘热带	365	8000~9000 7500~8000 （云南）	15~18 13~15 （云南）	28~29 >24 （云南）	5~8>2(云南)	热带季雨林
中热带	365	>8000(9000)	18~24	>28	>8	热带雨林
赤道热带	365	>9000	>24	>28	>20	赤道常绿阔叶林
高原亚寒带	<50		−18~−10(−12)	6~12		高寒草甸草原
高原温带	50~180		−10(−12)~0	12~18		针叶林、灌木、半灌木

（2）划分干湿地区的指标。主要考虑年和季节的干燥度或湿润指数,参考降水量、降水变率及天然植被状况等（表 5.12）。

表 5.12 干燥状况划分指标

干湿状况	年干燥指数	天然植被	其 他
湿润	≤1.00	森林	
半湿润	1.00～1.50	森林草原-(草甸)	(次生盐渍化)
半干旱	1.50～4.00 1.50～5.00(青藏高原)	(草甸草原)草原 (荒漠草原)	可旱作
干旱	≥4.00 ≥5.00(青藏高原)	荒漠	需灌溉

（3）划分自然区的指标。着重考虑基本地貌类型对生态地理区域系统中温度、水分子系统的影响程度。在具体分类时，主要考虑基础地貌类型的起伏高度和海拔高度，根据地貌起伏高度对大气环流及局部环流产生影响的差异，分为平原（包括台地）、小起伏丘陵地、中起伏山地和大起伏山地 4 类。根据海拔对温度的影响程度和我国存在地貌面海拔高度的实际差异，分为低海拔、中海拔、亚高海拔、高海拔和极高海拔 5 种，组合成 16 个基本生态地貌类型，作为生态地理区域系统中三级区域划分的主要依据。

3. 生态地理区划的系统方案

将全国生态地理区域系统划分为温度带、干湿地区、自然区：① 温度带是按温度及植被、土壤等自然地理要素组合划分出寒温带至赤道带，共 11 个温度带；② 干湿地区是在温度带内，按干湿程度引起的生态地域差异划分为湿润、半湿润、半干旱、干旱等 4 类干湿地区，分别对应森林、森林草原、草原及荒漠四种植被类型，共 21 个干湿地区；③ 自然区是在干湿地区中，按照生态地貌类型组合的差异引起的生态地理特征的变化，划分为 49 个自然区（表 5.13）。

表 5.13 中国生态地理区域系统

温度带	干湿地区	自然区
Ⅰ寒温带	A 湿润地区	ⅠA1 大兴安岭
Ⅱ中温带	A 湿润地区	ⅡA1 三江平原
		ⅡA2 东北东部山地
		ⅡA3 东北东部山前平原
	B 半湿润地区	ⅡB1 松辽平原中部
		ⅡB2 大兴安岭南部
		ⅡB3 三河山麓平原丘陵
	C 半干旱地区	ⅡC1 松辽平原西南部
		ⅡC2 大兴安岭南部
		ⅡC3 内蒙古高平原东部
		ⅡC4 呼伦贝尔高平原
	D 干旱地区	ⅡD1 内蒙古高平原西部及河套
		ⅡD2 阿拉善及河西走廊

续表

温度带	干湿地区	自然区
		ⅡD3 准噶尔盆地
		ⅡD4 阿尔泰山与塔城盆地
		ⅡD5 伊犁盆地
Ⅲ暖温带	A 湿润地区	ⅢA1 辽东胶东山地丘陵
	B 半湿润地区	ⅢB1 鲁中山地丘陵
		ⅢB2 华北平原
		ⅢB3 华北山地丘陵
		ⅢB4 晋南关中盆地
	C 半干旱地区	ⅢC1 晋中陕北甘东高原丘陵
	D 干旱地区	ⅢD1 塔里木与吐鲁番盆地
Ⅳ北亚热带	A 湿润地区	ⅣA1 淮南与长江中下游
		ⅣA2 汉中盆地
Ⅴ中亚热带	A 湿润地区	ⅤA1 江南丘陵
		ⅤA2 江南与南岭山地
		ⅤA3 贵州高原
		ⅤA4 四川盆地
		ⅤA5 云南高原
		ⅤA6 东喜马拉雅南翼
Ⅵ南亚热带	A 湿润地区	ⅥA1 台湾中北部山地平原
		ⅥA2 闽粤桂丘陵平原
		ⅥA3 滇中山地丘陵
Ⅶ边缘热带	A 湿润地区	ⅦA1 台湾南部低地
		ⅦA2 琼雷山地丘陵
		ⅦA3 南谷地丘陵
Ⅷ中热带	A 湿润地区	ⅧA1 琼南低地与东沙、中沙、西沙诸岛
Ⅸ赤道热带	A 湿润地区	ⅨA1 南沙群岛
HⅠ高原亚热带	B 半湿润地区	HⅠB1 果洛郡曲丘状高原
	C 半干旱地区	HⅠC1 青南高原宽谷
		HⅠC2 羌塘高原湖盆
	D 干旱地区	HⅠD1 昆仑高山高原
HⅡ高原湿带	A/B 湿润/半湿润地区	HⅡA/B1 川西藏东高山深谷
	C 半干旱地区	HⅡC1 青东祁连山地
		HⅡC2 藏南山地
	D 干旱地区	HⅡD1 柴达木盆地
		HⅡD2 昆仑山北翼
		HⅡD3 阿里山地

4. 区划特色和主要进展

（1）严格按照温度、水分、地貌组合的顺序，依次划分，并拟订相应的区划原则和方法；建立中国生态地理数据库，构建气候要素分布及区划的地理信息系统，系统整理温度、水分资料，揭示其季节和年际变化，划分不同的气候变化类型，为最终完成生态地域划分提供了保证；分析不同尺度地貌对生物气候的影响，进行基本生态地貌类型的划分，编制中国基本生态地貌图，作为自然区划分的重要依据，理由更充分，基础也更扎实。

（2）对关键界线（暖温带/北亚热带、南亚热带/边缘热带、中温带半湿润/半干旱）进行了详细研究。经过气候指标与土壤、生物指标的综合，初步确定我国热带、亚热带中段（广东）的界线，并提出了"年热带"和"热带波动带"的概念。从综合的角度将中国暖温带和亚热带在秦岭地区的分界线标定在主脊，利用多指标综合分析确定了中温带范围内半湿润-半干旱区的界线。

（3）探讨了气候变化趋势及对我国自然带界线的可能影响。认为中国近百年的温度变化趋势与同期北半球的温度变化趋势基本一致。20世纪80年代以来，我国大部地区，尤其是华北、东北气候有变暖趋势，年平均气温增加1℃左右，增暖事件主要表现在冬季。初步估计了我国东部地区自然区域界线可能向北推进，以中纬度最明显，暖温带北移的潜力最大，高纬和低纬地区，区域界线变化不会明显。

（4）综合地理区划以可持续发展为目标，涉及自然因素和人文因素，划分原则和指标体系应涵盖环境、资源、经济、社会与人口等方面，要求简明实用，避免繁杂，应有区域可比性，能反映动态、可以量化，便于操作。由于综合区划的高级单位在于区分和认识大的区域差异，所以在区划方法上可以考虑采用"自上而下"的方法。而综合区划的低级单位是自然和人文相结合，因此宜采用"自下而上"的方法。

总之，生态地理区划是在以往工作基础上的深入，所用信息更全面、资料年期更长，与国际同类研究相比，在生态地理区域等级系统与指标的选取方面更加合理。考虑季节变化和年际变化的综合效应，赋予指标界线以动态内涵，所划分的生态地域类型以潜在的自然状况为主，但也强调现实状况，综合考虑人类活动的影响；结合全球环境变化的热点问题进行探讨，提供生态地理的区域框架。

（六）综合自然区划单位的命名

综合自然区划单位的命名，既是技术问题，又是方法问题。一般来说，自然区划单位的命名有以下要求：① 反映区域的地理位置；② 反映区域的综合自然地理特征；③ 精炼、简便、便于使用。目前，常见的命名方法有以下几种。

1. 地理位置命名

单纯用自然区划单位所在地理位置来进行命名。如罗开富方案（1954）分为基本区和副区。其中，基本区有东北区、华北区、华中区、华南区、康滇区、青藏区、蒙新区；在华北区的副区有黄土高原区、华北平原区、胶东辽东区，都是以区划单位所在地理位置进行命名。任美锷方案（1979）分为自然区和自然亚区，两级区都是采用地理位置进行命名的。

2. 地理特征命名

采用自然区划单位的综合地理特征进行命名是很多区划常用的方法。一般多采用热量、水分、植被和土壤等地理特征进行命名。《中国综合自然区划》(1959)在热量带命名中,如暖温带、热带等,只采用"温度"的单名法;在自然地区采用"温度＋水分"双名法,如暖温带湿润地区;在自然地带采用"温度＋植被＋土壤"的三名法,如暖温带落叶阔叶林棕色森林土地带等。

3. 地理位置与特征并列命名

采用自然区划单位的地理位置和综合地理特征相结合来进行命名。在赵松乔方案(1983)中,自然地区命名采用此方法,如华北湿润半湿润暖温带地区,为"位置＋水分＋温度"三名法,西北温带及暖温带荒漠地区,则为"位置＋温度＋植被"的三名法。

5.4　综合自然区划的下限单位——景观

景观,是综合自然区划的下限单位,是地带性因素和非地带性因素共同作用最一致的区域,在综合自然区划的等级单位系统中占有特殊的地位,是联系自然区划和土地类型的桥梁。

(一) 景观及其特征

1. 景观概述

(1) 景观的同词多义

由于不同学派或学者在认识和理解角度上的差别,关于"景观"一词出现了同词多义的现象,概括起来有下述几种理解:① 地理学的综合概念,景观被看作地理综合体,包括自然景观和文化景观两部分;② 自然地理学的综合概念,景观等同于一般意义上的自然综合体,不同任何等级单位发生联系;③ 自然地理学的区域概念,景观被视为区域单位,相当于自然区划等级单位系统中的下限单位,亦称为自然地理区;④ 自然地理学的类型概念,景观被理解为具有分类含义的自然综合体,类似于生物学中"种"的概念,可用于任何地域分类单位。

(2) 景观的两大学派

对"景观"科学概念的不同理解,曾在地理学中引起很大的争论。尤其是上述后两种对景观的理解,产生了景观的两大学派——类型学派和区域学派。类型学派认为景观是基本的地域类型,把景观抽象为类似地貌、气候、土壤、植被等的一般概念,可用于任何等级的分类单位,如林中旷地景观等;区域学派则认为景观是区域的基本单位,把景观理解为一定分类等级的单位,如自然区或其一部分,它们在地带性和非地带性两方面都是同质的,并且是由地方性地理系统形成有规律的、相互联系的区域组合。两大学派除研究对象和侧重点不同之外,在自然综合体的划分和制图方法等基本理论方面仍比较接近。因此,两大学派的分歧可在下述前提下得到统一:即承认类型学派的"景观"是区域学派的高级形态单位的(地方)类型;区域学派的"景观"是类型学派的自然地理区。

本节所述"景观"是综合自然区划的下限单位,它是地表一个独特的区域单位,不仅具有明显的个性特征,而且占据着一个特殊的位置:一是地带性区划单位与非地带性的结合部;二是综合性自然区划单位与土地分级单位的结合部。因此,景观既不同于土地分级单位,又与其他自然区划单位有所不同。

2. 景观的特点

在自然区划单位系统中,景观具有以下几个方面的特征。

(1)景观具有最一致的地带性和非地带属性。景观内的地带性分异不占优势,非地带性分异也不占优势。从两类分异因素来看,景观是两类分异因素共同作用的最后一级分异结果,可以说,它是地带性和非地带性的对立统一体。在景观内地带性的完整特征和非地带性的完整特征都可以得到反映。当然,景观内部仍有差异性,但不是地带性和非地带性分异,而是地方性分异,如地形、岩性土质、小气候和人类活动引起的分异。这一特征是其他自然区划单位和土地单位都不具备的。

(2)景观分布区与各部门自然地理区域下限单位的界线是相吻合的,即景观界线与气候区、地貌区、土壤区和植被区等的界线大致符合。

(3)景观保存有全部高级区划单位的典型特征。因此,景观有别于土地分级单位,能够提供区域的典型自然特点和自然资源的全面认识;同时,景观类型特征的不同程度的概括,可作为划分各级区划单位的一种标志。

(4)景观与土地单位相比,其个体特征和非重复性都较显著。因此,可对每个景观进行单独研究(区域研究)。而土地单位由于典型特征多次重复出现于许多个体之中,一般只着重于类型研究。

(5)景观与土地单位相比,景观具有较长的自然历史并对外部影响具有较大的稳定性。土地单位在受到人类活动干扰后所发生的变化,在人类历史时期就可以看到,如围湖造田可以在短时间内使水下处境变为水上处境。而对景观的改造却需要很长时间,即使人类对景观的影响已改变了它原有的面貌,但仍然不能改变它基本的地带性和非地带属性。改变后的景观(即文化景观)尽管可能具有某些新属性,但基本属性仍可在不同程度上得到表现。

3. 景观的定义

综上所述,景观是一个特征十分明显的区域单位。但学术界至今却还没有关于景观的精确而详尽的科学定义。Солнцев(宋采夫,1956)认为:"地理景观应当是这样一个发生上一致的区域,在其范围内可观察到地质构造、地貌形态、地表水和地下水、小气候、土壤变种、植物群落和动物群落的同一种相互联系的结构有规律的和典型的重复。"这一定义着重指出了景观的发生统一性和形态结构的复杂性。Исаченко(1962)指出:"景观不论在地带性还是在非地带性方面都具有一致性。"如果将 Исаченко 的论述补充到 Солнцев 的定义中,景观质的特殊性便得到了较详细的说明。

在 Солнцев 定义的基础上,陈传康等(1993)根据景观的特征,对景观进行了如下定义:"景观是省(或州)在发生上一致的区域,是地表在地带性和非地带性方面最一致的地域地段,具有自己特有的形态单位质与量的对比关系,并以此对比关系与相邻景观区别开来。因此,景观是地表独特的地域地段,但又是地表的组成部分之一。景观正是以其特有的形态单位质和量的对比关系,使其充分反映了地方、自然界的特点,因此成为自然区划的下限单位。"

(二) 景观的同一性

虽然上述景观定义在很大程度上是明确的,但要据此来具体划分景观还是非常困难的。为此,必须研究景观划分的主要依据"景观的同一性",以便正确、客观地划分景观。根据诸学者的研究定义,景观的同一性可以归纳为发生同一性、地带性和非地带性同一性、组成成分同一性和景观结构同一性四个方面。

1. 发生同一性

景观的发生同一性,是指每一个景观都是作为统一整体发展的,具有自己的起源、年龄和历史。景观发生同一性并非组成成分发生的同时性,景观的所有成分不可能是同时产生的,在景观发展过程中,各成分是逐渐产生的。景观的组成成分(地貌、土壤、植被等)和组成部分(土地单位)的发展是不平衡的,它们各有自己相对独立的发展过程。应当把发生同一性理解为"根源于其形成过程,根源于它成为整体的过程,"是"景观发展的共同道路"(Калесник,1960)。每个景观的年龄由于其产生时间不一而不同,景观发展历史的同一性主要是指现代景观而言,不可能包括景观所处范围的固体基础的地质历史以及古景观发展史的同一性。

2. 地带性和非地带性同一性

景观的地带性和非地带性的同一性,首先是指景观具有最一致的地带性和非地带性条件,一个景观的自在发展正是在同一条件影响下进行的,而相邻景观的发展是在另一个条件下进行的,因此,作为景观发展条件的地带性和非地带性因素是确定景观界线的重要依据。其次,景观是地带性区划单位和非地带性区划单位两种不完全区划等级系统的最后一级,只有它才体现出两类分异或两种区划单位网络的吻合。再次,景观的组成成分及其土地单位都在一定程度上表现出一致的地带性和非地带性属性,可以通过这些特性的研究来确定景观的界线。

3. 组成成分同一性

景观的组成成分同一性,是指景观组成成分自身的同一性、景观和组成成分分布区的同一性。因此,在景观中,各种不同成分的区划,如气候区、地貌区、土壤区等的分布区都是吻合的。这是景观区别于高级区划单位的主要标志之一。景观的地质基础相当于Ⅳ～Ⅴ级单位之间,是Ⅴ级的组合;地貌同一性表现在相应于同一地貌综合体,即具有同一发生的中等地貌形态有规律组合;景观的气候相当于 Хромов(赫罗莫夫,1952)的"景观气候"。景观也与植被的群丛复合体、土壤复区相应。由于各组成成分有相对独立性,因此其界线也不一定都很明确、吻合。在根据景观组成成分同一性来确定景观界线或采用部门区划叠置法划分景观时,还需根据地理相关分析作适当的调整和修正。

4. 景观结构同一性

景观结构同一性包括景观各组成成分之间相互作用的性质(称为景观的组成结构)和景观形态单位组合的性质(即景观的形态结构,称为土地结构)的同一性两个方面:① 景观组成结构同一性指每一个景观都具有一定的组成成分以及它们之间相互联系的性质。景观有相应的地质、地貌、土壤、植被等组成成分,不同景观的组成成分的特点是有区别的。② 景观土地结构同一性指每一个景观都具有一定的土地类型以及它们之间按一定的相互关系所构成的格局(或组合方式),并表现出与另一个景观的土地类型及其组合方式有区别的特征。

综上所述,景观与其他区划单位一样具有相对的一致性。但由于景观在综合自然区划单位中的特殊地位,其一致性的程度远较其他单位大,而且表现得比较全面。正是这一原则,一般都公认景观是区划的下限单位。同时,由于景观的特殊地位,使得对它的研究具有重要的理论和实践意义。可以说,景观研究一方面是进行"自下向上"自然区划的基础;另一方面也是确定区域大农业构成方向、合理利用和保护自然资源的科学根据。

5.5 山地综合自然区划

山地自然综合体既沿垂直方向发生分异,也沿水平方向发生分异,其复杂性给山地自然区划带来很大困难。目前,关于山地自然区划的研究在国内外还是一个薄弱环节。由于中国是一个多山地、多高原的国家,所以中国自然区划研究变得非常复杂。

(一) 地域分异规律对山地自然区划的影响

山地自然区划,一般应该运用与平原自然区划相似的原则,因为地带性因素和非地带性因素在山地地域分异中同样在起作用。但是,山地也有与平原不同的特殊规律性,主要表现在山地区域由于地势隆起的影响,带来的山地垂直分异和垂直带的出现,使得山地综合自然区划比平原要复杂得多。

1. 地带性规律对山地自然区划的影响

在山地区,地带性规律受到山地隆起的影响,其表现形式虽与平地有很大不同,但纬度地带性的"烙印"仍然是明显的。地带性规律对山地地域分异的影响主要是通过纬度位置决定山地垂直带谱结构以及地带性规律对山地水平分异的影响表现出来。

(1)纬度位置决定山地垂直带谱结构

山地所在的纬度位置决定着山地垂直带谱结构。不同自然带、地带的山地垂直带谱结构(包括基带、垂直带数目、垂直带顺序以及优势带)不同。首先,山地垂直带的基带与所在纬向自然地带一致。其次,山地垂直带谱的数量也与自然带或地带密切联系。由此可见,地处不同纬度地带的山地,山地垂直带的数量不同,垂直带的组合不同,反映出自然界的多样性和特殊性。

(2)地带性规律对山地水平分异的影响

地带性规律对山地水平分异的影响,还表现在对沿纬线方向延伸的山体以及沿经线方向延伸的山体的影响不同。沿纬线延伸的山体,往往成为南北气流运行的屏障,加强纬度地带性因素的作用,使山体成为两个自然地带的重要分界线,如秦岭成为亚热带与暖温带的分界线。

地带性对沿经线延伸山体的影响,主要表现在受纬度地带性分异因素的作用,往往将同一山地划分成不同的自然地带或亚地带。例如,大兴安岭山地南北延长 1200km,跨越 20 多个纬度,由于受地带性分异因素的影响,从北到南被划分成三个自然地带:北部属寒温带湿润地区明亮针叶林-棕色灰化土地带、中部属于温带半湿润地区森林草原-黑土地带、南段属于温带半干旱地区干草原-暗栗钙土地带。

2. 干湿度地带性对山地自然区划的影响

干湿度地带性主要反映海陆之间的相互作用,因而区域与海洋的距离或与大陆中心的距离对湿润的海洋气流登陆有重要影响。干湿度地带性对山地分异的影响,也表现在对山地垂直带谱结构以及对山地水平分异的影响两个方向。

(1) 干湿度地带性对山地垂直带谱结构的影响

在大陆上,水平地带性的表现形式在不同地区差异较大。在干湿度地带性分异表现突出的区域,水平地带表现为斜交。例如,我国温带、暖温带从沿海到内陆,水平地带形式呈东北-西南向延伸、东西更替的规律。而不同的水平地带山地的垂直带谱结构不同。在暖温带的山东丘陵区,山地垂直带谱以落叶阔叶林-棕壤带为基带,以上有针阔混交林-暗棕壤带、针叶林-棕色针叶林土带到湿润森林垂直带谱结构。到甘肃的云雾山,山地垂直带的基带变为干草原-黑垆土带,以上为干草原-栗钙土带、森林草原-褐土带、草甸草原-草甸土带组成垂直带谱。再向西到塔里木盆地南沿的昆仑山中段,山地垂直带谱基带为荒漠-棕漠土,以上有荒漠-棕钙土带、高山草原-草原土带、高山寒荒漠-漠土带组成。

(2) 干湿度地带性对山地水平分异的影响

干湿度地带性对山地水平分异的影响,表现在对沿经线方向延伸的山地和沿纬线方向延伸的山地的不同影响。沿经线方向延伸的山地,往往加强了干湿度地带性分异因素的作用,因为成为海洋性气流向内地深入的屏障,使山体成为自然地带的界线。例如,大兴安岭,其东坡距海近,为温带半湿润草原-黑土地带;西坡由于距海远,成为温带半干旱干草原-暗栗钙土地带,加强了干湿度地带性的作用。干湿度地带性对东西走向山地的水平地带性分异的影响是明显的,突出表现在对不同水平地带山地垂直带谱结构的影响。例如,天山中部和东部,由于西来的气流影响向东逐渐减弱,使得东部比中、西部更为干旱,因为不仅反映在平地上自然景观有逐渐干旱的趋势,而且垂直带谱结构也十分清楚地反映出这种变化趋势。正因如此,《中国综合自然区划》(1959)将天山山地划分为天山中部和天山东部两个不同的自然省。

3. 山势特征对山地垂直带谱结构的影响

山势特征是指山脉的走向、山地的高度(包括海拔高度和相对高度)、各山脉相互间的位置以及不同的坡向特点的概况。有关山势对山地垂直带谱结构的影响,主要是通过山势特征改变了水热结构,使水热在高度方向重新分配与组合,导致垂直带重新组合而形成。

坡向对垂直带谱结构有重大影响,它决定热量条件和湿润情况的差异。人们一般把坡向分为太阳坡向(即斜坡对太阳光线的位置)和风坡向(即斜坡对干湿气流、冷暖气流的关系)两类。太阳坡向(如南坡)增温高、蒸发强,在其他条件相同情况下南坡比北坡干燥;风坡向直接决定降水量,也影响热力状况。因此,山坡的热量和水分平衡决定于太阳坡向和风坡向的共同影响。同时,这些影响常常是相互加强的。例如,阿尔泰山脉或天山山脉的北坡和西坡,以湿润程度极大而不同于南坡和东坡,其原因首先是由于前者"截夺"西来的气团所带来的水分所致,其次还在于北坡增温较弱,同时又受到北来寒潮的影响。一般认为,太阳坡向在中纬度作用明显,低、高纬度作用不明显。风坡向在过度湿润地区的作用较小,随气候干燥度的增大而加强。

垂直带谱表现的程度和完备程度取决于山地隆起的绝对高度。Исаченко(1962)将山地景观分为三类:低山(境内仅能观察到一个垂直带)、中山(存在两个以上或几个垂直带,但没有高山带)、高山(具有高山带或冰雪带)。《中国综合自然区划》(1959)在划分自然省时,认为:"自然省的划分依据是地带以内生物气候的差异,往往与一定地貌单位相符,是由于在有些地带内,地形是生物气候地域差异的主要原因。"因而拟订了划分自然省的地貌分类方案(表5.7)。

上述地貌分类,实际上是景观分类。虽然名称上也称丘陵、低山、中山与高山,但由于它不仅考虑了山地的高度,而且考虑了景观垂直带结构,因此,它与地貌的丘陵、低山、中山和高山的分类标志是很不相同的。

(二) 非地带性单位类型与山地景观的划分

1. 非地带性单位类型

关于山地非地带性单位的分类问题,不同的学者有不同的分类。苏联将山地非地带性区划单位划分为三类:具有水平地带性的平原、具有明显垂直地带性的山地以及具有水平-垂直地带性的间山盆地山地。陈传康等(1993)认为这一分类过于简单,不能概括我国复杂的自然状况,提出非地带性单位从其水平与垂直两种地带性来表现关系。

按水平地带性和垂直地带性在起伏不同的地貌面上作用强度的差异,可以得出两者的关系阶梯图(图5.8),图示反映了水平地带性和垂直地带性的内在联系:从左至右水平地带性逐渐增强;从下至上垂直地带性逐渐增强。据此,非地带性单位可以分为以下6种类型。

(1) 平原。主要以水平地带性为主,是水平地带的典型区域,此类单位的区划按照一般的区划原则和方法处理。

(2) 高原。主要指具有完整广阔高原面的典型高原,在中国分布甚广,如青藏高原、内蒙古高原、黄土高原、贵州高原中部等。在高原面上本身发育着"水平"地带,但由于海拔较高,对其周围低处来说,实际上是扩展的垂直带,亦有人称为隐垂直-水平地带性。在区划中,目前仍按照"水平地带性"表现处理。

(3) 切割高原。此类单位在中国的西南,特别是云贵高原南部、雅鲁藏布江及其支流河谷,被河谷切割的部分由高原面向下至河谷呈反垂直带结构,但所占面积有限,而在面积较大的高原面上表现为水平地带性,有人称为垂直-水平地带性。在区划中最难处理,有人将高原面按水平地带性来处理,河谷盆地按反垂直带性处理,亦有人采用"类型区划"的方法来

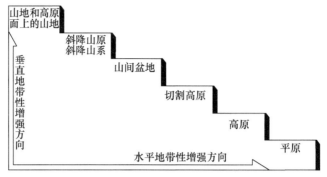

图 5.8　山地的非地带性单位

（据刘南威等,1993)

处理。

（4）山间盆地。盆地内具有一定的水平地带性表现,盆地边缘的山地则具有显著的垂直地带性表现,有人称为水平-垂直地带性。此类单位按照垂直地带性谱的地带性和省性进行区划。

（5）斜降山原和斜降山系。此类山地在河谷和盆地下降不深,其底部的基带必然多少具有垂直带性质;但当其作南北延伸或南北相间分布时,又必然表现出水平地带的特点。例如秦岭山地,从南坡坡麓至山顶随海拔增大、纬度增高,有人称为隐水平-垂直地带性。在区划中,按照基带的水平地带性及个体山地垂直带结构完整性的特点处理。

（6）山地和高原面上的山地。前者为垂直带明显的山地,后者是分布在高原上的山地,在高原这样隐垂直带性基础上发育了垂直分带的山地,两者均以垂直地带性占绝对优势,是地域垂直分异的典型地区。在区划中按照垂直带谱的地带性和省性进行处理。

2. 山地景观的划分

山地景观是山地自然区划的基本单位,有了这个基本单位就可自下而上进行合并产生较高级别的区划单位。对于山地景观的划分,涉及山地垂直带与景观的关系问题;即一个垂直带相当于一个景观,还是一个垂直带谱相当于一个景观的问题。对此,学术界有两种不同的观点。

第一种观点,山地景观包括整个垂直带系列。每一个单独垂直带是构成景观的一部分。垂直带只是一个土地单位,不能充分反映山地的全面自然特征和自然资源的多样性,它只是山地自然状况的片段,只有垂直带谱才能充分反映山地的全面自然特征。Исаченко 和 Сочава 都持这种观点。Исаченко(1962)认为:"可以把山地景观确定为同一地貌综合体范围内具有一致的垂直带性结构的地段。"

第二种观点,山地景观应在垂直带范围内划分。如秦岭北坡是陡峻的山地,可以分水岭为界,从东向西根据垂直带谱的差异去划分景观。南坡为斜降山地,沟谷水系本身的差别相当大,就可根据小流域作为一个自然地理小区,把重复出现的小区再合并为山地景观。

这两种观点是根据不同山地特征总结出来的。由于山地情况较为复杂,有的山地对某种标准合适,另一种山地可能就不合适。例如,陡峻的山地,自上而下的垂直分异很明显,使用第一种标准很容易划分。另一种山地大多属于低山范围,只有个别中山出现,或者都在同一个垂直带的范围内,个别中山才有垂直带,如果这类山地也要按垂直带谱划分景观的话,意义就不大了,那么采用第二种观点划分会更合适。

此外,有人提出补充意见,认为当一个垂直带上下段大地构造差别较大时,应把它区别为两个或三个景观。就是说,在陡峻山地,划分景观既要考虑充分反映整个垂直带谱的特点,又要考虑到沟谷系统发育和大地构造的差别。因为垂直带谱只反映地带性特征,大地构造即可反映非地带性的一致性。在以低山为主(可观察到一个垂直带)、个别有中山的区域(可有两个或多个垂直带),可把个别突出的中山划为一个景观单元,周围的低山,根据土地单位质和量的对比关系来划分为另一个景观单元。如川东平行岭谷,重庆附近的平行岭谷呈鸡爪状排列,应作为一个山地景观,但在平行岭谷中有一个中山(华蓥山),应作为另一个景观。

5.6　综合自然区划调查和报告编写

综合自然区划调查可分为室内准备阶段、野外考察阶段和室内总结阶段。

(一) 室内准备阶段

室内准备主要是收集资料和分析资料。

1. 收集资料

(1) 地形图

综合自然区划要求收集与区划图比例尺相同和比其大一倍的两种地形图。进行路线考察,至少应收集 1∶200 000 地形图,才能比较准确定点,并判读地貌形态、植被和土质特点。在平原地区至少需 1∶100 000 和 1∶50 000。此外,还应收集新旧地形图进行对比研究,有助于了解地物,特别是植被、耕地、城镇建设等的变化;也便于了解外动力地貌,特别是冲沟和风沙地貌的变化以及河道的变迁和湖泊的萎缩。

(2) 遥感影像数据

遥感影像资料包括航片和卫片。卫片比航片覆盖范围大,易于掌握区域全面的、大轮廓的地物信息,如山脉和水系的分布、植被的分布、城镇建设、农业开垦等区域特征,有助于拟订自然区划方案。由于区域组成成分之间存在着相互制约和适应性,可以根据一部分组成要素的直接判读标志提供另一些"看不见"的组成要素。因此,为进行有成效的遥感判读,需开展地理相关分析,这不仅有助于卫星影像判读,也有助于了解地域分异规律,进而提供该区的大致区划网络。航片与卫片结合分析,将有助于研究卫星影像的成像综合。从航片过渡到卫片实质上是一种地貌影像的成像综合(概括),航片上的一组影像结构,卫星影像上常成为单一的影像灰度,这有助于利用卫片进行低级区划单位的划分和研究低级区划单位内部的土地结构。

（3）专题地图

专题地图包括地质图、矿产图、水文地质图、工程地质图、各种部门自然地理图、农林牧和土壤专题图等,其比例尺最好比拟编绘的区划图大。

（4）调查报告

包括自然条件和自然资源调查报告、国民经济发展报告、农林牧业发展报告、生态环境保护规划、城市规划等。

2. 分析资料

（1）地质构造分析

① 了解大地构造分区系统。每一个大地构造单位内部地质构造,如大型背斜、向斜、岩浆侵入体、断层等的分布规律、岩性和分布特征。

② 分析第四纪沉积物成因及各沉积相的分布规律,包括沉积物的组成和结构、与沉积物相应的地貌形态、沉积物的分布位置和形成后所发生的变动情况以及各沉积物的排列关系等。揭示沉积相的分布规律有助于研究低级区划单位内部土地结构,其中水平分相变化对自然区划尤为重要。

③ 研究区域地史,了解非地带性形成条件。

（2）地貌分析

通过地质构造对地貌形成的影响,了解当地的构造地貌,分析山地和平原的高度分类和形态分类之间的排列组合关系。对外力切割地貌研究是土地结构研究的主要依据。

（3）气候分析

通过对调查区及周边地区气候资料的整理及各种气象要素等值线图的编制,分析各气候要素的地域分异特点,区分气候地带性分异和非地带性分异的空间特点。

（4）水文分析

研究区域水资源结构,包括降水量和再分配、地表水和潜水、深层地下水及变化动态以及彼此间的相互关系。研究各种水资源的利用现状和存在问题,各种水资源的最佳利用方式,水资源不足时从区外调水的可能性以及流域水资源合理开发利用等。

（5）土壤分析

分析各种土壤类型的分布规律和特征,特别是土壤剖面中各发生层次的形成和排列情况、天然土壤和农业土壤的相应关系、土壤肥力状况及分布规律、土壤肥力与土地利用的关系、土壤改良方向等。

（6）生物分析

分析植被类型及分布规律,天然植被破坏后的人工植被分布,栽培作物的种类和空间分布。此外,还可了解家畜、家禽的种类和分布,优良品种改良的生态环境等。

3. 研究地域分异规律

在分析部门自然地理要素相互关系的基础上,应进一步研究该区的地域分异规律。

① 分析由气候地带性分异引起的土壤植被地带性分异以及水文、外力地貌和沉积物的地带性分异。

② 在大地构造分异基础上分析构造地貌的分布,新构造运动对地貌形成的影响,地质地貌分异对水文、气候及植被的影响,由地势高度所引起的垂直带分异,迎风坡和雨影区的差异等。

③ 由地质构造(山区)和沉积物分异(平原)以及水系切割所形成的地表结构骨架,新构造运动形成地文期地貌面的实际组合结构。现代外力作用如侵蚀、风蚀和风积、浪蚀、刨蚀等所形成的切割和堆积地貌的组合结构等。

分析地域分异规律,使综合自然区划报告中的自然特征描述有别于一般部门自然地理描述,从而具有自己的特点。这种分析,已基本描述出区划等级系统的大致结构,为划分各级区划单位提供初步根据。

(二) 野外考察阶段

此阶段任务主要包括野外考察和政府部门调查两个方面。

1. 野外考察

野外考察路线主要是根据 1∶200 000 比例尺的地形图和卫星影像,配合 1∶200 000 地质图进行沿线地理相关分析,大部分路线沿主要交通线进行,也可补充一些与地带性和非地带性分异方向一致的路线,特别要注意实地验证室内分析得出的下列结论:

① 地带分异界线的标准和实际分布。

② 与大地构造单位相应的地势地貌分异的实际分布和界线。

③ 确定各低级区划单位内部土地结构的实际特征。

如果收集的文献资料对区域实际情况论述不清楚,可根据地理相关分析,推导该地的可能特征,然后在路线考察时进行验证。

自然区划野外考察涉及范围广,因此在做好充分室内准备的基础上,除使用汽车进行路线考察外,乘坐火车更利于观察和感知大尺度的分异规律。

2. 政府部门调查

在野外考察中,还应对各级行政单位进行调查访谈,进一步收集地方资料,了解社会经济情况,研究土地结构与大农业构成的关系,农林牧业的发展和现状等,特别要收集农业经济、农业政策与农业发展等资料,以便进一步分析水热气候条件和土地结构与大农业构成的关系。

① 向发改委了解区域的总体情况及发展战略和计划,向统计局收集社会经济发展统计资料,向自然资源局收集自然资源调查报告、土地资源调查报告、土壤普查报告、土地利用规划等。

② 向农业局、林业局、畜牧局了解农林牧各行业的现状和发展情况。向农业局了解农业现状及历史发展,特别是作物种类构成、耕作制、轮作制、土壤肥力状况,农业区划报告、各分区的大农业构成方向。向林业局了解森林分布状况、造林成绩和存在的问题、采伐情况、果业和养蜂业现状和发展。向畜牧局了解牧业现状和历史发展、牲畜种类、牲畜结构的历史变化、家禽饲养

情况。

③ 向水务局了解水利资源开发条件、水资源结构、不同水资源的最适宜利用方式以及水资源开发利用规划,向气象站和水文站收集气象水文资料。

④ 向地质局和水文地质大队了解区域地质和地下水情况,包括潜水和深层地下水的储存情况、开采水量,各层地下水在农业、工业、城市等不同方面的最适利用状况。

⑤ 向生态环境保护部门了解生态环境质量调查报告、生态功能区划报告、"三废"排放情况及对农业的影响、污水灌溉和农业污染等,向城市规划部门了解城镇体系规划、郊区农业发展情况,向旅游管理部门了解风景旅游资源空间分布,收集旅游发展总体规划报告等。

另外,与政府部门领导进行座谈,了解区域背景和发展远景,并就一些当地领导关心而未完全解决的问题进行共同研讨。

(三) 室内总结阶段

此阶段包括整理数据和整理标本两大类内容。

1. 整理与分析数据

首先,整理考察调研过程中收集来的资料,补充原来汇编的文献目录。其次,对资料做进一步分析整理。在资料分析基础上,研究国民经济和社会发展统计资料中的一些与地理情况相关的生产指标变化和组成结构情况,主要包括:

① 各项生产指标的历年变动情况分析;

② 农林牧等行业的构成情况与自然分区的气候和土地结构的关系分析;

③ 各分区各行业生产指标结构的历史动态变化分析。

通过相关分析,使国民经济统计资料体现具体的实际内容和变化动态。

2. 整理标本和照片

整理野外考察中采集的岩石、土壤、植物等标本和拍摄的照片等,核实简化的土地类型图或山文水系图,经过整理达到成图要求。

(四) 自然区划报告编写

在上述研究分析基础上拟订自然区划方案,编制自然区划图,编写区划报告及说明书。

1. 自然区划报告提纲

自然区划报告的提纲主要包括:

(1) 区域地理特征

* 范围和位置
* 地带性特征和分异
* 非地带性特征和分异
* 社会经济特征和分异

(2) 自然区划的方法

* 自然区划的原则
* 自然区划的数据来源
* 自然区划的指标
* 自然区划的方法

（3）自然区划的方案
- 自然区划的等级系统
- 自然区划方案
- 各分区生态环境特征

（4）结论与讨论
- 与相关区划成果的对比
- 区划工作的问题与不足
- 区划工作的经验与收获

2. 报告编写注意要点

（1）区域地理特征的概况,必须从地域分异因素出发,揭示区域分异规律。区域地理特征不应是各地理要素特征的机械拼凑,应从地带性和非地带性分异特点及对其他成分的影响方面进行分析。

（2）将自然地理要素和社会经济要素结合起来加以分析,从区域的自然、经济和社会综合特点出发,对区域总的地理条件及其分异进行分析,确立以区域自然资源合理利用为中心的、自然和经济密切结合的区域综合地理研究方向。

（3）在缺乏全区景观测绘的条件下,利用地形图和卫片编绘地表结构图(山文水系图或简化的土地类型图),结合区域地带性和非地带性条件进行自下而上与自上而下相结合的区划;在具有全区景观测绘的条件下,则可利用土地类型图进行自下而上的区域合并。

（4）为了简化各分区的文字描述,自然区划报告常列出相应各级区划单位的特征描述表。报告还须附有一定的图表和典型的景观照片。

复习思考题

5.1 举例说明对自然区划的理解。

5.2 自然区划的原则有哪些?

5.3 什么是顺序划分与合并区划法?

5.4 自然区划的原则与方法有何紧密联系?

5.5 区划研究与类型研究有何区别与联系?

5.6 什么是综合自然区划的单位等级系统?

5.7 地带性区划单位的含义及主要特征是什么?

5.8 非地带性区划单位的含义及主要特征是什么?

5.9 什么是景观?其同一性包括哪些方面的内容?

5.10 两种基本地域分异因素对山地分异的影响是什么?

扩展阅读材料

［1］傅伯杰,刘国华,陈利顶,等.中国生态区划方案.生态学报,2001,21(1):1-6.

［2］耿大定,陈传康,杨吾扬,江美球.论中国公路自然区划.地理学报,1978,33(1):49-62.

［3］侯学煜.中国自然生态区划与大农业发展战略.北京:科学出版社,1988.

［4］黄秉维.中国综合自然区划的初步草案.地理学报,1958,24(4):348-363.

［5］林超,冯绳武,关伯仁.中国自然地理区划大纲.地理学报,1954,20(4).

［6］罗开富. 中国自然区划草案. 北京:科学出版社,1956.

［7］全国农业区划委员会. 中国自然区划概要. 北京:科学出版社, 1984.

［8］席承藩,张俊民,丘宝剑,等.中国自然区划概要.北京:科学出版社,1984.

［9］杨吾扬. 中国陆路交通自然条件评价和区划概要. 地理学报, 1964, 31(4)：301-319.

［10］赵松乔. 中国综合自然地理区划.中国自然地理(总论).北京:科学出版社.1985.

［11］郑度.中国生态地理区域系统研究. 北京:商务印书馆,2008

［12］中国科学院自然区划委员会. 中国综合自然区划(初稿). 北京:科学出版社,1959.

［13］周立三.中国综合农业区划.北京:农业出版社,1981.

第6章　土地类型学

1977 年，英国地理学家 Cardenal(卡德诺)在《自然地理学》一书中，把自然地理尺度(scale in physical geography)研究分为三种：全球尺度(global scale)、区域尺度(regional scale)和地方尺度(local scale)。全球尺度研究是以整个地球为研究单元，如全球的板块构造、大气环流、海洋环流、全球变化与全球化等；区域尺度以范围较大的区域为研究单元，如不同性质气团所占据的范围、阿尔卑斯山等；地方尺度主要关注在野外直接进行研究的、面积较小的部分。1978 年，俄罗斯地理学家 Сочава 在《地理系统学说导论》中把地理系统的研究分为三个等级：行星级序、区域级序和局地级序。Сочава 认为，局地级序的研究属于局地地理学的任务，把局地地理系统的最大单位看作区域地理系统的最小单位。从全球尺度到区域尺度、地方尺度的研究，是综合自然地理学逐步深化的结果。"土地类型学"(Типология Земли)就属于自然地理学中地方尺度或局地级序的研究。

6.1　土地类型学

(一) 土地的概念、性质和功能

1. 土地概念的根源

古人云"有土斯有人，万物土中生"，William Petty(威廉·配第，1623—1687)说"劳动是财富之父，土地是财富之母。"[①]诸如此类的格言明确而生动地表达了人类与土地的深刻联系。

"地者，万物之本源，诸生之根菀也"(《管子校正》卷十四)。"土地"的综合概念根源于劳动者对地理环境的综合认识。人类开拓地理环境，总是首先接触一些具体的开发建设地段。这些地段的自然特征在很小范围内即可发生变化，在较大范围内更是千差万别。人们在这些地段上从事农业活动或工程建设，绝不仅仅考虑某一自然要素，而是必须考虑该地段的全部自然要素。例如，农民耕作不是只考虑土壤条件或地貌部位，而是必须考虑该地段影响作物生长的综合环境条件，包括水热条件、地下水深度、排水条件以及动植物等对作物生长的影响等，这些综合环境特征就构成"土地"概念所包含的内容。在工程建设中，不同地段建筑物所处环境的综合特征，例如影响采暖、通风和日照的小气候条件，影响地基承载力的岩性、土质条件，影响

---

① 马克思，恩格斯：《马克思恩格斯全集》第 23 卷，中共中央马克思恩格斯列宁斯大林著作编译局。北京：人民出版社，2006：57。

地面过程处理措施的坡度和地貌破碎程度以及影响工程病害的外动力地质过程和地貌过程等,也使人们建立了土地的概念。尽管这种认识最初是朴素的,却是现代土地科学概念的思想基础。

2. 土地的概念

关于"土""地"二字,《说文解字》(公元121,东汉许慎)早有解释。"土者,吐也,即吐生万物之意",并把"土"字分解为植物地上部分(茎、叶)、表土层、植物地下部分(根)和底土层四个层次。"地"由"土"和"也"两字复合而成,与天对称,指地球的地。作为科学的土地概念,古今中外各有其说,至今还没有一个严格的定义。但可以认为人们对其实质的认识已臻明确,试举几个代表性的论点:

澳大利亚联邦科学与工业研究组织的学者 Christian(克里斯钦)和 Stewart(斯图尔特)在《综合考察方法论》(1964)中指出:"土地是指地表及所有它对人类生存和成就有关的重要特征。""必须考虑土地是地表的一个立体垂直剖面,从空中环境直到地下的地质层,并包括动植物群体及过去和现在与土地相联系的人类活动。"

1972 年联合国粮食与农业组织(Food and Agriculture Organization,简称 FAO)在荷兰的瓦格宁根(Wageningen)召开的土地评价专家会议文件《土地与景观的概念及定义》中指出:"土地包括地球特定地域表面及其以上和以下的大气、土壤、基础地质、水文和植被,它还包含这一地域范围内过去和目前人类活动的种种结果以及动物就它们对目前和未来人类利用土地所施加的重要影响。"1976 年,FAO 在发表的《土地评价纲要》(A Framework for Land Evaluation)中进一步指出:"土地是一个区域,其特点包括该区域垂直向上和向下的生物圈的全部合理稳定的或可预测的周期性属性,包括大气、土壤和下伏地质、生物圈的属性以及过去和现在的人类活动的结果。"

赵松乔和陈传康等(1979)认为,"'土地'是一个综合的自然地理概念,它是地表某一地段包括地质、地貌、气候、水文、土壤、植被等多种自然因素在内的自然综合体。每个自然因素在整个自然地理环境中以及农、牧、林业生产中,各有其重要作用,但只有全部自然因素的综合作用才是最重要的。'土地'的性质,也取决于全部组成要素的综合特点,而不从属于其中任何一个单独要素。陆圈、气圈和生物圈相互接触的边界——大致从植被的冠层向下到土壤的母质层,是各种自然过程最活跃的场所,有人称之为'活动层',这也就是'土地'的核心部分。"

林超等(1980)认为,"土地是由其相应的相互作用的各种自然地理成分(地质、地貌、气候、水文、土壤、植被等)组成的自然地域综合体,是地表表层历史发展的产物。"石玉林(1980)指出,"作为农业自然资源的土地是一个自然综合体,它由气候、地貌、岩石、土壤、植物和水文等组成的一个垂直剖面,并且也是人类过去与现在生产劳动的产物。"而李孝芳(1915—1999)等(1989)则指出,"土地是地球表面一定范围内,由岩石、地貌、气候,水文、动植物(包括微生物)等各要素相互联系、相互作用的自然综合体。这个综合体受着人类过去和现在长期活动的影响,所以说土地是人类生活和生产劳动的空间。无论从农业生产、工矿业开发,还是从城市交通建设等方面来说,土地都是生产的基本资料,人类生存不可缺少的条件之一。"

综合起来可以看出,中国地理学家普遍认为,土地是一个综合自然地理概念(图 6.1),它是地表某一地段包括地貌、岩石、气候、水文、土壤和植被等全部因素在内的自然综合体,还包括过去和现在人类活动对自然环境的作用在内。土地的特征是各构成因素相互作用、相互制约的结果,而不从属于其中任何一个要素。赵松乔(1986)用函数形式表征出了土地的概念

$$L = F(n, e, s, t)$$

式中,L 为土地,n 为自然因素,e 为经济因素,s 为制度因素,t 为时间因素。

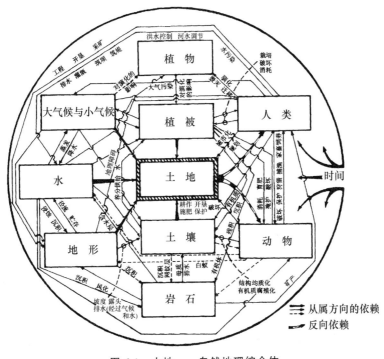

图 6.1 土地——自然地理综合体

(据 Naveh, Lieberman, 2001)

目前,土地科学中大致有不同渊源的三个学派:① 景观生态学派,源于地植物学,认为植被是全部土地因素综合作用的充分而可靠的反映,故以生物群落为主体来研究土地;② 地貌处境学派,源于自然地理学或地文学,认为地貌和基质决定了土地的形态特征和物质基础,从而影响到其他土地要素的性质和形成发展,因而特别重视研究地貌和地表组成物质;③ 土地农学派,源于土壤学,认为土壤是联系土地的有机要素和无机要素的中心环节,是结合全部土地组成成分的枢纽;土壤肥力是最重要、最直接的土地生产力要素,决定着土地质量的高低,所以在土地研究中以土壤为核心。

3. 土地的性质

土地是自然界的一种特殊客体,概括起来,具有以下性质:

（1）土地具有自然综合性

土地的自然综合体特征主要取决于各组成成分及它们之间相互作用的性质和特点。从农业生产角度而言,把土地看作综合体毋庸置疑。因为气候、土壤、地貌、植物、动物和水文等自然要素均对农业生产施加一定的影响,但这些影响不是孤立的,而是彼此联系、相互制约的,换句话说,农业生产并不仅仅受某一因素的影响,而取决于它们之间的相互联系和相互结合。城市建设和工程建设也一样,不应该只考虑地基的承载力,还应考虑小气候条件、地貌部位、地貌过程以及地表和地下的水分状况。实际上,土地的综合概念正是在这类生产实践过程中逐步形成和发展起来的。

（2）土地具有空间尺度性

在陆地表面,每一块土地均占据着特定的三维空间。从垂直方向上,土地正处于岩石圈、大气圈和生物圈相互接触的边界。大致下始自土壤的母质层和植被的根系层,向上至植被的冠层,这是各种自然过程（包括物理、化学和生物过程）以及人类活动与地理环境的相互作用最活跃的场所。水平方向上,土地面积有大小之别,在空间分布上也有一定的地域组合关系。此外,由于受地理纬度、海陆分布、地形地貌等的影响,土地的空间分布具有显著的区域性。

（3）土地具有动态演替性

某地段的土地特征只是反映了某一瞬间的特定状况。原因在于地表水热条件、地貌过程、土壤和动植物群体等都是随时间而变化的。同时,由于植物和微生物的生长、繁育和死亡,土壤的冻结与融化,河水的泛滥,土地的淹没和土壤水文状况,土壤营养元素的积聚与淋失无不带有季节变化的特点,导致土地的性质也呈节律性变化的特征。此外,由于人类活动的影响,如垦殖、放牧、城市化过程等,都对土地的动态演替产生重要影响。

（4）土地具有利用价值性

因为土地具有一定的生产能力,即可生产人类需要的植物产品和动物产品或供其他使用。土地生产力（land productivity）按其性质可分为自然生产力和劳动生产力两种。前者是自然形成的,即土地资源本身的性质,不同性质的土地,适应于不同的植物和动物生长繁殖;后者是人工施加影响形成的,即人类生产的技术水平,主要表现为对限制因素的克服、改造能力和土地利用的集约程度,本质是如何有效地利用光、温条件,调节和控制水分与营养元素。因此,土地生产能力的高低取决于土地本身的性质和人类的技术水平及管理水平。

（5）土地具有社会经济性

土地的社会经济属性指通过人类的社会经济活动赋予土地的特性。如土地权属、民族构成、生活习俗、传统的土地利用方式、经济发展水平、区位条件、交通状况、土地利用政策等。这些特性虽不直接决定土地的质量特征,却在很大程度上决定土地利用方式、生产成本和利用价值等,因而往往成为土地评价中所必须考虑的因素。

（6）土地具有永续利用性

土地是可更新性资源。作为自然的产物，在土地农业利用中，土壤养分和水分虽不断地被植物吸收、消耗，但通过施肥、灌溉、耕作等措施，可以不断地得到恢复和补充，从而使土壤肥力处于周而复始的动态平衡之中。在非农利用中，土地发挥了承载性的功能，其利用也不会随着时间的流逝而消失。

此外，土地还具有位置的固定性、面积的有限性、自然和经济两重性、质量的区域差异性、利用的不可逆性、功能的相对永久性和准商品性等特征，此处就不一一赘述。

4. 土地的功能

土地是人类生存的载体和活动空间，是人类一切生产和生活活动的场所。马克思曾经指出"土地是一切生产和生存的基础"[1]，是"一切财富的源泉".[2] William Petty 也曾说过"劳动是财富之父，土地是财富之母."土地之所以能够成为人类赖以生存的基础，成为人类不可缺少的资源，就在于它具有特殊的功能。作为自然资源的土地，除了传统意义上的提供粮食外，还兼具了生态、社会、政治、美学等多功能性。具体来说，土地功能（land function）表现在以下几个方面：

（1）生产性功能

土地具有一定的生产力，在不产生永久性破坏和退化的情况下，可以生产出人类某种需要的植物产品和动物产品。土地生产力的高低，即能生产什么？生产多少？或者能提供什么样的产品？提供多少？主要取决于土地的自然生产力和劳动生产力。耕地、林地、园地、草地、淡水养殖地及滩涂养殖都是人类利用和发挥土地生产性功能的结果。

（2）承载性功能

土地是万物的安身之所。不论是生命物质，还是非生命物质，没有土地，万物自无容身之地，正如古人云"皮之不存，毛将焉附."在工业、建筑业、交通运输业中，土地被当作地基、场所、空间的操作基础来发挥作用，就是因为土地具有负载的功能。

（3）原料性功能

在矿区、砖厂、盐田，土地主要是提供生产原料，土地是作为原料地而发挥作用的。因此，在矿产用地评价中，土地自身的岩石类型、矿物组成、品位高低、埋藏深度、储量大小等都是土地质量高低的评价指标。

（4）观赏性功能

某些土地类型，自然或人文景观、特殊地貌、地势险峻、水流异常、建筑景观等，如秀丽的群山、浩瀚的大海、奔腾的江河、飞泻的瀑布、无垠的沃野，是人们观赏、旅游、休闲、度假的理想场

---

① 马克思，恩格斯：《马克思恩格斯全集》第 2 卷，中共中央马克思恩格斯列宁斯大林著作编译局。北京：人民出版社，1972：109。

② 马克思，恩格斯：《马克思恩格斯全集》第 23 卷，中共中央马克思恩格斯列宁斯大林著作编译局。北京：人民出版社，1972：553。

所。旅游地的开辟和建设是人们利用土地观赏性功能的结果。

（5）储蓄和增值性功能

土地不仅是自然资源，而且是主要的资产，即土地资产（land estate）。随着土地需求不断扩大和供给日益稀缺矛盾的加剧，土地价格上升呈必然趋势。因此，投资于土地，能获得储蓄和增殖的功效。

因此，人们应合理地开发、利用和改造土地的不同功能，使其为人类的生活、生产和生态提供服务。土地评价是对土地功能的综合评价，是全面地认识土地功能的过程，为合理利用和管理土地资源提供科学依据。

5. 土地与相关概念辨析

（1）土地与土壤的区别

土地与土壤是两个不同的概念。早在19世纪初，Докучаев就已指出："土壤是自然界的一面镜子"，但它仍不能与土地概念等同。从发生学观点看，气候、地貌、母质和生物等是土壤形成的因子，土壤只是反映了这些因素的综合作用，并且只是这些因素相互作用的特征产物。土地则是在一定地段内全部自然因素（包括土壤在内）作为它本身的组成部分，并通过这些成分的相互作用构成的一个整体，从而具有综合自然特征。从相互关系看，土壤是土地的一个重要组成要素。从本质特征看，土壤的本质是肥力，即为植物生长提供和协调营养条件及环境条件的能力；而土地的本质特征是生产力，是在特定的管理制度下，对某种用途的生产能力。从形态结构看，土壤处于地球风化壳的疏松表层，由枯枝落叶层（O）、淋溶层（A）、淀积层（B）、母质层（C）、基岩（R）等组成，而土地是由地上层、地表层和地下层组成的立体垂直剖面，土壤只是其地表层的一部分。

（2）土地与生态系统的区别

生态系统是指特定地段中全部生物（生物群落）和物理环境相互作用的统一体，由于系统内部能量的流动形成了一定的营养结构、生物多样性和物质循环。1935年，英国生态学家Tansley最早提出了"生态系统"（ecosystem）的术语，用来表示任何等级的生态单位中的生物和其环境的综合体，反映了自然界生物和非生物之间的密切联系的思想。一个完全的生态系统由非生物物质、生产者有机体、消费者有机体和分解者有机体四部分组成。生态系统是以生物群落为中心，以直接影响生物群落的各环境因素的整体作为生境，并不涉及环境的间接影响因素如地貌部位、根系层下的岩性、潜水条件和间接的气候条件等（统称处境）。处境是决定生境特征分异的一个重要因素。生物群落、生境、处境三者相结合，构成比生态系统更高一级的系统——自然地理系统。土地是自然地理系统的低级单位，它在具体地段的表现可称为土地系统。

（二）土地类型学

从古至今，尽管人们对"土地"（land）一词的理解存在某些差别，但对其给予综合认识却是主要趋势。20世纪40年代以后，在科学综合思潮的影响下，逐渐形成了一门涉及多种学科的综合性科学——土地科学(Land Science),主要研究土地的自然特征、土地生产潜力、土地利用现状、土地规划和土地管理等方面的内容。其中,土地类型学是土地科学的一个重要分支学科。

1. 土地类型学的内涵

土地类型学(Land Type),侧重研究自然综合体的形成、特点、分异、功能、结构和演替,具体来说就是根据其特征进行分类研究,并进行可利用性的评价分析等。更进一步说,土地类型学是自然区划的一项必要的补充,通过划分土地类型并进行自下而上的逐级合并,可与自上而下逐级划分的自然区划相结合,使人们更深刻地认识地域分异、组合规律和区域自然地理特征,同时深化自然地理学的研究。

由于土地类型是在土地分级的基础上,依据一定的原则和指标,将相同等级的土地单位按其相似性进行类群归并的产物。因此,讨论土地类型之前,须先讨论土地单位的等级划分。此外还要进行土地评价。也就是说,土地类型学包括了土地的分级、分类和分等三个内容,三个概念既有差别又有联系。土地分级(land scaling)是指土地地段的个体研究,即采用地域系统研究方法划分不同级别的具体土地地段,或逐级合并为更高一级的土地单位。同一级别的土地单位,内部一致性指标的量级是相同的,不同级别的土地单位则有不同量级的一致性指标。土地分类(land classification)则是针对同一等级的土地单位,采用分类系统研究法,根据土地单位个体属性的相似性和差异性进行抽象概括,进而得出具有一定从属关系的不同等级系统。土地分等(land evaluation)也是一种分类研究,但它是在土地分类的基础上,根据不同的利用目的,对土地的生产潜力或适宜性进行质量评价,进而实现分类。概言之,土地分级研究是土地分类的基础,各级土地单位有不同的分类系统,而分类系统又是进行土地分等研究的基础。

由于土地类型学具有较大的理论和实践意义,因此也成为自然地理学直接解决生产问题的有力工具之一。如农林牧业布局、城市建设、工矿交通、日常活动都必须因地制宜地利用土地,即根据不同的土地性质对土地做出不同的利用。土地类型研究正好解决了这一要求,也因此成为国土整治、区域规划、土地利用规划和管理的重要基础工作。

2. 土地类型研究回顾

就世界范围而言,对土地类型的研究已有半个多世纪的历史,在理论和方法上已渐趋成熟,研究成果的应用也日趋广泛。土地类型的研究与土地利用现状研究、土地规划管理等一起已构成一门新兴的综合性学科——土地科学的主要内容。

(1) 中国土地类型研究

中国对土地类型的研究有着悠久的历史。早在公元前5世纪,《禹贡》就将中国的领土划分为冀、兖、青、徐、扬、荆、豫、梁、雍等九州,对各州的山川、湖泽、土壤和物产进行描述,并按各州的土色、质地和水分将土地评为三等九级,依其肥力制定贡赋等级。这是中国最早的为规定赋税而进行的土地评价工作。同时期的《周礼》已将全国土地划分为山林、川泽、丘陵、坟衍、原隰等五类。公元前3世纪的《管子·地员篇》,将九州土地分为十八类,每类地又分为五种品色,并指出每类土壤所适宜的作物品种。根据土地对农林生产的适宜程度,把十八类土地分为上土、中土、下土三等,形成三等十八类九十物的土地评价系统。这是中国、也是世界上最早的为合理利用土地而进行的土地分类和分等系统。这些都是人们在生产和生活中辨识出的不同的土地类型。在生产实践中,对土地类型的命名也很恰当,既简单又科学。例如,东北辽西沙地区常用的坨子(沙丘带)、甸子(沙丘间沼泽化低地)和泡子(局部积水洼地);黄土高原习惯用的塬、墚、峁、川等都已被作为科学术语。

　　中国对土地类型进行系统的研究始于 20 世纪 50 年代后期。1957—1959 年,Исаченко来中国讲授"景观学",介绍了苏联景观学派有关土地类型调查与制图的理论和方法,开始了现代中国土地类型的研究工作。随后,中国的一些地理学者,如杨纫章、林超、赵松乔、陈传康、景贵和、刘胤汉、伍光和等,分别在广东鼎湖山、北京山区、河西走廊、毛乌素沙区、陕北黄土高原等地先后开展了土地类型调查和制图。由于当时从苏联引进的景观学术语比较难以推广,因此各学者所使用术语最初颇不一致,如景观形态研究、地方型、土地类型等,但实质上都是从事土地系统的研究,以后逐渐统称为土地类型研究。

　　20 世纪 70 年代末,由中国科学院地理研究所主持,在全国范围内开展了《中国1∶1 000 000土地类型图》的编制,这标志着中国的土地类型研究已跨入了一个新的阶段。这套图件已出版,同时结合图件的编制,还出版了总结经验的专著。与此同时,一些学者,如林超、赵松乔、李孝芳和石玉林等,还将欧美和澳大利亚的土地评价理论和方法介绍到国内。中国科学院主持编制的《中国 1∶1 000 000 土地资源图》和《中国 1∶1 000 000 土地利用图》也是此阶段的主要研究成果。此外,土地类型理论研究出现了土地生态学(着重以生物群落为出发点来研究土地)与环境地貌学(着重从地貌和基质出发来研究土地)的新方向。在土地类型研究方法上,更加突出了景观法、参数法和发生法的结合,达到土地类型定性与定量研究相结合。尤其开展土地类型结构研究,使之能更好地与自上而下的自然区划研究相联系。

　　20 世纪 80 年代中期以后,我国主要结合国土整治、区域治理和土地资源调查对土地类型进行了研究。如配合黄土高原综合治理、"三北"防护林建设、南方山地资源综合开发及青藏高原综合考察等所开展的大、中比例尺的土地评价。1984 年发布《土地利用现状调查技术规程》,开展了第一次土地资源调查,首次查清了全国土地资源的情况。20 世纪 80 年代末,在全国农业区划委员会的领导下,中国科学院自然资源综合考察委员会和国家土地管理局先后开展了"中国土地资源生产能力与人口承载量研究"(1991)和"中国土地资源的潜在人口支持能力研究"(1994),将农作物生产潜力计算和土壤质地相结合推算土地生产力。

　　20 世纪 90 年代以来,我国土地类型研究结合全球变化研究,尤其是在土地利用/覆被变化研究的推动下,开展了土地覆被调查与制图、土地覆被变化的时空格局、土地覆被变化的驱动力以及土地覆被变化的生态环境效应分析。此外,还开展了大量以土地资源管理为目的的土地评价和调查工作。国家相关部门先后组织开展了农用地分等定级和城镇土地定级的研究。在 2000 年以后,相继颁布了《城镇土地分等定级规程》(GB/T18507—2001)、《城镇土地估价规程》(GB/T18508—2001)、《农用地质量分等规程》(GB/T28407—2012)、《农用地定级规程》(GB/T28405—2012)、《农用地估价规程》(GB/T28406—2012)等国家标准,推动了土地评价工作逐渐迈向规范。2007—2009 年间,我国还开展了第二次土地资源调查,对土地资源的数量结构和时空格局进行了更加精确的揭示。

(2) 国外土地类型研究

① 早期的土地类型学以土地类型研究为标志

从 20 世纪 30 年代起,国外一些地理学家就提出了有关土地类型的思想。关于土地类型的研究最早是从景观学开始的。1919 年,德国学者 Passarge 就出版了《景观学》,认为"地理学主要研究地表各区域地段的特征,甚至小地段的识别。"俄罗斯关于土地类型的研究主要以 Бepr 的《景观学》为理论基础,认为"陆地表面可以区分出一些自然条件综合特征非常一致的地段,在这样的地段上采取相同的经济利用措施,其经济效益也应相同,因此在土地利用规划上应规定同样的利用方式。"多数学者主张把这些地段研究称为"小景观"研究或"景观形态学"研究,但都属于土地类型学研究的范畴。1953 年,Ламонский(拉孟斯基)在林业经营及饲料用地调查中,应用了"土地生产类型学"(Пройзводственная Типология Земли)、"土地类型学"(Типология Земли)等术语,尤其是用"土地生态学"(Экология Земли)一词来表示决定土地利用条件的自然因素的综合特征,分析地形、土壤肥力、侵蚀危险及对农业活动有意义的其他地理指标。20 世纪 60 年代,俄罗斯地理学家将"土地生态学"基本概念应用于作物的种植业区划,以提高土地生产力。1978 年,Сочава 的《地理系统学说导论》出版,对于揭示土地类型的结构和功能产生了重要意义。

欧美国家也有类似景观学的思想。美国地理学家 Veatch(威池)早在 20 世纪 30 年代初期就开始从综合观点研究土地。他在《自然土地类型的概念》(1937)中,提出了自然土地类型的概念,认为理想的土地类型应由一切具有人类环境意义的自然要素组成。Veatch 在综合研究土地与农作物生长的关系时,根据土壤类型与地表起伏形态(含坡度与地面排水状况)等的组合,将土地划分成不同的自然单元即土地类型,这是土地生态分类的雏形。在后来开展的土地调查及土地规划工作中,Veatch 还提出了土地类型的等级系统方案。1977 年,美国森林局拟定了土地生态分类系统,提出了土地生态单元(ecological land units)的概念。英国的土地类型研究也始于 20 世纪 30 年代。Bourne(波纳)在 1931 年提出"单元立地"(unit site)等三级制的土地单位,成为建立现代土地分级系统的先驱。此外,Woold Ridge(伍德里治)和 Unstead(昂斯特德)等在 20 世纪 30 年代从地形学角度也划分了土地类型,并提出了土地分级的一些单位。1973 年,Mitchell(米切尔)在《土地评价》中,提出土地类型分为六级的系统,并对土地的划分原理、方法及应用进行了系统的论述。

此外,欧美国家的土地类型学理论有了新的内容。Troll Carl 在 1939 年发表《航空照片和生态的土地研究》,把生态学观点引进土地类型学,后来发展成为景观生态学,并在 1966 年出版了《景观生态学》。1946 年,澳大利亚特设联邦科学和工业研究组织(CSIRO)土地资源研究部,着手在全国近 1/3 的领土上和国外进行大、中比例尺的土地类型划分和制图,并首次采用"土地系统""土地单元"和"立地"等术语,在国际土地类型研究中产生显著影响。土地类型研究在欧美其他各国也迅速兴起,并有进一步发展。加拿大 Hills(希尔斯)于 20 世纪四五十年代用航片进行森林调查,把最小的分类单位称为森林立地,是生物-气候-土壤相结合的综合体。1969 年,加拿大成立了生物自然土地分类委员,1976 年又成立了加拿大生态土地分类委员会(CCELC),在全国开展了大规模的生态土地调查,把土地分类称为生态土地分类,强调生态系统的观点。1979 年,荷兰国际航测与地学研究所(ITC)从土地类型进行土地分析,突出地貌因素的作用,尤其重视土地类型在综合调查中的作用,并将土地类型作为综合调查中的重要方法。

② 近期土地类型学以土地评价研究为标志

20 世纪六七十年代,主要以土地自然潜力评价为主。1961 年,美国农业部土壤保持局正式颁布了土地潜力分类系统,这是世界上第一个较为全面的土地评价系统。以农业生产为目的,主要从土壤的特征出发来进行土地潜力评价,分为潜力级、潜力亚级和潜力单位三级。该系统客观地反映了各级土地利用的限制性程度,揭示了土地潜在生产力的逐级变化,便于进行所有土地之间的等级比较。继美国之后,加拿大、英国也制定了自己的潜力分类系统。20 世纪七八十年代,主要以土地适宜性评价为主。1972 年,FAO 联合瓦赫宁根农业大学和国际土地垦殖及改良研究所,在荷兰瓦赫宁根举行了专家会议,对土地的概念、土地利用类型、土地评价的方法与诊断指标等进行了讨论,并于 1976 年颁布了《土地评价纲要》,这是一个针对特定土地生态方式对土地的适宜性做出评定的土地评价方案。在此基础上,FAO 相继针对灌溉农业、雨养农业、林业、畜牧业等不同的土地利用类型,建立了系统、全面的土地评价体系。

1976 年,苏联颁布了"全苏土地评价方法",包括土地评价区划、土壤质量评价和土地经济评价三个部分。以土地评价区划单位为背景,根据土壤特征确定土地评价单元——农业土壤组,然后按照经济指标评价土地质量,将土地的自然特征和利用特征(产量和生产费用)相结合,是一种较为综合的土地评价方法。1981 年,美国农业部土壤保持局与州、县政府合作,提出了"土地评价和立地评价"(LESA)系统:土地评价子系统包括土地潜力分类、重要农田鉴定和土壤生产力;立地评价子系统主要是对土壤以外的其他自然和社会经济因素的评价。20 世纪七八十年代,FAO 又组织开展了农业生态区计划的研究,从气候和土壤的生产潜力分析入手进行土地适宜性评价,并考虑对土地的投入水平,反映土地用于农业生产的实际潜力和承载能力。

20 世纪 90 年代以来,随着人口、资源和环境对人类社会经济发展的压力越来越大,土地评价以土地生态类型为基础,着重生态价值和功能的评价。同传统的土地评价相比,土地生态评价更加全面。1993 年,FAO 颁布了《可持续土地利用评价纲要》,确定了土地可持续利用 5 项评价标准,即土地生产性、土地安全性、土地保护性、经济可行性和社会接受性,极大促进了土地生态评价的发展。1995 年,在世界银行、FAO、UNEP、UNDP 等一些国际组织的推动下,提出了土地质量指标的研究计划。2004 年,在全球土地计划(GLP)框架下,提出了土地多功能性的研究。这个时期,国际景观生态学的发展也推动了土地类型学,特别是土地生态评价的发展。

(三) 土地科学

土地科学经历了一段漫长的过程,尤其是进入 20 世纪 80 年代以后,随着社会经济发展的客观需要和自然科学与社会科学不断交叉发展才得到迅速发展,并逐步形成一个较完善的学科体系(图 6.2)。

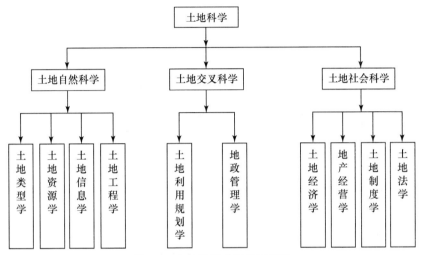

图 6.2 土地科学学科体系框架

土地自然科学包括土地类型学、土地资源学、土地信息学和土地工程学。土地类型学是按照土地地段的相似性和差异性对其进行分级、分类和分等,以便更好地认识和掌握土地的性质,也包括土地类型结构以及土地动态演替结构的研究;土地资源学(land resources science)研究土地资源构成要素与类型划分、调查与评价以及承载力分析的理论和方法;土地信息学(land information)主要是应用遥感、地理信息系统等技术,研究土地、土地利用、土地管理的信息和资料的储存、查询、检索、管理和分析的理论及方法技术;土地工程学(land engineering)研究土地开发、利用、保护和治理过程中各种工程的设计理论和施工技术。

土地社会科学包括土地经济学、地产经营学、土地制度学和土地法学。土地经济学(land economics)研究人与土地以及土地利用中人与人之间的经济关系及其协调;地产经营学(land management)研究地产投资、开发、出让、转让、出租、抵押等经济活动的理论和实践;土地制度学(land institutions)研究人类社会发展过程中土地制度,包括土地所有制、土地使用制和国家土地管理制度;土地法学(land law)研究土地的立法原则、法律责任、法律程序以及土地产权界定、产权保护、产权限制和土地管理等各项法律。

土地交叉科学包括土地利用规划学和地政管理学等。土地利用规划学(land use planning)研究土地资源在国民经济各用地部门之间优化配置的理论、方法和技术以及编制土地利用规划的原则、方法、步骤,以实现用地结构和用地规模合理化,用地空间布局科学化;地政管理学(land registry administration)研究运用自然规律和经济规律以及管理科学原理,对土地资源和土地资产的管理及协调,以实现地籍、地权、地用、地价、地税等的科学行政管理。

6.2　土地分级

　　土地分级、土地分类和土地分等是土地类型学研究的三个核心内容。其中,土地分级是土地分类研究的基础。

(一) 土地分级的概念

　　土地作为一个自然综合体,是自然地理系统的低级单位。陆地表面就是由不同等级的土地单位镶嵌组成的多级综合系统。要揭示这种多级镶嵌系统的内在规律,需要自下而上,即从低级土地单位至高级土地单位逐级研究其特点和组合关系,土地分级的概念由此而来。

　　土地分级的理论基础是地域分异规律,尤其是地方尺度和局地尺度的地域分异规律。它们主要由地势地貌差异引起,所以地貌成为土地分级的主导标志。在遥感影像图上,大比例尺地图里所表现出的图形特征在小比例尺地图里表现为结构,在更小比例尺地图上则只表现为灰阶,这个规律为土地分级提供了可靠的依据和方便的手段。

　　陆地表面可区分出许多在自然特征上相对一致的土地地段,在其范围内进行某种土地利用,效果大致是相同的。例如,陕北黄土高原地区的黄土墚地,其顶部(墚盖地)坡度一般<5°,土壤为绵土,侵蚀方式为面蚀和溅蚀,在利用上也比较一致,主要是种植杂粮。因此一块具体的墚盖地可被视为一块基本的土地地段。墚盖地之下为缓坡墚地,坡度一般为5°～10°,土壤虽也为绵土,但侵蚀方式以细沟侵蚀和浅沟侵蚀为主,在这种土地地段上虽仍可种植杂粮,但产量不如墚盖地,在有条件的地方应考虑退耕种植林草。缓坡地之下为陡坡墚地,坡度一般在25°以上,土壤仍为绵土,但侵蚀方式明显加重,以切沟侵蚀和重力侵蚀为主,这种土地地段已不适农业耕作,如已开垦必须考虑退耕。墚盖地、缓坡墚地和陡坡墚地不仅在空间分布上紧密相连,而且其间具有物质和能量上的联系,在生产布局和利用上也必须将它们作为一个整体考虑。因此,一块具体的墚盖地、缓坡墚地和陡坡墚地可组合为一个较大的土地单位——黄土墚地。

　　由此可见,陆地表面的这类具体的不同土地地段之间具有一定的地域联系,可将它们组合成为仍具有一定综合自然特点、内部结构稍复杂的较大土地地段。类似地,还可将这些较大的土地地段进一步组合成范围更大、内部更复杂的土地地段。Исаченко(1965)指出:"在自然界中客观地存在着级别极不相同的各个具体地域单位(地理综合体);每一个比较高的即比较复杂的单位,都是不太复杂的即比较低级的综合体的有规律的组合。这便是地理综合体的地域系统化的基础,也就是从一致的地域向愈来愈复杂的地域组合过渡的基础。"土地分级的任务,就在于对土地组成要素综合分析的基础上,自下而上合并或自上而下划分出一些等级有高低、复杂程度有差异的土地单位,它们构成一个土地等级系统。土地等级系统是一个多级序系统。

在这个系统中,分级单位的等级愈多,彼此的相似性愈大,差异性愈小。当然,不同等级土地单位之间的这种相似性或差异性是相对而言的。

由此看来,土地分级研究实际上是一种小区域内的地域划分,故有人称之为"小区划"或"景观内区划",陈传康等(1993)认为称"土地分级"为宜,所划分的单位称之为"土地单位",以便与"自然区划单位"相区别。

(二) 土地分级系统

20 世纪 40 年代以来,自然地理学家们一直致力于对土地分级的研究,并根据研究区域的情况,划分出一些复杂程度不同的土地地段,给予不同的名称,并按地域系统研究法提出了各种分级系统。概括起来,可归纳为"景观生态学派"和"地貌处境学派"两大学派:前者肇始于Troll Carl,生态土地分类和生物自然土地分类都属这一派,着重以生物群落为主体来研究土地;后者则着重以处境(地貌和基质)为出发点来研究土地,大多数土地研究者都属此派。但本质上两大学派在土地单元划分方面,都以处境特征为主要根据。下面介绍几个代表性的土地分级系统。

1. 景观形态学派的土地分级系统

土地类型学在俄罗斯称"景观形态学",只研究景观以下的土地单位。景观可看作在地带性和非地带性因素共同作用下形成的具有最大一致性的自然区划单位。景观内部在形态结构上有明显的差异。因此,按地方性分异(如系列性、微域性和坡向性等)对景观内部的综合自然特征的相似性和差异性进行分析和比较,对形态单位做出划分,并研究不同形态单位的特点及彼此之间的关系。景观以上自然综合体的划分属于自然区划的范畴。俄罗斯所划分的景观形态单位有地方(местность)、限区(урочище)和相(фация)三级,相是最低级的土地单位。

2. 英、澳学派的土地分级系统

澳大利亚及英美国家的土地分级系统分为立地(site)、土地单元(land unit)、土地系统(land system)。根据其定义作对比,"立地"相当于俄罗斯的"相","土地单元"相当于"限区","土地系统"相当于"地方",但这仅仅是粗略的对比。由于不同作者对这些概念的理解不同,所以不可能完全一致。例如,英美有些学者只分两段:土地单元和土地系统,前者相当于俄罗斯的相和限区,后者则相当于狭义景观。1966 年,英国牛津军事工程实验站(MEXE)、澳大利亚联邦科学和工业研究组织(CSIRO)以及南非协议提出新的土地分级系统,其中低级地域单位也是三级:土地素(land element)、土地刻面(land facet)和土地系统(land system),除名称有改变外,各级单位的内涵与以前的分级系统"立地""土地单元"和"土地系统"是相对应的。

3. 中国的土地分级系统

20 世纪五六十年代,中国高校和科研单位基本采用俄罗斯景观形态学派的分级系统,以相、限区和地方为基本分级单位。70 年代后期,在中国大、中比例尺土地类型制图中的土地分级逐渐趋向于采用俄罗斯景观形态学派和英、澳学派相结合的三级分级系统:土地立地、土地单位和土地系统,不仅在名称上与英、澳学派类同,而且含义也基本一致。不论是俄罗斯等级系统,还是英、澳等级系统,由于其名称不易推广采用,所以中国的一些地理学家如陈传康、伍光和和蔡运龙等提出了一套汉语含义较切合定义的术语:地块、地段、地方三级系统。

可以看出,对于土地分级,目前学术界公认三级系统。土地分级的本质是一种小区域内的地域个体单位划分。由于地表自然界是一个复杂的多级镶嵌体系,土地的分布具有无限的差异性,在基本分级单位之间都存在有过渡的连续分级,在基本分级单位之间存在过渡单位。因此,不能说三级系统就已全面反映了客观自然界中土地分级的情况。自然界中实际存在的土地分级情况比三级单位更多,表现也更为复杂多样。因此,需要我们把研究重点放在适合所有区域的几个基本分级单位上。只有先把这些基本单位研究清楚,使其定义严格化和野外识别方法规范化,才能避免土地分级研究中的任意性,进而对各地的其他分级单位进行深入研究。

(三) 土地分级的基本单位

从国内外土地分级研究现状来看,三级系统相(立地)、限区(土地单元)、地方(土地系统)基本已被公认,这三个分级单位可视为基本单位,下面分别介绍这三级基本单位。

1. 相(立地)

(1) 相的内涵与特征

多数地理学家都认为,自然地理单位的划分是有界限的,而相就是自然综合体的最小单位。在野外考察中,我们经常会发现有这样一些土地地段,不仅综合自然特性非常一致,而且各自然地理成分的特征也一致。在这样的土地地段,若采取相同的经济利用措施,其经济效益也相同,若用作耕地则可获得相同的产量。这样的土地地段就是最简单的自然综合体。

相是自然界最简单的、不可再分的自然综合体。尽管有不同的名称,如"单元景观"(Полынов)、"生物地理群落"(Сукачёв,苏卡乔夫)、"表成相"(Ламонский)、"小景观"(Лалин,拉林),还有"地方群落""地段""地理群落"等,但实际上都是指最简单的自然地域单位或最低级的土地分级单位。1946 年,Берг 建议统一称其为"相"(фация)。此表述不仅基本被俄罗斯学者所公认,在世界上也有一定影响。英、澳学者也进行了最简单土地单位的研究,并采用了不同名称。如澳大利亚 CSIRO 称为"立地"(site)、澳大利亚维多利亚土壤保持局(SCA)称为"土地成分"(land component)、英国学者称为"土地素"(land element)、德国 Passarge 称为"景观部分"。一般较为公认的还是称之为"相"或"立地"。

Солнцев 认为:"相"是具有一致自然地理条件的地段,在其内部,应当具有相同的岩性、一致的地形并获得数量相同的热量和水分,在此条件下,其内部必然会以同一种小气候占优势,形成一个土种,分布一个生物群落。Исаченко(1965)认为,"相"是相当于各组成成分地域划分的最小分类单位,气候方面表征小气候,生物方面表征个别的植物群落,位于一个地形单元内,表征一致的处境条件(地形剖面位置、相对高度、坡向和坡度)、一致的基岩、一致的小气候和水文状况、由一种生物群落占据、内部形成一种土壤。这个表述尽管比较烦琐,但对相的性质的认识是深刻的。Полынов(1958)认为:典型出现的单元景观应该是由一种岩石或冲积物所组成的一定地形单元,而存在的每一个时期内都覆盖一定的植物群落。Берг 建议把简单地不能再分的景观部分称为"相",是地理学、生物地理学和地质学不能再分的单位。

英、澳学者对"立地"或"土地素"等术语都曾进行过定义。他们认为,在"立地"范围内的地貌、土壤、植被以及在实践应用上具有同一性质,它为人类和生物提供了一个一致的环境,在土地利用上具有相似的利用可能性,并存在相似的问题。"土地素"是景观的最简单部分,其岩性、形态、土壤和植被都是一致的。澳大利亚的 SCA 认为:"土地成分"是最小的、最详细的和最基本的制图单位,在一个土地成分内,其气候、母质、地形、土壤、植被是一致的,并有一定的土地利用方式。总之,含义与"相"基本一致。

从以上介绍可以看出,相(立地)的基本特征可归纳为以下四点:

① 相是最低级的、最简单的土地地域个体单位,是综合自然地理学地域划分的下限;

② 相内各自然地理成分具有最一致的性质,即相当于各成分的最小基本单位;

③ 相是综合自然特征最一致的土地地段,在其内土地利用的适宜性和限制性亦相同;

④ 相与其他土地分级单位相比,其存在的历史最短,抵御外部影响特别是人类活动的影响能力小,维持稳定性的能力最小。

据此,相较为明确的定义是:最低级的土地单位,是在同一地貌面上,具有相同的岩性、土质、地下水和排水条件,并具有一种小气候、一个土壤变种和一个植被群丛的自然特征最一致的土地地段。

在实际工作中具体划分相并进行制图远不是一件简单的事。在野外如何识别相是许多学者关注的重要问题。根据前人经验,寻找简单和可靠的划分标志是野外划分相的关键。为此,必须解决三个问题:① 野外确定各组成成分的最小基本单位及识别标准;② 各成分最小基本单位的分布区界线;③ 各成分最小基本单位内差异可否作为划分相的一种标志。

(2) 各组成成分的最小基本单位

① 地貌的最小基本单位

由于陆地表面的地貌形态多种多样,要从中得到反映无限多样性的几种最小基本单位,也并非易事。Полынов(1958)根据地貌和化学元素迁移的关系,从景观地球化学角度把处境分为三个单元景观:残积处境、水上处境和水下处境。地貌部位的划分,在一定程度上有助于认识地貌、土壤、植被等的关系,但所划分的单位太大,很难被视为地貌的最小单位。中国学者认为,陆地表面是由一系列形状、大小、坡度和坡向不同的地貌面所组成的。地貌的最小单位是地貌面,它至少有坡度和坡向两个条件相同。从河谷到分水岭可以分为河床面、河漫滩面、阶坡面、阶地面、山麓面、谷坡面、山坡面、山脊面等一系列地貌面。相既然是一致的地段,因此只能位于一个地貌面中。换言之,如果其他条件相同,每一个地貌面便相当于一个相;若其他条件不同,就应为几个相。由此可见,划分地貌面是划分相的前提。

② 岩性、土质、土壤、植被的最小单位

在一个地貌面内,岩性和土质的差异是相分异的重要因素和确定界线的重要标志。因为地貌部位、岩性土质、潜水条件和间接气候条件等所决定的处境不同,将形成不同的"生境"。在这样的条件下,一个处境范围内,只发育一个土壤变种,定居一个植物群丛,这些都是最小的分类单位。因此,岩性和土质的异同是划分相的地表根据。

　　土壤和植被的最小单位对划分相有重要的指示意义。土壤是自然界的"镜子",对自然条件的变化具有灵敏的反应,以之作为划分相的标志是可靠的。但是,目前还没有完善的方法足以保证在野外准确地区分两个土壤变种并划分其界线,因此以它为标志来确定相的界线是困难的。至于植物群丛,其外貌和界线比较清楚,但由于种种原因,特别是人类的樵采、放牧、开垦等,并非经常都与所处的自然条件相符合,用它来确定相的界线也非易事。因此,根据地貌面和岩性、土质等所构成的多种处境划分,相仍属最可靠和最简单的办法。

　　③ 水文和气候的最小单位

　　作为相的组成成分的水文,应主要根据排水条件的差异来区分其最小单位。排水条件包括潜水深度和潜水流动性等,对土壤水分状况有较大的影响。因此,土壤水分一致的地段,排水条件应该相同,自然可以作为划分相的参考标志。

　　气候的最小单位通常认为是小气候。对于小气候的理解至今仍存在分歧。小气候既可理解为一定范围内近地面层的气候,也可理解为包括乔木层小气候、树穴小气候、室内小气候等。一般认为,小气候是在一定局地范围,由于下垫面性质的差别而引起的、具有相同表现的近地面层(高度<2m)的气候。小气候的范围与地貌面可能一致,也可能不一致。但目前绝大部分地区缺乏小气候资料,因此根据小气候划分相也较困难。

　　(3) 各成分分布区大小与相的关系

　　"相"相当于各自然地理组成成分的最小基本单位。因此,确定这些成分的最小基本单位是划分相的依据或标志。但是,由于各成分除具有相互影响、相互制约的特征外,还具有相对的独立性,就使某些成分的最小单位并非经常与其他成分的最小单位在分布上完全吻合。此外,某一成分的分布区内自然特征是一致,但由于另一成分出现分异而导致其他几个成分也随之变化,从而造成各组成成分分布区不一致。在此情况下,虽可采用各组成成分作为划分相的标志,但应分析各组成成分在相的分异中的作用,以保证所采用的标志的可靠性。

　　在划分相时,对各组成成分的分布区是否一致的关系问题,可归纳为以下几点:

　　① 各自然地理成分最小基本单位的分布区大小一致,应该划分为一个相;如果不一致,可能要划分为几个相。

　　② 在不一致情况下划分相,不能简单采用各成分最小单位的分布区相叠置的方法来确定,而应对分异因素进行相关分析,按一定步骤来划分。

　　③ 根据各组成成分在相分异中的作用,首先划分地貌面,在一个地貌面内,若其他条件相同即可视为一个相;若不相同,应先考虑岩性土质的差异可能要划分为几个相,然后再考虑其他组成成分的差异,最后确定划分相的数量和界线。

　　④ 划分相最可靠而又最简单的标志,通常是界线较明显和稳定的地貌面和岩性土质以及对自然条件反映较全面和较灵敏的土壤和植被,水文和小气候一般只作为划界的辅助指标。

　　(4) 相的内部结构

　　相是地表自然界自然特征最一致的土地地段。但严格讲,其内部仍有差异。尽管这种差异不再是地域单位的分异,只是某个组成成分的个别要素和组分的差异,但其特征对相的性质和界线确定仍有较大意义。

相内部明显独立的部分称为形态要素。按其形态差别,相的形态要素可分为三类:点要素(如植株、草墩、兽穴和巨砾等)、线要素(如侵蚀纹沟、细沟、裂缝、灌渠和田埂等)和面要素(如小群丛、大片基岩和田块等)。相的形态要素的确定,有助于弄清它与相本质的差别。

相的形态要素组成相的形态结构,主要有三种形态结构:①均匀分布结构,指各种形态要素均匀分布于相内;②镶嵌分布结构,指两种或两种以上的形态要素镶嵌分布在一起,如在同样坡度的地貌面修筑的梯田,田面和田埂就是两者形态要素的镶嵌分布;③斑点状分布结构,指一种点要素呈斑点状分布于相内。形态结构有时可作为划分相的主要依据,如黄土崖边缘部位,地貌面和土质等条件都相同,按照前述标准应该作为一个相,但这里常出现陷穴这一形态要素,若有陷穴呈斑点状分布,可把有陷穴分布的范围和没有陷穴分布的范围分开,划为两个不同的相。

(5)相的界线性质

相的界线类型主要有下列几种:①明显边界。其界线很清楚,通常是由地貌面的交界线(如坡折线、坡麓线与坡缘线等),或有时由水文因素决定的边界。②锯齿状边界。其界线相对明显,但呈锯齿状过渡,如被悬沟切割的阶坡相和阶面相之间的界线。③镶嵌边界。相邻的相彼此镶嵌过渡,例如两个群丛要素在边界呈镶嵌过渡,有时两种沉积物也可形成这种边界。④断片边界。因崩塌或陷穴等原因,使某一相呈断片分布到另一个相内,往往形成这种边界。⑤补缀边界。两个相之间的过渡地带,因形成一种特殊的小生境,从而分布两个相都没有的植物种类,但又未形成相对独立的相,便形成这种边界,如小水体边缘的半水半陆狭窄条带。

研究相的界线性质对于在野外确定相也有很大的意义。一般认为,在野外具体划分相时,可以根据相的界线类型,分析出制约相分异的主导因素。当地貌是主导因素时,界线一般比较明显,水文界线也较明显。地貌面过渡不明显时,其界线具有过渡性质。由植物群丛分异决定的相的分异,其界线通常不大明显。明显的边界给野外划分相带来方便,而过渡边界则往往只能以推断或假定划分界线。但如能对边界性质做分析,仍能较准确地划分相的边界线。

(6)相的分布范围

每个相都有一定的水平分布范围,但由于不同区域自然地理条件的差异,相的大小可有较大差别。如平原的相通常面积较大,而山区则较小。除水平分布范围外,相还具有一定的垂直厚度,但通常也不大(图6.3),一般在40~100 m之间。由于其面积小,相的制图一般需用大于1∶10 000的特大比例尺地图才能表示出来,而且只在小范围内进行这种制图。

2. 限区(土地单元)

(1)限区的内涵与特征

限区(урочище)是中级土地分级单位,也是一个比较简单的土地单位,是由一些比它低级的土地单位"相"有规律组合形成的。"урочище"的俄文原意是指范围不大,具有明显天然界限和特征的自然地段,"land unit"也有类似的含义。目前,国内外学者对这一级土地单位的名

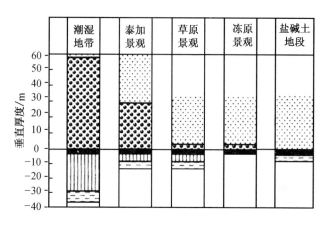

图 6.3　相的垂直构造分层示意

称,除少数采用"土地刻面"外,多数都采用"限区"和"土地单元"。

中级土地单位"限区"的划分来自人们生产实践的需要。人们进行土地利用时,如果只注意每个相的特点,而不考虑该相与相邻相的相互关系,往往会产生不良后果。例如,一个冲沟至少包含两个沟坡相和一个沟底相,这三个相之间也有密切关系。人们常在沟底筑坝造田,以合理利用沟谷,扩大耕地。但只考虑治沟而不注意治坡,治沟成果就未必有保障。这说明冲沟在土地利用方面构成了一个具有一定特征的单元,也就是冲沟中的沟底相与沟坡相之间总是有着较明显的联系。生产活动必须考虑到相邻相之间的这种联系,并要根据其相互关系的规律和特点,划分出一定的地段,按整体地段的特点来合理利用土地。我们把这种内部联系较明显,又相对独立的土地地段,称为限区。可见,限区是由相有规律组合形成的。

Исаченко(1965)认为,"限区"主要由单个凸状或凹状中地形形态或同基质一致的平坦河间地段相联系的,并且由水的运动、固体物质的搬运和化学元素的迁移等过程的共同方向连接起来的各相的综合体。Christian(1964)认为,"土地单元"是相联系的立地,它们在土地系统内与某一特定的地形有关,在该土地单元出现的地方总是有相同的立地的组合,其简单和复杂一部分决定于作为被研究单元的地形的复杂性,另一部分则决定于反映在土壤或植被变化上的发生因素,但不是地形本身的变化。

可以举出几个限区的典型例子。比如一条冲沟,若忽视其内部的土种、植被群丛、人类活动等的差别,则它至少就是由两个沟坡相和一个沟底相所组成的冲沟限区;一座小丘至少是由一个丘顶相和分别两个丘坡相、丘麓相所组成的小丘限区;一个阶地至少是由一个阶面相和一个阶坡相所组成的阶地限区等。这些冲沟、小丘和阶地都相当于初级地貌形态,这些初级地貌可以是凹型(冲沟)、凸型(小丘)或过渡型(阶地),通常它们都有比较清楚的界线。由于一个限区具有相同的地貌基础,所以构成限区的各个"相"的联系比较密切,这种联系尤其表现在同一限区内物质迁移特点的一致性方面,这就是为什么限区成为一个独立的土地单位的重要原因。

根据以上定义及实例,限区具有以下几个基本特征:

① 限区是某些相按地域组合规律组合成的自然综合体,其级别比相高,也比相更为复杂;

② 尽管限区内部各相间存在一些差异,但由于各相之间保持着密切的联系,因此整体综合自然特征仍相对一致,是具有一定特征的自然地段;

③ 限区内部自然特征的一致性还表现在具有一个初级地貌形态、一个小气候组合、一个相同的潜水条件、一个土壤变种组合、一个植被群丛组合等;

④ 在限区的组成成分中,初级地貌形态(由地貌面组成的、具有一定形成原因的最简单地貌形态,即为初级地貌形态)是分异的主导因素;

⑤ 限区界线明显,并有简单和复杂之分,主要取决于初级地貌形态的特性及其复杂性;

⑥ 限区内部水的运动、固体物质的搬运和化学元素的迁移等具有共同的方向,这是与高一级土地单位相区别的重要特征。

(2) 限区的划分

由于限区的上述特点,在进行具体划分时,必须先研究初级地貌形态、地表组成物质、地下水、土壤以及植被之间的关系。另外,由于限区是相的结合体,划分限区时,还要考虑各相的相互关系及具组合规律,考虑各相的地球化学联系。具体来说,需要注意以下两个重要问题。

第一,景观初级地貌形态是限区形成的重要因素,但并不是唯一因素。因此,划分限区时,除根据地貌形态之外,还应考虑基质及土质差异所引起的排水条件、湿润状况和土壤、植被的变化。一般来说,初级地貌形态通常在地表切割显著的情况下,对限区形成的作用最为显著,如中国黄土高原的丘陵沟壑区,每一个初级地貌形态便相当于一个限区。而在有些情况下,地貌形态在划分限区时就不一定明显。如切割微弱的平坦分水岭、广阔的平原地面或地表形态单一的河间地段,地貌形态基本一致,实际却可划分出几个不同的限区。显然,是其他因素影响着限区的分异,如土质的水物理性质和营养特征的变化、松散的沉积物下伏基岩深度和性质、潜水埋深和天然排水条件等。

第二,在用初级地貌形态作为划分限区标志时,由于地貌形态发育的连续性和复杂性,往往出现难于判断某一地貌形态是否相当于限区。因此,限区可分为简单限区和复杂限区。例如,一个阶地为一简单限区,但如其上发育了冲沟,即称为复杂限区,因为一个限区(阶地)上又叠加了另一个限区(冲沟)。另外,如果某些相在进一步发展中形成了一些内部分化不明显的限区,则称之为"环节",它属于相与限区之间的过渡形式,意思就是从相到限区的过渡环节。例如,一条刚刚形成的冲沟,两坡情况基本相同,沟底也窄,再如形成不久的草原碟形地、黄土碟形地等。

总之,限区相当于一个初级地貌形态单元,它可以是雏形的、典型的或复杂的。根据上述不同的发展阶段,便可把限区分出三个不同的级别:环节、简单限区和复杂限区。

在对限区进行制图时,比例尺一般选择 1∶10 000～1∶200 000 比较合适。

3. 地方(土地系统)

(1) 地方的内涵

地方(местность)是一些在地理上和发生上有联系的限区有规律组合而成的高级土地单

位。每个地方都有自己的一套限区,因此其内部结构较为复杂,具有复区的特点。地方相当于特别复杂的初级地貌形态单位组合,与限区相比,在其范围内无统一的物质迁移方向。英、澳学者所称的土地系统(land system)的概念亦具有相同的内涵规定性。

地方通常表现为几种初级地貌形态单元在其范围内典型地重复出现或彼此叠置分布。例如,一个沙丘带具有沙丘(坨子)和沙丘间凹地(甸子)两种限区的重复分布,便可划分为地方。一个遭受多级切割的阶地或黄土墚地,也可视为一个地方。

Исаченко(1965)认为,"地方"是在地貌剖面上具有明显独特性的、彼此共轭的限区综合体。Солнцев(1962)指出,"地方"是一定限区型有规律的结合,其成因在于一个景观范围内地质地貌基础发生了某些变化,因而在每一个这种地质地貌基础变型上的全部限区都获得了自己的特征。林超(1980)认为,"地方"是一定限区的有规律的结合,是各个限区有规律地、彼此交替重复出现或复域分布的地域,或者是面积较大的限区因遭受切割而复杂化的地域。在其形成过程中,往往是因岩性和地貌组合特点的变化,使这一地域中的各土地地段具有自己的特征。Christian 和 Stewart(1964)认为,"土地系统"是一个地段或几个地段的组合,其地形、植被、土壤出现重复的组合型。"土地系统"是在景观中重复出现的地貌和地理联合形成一种格局,这一格局的界线一般是与可以辨认的地质或地貌特点、或作用的界线相符合,在格局之中,同样的土地单元重复出现,在另外一个不同的土地单元群开始的地方,便是另一个不同的土地系统了。

俄罗斯学者根据"地方"复杂程度不同,把简单的叫"亚地方",复杂的叫"地方"。地方的复杂程度往往与组成它的限区本身的复杂程度有关。英、澳学者认为,土地系统可区分为三种:简单土地系统、复杂土地系统和复合土地系统,这与切割程度差异有关。

(2) 地方的特征

综上所述,地方具有比其低级的两个基本土地单位在性质上不同的综合自然特征:

① 地方是由一定地域联系的各种限区所构成的、具有明显独特性的自然地域综合体,在土地分级中是级别最高、复杂程度最大的基本土地单位;

② 地方内部具有复区特点,这是与前两个单位的重要区别;

③ 地方范围内水的运动、固体物质搬运和化学元素迁移等不具共同的方向;

④ 地方相当于一个中等地貌形态综合体,并与一个地方气候、水文复区、土壤复区、植被复区相对应联系。

地方的空间划分,起主导作用的是地貌形态和新构造运动,它们决定着限区组合的特点,使每个地方都具有自己独特的结构格局。

在对地方进行制图时,制图比例尺一般选择 1∶200 000～1∶1 000 000 为宜。

(四) 其他土地分级单位

相、限区、地方是土地的三个基本分级单位。土地分级单位是自然历史发展的产物。地表的自然成分在外力作用下是不断发展变化的,随着地貌形态的发展而发展。由于自然界各自然地理成分以及由之组成的土地单位,总是由简单向复杂逐渐发展,因此土地分级具有连续性。随着土地分级研究的深入,便陆续发现在三个基本分级单位之间,还存在一些过渡单位。根据俄罗斯学者的意见,在相和限区之间有两种过渡单位:环节(звено)和相组(группа фаций)。除此之外,还有相系列(ряд фаций)等。

1. 环节

某些相在进一步发展中,其内部出现一些不明显的分异,这些分异尚未形成单独的相,其组合又够不上一个限区,因此它仅仅是由相发展为限区过程中的一种过渡单位,犹如两个单位之间的过渡环节。例如,一个刚形成的冲沟、黄土碟和喀斯特漏斗等就是这种环节。

2. 相组

相组是指同一地貌面中各个相的组合,Исаченко 称之为"相组",Цеселчёк(采谢尔丘克)叫"群系",Солнцев 称"亚限区"。例如,一个冲沟的沟坡、坡麓、沟底等地貌面,分别被两个或两个以上的相占据,每一个地貌面各个相的组合,均构成一个亚限区。

此外,限区和地方之间也存在一些过渡单位。前面曾指出,限区有雏形限区、简单限区和复杂限区三级,雏形限区称为"环节",复杂限区是限区与地方之间的过渡单位。至于地方与景观之间,有人主张以山地垂直带作为过渡单位,但这不一定正确。

至于相系列,则是指各种相沿地貌剖面更替的现象,它是相的一种组合方式,即土地结构的一种型式,既非基本土地单位,也非过渡单位。

总之,地表自然界中,除三个基本土地分级单位之外,还存在着一些过渡单位,这是土地分级连续性的必然结果。在土地制图工作中,我们无需过多地考虑过渡单位,而应该根据比例尺所限定的制图对象,把某些过渡单位提升或下降,作为基本单位,或用超比例尺符号单独表示。

(五) 土地分级单位间的相互关系

综上所述,我们把土地划分为相、限区和地方三个基本单位以及环节、相组和复杂限区等过渡单位,因此土地分级单位具有多级别性。显然,各级土地单位在综合自然特征一致性以及内部复杂程度等方面存在着差异。除了相这一级内部结构较为简单一致以外,随着级别提高,土地单位内部复杂程度逐渐增加,差异也逐渐明显(表 6.1)。

表 6.1　土地分级单位自然要素比较[*]

土地级	地形	气候	水文	土壤	植被
相	地貌面	小气候	土壤水性质相同	变种	群丛
限区	初级地貌	小气候组合	排水、潜水条件相同	变种组合	群丛组合
地方	中级地貌	地方气候	小流域	复区	复区

[*] 据陈传康,1964

由此可以看出,土地分级单位是依据地域组合规律,基于相邻低级土地单位之间物质能量的联系,从相→限区→地方,"自下而上"组合的结果。如果把综合自然特征较为一致、空间毗连的地方再做进一步组合,就可得出更为高级的自然地理单元——景观(图6.4)。这样,就把自然地理研究的局地尺度的土地分级单元与区域尺度的自然区划单元联系在了一起。一般来说,把土地分级单位和自然区划单位合称为地域分级单位(regional hierarchy unit)。土地分级单位之间及其与自然区划单位之间的关系如图6.5所示。

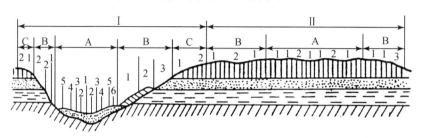

图6.4　景观各形态部分的相互关系

(罗马数字表示复杂限区,英文字母表示亚限区,阿拉伯数字表示相)

(据陈传康等,1993)

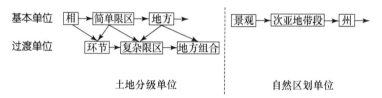

图6.5　土地分级单位之间及其与自然区划单位之间的相互关系

(据陈传康,1964,有改动)

6.3　土地分类

(一)土地分类的概念

土地分级单位都是土地的个体单位。由于自然地理环境的复杂性,在一个区域范围内的土地个体单位数目众多,不可能逐个进行研究。通常的做法是:将个体土地单位按质的共同性或相似性做不同程度的抽象概括与归并,就可发现它们分属不同的土地分类单位。这些土地类型单位都是抽象的,分类级别越低,分类标志的共同性或相似性越多;分类级别越高,分类标志的共同性或相似性越少。由于土地个体单位是多级的,就要对各级别的土地个体单位进行分类,因此土地分类单位也具有多级序的特点。

中国各地劳动人民根据长期以来对土地的综合认识,在不同区域划分出一些自然特点相似的各种土地地段,形成了一些没有严格分类级别的土地类型概念。例如,河北省井陉盆地的居民把当地土地分为坪(黄土台地)、墚(长条状石质丘陵)、涧(黄土平底冲沟)和川(河谷阶地);黄土高原的居民所划分的塬、墚、峁、川也是土地类型;东北地区的坨子、甸子、泡子同样是土地类型;珠江三角洲的居民把可以种水稻的耕地称为田,不种水稻的耕地称为地,山地和丘陵统称为山或半山。这些叫法实质上都是指土地类型。

对土地进行分类研究是土地类型学的重要研究内容。通过对土地类型的划分,不仅能正确深入认识土地资源现状,指出土地利用和改造的方向及途径,而且有助于扩大自然地理学的研究领域,发展地理学的理论体系。

(二)土地分类系统

对土地进行分类研究,将土地个体经过逐次概括和归纳,形成分类层次高低不同的土地分类单位系列,也就是建立一定的土地分类系统。

对研究对象进行分类,是科学研究的一种常用方法。生物学对生物的个体进行种、属、科、目、纲的类型归并已为大家所熟知。土地个体单位的类型划分可借鉴这种方法。以相为例,可把性质相似的某些相归并为"相种",把性质相似的"相种"再归并为"相属",性质相近的"相属"又可归并为"相科"。同样,性质相近的限区和地方也可以分别构成自己的种、属、科系列,如图6.6所示。

应该指出,这里借用种、属、科的术语,仅仅是为了确保分类系统的统一和严密性,而在实际的土地分类系统中,"种""属""科"的名称一般都省略。

从图 6.6 中可以看出,每一等级的个体单位都可以划分出相应等级的类型单位系列。但是,由于个体单位系列是个体单位的逐级合并,越是高级的单位其内部结构越复杂,相似性越少。因此,在实践中,只有等级较低的土地分级单位才进行分类研究,等级较高的区域分级单位一般不作类型的划分而进行区划研究。

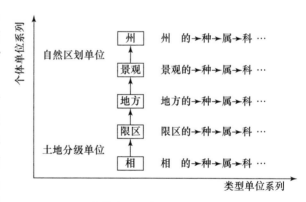

图 6.6　个体单位和类型单位的相互关系

(据 Исаченко,1965)

(三)基本分级单位的分类

1. 相的分类

(1)分类的标志

相是地表自然界中自然特征最一致的地段,地貌面、岩性、土质、潜水条件、土壤变种、植被群丛等都可作为相的分类标志。然而,要作好相的分类,必须以相的最稳定和最普遍的要素作为分类标志。一般认为,处境就是这样的标志。在同一的水热气候条件下,自然地理条件的多样性主要取决于处境,处境不同就会形成不同的生境,相应就会发育适宜于这种处境的土壤变种和植被群丛。地貌面、岩性土质和潜水条件是构成处境的重要因素,其中以地貌面的作用最显著。因此,地貌面的某些数量指标,如高度、坡向、坡度等,岩性土质的机械组成、厚度、分层等特征,潜水埋深和排水条件等,就成为相分类的重要标志和指标。

此外,由于相抵御外来干扰的能力较其他土地单位小,经常受到人类活动影响而引起不同程度的变化。因此,多数学者认为,相可分为三种类型:① 原生相(original facies),指天然条件下形成的相。② 衍生相(derived facies),指人类活动或灾害影响使原生相的某些成分发生变化,而主导成分未发生变化,在外部影响停止后,又表现出力图恢复原生相的趋势。③ 人源相(human facies),又称文化相,是指人类经济活动的影响使原生相的岩源基础(如岩性、土质和地貌形态等)发生改变,致使综合自然特征与原生相相差悬殊。

相的各分类级别的划分标志如下:① 相种:地貌面、岩性或土质、土壤变种、植被群丛等都相同的一些相;② 相属:同一种地貌面上相种的合并;③ 相科:在地形剖面上有一定相互联系,特别是水文或外动力条件具有共同性的相属的合并。

(2) 分类的方法

编制、拟定分类系统,通常采用顺序法和两列指标网格法两种方法表示。

① 顺序法

所谓顺序法,就是按科、属、种的顺序直接列出各级分类单位。一般"科"用罗马数字 Ⅰ、Ⅱ、Ⅲ 表示,"属"用英文字母 a、b、c 表示,"种"用阿拉伯数字 1、2、3 表示。最后,按科、属、种依次组合为 $Ⅰ_{a1}$、$Ⅱ_{a2}$、$Ⅲ_{a3}$……表示其分类系统。例如,广东鼎湖山沟床河床相的分类系统就采用顺序法(表 6.2),用 $Ⅰ_{a1}$、$Ⅰ_{a2}$、$Ⅰ_{a3}$、$Ⅰ_{a4}$、$Ⅰ_{b1}$、$Ⅰ_{b2}$、$Ⅰ_{b3}$,表示其分类系统。

表 6.2   广东鼎湖山沟床河床相的分类系统举例[*]

相　科	相　属	相　种
标志:地形	标志:水文结构	标志:水文要素、地形要素
沟床河床 Ⅰ	常流水沟床河床 a	缓流沟床河床 1 急流沟床河床 2 瀑布沟床河床 3 水潭沟床河床 4
	暂时流水沟床河床 b	间歇缓流沟床河床 1 间歇急流沟床河床 2 跌水沟床河床 3

[*] 据刘南威等,1993,有改动

② 两列指标网格法

所谓两列指标网格法,就是以纵列表示地貌形态,自上而下由高到低列出各种地貌面;横列表示土壤和植被类型,自左至右由干旱至湿润,由旱生到湿生。纵横两列交叉构成一个网格。理论上讲每一个格子就表示一种土地类型，但实际上土地类型只集中出现在 AB 连线两侧附近(图 6.7)。因为一般情况下，图左下角、右上角及附近的地貌面不可能形成与其类型特征相矛盾的土壤和植被种类。例如，在高的分水岭部位就很难形成过分湿润的土壤和湿生植被；在低凹地貌部位上也不应出现干旱土壤和旱生植被。

表 6.3 同时用顺序法和两列指标网格法表示了广东高要鼎湖山相的类型系统。顺序法很清楚地表示各分类级别及各类型在分类上的从属关系，简单明了，便于阅读，但不利于了解其主

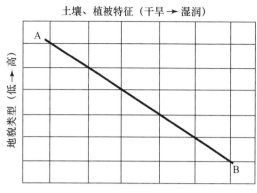

图 6.7 两列指标网格法示意

要划分标志和组成土地单位各成分的特征和相互关系。而两列指标网格法的优缺点与顺序法的优缺点正好相反。

2. 限区的分类

（1）分类的标志

限区相当于初级地貌形态范围内相的组合，并在物质运动具有共同的方向。因此，在一定区划单位内对限区进行分类，应注意以下几个方面：

首先，研究地表切割和起伏的规律，注意正负地貌交替分布规律。在强烈侵蚀的石质山地，要先研究冲沟切割程度及其分布规律，把正负地形分开来处理。例如在喀斯特峰林分布区要研究峰林分布与河谷地形的关系。在堆积地形的区域(如沙丘分布区)，要先研究沙丘和丘间地的分布规律，然后把各种正负地形加以区别，在此基础上再进行限区的分类。

其次，限区分类还要考虑地貌发展史。例如，黄土地貌限区的各种沟谷都可视为一个限区类型，但它们因处于不同发展阶段，其综合自然特征必然有明显差别，应以这种差异作为划分低级类型的依据。在喀斯特地貌区，峰林可归属于同一类限区，而低级类型则可根据峰林的不同发育阶段划分。

最后，限区分类还可根据其他标志和指标。例如，在平原区先区分出河谷和河间地，进一步划分低级类型时，首先考虑湿润状况、排水条件、水分来源和水的性质，然后再考虑沉积分相及其性质，并以土壤和植被标志作为补充。

限区各分类级别的划分标志如下：① 限区种，代表相同初级地貌形态中具有相同基质和植被的各限区个体的总和，代号用阿拉伯数字 1、2、3 等表示；② 限区属，则以初级地貌形态的分类为依据，代表各限区种特征的概括，代号用大写英文字母 A、B、C 表示；③ 限区科，是各限区属的特征概括，代表各个相同水文条件的初级地貌形态类型的自然特征，代号用罗马数字Ⅰ、Ⅱ、Ⅲ表示。

表6.3　广东高要鼎湖山相的类型系统*

植被 地形	水生植被	湿生植被	湿生、中生混交植被	中生植被									
				红壤季雨林				黄壤照叶林				
				天然林	混交林	人工林	灌木草被	天然林	次生萌芽林	混交林	人工林	灌木草被
地 沟床河床 a.常流水线	I_{a1~4} 缓流相·急流相·瀑布相·水潭相											
b.暂时流水线	I_{b1~5} 间歇缓流相·间歇急流相·瀑布相·跌水相											
a.河漫滩		II_{a1~2} 基岩·砾石植被河漫滩相　II_{a3~4} 湿性植被河漫滩相										
低阶地		II_{b3} 草甸沼泽相										
阶		II_{b1} 阶坡相										
阶面		II_{b2} 阶面相										
沟坡谷坡 a.宽沟的			III_{a1} 湿生中生混交植被坡相	III_{b2} 鱼尾葵林水化红壤沟坡相	III_{b1} 红壤宽沟沟坡相							
b.楔沟的				III_{b3} 季雨林红壤急沟沟坡相　III_{b4} 红壤窄楔沟沟坡相								
山坡 山坡下部缓坡				IV_{a1} 山坡下部坡积物缓坡相								
山坡上部缓坡				IV_{a2} 山坡上部急坡相								
下部的								IV_{b1} 照叶林黄壤山脊相				
上部的								IV_{b2} 上部小乔木林山坡相				
分水地 a.下部斜降山脊				V_{a1} 季雨林红壤山脊相				V_{a2} 照叶林黄壤山脊相				
b.上部斜降山脊								V_{b1~2} 大、小乔木林照叶林黄壤相　V_{b1~1} 乔木林黄壤山脊相				
c.峰顶山脊								V_{c1} 照叶林黄壤相　V_{c2} 小乔木林黄壤山脊相				
d.古谷合底				V_{d1} 雨雨林红壤谷底相				V_{d2} 照叶林黄壤谷合底相				
e.古剥蚀面								V_{e1} 稀疏松林灌木草被相　V_{e2} 灌木草被谷底相				
崖				V_{f1} 陡崖相								

（2）分类的方法

限区类型的表示方法也可分为顺序法和两列指标网格法。

北京市门头沟斋堂地区的限区分类系统同时采用了顺序法和两列指标网格法（林超和李昌文,1980）。

Ⅰ. 裸露或生长旱中生稀疏灌丛草被的干河床砾石滩

　　Ⅰ$_A$裸露或生长滩地植被的干河床砾石滩

　　　　Ⅰ$_{A1}$宽河床砾石滩　　　　Ⅰ$_{A2}$窄河床砾石滩

Ⅱ. 分布栽培作物和稀疏果木乔木的阶地

　　Ⅱ$_A$砾质黄土轻度熟化和局部中度熟化的滩田一级阶地

　　　　Ⅱ$_{A1}$面积大的大河滩田一级阶地　Ⅱ$_{A2}$面积小的小河滩田一级阶地

　　Ⅱ$_B$中度熟化和局部轻度熟化的黄土二级阶地

　　　　Ⅱ$_{B1}$大河二级阶地　　　　Ⅱ$_{B2}$小河二级阶地

　　Ⅱ$_C$轻度熟化的黄土三级阶地

　　　　Ⅱ$_{C1}$大河三级阶地

Ⅲ. 生长旱中生灌丛草被或沟底梯田化的冲沟

　　Ⅲ$_A$大冲沟

　　　　Ⅲ$_{A1}$沟底梯田化的黄土质大冲沟　Ⅲ$_{A2}$沟底梯田化的石渣质大冲沟

　　　　Ⅲ$_{A3}$未进行农业利用的砂页岩大冲沟

　　Ⅲ$_B$小冲沟

　　　　Ⅲ$_{B1}$沟底梯田化的黄土质小冲沟　Ⅲ$_{B2}$砂页岩沟坡的黄土质小冲沟

　　　　Ⅲ$_{B3}$沟底梯田化的石渣质小冲沟　Ⅲ$_{B4}$未进行农业利用的砂页岩小冲沟

Ⅳ. 分布旱中生灌丛草被和栽培作物,稀疏果木乔木的山脊

　　Ⅳ$_A$斜降山脊

　　　　Ⅳ$_{A1}$局部梯田化,顶部覆盖有黄土的斜降山脊

　　　　Ⅳ$_{A2}$重或中度鳞片状剥蚀的砂页岩斜降山脊

　　　　Ⅳ$_{A3}$轻度鳞片状剥蚀的火成岩斜降山脊

　　Ⅳ$_B$谷旁山脊

　　　　Ⅳ$_{B1}$梯田和畦田化的覆盖黄土砂页岩谷旁山脊

　　　　Ⅳ$_{B2}$下部具有局部黄土梯田的砂页岩谷旁山脊

　　Ⅳ$_C$平顶山脊

　　　　Ⅳ$_{C1}$覆盖有黄土的梯田化和畦田化的平顶山脊

　　　　Ⅳ$_{C2}$鳞片状剥蚀的砂页平顶山脊

Ⅴ. 生长稀疏旱中生灌丛草被和栽培作物的剥蚀残丘

　　Ⅴ$_A$剥蚀残丘

　　　　Ⅴ$_{A1}$覆盖黄土的梯田和畦田化残丘

　　　　Ⅴ$_{A2}$鳞片状剥蚀的砂页岩残丘

V_{A_3} 鳞片状剥蚀的中性喷出岩残丘

这个地区的限区分类系统也可用两列指标网格法表示(表 6.4)。

表 6.4　北京市门头沟区斋堂地区的限区分类系统[*]

植被		裸露或滩地植被	栽培植物		旱中生灌丛草被
基质		砾石滩	黄土	砂页岩	火成岩
地形及代号	Ⅰ 河床 A	$Ⅰ_{A_1}$ $Ⅰ_{A_2}$			
	Ⅱ 一级阶地 A		$Ⅱ_{A_1}$,$Ⅱ_{A_2}$		
	二级阶地 B		$Ⅱ_{B_1}$,$Ⅱ_{B_2}$		
	三级阶地 C		$Ⅱ_{C_1}$,$Ⅱ_{C_2}$		
	Ⅲ 大冲沟 A		$Ⅲ_{A_1}$	$Ⅲ_{A_2}$,$Ⅲ_{A_3}$	
	小冲沟 B		$Ⅲ_{B_1}$,$Ⅲ_{B_2}$	$Ⅲ_{B_3}$,$Ⅲ_{B_4}$	
	Ⅳ 斜降山脊 A		$Ⅳ_{A_1}$	$Ⅳ_{A_2}$	$Ⅳ_{A_3}$
	谷旁山脊 B		$Ⅳ_{B_1}$	$Ⅳ_{B_2}$	
	平顶山脊 C		$Ⅳ_{C_1}$	$Ⅳ_{C_3}$	

[*] 据林超和李昌文,1980

3. 地方的分类

目前,国内外对地方的分类虽已有很多研究,但研究者多从研究区域情况出发拟定分类系统,观点不一。因此,这里只能通过一些典型实例,介绍地方分类中不同级别划分的标志等问题。现以延边自治州台地地方分类为例(表 6.5)。

表 6.5　延边自治州台地地方分类[*]

地方科	地方属	地方种
标志:地形	标志:土类	标志:积温
台地 Ⅰ	白浆土台地 a	温和白浆土台地 1
		温凉白浆土台地 2
		温和白浆土玄武岩台地 3
	暗棕壤台地 b	温凉暗棕壤台地 1
		温冷暗棕壤台地 2

[*] 据刘南威等,1993,有改动

从表 6.5 可以看出,温和白浆土台地、温凉白浆土台地等是该系统的初级分类单位,"温和""温凉""温冷"等术语代表着一定的积温条件,据此概括成"地方种";由地方种概括为"地方属"时,其分类依据是土类的相似性;由地方属概括成"地方科"时,其分类依据是地形的相似性。

在作出地方分类之后进行编号,一般作法是,"科"用罗马数字Ⅰ、Ⅱ、Ⅲ表示,"属"用英文字母 a、b、c 表示,"种"用阿拉伯数字 1、2、3 表示。最后,按科、属、种依次组合 $Ⅰ_{a_1}$、$Ⅱ_{a_2}$、$Ⅲ_{a_3}$……表示出地方类型系统。

(四) 土地类型的命名

恰当的土地类型名称,既要正确体现其科学含义,又要便于实践应用。关于土地类型的命名方法,大致有三种。

1. 两名法(或三名法)

两名法是用植被(或土壤)和地貌来表示,如草灌丘坡地、黄红壤山坡地。三名法是用植被、土壤、地貌来表示,如针叶林漂灰土山地。这种命名方法在中国使用比较普遍。例如在陕北黄土高原地区,在自然植被保护较好的山区采用三名法,如黄绵土草灌峁地、灰褐色森林土针阔混交林低山地;而在黄土丘陵和河川,因人工植被的变化较大,故可采用土壤—地貌两名法,如淤土河谷阶地、褐土宽平墚地。这种命名方法比较直观,可直接反映土地的特征,缺点是名称冗长,不便于非专业人员应用。

2. 当地习用名称

采用当地习用名称来对土地类型进行命名。如北京山区的活山(指水土流失严重的山地)、死山(指基岩裸露的山地)、软山(指覆盖有疏松堆积物山地)、墚地(河谷旁的条状丘陵)、台地(河流的二级阶地)、川地(河流的一级阶地)、滩地(河漫滩地)等;珠江三角洲的沙田(滩涂咸卤之地,通过围垦而成的种植田地)、垌田(在冲积扇或三角洲上大片广阔的田地)、塅田(面积较大的平坦田地)、坑田(缓坡耕地);黄土高原地区的川、塬地、墚地、峁地、塬地;闽西北山区的溪边田、平洋田等。这类名称简练、形象、生动,便于群众使用。但这种命名方法也存在某些缺陷。例如,同样名称在不同地区可能指不同的土地类型,而同类土地在不同地区可能有不同的名称,因此,可比性较差。

3. 地名来命名

英国、澳大利亚在对土地系统进行命名时大多采用这种方法。例如,澳大利亚康尼斯顿附近的"纳珀比土地系统"和"沃伯顿土地系统","纳珀比"和"沃伯顿"均是地名,由于这两种土地系统在这两个地点最为典型,故分别以这两个地名命名。这种方法命名的土地类型给人以区域性单位的感觉,但仍属于类型单位,因为它们在地域上是可以重复出现的。

(五)《中国 1∶1 000 000 土地类型图》分类系统

土地个体单位和类型单位有明显区别,而且由于土地个体单位是多级别的,故土地分类也是多系列的,即每一级的土地分级单位都具有一定的类型级别系统。这一思想发源于苏联的景观区域学派,北京大学陈传康尤其推崇。但是,中国受苏联景观类型学派的观点以及植被、土壤分类方法影响的部分学者,不赞成土地分级和分类的区别,主张采用单系列的分类系统。这一思想在以赵松乔为代表的中国科学院地理研究所主持制定的《中国 1∶1 000 000 土地类型图》(赵松乔,1986)分类系统中得到了体现。

1. 分类系统

《中国 1∶1 000 000 土地类型图》分类系统把全国土地类型分为三个级别:土地纲、土地类和土地型(表 6.6)。

表 6.6　《中国 1∶1 000 000 土地类型分类系统》

土地纲	土地类	土地型（个）	土地纲	土地类	土地型（个）
A	湿润赤道带			D$_6$ 岗台地	10
	A$_1$ 岛礁			D$_7$ 丘陵地	13
B	湿润热带			D$_8$ 低山地（海拔 400～500～1000m，相对高差＞200m）	17
	B$_1$ 岛礁	2		D$_9$ 中山地（海拔＞900～1000m）	12
	B$_2$ 滩涂	5		D$_{10}$ 高山地	3
	B$_3$ 低湿河湖洼地	3		D$_{11}$ 极高山	3
	B$_4$ 海积平地（沿海由海潮作用而形成的平原）	3	E	湿润北亚热带	
	B$_5$ 冲积平原（由河湖冲积淤积而成的平原）	2		E$_1$ 滩涂（潮间带）	4
	B$_6$ 沟谷河川与平坝地	11		E$_2$ 低湿河湖洼地	4
	B$_7$ 台阶地	6		E$_3$ 海积平地	3
	B$_8$ 丘陵地（相对高度＜200m）	9		E$_4$ 冲积平原	9
	B$_9$ 低山地（海拔 500～1000m，相对高度＞200m）	7		E$_5$ 沟谷河川地	5
	B$_{10}$ 中山地（海拔 1000～2500m）	8		E$_6$ 岗台地	7
C	湿润南亚热带			E$_7$ 丘陵地	11
	C$_1$ 滩涂（潮间带）	5		E$_8$ 低山地	6
	C$_2$ 低湿河湖洼地	3		E$_9$ 中山地	6
	C$_3$ 海积平地	3		E$_{10}$ 高山地	2
	C$_4$ 冲积平地	4	F	湿润半湿润暖温带	
	C$_5$ 沟谷河川与平坝地	10		F$_1$ 滩涂地（潮间带）	5
	C$_6$ 岗台地	7		F$_2$ 低湿河湖洼地	7
	C$_7$ 丘陵地	7		F$_3$ 海积平地	6
	C$_8$ 低山地	5		F$_4$ 冲积平地	11
	C$_9$ 中山地	5		F$_5$ 冲积洪积倾斜平地	7
D	湿润中亚热带			F$_6$ 沙地	3
	D$_1$ 滩涂（潮间带）	4		F$_7$ 沟谷河川地	5
	D$_2$ 低湿河湖洼地	4		F$_8$ 岗台地（相对高度 10～30m）	4
	D$_3$ 海积平地	3		F$_9$ 丘陵地（海拔＜400m，相对高度 50～200m）	8
	D$_4$ 冲积平	5		F$_{10}$ 低山地（海拔 400～800～1000m，相对高差 200～500m）	9
	D$_5$ 沟谷河川与平坝地	14		F$_{11}$ 中山地（海拔 1000～2500m，相对高度＞500m）	7

土地纲	土地类	土地型（个）	土地纲	土地类	土地型（个）
	F_{12}高山地（有亚高山草甸带出现）	1		I_{12}中山地	9
G	湿润半湿润温带		J	半干旱温带草原	
	G_1低湿河湖洼地	6		J_1低湿滩地	7
	G_2盐碱低平地	3		J_2盐碱滩地	6
	G_3草甸低平地	6		J_3沟谷地	3
	G_4（冲积）平地	8		J_4干滩地	5
	G_5（冲积）高平地	8		J_5沙地	4
	G_6漫岗地	5		J_6平地	5
	G_7沟谷地	4		J_7岗坡地	9
	G_8丘陵地	7		J_8丘陵地	9
	G_9低山地	8		J_9低山地	8
	G_{10}熔岩高原			J_{10}中山地	5
	G_{11}中山地	6	K	干旱温带暖温带荒漠	
	G_{12}高山	1		K_1滩地	13
H	湿润寒温带			K_2绿洲	2
	H_1低湿洼地	2		K_3土质平地	14
	H_2低平地	2		K_4戈壁	5
	H_3针叶林灰化土低山地	4		K_5沙漠	3
I	黄土高原			K_6低山丘陵地	7
	I_1黄土冲积平地	7		K_7中山地	8
	I_2黄土川地	3		K_8高山地	6
	I_3黄土沟谷地	5		K_9极高山地	3
	I_4黄土台塬地	4	L	青藏高原	
	I_5黄土塬地	4		L_1河湖滩地及低湿地	4
	I_6黄土墚地	5		L_2干谷地	2
	I_7黄土峁地	3		L_3平地	9
	I_8黄土涧地	2		L_4台地	7
	I_9石质丘岗地	6		L_5低中山	10
	I_{10}黄土丘陵地	2		L_6高山地	8
	I_{11}低山地	17		L_7极高山	3

（1）土地纲

由于中国自然条件复杂，形成的土地类型千差万别，首先按照水热条件组合类型划分土地纲，划分的主要指标是≥10℃积温、干燥度、无霜期及熟制（青藏高原和黄土高原主要根据地貌条件），用大写英文字母 A、B、C 等表示。把全国分为 12 个土地纲，即湿润赤道带（A）、湿润热带(B)、湿润南亚热带(C)、湿润中亚热带(D)、湿润北亚热带(E)、湿润半湿润暖温带(F)、湿润半湿润温带(G)、湿润寒温带(H)、黄土高原(I)、半干旱温带草原(J)、干旱温带荒漠(K)和青藏高原(L)。这些类型是研究土地的形成、特性、结构、分类的基础,是进行土地类型划分的出发点。

(2)土地类

在土地纲内划分第一级土地类型,即"土地类"。主要根据引起土地类型分异的大(中)地貌类型进行划分,在山区则以垂直地带划分。主要地貌类型有高中山、中山、低山、丘陵、高平地(岗、台地)、平地(川地、沟谷地)、低湿地(沼泽、滩涂)等。把全国土地共分为 106 个土地类。在代表土地纲的英文字母右下角以阿拉伯数字表示,如 D_4。

(3)土地型

在土地纲内再划分第二级土地类型,即"土地型"。主要依据引起次一级土地类型分异的小地貌以及土壤和植物群系划分。在山地垂直带中,则相当于同一的土地(或亚类)和植被型(或亚型)。把全国土地共分为 538 个土地型。在英文字母右上角用阿拉伯数字表示,如 $D_4{}^3$。土地型是土地分类的基本单元。

2. 方案评价

(1)《中国 1∶1 000 000 土地类型图》分类系统是《中国综合自然区划》(1959)研究成果的进一步深化和延续,是中国首次拟定的全国性土地分类系统,也是中国土地分类研究的一次总结,基本上是成功的。

(2)《中国 1∶1 000 000 土地类型图》分类方案所体现的单系列分类思想值得商榷。例如,混淆了"类型概念"与"区域概念"两者不同的内涵,把青藏高原和黄土高原这些具体的区域视作最高级次的土地类型单位;混淆了分类和区划两种研究工作所遵循的不同原则,致使分类系统的上半部为区划单位,下半部为类型单位。

(3)《中国 1∶1 000 000 土地类型图》分类方案以区划单位来控制"土地纲"的划分对山区未必合适。该分类系统对垂直带的处理办法是在相当于一定区划单位的"土地纲"内,按垂直地带划分出"土地型",使特征基本相似的某些"土地型"在不同"土地纲"中多次重复出现。例如,"落叶阔叶杂木林棕壤中山地"土地型,在 C、E、F、I 四个土地纲中重复出现;类似情况还有"针叶林棕壤中山地""灌丛草地棕壤中山地"等土地类型也有重复出现。这种重复出现势必导致分类单位增加,显得烦琐。因为作为同一级别的分类单位"土地型"中的每种类型,在不同土地纲中是不应该重复的。

6.4 山地土地类型研究

由于土地分级研究是从平原地区开始的,多数分级单位也主要是从起伏不大的区域中总结出来的。但是,山地自然特点远比平原区复杂而特殊,平原地区的分级、分类单位未必能充分反映出山地土地类型的实际情况。在山区可能存在某些特殊的土地分级单位,甚至还可能发现新的基本土地分级单位(林超和李昌文,1980)。因此,有必要对山地土地类型进行进一步讨论。

(一) 山地土地分异的因素

山地土地分级单位的特殊性,主要取决于山区土地分异因素的特殊性(程伟民等,1990)。

1. 地势起伏引起各自然地理要素及综合体的垂直分异

山地地势起伏,重新分配了大尺度地域分异所决定的区域水热条件,使水热状态随高度的增加而发生有规律的变化,并影响各自然地理成分的特性和分布也发生相应的垂直变化。以北京百花山的霜期为例,海拔 $<1000m$ 的地域不足 200 天,$1000\sim2000m$ 为 $200\sim250$ 天,$>2000m$ 的地方超过 250 天。降水量、水文、地貌、土壤和植被等方面也有相应垂直变化。热量和水分状况垂直变化的影响,在土壤和植被方面表现得尤其明显。百花山 $750m$ 以下为碳酸盐褐色土,生长荆条、酸枣等半旱生灌丛和黄草、白草草被;$750\sim1000m$ 为典型褐色土,生长三桠绣线菊、蚂蚱腿子、大花溲疏等旱中生灌丛;$1000\sim1200m$ 为淋溶褐色土,生长以二色胡枝子为主的中生灌丛和小片次生栎林;$1200\sim1850m$ 为棕色森林土,生长落叶阔叶和针阔混交林及中生灌丛;$1850m$ 以上是黑土型草甸土和杂类草草甸。这种垂直带性是山区土地分异的重要因素,也是土地分级和分类的重要标志。通常是以植被和土壤为主要标志,并结合热量、水分状况、地貌、岩性等特点来划分垂直带,然后按垂直带性与土地分级的关系来确定土地单位。由于各山所处的地理纬度和距海的远近对垂直带的特性及垂直带谱的影响,加之山地相对高度和山底部海拔高度会影响到山地垂直带谱的整体性,因此,各山地的垂直带性各不相同,进而导致不同山地土地单位特性的不一致性,即山地土地单位的多样性。

2. 山文结构和大气环流形势对水热分布的影响

在山区,由于地质构造的关系,通常都表现出一定的山文结构。不同结构的山文与大气环流的接触关系不同,便造成背风坡与向风坡的水、热状况的差异。例如,雪峰山从湖南的西南呈东北走向延伸到安化县转为近东西向的弧形山脉,造成山地南坡为夏季东南季风的迎风坡,冬季偏北风的背风坡,因此降水多,冬温较北坡高。这种南北坡的水热差异引起了山地植被-土壤垂直带的分布高度的明显不同,南坡常绿阔叶林-红、黄壤的分布上限比北坡高 $100\sim200m$,而且北坡常绿阔叶林中温带成分比南坡普遍增加。山区的这一特点对土地单位的影响,在中纬度地区表现更明显。

3. 地表物质(岩性、土质等)所引起的分异

山区是强烈的侵蚀区域,不同地段或岩石出露地表,或覆盖于不同厚度的风化壳下。由于岩性和风化壳的抗蚀力不同,影响到地貌形态的差别。例如,花岗岩区山形浑圆,沟谷发育,但较宽缓,沟底堆积物较厚。在石灰岩山地,则以山坡陡峭为特征,沟谷不甚发育,且窄小,纵比降大,底部多碎石。岩性对土壤和植被也有明显的影响,花岗岩山地土壤发育易受地面水流的冲刷与侵蚀,在自然植被覆盖好的条件下则形成土层较厚、质地粗、黏性差、渗透和通气性好、酸性强、速效磷含量较高的土壤。在石灰岩山地,则多发育相反性质的石灰土。由于两种山地

土壤排水条件不同,植被也有很大差异。石灰岩山地常见的树木多为喜钙性的柏木、油桐、青檀、乌桕、朴树等,喜酸性的苔藓类植物在灰岩山地则很少见。因此,岩性、土质可作为划定一定级别土地单位和确定其界线的重要依据。

4. 多层地文期地形夷平面的影响

山区由于受新构造运动的影响,地貌具有分层性。通常在山上表现出多级夷平面,谷地具有多级阶地,构成阶梯式地面结构,每层地形夷平面都与一定地文期相联系,因而形成年代有新老、侵蚀状况不同的层状地面,每一地文期的地形面常相当于一定级别的土地单位。例如,北京山区清水河流域有北台期准平原面(海拔 1200～2000m)、唐县期宽谷面(500～700m)、汾河期谷坡面(400～500m)、马兰期阶地(30～40m)、板桥期阶地(高 10m 左右)和现代河谷。在强烈侵蚀作用下,各地文期地形夷平面都受到不同程度的切割而复杂化。北台期地形面已成为残余剥蚀面或剥蚀残丘,唐县期地形面多成为墚状或平顶山墚、高台地等形态的二级河间地,汾河期地形面形成谷旁山脊或斜降山脊;有的地方也形成曲流三角面陡崖,马兰期和板桥期阶地,因形成时代较晚,所处地貌部位较低,因而保存较完整,但也受到冲沟和曲流的侧向侵蚀。这些地貌形态复杂程度不同的地文期地形夷平面,往往构成级别不同的土地单位。例如,北台面和唐县面相当于地方级土地单位,而马兰面和板桥面则相当于限区级土地单位。由此可见,位于上部的地文期地形夷平面,其年代较老,切割程度较深,地形复杂,相当于地方土地单位;位于下部的地文期地形夷平面,其年代较新,切割较浅,多相当于限区。

5. 强烈的侵蚀作用形成正负地貌明显交替

强烈的侵蚀作用使山区地面受到切割,形成多级谷地和谷间地两种不同的正负地貌,并使地貌形态复杂化。例如北京山区,在东北向平行岭谷相间的山文水系结构基础上,山岭又被与河斜交或正交的支流所切割形成若干支脉。支脉两坡再被次级支流切割形成次级支脉,后都会被各种沟谷切割形成各种沟间地。这些河谷、沟谷、河间地和沟间地,往往相当于某一级土地单位。大的和较复杂的大致相当于地方,小的和较简单的则相当于限区。多级沟谷的反复切割,不仅使地貌比较破碎,形成各种中等地貌形态,而且使地貌的某些形态特征(例如坡向、坡度、坡形等)复杂化。所有这些特征对各自然地理成分的特征和分布有很大影响,进而使土地单位进一步分异。因此,山地区这种多级切割所形成的各种中等地貌形态及其组合以及复杂化的地貌形态特征,正是土地单位分异的重要因素和划分界线的主要标志。

(二) 山地土地分级的处理

国内外学者都认为,"相""限区""地方"三级基本土地分级系统,在山地区仍然适用。目前,尚未发现与前述基本单位有质的差别的新的土地分级单位。只是由于山区的垂直带性为其一种特殊的规律,是山区土地分类研究中必须重点考虑的影响因素。但不同学者的观点不同,概括起来有三种观点:① 垂直带相当于景观(自然地理区);② 垂直带是比地方更高级的土地分级单位;③ 个体的垂直亚带相当于地方。

第一种观点是俄罗斯景观学学者初期的观点,目前大多数研究者认为垂直带属于景观形态单位(即土地分级单位)。

第二种观点也是俄罗斯学者早期的观点。中国学者李寿深(1981)也主张此观点,把垂直带作为比"地方"更高一级的土地单位去处理,即若干"地方"的组合与一定的景观垂直带相适应。因此,山地土地单位的等级系统为:景观垂直带、地方、限区(复杂限区或简单限区)和相。垂直亚带的某些具体带段则可能与"地方"级土地单位相当。

陈传康等(1993)主张第三种观点。由于山地垂直带性是随着山地的高度增加,气温自山麓向山顶逐渐降低,降水在一定高度内随高度升高而增加,使各自然地理组成成分及其地段的综合自然特征发生相应的垂直变化,这种变化类似从低纬度向高纬度的水平地带的更替。因此,垂直带也可以有一定的等级系统,为便于对比,可以使用具有较明确级别意义的带、地带、亚地带。

例如,湖南省的衡山有下列垂直带(自上而下):

山顶灌丛草地黄棕壤垂直带,

针叶阔叶混交林黄棕壤垂直带,

常绿、落叶阔叶林黄壤垂直带,

常绿阔叶林红、黄壤垂直带。

每个垂直带可按土地类型或植被类型划分地带。

例如,常绿阔叶林红、黄壤垂直带,可划分两个地带:

常绿阔叶林红壤垂直地带,

常绿阔叶林黄壤垂直地带。

每个垂直地带又可以按土壤亚类和植被群系纲划分为若干亚地带。

例如,常绿阔叶林红壤垂直地带,又可划分为三个垂直亚地带:

常绿阔叶林典型红壤垂直亚地带,

常绿阔叶林红黄壤垂直亚地带,

常绿阔叶林暗红壤垂直亚地带。

把垂直亚地带看作在土地分级上相当于"地方"的高级土地单位,理由如下:

(1)山区沟谷较发育,在一个垂直带性明显的山地景观(自然地理区)范围内,往往被河谷分割成一些不连片的山坡或个体山地。因此,在野外看到的是一些呈断续分布的具体垂直亚地带的带段,认为它们相当于"地方"。

(2)山区某一具体的垂直亚地带段,在地域上是连片的,它是由一些土地单元组合而成的。也就是在一个垂直亚地带段内可按其中地貌形态及其自然地理成分的差异,再细划分为一些土地单元(限区),每一个限区又可按地貌面和岩性、土质等成分的不同,再细分出一些相。可见,这种具体的垂直亚地带段是与地方相类似的。所不同的是山地垂直亚地带段受着山地垂直带性的制约,因此,可以把垂直亚地带视为与"地方"相同的土地单位在山区的特殊表现形式。

(3)山地区正负地形明显交替,河谷与河间地两种不同的正负地形,也可视为两种不同的土地单位。在土地类型制图中河谷应分开作为另一级土地单位处理,剩下垂直亚地带段(正地形)相当于地方,那么是否可以将这些地方组合成地域连片的较地方高一级的土地单位——垂直景观带呢? 实际上是不可能的。因为这些亚地带段是被河谷分隔的,即便可以组合成为一个高级土地单位,也是类型的概括,不是地域的合并,不是个体的土地单位,只能是土地分类单位,即由许多个体组成的垂直亚地带段,按其质的共同性概括成的不同分类等级单位。

(4) 在只有一个垂直带性的山地景观范围内,不同垂直带(或海拔高度)所占的面积相差悬殊。通常是基带的面积大,越往上垂直带面积越小。基带不仅面积大,且以低山丘陵为主,中地貌形态复杂,因此,基带内土地分异除受垂直带性制约外,中地貌形态及其组合特征具有重要的作用。在这些地域划分土地单位,通常采用与平原相似的方法。由此,把垂直亚地带与地方视为同级土地单位,不仅可以使其与平原土地制图对象有等价性(同一级土地单位),而且也便于两种地区土地单位和分类单位作对比研究。

(5) 山地景观垂直带性的影响在土壤和植被上表现明显,但它们的垂直分布不仅取决于随海拔高度升高的水热条件变化,而且在一定程度上取决于地貌条件、岩性、土质和水文条件。因此,作为山区自然地域综合体的土地单位,不仅要有较低级土地单位的有规律组合,而且要有地貌、水热状况、水文条件、土壤和植被诸成分的共同特点。因此,仅考虑植被和土壤的"景观垂直带"作为高级土地单位未必合适。

6.5　土地类型调查与制图

土地类型调查与制图是土地类型研究的重要手段。土地类型研究实质上就是小区域的景观制图研究,土地单位既然属于等级较低的单位,就要求自下而上进行详细的调查研究和制图,揭示其地域组合规律。

(一) 土地类型调查与制图概述

土地类型调查与制图的基本任务,是在常规调查方法的基础上,结合遥感资料的解译,查明一个地区土地类型的分异规律,揭示土地类型的形成、特性、分布、结构和动态演替。

1. 土地类型调查与制图的意义

(1) 深化小尺度地域分异规律

土地类型是由各级自然综合体彼此叠置、镶嵌组成的自然地理系统中的层次较低的子系统,是自然地理系统的"细胞"。开展土地调查与制图,对组成土地的自然地理要素的特征及其相关关系的分析,不仅有利于阐明这些层次较低的系统的特点,而且有助于揭示这些低级系统如何逐步构成高一级系统以及它们之间的关系,从而深化对地表自然地理分异规律的认识。

(2) 土地资源评价的前提

土地类型调查与制图通常也是土地评价的前提。无论是土地的潜力评价,还是适宜性评价,均需在内部性质相对一致的土地地段上进行,即在一定的土地类型内进行。因此,在编绘《中国1:1 000 000土地资源图》之前,先编绘出"土地资源类型"图,然后以"土地资源类型"为基础进行土地质量评价。

(3) 土地资源配置的基础

土地类型调查与制图也是进行土地资源配置、作物布局、宜林地选择和牧地规划等的一项基础工作。例如作物布局，无论是对原布局的调整还是引进新品种作物的布局，均需先进行土地类型调查与制图，摸清适宜于某种作物的土地性质及其地域分布状况。林业中为造林服务的土地调查与制图已有悠久的历史，广义说也属于土地类型调查与制图。牧草地规划前期的草场分类与制图，依据植被及地形、气候、土壤等因素的综合分析，也是广义的土地类型调查与制图。

2. 土地类型调查与制图的类型

根据土地类型调查与制图的性质，可将其分为两大类：

(1) 一般目的的土地类型调查与制图

一般目的的土地类型调查与制图是从土地本身的综合属性出发，揭示土地的形成、特性、结构和地域分异规律。也就是说，并不偏重于考虑某种具体的利用目的。在调查与制图过程中，主要依据对土地组成要素及其相互关系的综合分析，恰当地选取反映土地各级土地类型的特征。例如《中国 1∶1 000 000 土地类型图》"制图规范"指出，该图的内容"反映地质、地貌、气候、水文、土壤和植被等自然要素及人类对自然环境在内所形成的、相互制约的自然综合体，"并指出该图"具有高度综合性，可作为科研、生产和教育部门了解土地的基本资料，为进行土地资源评价、农业区划和国土整治规划提供科学依据。"

(2) 特殊目的的土地类型调查与制图

特殊目的的土地类型调查与制图具有明确和具体的目标。例如，某种作物的栽培、荒地开发、水土保持、城市建设、自然保护等。特点是在确定主要分类指标依据上，更多考虑到服务目标有关的内容。例如，黄土高原区为防治水土流失划分土地类型时，必须考虑坡度，并选取控制侵蚀等级的某些坡度界限作为土地分类中的一项重要指标。

当然，一般目的的土地类型调查与制图的适应性广，可为特殊目的的土地类型调查与制图提供一个"框架"。特殊目的的土地类型调查与制图的实践应用性较强，如对茶叶、橡胶与适宜地评价所作的土地类型调查与制图。

3. 土地类型调查与制图的比例尺

在土地类型调查与制图中，恰当地选择制图比例尺至关重要。调查地区的范围大小不同和研究任务所要求的精度有别，制图比例尺也不一样。在某一种比例尺的土地类型图上，不可能把所有的土地等级单位同时表示出来，也就是说由于受土地类型图的比例尺和负荷量的限制，只能表示出某一等级的土地单位，将其作为土地类型图的基础制图单位。因此，土地分级不仅是土地分类的前提，也是土地类型制图的基础。北京大学和中山大学地理系为不同比例尺地图规定了一定的制图单位，如规定：相的制图比例尺为>1∶10 000，限区在 1∶10 000～1∶200 000 之间，地方在 1∶200 000～1∶1 000 000 之间。

比例尺不仅与成果的精度有关，也与调查和制图的工作量及费用有密切关系。根据

D.Dent(D.登特)和 A.Young(A.扬)(1981)的研究,野外调查比例尺增大 1 倍,工作量大致增加 3 倍,而调查费用约增加 2.6 倍。比例尺的选择要考虑到:① 调查的目的与任务;② 土地结构的复杂程度愈是复杂,比例尺愈大,以便将土地结构的真实情况在图上反映出来;③ 客观条件,包括可用于调查与制图的人力、物力、提交成果的期限,也包括可收集到的图件、资料和遥感影像等。

一般来说,调查中所用的底图比例尺要两倍于最终成图比例尺。这样,既可将研究区的土地分异细节表示在底图上,又便于最后成图时的缩编。

(二) 土地类型调查与制图的准备工作

与自然区划的编制一样,土地类型调查与制图也包括室内准备、野外考察和室内总结 3 个阶段。其中,准备阶段常包括:

1. 计划的拟订

在调查之前,最重要的任务是明确调查所需解决的问题,是为农、林、牧业发展的调查,还是为城镇建设的调查,目标愈明确,针对性愈强,调查的成功率愈高,成果的用途愈大。

根据调查区的特点和客观条件,制订切实可行的调查计划,包括调查的目的和任务、技术规程、预期成果、技术方法和工作步骤、工作量估算以及物质装备、经费预算等。

土地类型调查属于综合调查,调查队伍中不仅要有综合自然地理专业的人员,还应尽可能地吸收地貌、植被、土壤、水文、气候等学科的专业人员。如果是为某一特殊目标进行调查,还应有这方面的专业人员参加和配合。

2. 资料的收集

在调查之前要尽可能广泛地收集有关的图件和资料。一般来说,应收集以下资料:

(1) 文献资料

除搜集和研究调查地区自然资源和自然条件方面的资料外,还应适当阅读社会经济发展历史、现状以及区域规划方面的资料,了解毗邻地区和类似调查地区等其他地区的资料以及与本任务有关的文献。

(2) 数据资料

数据资料包括图件资料和遥感影像资料。图件资料包括地形图和专题要素图。除了作为工作地图的不同比例尺的地形图之外,还应该获取不同分辨率的 DEM 数据和基础地理信息数据。专题要素图包括地貌图、土壤图、地质图、植被图、气候图、水文图、土地利用现状图、森林图、草场图等。此外,还应该获取不同分辨率、不同时段的遥感影像,如 Landsat TM 影像、MODIS 数据等。

3. 编制土地类型草图

对搜集到的资料分析研究,以便了解该区的地域分异规律和拟调查土地单位分异的因素,拟订土地分类系统的初步方案,根据文字和地图资料,结合遥感图像初判,编绘土地类型草图。尽管此分类方案和草图最后可能有较大变动,但不能因此否认准备工作的必要性。

编制土地类型草图的工作程序如下(程伟民等,1990):

① 阅读地形图。注意研究区的最高点和最低点,标出主要的山峰和山脊,绘出河川沟谷地,区分正、负地形。同时还要注意山脊的绝对高度、相对高度和形态类型、坡度等。

② 分段判别各山脊、水系所相应的地貌形态,注意近代叠加地貌与下伏地貌的关系。根据地形起伏(海拔高度、相对高度)及坡度,描绘出土地的形态个体的界线,并在图上用字母图例表示出土地个体所属的类型。

③ 在土地个体划分图的基础上,考虑各地形所相应的土壤、植被资料,首先拟订土地单位分类的两项指标网格法,并列出其顺序图例系统;然后按图例规定的符号填于个体图上,擦去与类型无关的符号,便得出室内编制的土地类型草图。

④ 在范围较大的区域,可根据土地单位组合方式,合并低级单位类型为更高级的个体自然地域综合体。

4. 设备的准备

开展土地类型野外调查与制图,在一般情况下需准备以下仪器设备:全球定位系统(GPS)、无人机(UAV)、全站仪、数码相机、计算机、外设和软件系统以及交通运输工具等。此外,还包括一些传统野外考察的常用必备工具,如罗盘、望远镜、钢卷尺、放大镜、海拔高度表、挖土或取土工具、土壤比色卡、野外 pH 试剂等。

(三) 土地类型调查与制图的方法

调查研究方法是整个土地类型调查和制图工作最重要的环节。主要任务是查明制图区的土地分异因素和所研究土地单位的特点,并在此基础上进行土地分类,在地图上表示出各类型单位分布区的轮廓界线,绘制土地类型图。具体来说,有以下几种方法:

1. 野外路线考察

路线考察的主要目的是摸清土地类型分异的主要因素及分类指标,从而建立正确的分类系统,为土地类型制图奠定基础。而且,通过线路考察,研究土地各组成要素的特点和相互关系、土地类型综合体的特征和影像解释标志,为室内土地类型解译提供依据。在路线考察之前,需要对搜集到的各类图件、遥感影像及文献资源进行全面分析,以求对研究区的自然地理特点和土地类型分异规律有一个初步的认识。

科学合理地选定考察路线,是保证路线考察成功的重要条件。选择路线应注意以下几点:

① 路线的密度应满足制图比例尺和制图任务的要求,并符合制图区土地类型组合的复杂程度。一般来说,制图任务精度要求越高、区域土地类型组合越复杂,路线的密度越高。

② 路线的分布在整个制图区范围内应比较均匀,既要避免线疏密不同造成调查深度不一致,又要遵循土地类型制图对路线走向的要求。

③ 路线应尽可能穿过各种土地类型的分布区,只有当路线穿越同一地势剖面上的各种地貌形态,如河谷、阶地、谷坡、山坡和分水岭时,才能符合这个要求。

一般来说,路线考察需借助交通工具进行。对于大的区域范围,首先可通过乘坐火车观察和感知大尺度的分异规律;其次,在此基础上根据选择的考察路线,通过汽车等交通工具,展开详细的路线考察,调查土地各组成要素的特点和相互关系、土地类型综合体的特征。

（1）典型地段调查

在典型地段,要展开定位半定位调查,不同专业人员对地质、地形、土壤、植被和土地利用等进行详细观测和研究,根据需要还可对土壤、植被和岩石等进行采样以及拍摄反映土地类型特点的照片。特别重要的是要寻求土地类型性质与遥感图像之间的联系,建立土地类型解译标志,以便为之后进行的室内土地类型解译提供依据。

此外,对每一个典型观测点,都要详细记录其自然地理特征和土地类型的性质（表 6.7）,以便于日后整理和归档。土地类型调查表格,不仅可对该区的土地类型作出综合和概括,也可方便于之后进行的土地评价。

表 6.7　土地类型野外描述表

编号：　　　　　　　　　　　　调查人：　　　　　　　　日期：　　　年　　　月　　　日

土地类型命名				
地理位置				
地　貌	地貌类型			
	形态测量指标	海拔高度		相对高度
		坡　　向		坡　　度
	现代地貌形成过程及外动力情况			
岩性和土质				
土　壤				
植　被				
水文状况	湿润程度及天然排水条件			
	潜水埋深			
利用现状及合理利用意见				
综合剖面示意图				

（2）综合剖面分析

在路线考察过程中,编绘土地类型综合剖面图（profile map of land type）,对于分析土地组成要素、要素间相互联系以及不同土地类型之间的空间组合关系有重要的作用。尤其在山区,地形复杂,起伏较大,土地类型的分异状况和结构比较复杂,综合剖面分析有助于阐明山区的垂直分带与分层、水平分异规律与土地类型空间结构。

在编绘土地类型综合剖面图之前,需预先确定剖面线的走向和剖面图的水平及垂直比例尺。剖面线的走向确定与选择调查路线的要求相同。水平比例尺视制图对象而定,通常大比例尺土地类型制图才需在野外测绘综合剖面图,因此水平比例尺一般不小于 1∶50 000;垂直比例尺随水平比例尺而定,在地面起伏较大的地区,垂直比例尺可与水平比例尺相等;而在起伏较小的平原和丘陵区,垂直比例尺可大于水平比例尺,但放大后的地面起伏曲线既要能明显地反映出地势高低变化,又不能失真。一般来说,综合剖面图包括三个组成部分,即剖面图、带状图和土地类型描述表(图 6.8,表 6.8)。

① 剖面图

剖面图根据地形图等高线画出的地面起伏曲线为骨架,用不同图例表示出基岩、土质、土壤、植被及人类活动等。在地面起伏曲线上方,用鲜明的形象符号表示出植被。符号设计要注意表示出植物群落的特征,尤其是乔、灌、草三个层次和植物种类沿剖面的变化。在地面起伏曲线下方,依次表示出土壤、第四纪沉积物和母岩。土壤层可用狭窄的晕线条表示,条带的宽度最好能与土壤层的厚度变化大致成比例。土壤类型的差别可用不同晕线符号反映。在图解图的下方也可表示出典型土壤剖面柱状图,而土壤剖面的位置则可用倒三角形符号表示于地面起伏曲线上。第四纪沉积物和母岩可用地质符号表示在土壤晕线条带之下,力求表现地质、地貌与土壤之间的关系。如有地下水埋深资料,可用虚线将地下水面的位置表示在剖面图上。有时还可表示气候特征,主要是水热特征,在最上面用降水量和气温曲线表示小气候特征。

② 带状图

带状图是剖面线两侧一定宽度范围内土地类型的遥感影像特征或土地类型图的一部分,通常放置在剖面图下方。剖面线的确切位置用粗线条表示在带状图上。

③ 土地类型描述表

土地类型描述表置于带状图的下方,其横行列出土地类型的名称和代号,纵行列出土地类型的主要特征或数量指标,内容要求简明扼要。

土地类型综合剖面图的各个组成部分以及图名、比例尺、图例符号等要配置适当,协调和谐。应该指出,综合剖面图上的植被、土壤等的类型及其界线,是在室内判读地形图和遥感影像以及分析其他自然要素的图件与文献资料而初步确定的,在野外路线考察后应予补充和修正。尤其是土地类型及其界线,必须在野外沿剖面线依次观察和分析后予以最后确定。因此,如果综合剖面图的选线与路线考察线路基本一致,将使工作量大大减少。

2. 地形图专门内容的判读

地形图,特别是航测大比例尺地形图,蕴含着丰富的地理信息。质量优良的地形图,不仅地形和水网精确,而且还包含植被和土壤等方面的部分信息,足以反映自然景观特征。因此,地形图是编制土地类型图极其重要的资料来源。

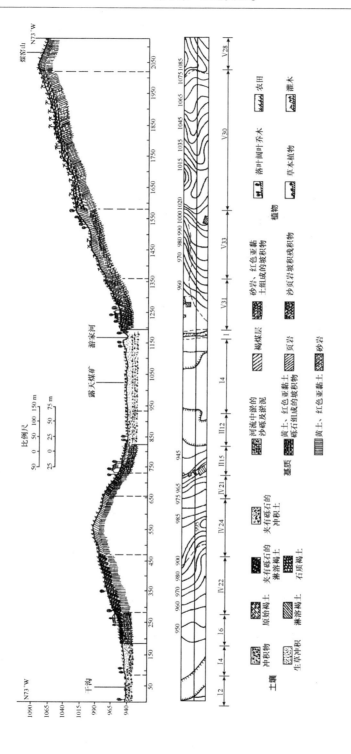

图6.8　土地类型综合剖面图

（据刘胤汉，1998）

表 6.8 图 6.8 中各土地类型描述

土 地 单元号*	土地素号	坡度	基 质	湿润状况	土 种	植物群丛	土地素名
I	I 2		多种成分的砾石,粗细砂粒等	潜水面浅,湿润状况良好	流水冲积的大小不等的砾石沙粒	河漫滩型群丛,主要植物有柄蓼、酸模叶蓼、扁蓄、小蒸草等	间歇性流水干河床
	I 4	3°	河流冲淤的沙、砾及淤泥	湿润状况较好,潜水深1.5 m	沙壤质生草草甸土	主要为农田,田坎上有大车前、马蔺、两柄萝、现代野芹菜等	高河漫滩生草草甸土耕地
	I 6	5°	移动了部位的黄土色亚黏土和砾石组成的坡积物	比2号土地素差,潜水位较深	沙壤质原始褐色土	主要为农田	一级阶地原始褐土耕地
IV	IV 22	14°	主要为红色亚黏土,其次为砾石	比3号土地素差,土壤干燥	杂有砾石的黏壤质淋溶褐色土	耕地田坎上有白羊草、白毛草和单株阔叶树,如白杨	塬边缓坡耕地
	IV 24	8°	黄土和红色亚黏土	潜水位虽较深,但湿润状况较4号土地素好	沙壤质淋溶褐色土,土层深厚	田坎地边有细叶苔、冷草、白羊草、鹅冠草等,塬面上有农田	缓起伏的塬面褐土耕地
	IV 21	18°	红色亚黏土砾石层	干燥	夹有砾石的沙壤质淋溶褐色土	鹅冠草、野蔷薇、艾蒿、葵陵菜、单株乔	砾石裸露的塬边斜坡稀树灌丛杂草地
II	II 15	10°	黄土、红色亚黏土和较多的砾石	不十分干燥	沙壤质原始褐色土	主要为农田	缓沟坡褐土耕地
	II 12		为多种成分的砾石及粗细沙粉淤泥	湿润状况较好	中间夹有大小不等砾石的粉沙质冲积土	水沟旁有蒸草、节节草、鹅冠草、扁蓄和杨柳幼苗	砾石河床
I	I 4		砾石沙土混杂出现,各占50%	部位低,但相当干燥	砾石沙壤质生草冲积土	河漫滩草甸向禾草草原过渡的植被类型,主要植被有小蒸草、节节草、扁蓄等和人工种植的杨柳幼苗	高河漫滩生草草甸土耕地
	I						常年流水河流
V	V 31	15°	为一坡积,其物质组成有移动了部位的黄红色砂岩、红色亚黏土等	湿润状况差	夹有坡积石块的沙壤质淋溶褐色土	为稀树草原,主要有冷草、细叶苔、夏枯草、黄鼠草等	残丘下部沙壤淋溶褐土荒坡草地
	V 33	10°	坡积和残积物坡积物,主要有红黄色砂岩、土状堆积、泥灰页岩风化物,残积物主要为红黄色的砂岩露头	干燥	壤沙质淋溶褐色土,土层薄,分布不均匀	稀树灌丛,有细叶苔、冷草、鹅冠草、苦参、野蔷薇和温带果树,如柿、胡桃杏,其次为白杨	残丘腰部壤沙质淋溶褐土稀树灌丛草地

续表

土地 单元号*	土地素号	坡度	基　质	湿润状况	土　种	植物群丛	土地素名
Ⅴ 30	17°	红黄色砂岩、泥质页岩褐煤层交互出现及风化后变位的坡积物	比 10 号土地更干燥	石砾褐色土	苦参-白羊草群丛、野梨＋野蔷薇丛，主要植物：苦参、野蔷薇、野梨、白羊草、葵陵菜、鸡眼、单蒿等	残丘上部石质褐土，苦参-白草草地
Ⅴ 28	5°	黄土状堆积物	较前几个土块好	黏壤质淋溶褐色土	白茅草群丛	上部黏壤质淋溶褐土耕地

* Ⅰ—漫滩阶地土地单元，Ⅱ—干沟土地单元，Ⅳ—褐土塬面土地单元，Ⅴ—残丘坡土地单元。

判读地形图中有关土地类型的专门内容，首先应从分析等高线系统及其所反映的地貌形态入手。地形图中的地理信息，除地貌形态用等高线组合来表达外，其他要素均用形象化图例和文字表示。因此，地形的识别是地形图判读的关键。如何从平面的等高线组合获得立体的地貌形态，需要了解地形要素的分类及其在地形图上的表示方法。因为各种地貌类型归根到底是由各种地形要素组成的，只有熟悉不同地形要素在地形图上的表示方法，才能获得立体的地貌形态，进而进行土地类型的划分。

地形图的比例尺不同，等高线系统所反映的地貌形态的复杂程度差异很大。组成地貌的地形要素可分为面要素、线要素和点要素三类。因此，从地形图识别土地类型，实质是在地形图上识别各种地形要素。

（1）地形面要素判读

地形面要素即地貌面。地貌面的类型复杂多样，有山脊面、山坡面、山麓面、平地面、阶地面和阶坡面等（图 4.5）。不同的地貌面，在地形图上等高线系统的组合形式差别很大。

① 山脊面。有时称分水岭，Соболев（索波列夫）将山脊的形态分为 9 种：

- 塬式分水岭：平面宽，如中国黄土高原的塬。
- 平墚式分水岭：平面不宽，是塬进一步变窄而形成的。
- 条墚式分水岭：条状延伸，时而变宽，时而变窄，沟谷网几乎达到分水线，但尚未切断分水岭，是平墚式分水岭进一步侵蚀而成。
- 峁墚式分水岭：沟谷网切断了分水岭，成峁状起伏的墚。
- 峁式分水岭：峁墚式分水岭的鞍部进一步降低，成为成排的峁状山峰。
- 屋脊状分水岭：当凸坡被流水作用下切变成直坡时便形成。
- 尖齿状分水岭：分水岭两侧坡面都已成凹坡。
- 残丘分水岭：分水岭已成个别孤丘、孤峰，散乱地分布在平地中。
- 有山前阶梯的分水岭：是构造运动不均匀或断层作用形成的特殊形式的分水岭。由于岩性不同而引起的差别侵蚀也能形成这类分水岭。

山脊面分析除了注意其高度型（如高山、中山、低山和丘陵等）和形态型外，还要注意其构造发生型、物质组成、发生发育和演替等。山脊的构造发生型包括背斜山、向斜山、单斜山、地垒山、断层山、火山、穹形山、各种侵蚀残余山和堆积山等。山脊发展到某一阶段后即可分明地区分为山峰和山鞍两个组成部分。

② 山坡面。按形态山坡面可分为直坡、凹坡、凸坡和凸凹坡。按形态测量指标,坡度可分为 5 级:

● 平坡(0°～3°),水土流失不严重,河流作用以曲流侧蚀为主,必须修建护岸工程,常为良好的耕地。

● 缓坡(3°～15°),除坡田外水土流失不严重,必须修建梯田或种植防护草带,坡田必须等高耕作。

● 斜坡(15°～23°),缺乏植被时水土流失严重,可种植果树及牧草,发展小部分梯田。

● 陡坡(23°～34°),若没有植被水土流失非常严重,必须重点造林,局部可种植牧草及果树。

● 险坡(＞34°),水土流失严重,必须封山育林。

● 悬崖,指接近垂直的坡面。

对于山坡面除形态型及坡度级外,还必须研究其物质组成(死山坡、软山坡、活山坡)及有关形态测量指标和按发生分类的叠加地貌等。

③ 山麓面。分布在坡脚,通常由山麓平原(洪积裙)或山前岩屑锥群所构成,这里的水系与山脊面、山坡面完全不同,成漫流放射状,河谷由宽而河床不太固定的形式逐渐变成较深而固定的形式。

④ 平地面。山边平地,经常是河谷泛滥地或淤积平原,必须研究其高度型(如低平原、高平原和高原)及形态型(如平坦、单斜、中凹和波状起伏等),还必须注意其构造发生型(如原始水平层理平原、熔岩平原和准平原等)、物质组成、有关的形态测量及按发生分类的叠加中小地貌等。

(2)地形线要素判读

地形线要素是两个斜坡相遇所构成的曲折的坡折线。一般来说,常见的有山脊线(或分水线)、流水线、坡缘线和坡麓线四种。

① 分水线。两个方向相反坡面构成的上凸形分界线,可以是平直的,也可是曲折的。平直说明分水岭稳定,曲折表明各集水盆后方不等速扩展。分水线有时起伏很小,有时起伏极大,单位距离的分水线起伏次数叫分水线起伏度,以每千米若干次表示。分水线起伏度越大说明地貌发育越接近于壮年期。

② 流水线。两个方向相反的坡面组成的下凹形分界线,若位于沟底则称为沟底线,若分布在河底则称为河底线。幼年期河底线在地图上投影平直,但比降不均匀;壮年期河底线成曲流形态,但比降均匀;老年期河底线弯曲更大,比降也更均匀。

③ 坡缘线。两个倾向大致相同、但倾角不同的坡面组成的侧凸形分界线,平直坡缘线往往形成不久,曲折坡缘线则是受河间地流水切割破坏而形成的。

④ 坡麓线。两个倾向大致相同、而倾角不同的坡面组成的侧凹形分界线。明显的坡麓线

是由河流侧蚀作用及块体运动形成的,平滑坡麓线是刚刚形成的,若已有曲折变化,则可能是坡麓叠加了岩屑锥等形态的结果。

（3）地形点要素判读

地形点要素有坡折点、山峰点、山鞍点、凹地中央点、河底点、瀑布点和河口点等。两坡面交界之点叫坡折点,包括山脊点、坡缘点、坡麓点和河底点等。一系列山脊点构成山脊线,一系列坡缘点则连续组成坡缘线,一系列的坡麓点则连续组成坡麓线。

山脊按其起伏状况可分为山峰和山鞍两部分,山峰之最高点称为山峰点,山鞍相对于山峰的最低点也是相对于山坡的最高点称为山鞍点。河谷横剖面的最低点叫河底点,沟的横剖面的最低点叫沟底点,流水线的明显上凸坡折处为裂点(又叫瀑布点或急流点),流水线的出口处为河口点或沟口点,凹地的最低处为凹地中央点。

（4）土地类型的判读

自然界的一切地貌形态都是由这些地形要素组合而成的。例如,沟谷常由两相向坡面组成下凹形态加上流水线构成,山脊是由两相背的坡面组成上凸形态加上分水线而构成。

一切地形要素均可在地形图上读出。在地形图上,孤立的一条等高线只是等高各点连成的一条曲线,但一系列等高线的组合即"等高线系统"(contour system),可表示一定的地貌类型。面要素常以等高线系统表示,线要素和点要素虽不能以等高线系统表示,但可根据等高线系统以线和点标出(图 6.9)。因此,熟悉地形要素的等高线系统后,便可通过研究不同地貌形态的等高线系统,来确定各级土地分级单位的范围。

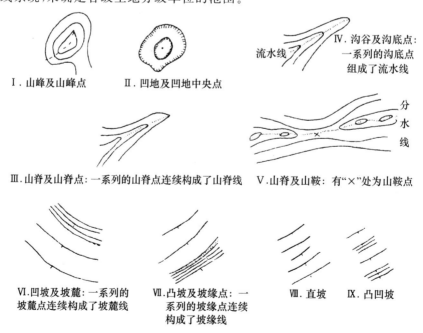

Ⅰ. 山峰及山峰点   Ⅱ. 凹地及凹地中央点   Ⅳ. 沟谷及沟底点:一系列的沟底点组成了流水线

Ⅲ. 山脊及山脊点:一系列的山脊点连续构成了山脊线   Ⅴ. 山脊及山鞍:有"×"处为山鞍点

Ⅵ. 凹坡及坡麓:一系列的坡麓点连续构成了坡麓线   Ⅶ. 凸坡及坡缘点:一系列的坡缘点连续构成了坡缘线   Ⅷ. 直坡   Ⅸ. 凸凹坡

图 6.9 地形要素的等高线系统

　　"相"的地貌基础是地貌面。因此,判读地貌面,并确定各地貌面转折的地形线要素,便可进行相个体的划分。"限区"的相应地貌基础是初级地貌形态,其中简单限区相应于未遭受切割的单个初级地貌形态,复杂限区相应于遭受一定切割的简单初级地貌形态。面积较大的限区进一步遭受切割,形成复杂初级地貌形态,相当于"地方"一级形态单位的地形基础。图6.10表示简单限区遭受切割逐步演化为地方的过程。

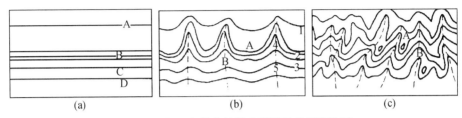

图 6.10　限区和地方的地貌基础及其演变关系

　　(a) 包括有 4 个相(相组)的简单阶地限区:A. 阶面相;B. 阶坡陡崖相;C. 阶地斜坡相;D. 平地相

　　(b) 遭受冲沟切割的阶地限区(复杂限区)由两种简单限区组成:A. 谷旁伸延山脊限区;B. 冲沟限区,由 5 种相组成(1. 平坦山脊顶面相,2. 陡崖相,3. 山坡相,4. 沟坡相,5. 沟底相)

　　(c) 面积较大遭受多次重叠切割的"古"阶地地方,由两种复杂限区组成:A. 崗塽山脊;B. 小河谷,由 7 种简单限区组成(1. 残丘;2. 平顶分水山脊;3. 谷旁伸延山脊;4. 斜降山脊;5. 小河阶地;6. 小河河槽;7. 冲沟)

　　因此,土地单位可根据等高线系统确定,划分出其个体,并确定其个体间的界限。此外,地形图还有部分土质、植被等内容,有助于确定与各土地单位相应的植被、土壤,但其面积往往远超过土地单位个体范围。因此,土壤和植被的内容主要应根据该地区地带性条件结合地貌部位进行综合判读。

3. 遥感图像的应用

　　随着遥感技术的普遍应用,为土地类型调查与制图提供了新的手段和方法。遥感技术及时获取现势地面影像,为土地类型调查与制图提供了主要信息源。我国 2007 年开展的第二次土地调查在三年时间就能完成,得益于首次采用覆盖全国的遥感影像调查底图。

　　土地单位是一个自然地域综合体,而航片影像是土地综合自然特征准确而清晰的客观反映。因此,可以根据影像的色调(地物间色调的相对差异)、形状(如稻田、水塘、运动场)、纹理(地物在图形内色调变化频率)和图形(如公路、铁路)等,直接区分出各种土地类型,分析组成土地单位的各自然地理成分的特征及相互关系,这些成分具有相互联系的性质,但每个组成成分在航片上显示的清晰程度不同。因此,可以在地理相关分析的基础上,通过一部分能够直接显示的成分和指标,推断另一部分显示不清晰的成分或指标。

　　但是,应注意卫星影像与航空影像的重要差别:① 卫片是土地单位综合特征的大幅度浓缩,目前其比例尺一般为1∶1 000 000,可放大成1∶500 000 和1∶250 000;航片比例尺一般为1∶35 000 和1∶18 000,卫片比航片比例尺要小得多。② 卫片具有多波段的光谱特征,而航片没有。不同光谱段的影像反映不同地物的电磁波特征,便可产生不同的解译能力,而且卫片包括地表以下一定深度的反射和发射光谱。因此,在某些方面卫片比航片具有更强的解译能力。③ 卫片具有假彩色,可通过假彩色密度分割和影像边缘增强及空间滤波影像增强技术,提高解译质量。④ 卫片常有不同时相的影像,多时相对比,有助于了解土地单位的年际和年内变化。

　　基于上述情况,利用遥感影像编绘土地类型图时,应注意下述几方面:① 根据影像特征建立解译标志,如形状、大小、色度、阴影、组合图案等。② 航片、卫片相结合解译的方法。如用卫片编绘 1∶1 000 000 土地类型图时,用航片作补充判读,有助于解决沟谷密度问题;而用航片编绘 1∶50 000 万土地类型图时,用 1∶250 000 万卫片作补充,有助于了解土地类型的分布规律。③ 利用卫片、航片区分出土地类型之后,因其影像大多未经纠正,只能根据地形图进行转绘。

(四) 土地类型图的编绘

　　土地类型的研究成果最终要落实到地图上,即编绘土地类型图,这是土地类型研究的一个重要环节。土地类型图属于专题地图,具有专题地图的一般特点和编图要求,但土地类型图也有其自身的特点。编制土地类型图的目的在于揭示某一区域土地类型的形成、特性、结构和土地分异规律,全面、系统地总结出土地类型研究的成果,为土地资源评价、土地规划和管理、农业区划和国土整治提供基础和科学依据。

1. 土地类型图的编绘

　　土地类型图表示土地的分类单位,由于土地个体单位有不同的级别,故图上表示的只是某一级土地单位的类型,制图比例尺不同则土地单位级别亦有变更。基于上述特点,编绘土地类型图时必须首先确定制图对象(某一基本土地单位),然后根据野外考察和有关资料划分土地单位并进行分类,最后拟定图例,确定表示方法并进行地图整饰。

　　与编图直接有关的几个步骤:① 转绘,转绘的任务是将遥感影像图上解译的土地类型界线转绘到底图上,底图多为地形图。转绘的方法有图解转绘法和仪器转绘法两类;② 接边,土地类型图往往是分片编制的,会出现一系列变形,或类型界线不一致。另外,还有图例系统的设计、清绘、面积量算和着色等程序。

2. 土地类型系列制图

　　系列制图(series mapping)是指不同比例尺的成套同种地图和同一比例尺的成套地图的编制,可相互对比和引证,便于进一步揭示制图对象的属性,深化制图内容。土地类型系列制图可分为土地制图综合和土地综合制图两方面。

　　(1) 土地制图综合

　　编制各种比例尺的土地类型图或土地潜力分等图件,称为土地制图综合(land cartographic generalization),也就是在不同解译水平上进行土地分类研究,大比例尺图是小比例尺图的解剖深化,可以揭示制图单元的内部结构(图 6.11～图 6.13)。之所以把不同比例尺的各幅图组联为一个系列,是以不同等级自然综合体之间的客观联系为根据的。

　　比例尺的大小与研究深度和土地类型在图上表示的详细程度直接有关。在选择比例尺时,要考虑到可全面客观地反映土地类型的分布和结构。在多数情况下,某一种比例尺总是有与其相对应的土地等级单位,如"相"适于大于1:10 000,"限区"适于1:10 000～1:50 000,"地方"适于1:100 000～1:250 000,这些可作为基本比例尺。此外,还可根据具体情况增加某些辅助性比例尺。当然,选择比例尺还要考虑研究地区的复杂程度和典型性。

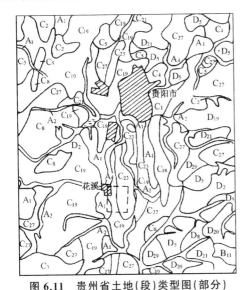

图 6.11 贵州省土地(段)类型图(部分)

(据蔡运龙,1992;图中虚线方框为图 6.12 的范围)

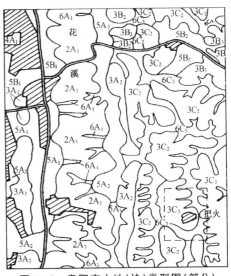

图 6.12 贵阳市土地(块)类型图(部分)

(据蔡运龙,1992;图中虚线方框为图 6.13 的范围)

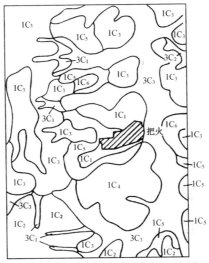

图 6.13 花溪乡土地(片)类型图(部分)

(据蔡运龙,1992)

土地制图综合是由大比例尺到中、小比例尺的土地类型图。由于比例尺缩小,必须进行适当的综合、概况或取舍。选取重要的和本质的内容,舍去次要的和非本质的碎部,概括地把土地类型的基本轮廓和典型特征反映在图上。制图综合是地形图及各种专题图在比例尺由大变小时共同的处理办法。因此,土地类型图的制图综合与一般专题地图有共同的原则,即综合性、继承性、轮廓界线的概括等。但土地类型的制图综合有其特殊之处,即随着制图比例尺的缩小,可变换制图对象。在大比例尺土地类型图上表示低级土地单位(如相)的类型,在中、小比例尺图上则表示中、高级土地单位(如限区和地方)的类型。

（2）土地综合制图

编制同一比例尺的土地类型图、土地潜力分等图、土地利用现状图等图件,叫作土地综合制图(land complex mapping)。土地类型系列图中每种图的制图对象和综合程度虽然不同,制图的特点和表示方法也不一样,但这些图不是机械地拼凑在一起,而是彼此互相补充和互相联系的。土地综合制图的核心问题是同一区域范围内、同一比例尺的各种专题地图之间图例的协调和轮廓界线的协调问题。

图例的协调主要是拟订一套符合制图比例尺的科学分类和图例,并要求各图幅的制图对象相互对应。例如,根据制图目的,确定制图比例尺为 1∶20 000,以限区为制图对象,相应地以中等地貌形态为地貌图的制图对象。若从地貌形态分析入手,以地貌为主要标志,拟订土地类型的分类系统和图例,使土地类型图和地貌图图例就可基本上协调。其他如土地利用图主要根据土地类型的分类系统和图例,建立相应的分类系统和图例。

轮廓界线的协调是地图协调的重要问题。以土地综合特征为分类根据的土地类型图,在土地综合制图中居于承上启下的关键地位,它在保证各幅图的协调中起着重要作用。由于地貌在土地分异中起主导作用,在空间和时间上相对稳定,且具有界线显明的特点。因此,其轮廓界线实际上成了界线协调的基础,一般在制图过程中正是以地貌图的轮廓界线为控制轮廓来协调土地类型图的轮廓界线。显然,轮廓界线的协调,并不意味着各幅图的轮廓界线完全相同。

6.6　土　地　分　等

（一）土地分等的概念

1. 土地分等的内涵

土地分等又称土地评价(land evaluation)。在对土地各构成要素及综合体特征认识的基础上,根据特定生产目的或土地用途,对土地属性进行质量鉴定,揭示土地的适宜性程度、生产潜力、经济效益、环境效应,以及确定土地价值的过程。FAO 在《土地评价纲要》(1976)中定义为"当土地作为特定的用途时,对土地的特性进行估计的过程";D. Dent 和 A. Young 在《土壤调查和土地评价》(1981)中定义为"估计土地作为各种用途潜力的过程"。因此,土地评价是以不同土地利用为目的,对土地质量高低进行鉴定、分类、评级和估价的过程。

土地分等具有较强的针对性。同一类型的土地,对于农业、城市建设、旅游、交通等不同生产部门来说,由于生产目的不同,土地表现出不同的生产潜力,即有不同的适用性、不同的限制性、不同的经济效益和不同的生态效益。如怪石嶙峋的石灰岩峰林石山,对于农业生产而言,其适用性很低,限制因素很多,即便开发利用也收获无望,还会破坏生态平衡,因此质量较差;而对于旅游业,则可能是优质的旅游资源。

土地分等的实质是对土地生产力高低的鉴定,基本特征是比较土地利用的要求和土地质量的供给(如土壤、气候、植被、地形、水文等)。其中,土地质量的高低可以是土地对一定用途的适宜性的程度,也可以是土地在一定用途时土地生产力的大小或地价的高低等。通过对区域土地自然、经济、社会属性的综合鉴定,将土地按质量差异划分成若干相对等级,以阐明在一定时期内土地在各种利用方式中的质量优劣和价值大小,在此基础上确定土地的最适当、最有利的用途。

2. 土地分等的依据

土地分等的主要依据是土地生产力的高低,但土地生产力又通过土地的适宜性和限制性间接表现出来。

(1) 土地生产力

土地生产力又称"土地潜力"或"土地生产潜力",是在一定条件下土地生产出某种植物或植物产品可能达到的最大水平。土地生产力既表明土地的生产能力,又反映出土地质量的好坏。土地除了表现出农业生产力外,也是人类居住和其他社会经济活动的场所,非农业生产力同样重要。土地生产力有现实生产力和潜在生产力(理论生产力)之分,自然生产力和社会经济生产力之分,但一般表现为综合生产力。制约土地生产力的因素很多,除土地本身的质量以外,还有是否合理利用、改良和保护土地等方面。

(2) 土地适宜性

土地适宜性是指土地在一定条件下对不同用途或作物所提供的生态环境(如气候、土壤、地貌、水文等)的适宜程度。适宜性既与土地利用方式有关,又直接取决于作物的特点、更替及产量等。土地适宜性可分为现有条件下的适宜性和经过改良后的潜在适宜性两类。按适宜用途的广泛程度,一般可分为多宜性、双宜性、单宜性和暂不适宜等。多宜性是指某一块土地同时适用于农业、林业、旅游业等多项用途;单宜性则指土地只适于某特定用途,如陡坡地仅适于发展林业,水域仅适于发展渔业等。一般说来,土地质量越好,其适宜面就越宽,而质量越差,则适宜面就越窄。由于土地质量的差别,针对同样的用途,可以划分为高度适宜、中等适宜、勉强适宜或不适宜的程度差别。

(3) 土地限制性

土地限制性指土地对某些用途的不适性或局限性,与土地适宜性相对,是限制土地在生产过程中发挥潜力的障碍因素。土地限制性往往通过土地的某些要素对用途的不适宜来反映,如较陡的坡度限制种植业的发展。限制性通过土地限制因素反映出了土地质量的优劣。有些限制因素是可改变的,如某些不适宜的土壤条件、水文条件等,称为不稳定的限制因素(或暂时性限制因素)。有些限制因素则不能或难以改变,如大气候条件、大地貌类型等,称为稳定的限制因素(或永久性限制因素)。在土地评价中,要抓住主要限制因素,适当考虑其他限制因素。

3. 土地分等的类型

土地分等的类型很多。根据评价目的的专门程度,土地评价可分为土地综合评价和土地专门评价;按评价目的不同,土地评价可分为土地潜力评价、土地适宜性评价、土地经济评价、土地生态评价和土地利用持续性评价等;按照评价途径,土地评价可分为直接评价和间接评价;按照评价方法,土地评价区分为定性评价和定量评价。

由于土地评价涉及自然、社会和经济因素,土地评价成为自然地理学和经济地理学的结合点。由于土地分等具有显著的实践性,因此在国内外都受到重视,并发展成为一门新兴学科——土地资源学。

(二) 土地分等的目的和要求

1. 土地分等的目的

土地评价是土地资源调查的重要组成部分,是制定土地利用规划的必要技术手段,也是土地管理的一项基础性工作。具体来说,体现在以下几个方面:

(1) 土地资源调查的重要组成

土地资源调查的基本任务是查清各类土地资源的数量、质量、属性、空间分布状况、随时间的动态变化规律、构成要素的特性及它们之间的相互联系和相互作用。其中,摸清土地资源的质量就是通过土地评价获得。在土地资源调查中,往往会开展农用地质量分等或城镇土地定级等土地评价工作。

(2) 土地利用规划的依据

土地利用规划的作用在于对土地利用做出合理的决定,把用地需求与土地质量协调起来,安排好各种土地用途的数量、空间布局,以取得土地利用最佳的经济效益、社会效益和环境效益。因此,规划必须以对土地质量和土地利用要求两者的了解为依据。土地评价的作用之一就是根据土地利用要求与土地条件比较来确定土地适宜性等级、生产力大小等,揭示土地在各种用途时的质量状况。因此,土地评价是土地利用规划的基础,它提供了有助于规划决策最客观的依据。

(3) 土地资源管理的依据

土地评价不仅揭示了土地的生产潜力和适宜性,而且指出了影响土地质量的主要限制因素。因此,基于土地评价结果,土地改良就会有较高的针对性。根据土地的适宜性和土地改良的经济效益分析,确定土地利用变更和土地改良的决策以及投资水平。此外,土地评价还为土地质量动态监测提供了基础数据,便于掌握土地质量等级以及不同土地利用类型的动态变化和规律,为土地资源管理提供依据。

（4）土地税费征收的依据

土地税收标准、征地补偿费以及土地交易价格的确定等,主要依据土地的用途和土地对该用途的适宜等级或土地在该用途条件下的生产力与价值的大小。土地评价的成果之一则提供了土地对某一用途的适宜等级。因此,通过土地评价能科学地为制定土地税收标准、征地补偿费以及土地交易价格提供基础的资料。

2. 土地分等的要求

（1）指出土地的潜在能力

对于不同的土地利用方式,土地资源的潜在能力表现不同。对农业用地而言,通过土地评价,指出在某种利用条件下土地所具有的潜在生产能力;对城镇用地而言,则要通过土地评价指出某种利用状况下土地所具有的潜在承载能力,或者按照最佳用途的要求,发挥土地资源的集约利用潜力。

（2）阐明土地的适宜性

土地适宜性是指在一定条件下,土地对某种用途的适宜程度。通过土地评价,指出土地针对设定利用方式是否适宜,如果适宜,则要指出适宜性等级,提出土地改良的途径和措施。土地适宜性只是一个相对等级的概念,没有绝对的数量化指标来衡量,这是它与土地利用潜力的不同之处。在土地评价中,经常在土地适宜性研究的基础上评价土地利用的潜力。

（3）揭示土地的利用效率

土地利用效率是指在一定管理水平下,某种土地类型对选定利用方式的综合效益,表现为经济效益、生态效益和社会效益。长期以来,土地评价多重视土地质量的经济效益,而忽视生态效益和社会效益的评价。随着土地可持续利用管理思想的深入,生态效益和社会效益日益受到广泛关注。

（4）识别土地利用可持续性

土地可持续利用是指既能满足当代人的需求,又不会对后代满足其需求能力构成危害的土地资源利用方式。意味着土地的数量和质量要满足不断增长的人口和不断提高的生活水平对土地资源的需求。土地是可更新资源,利用得当则可永续利用;利用不合理则造成土地生产能力部分或全部丧失。对土地利用持续性的评价,关注于土地利用方式是否长久,土地利用的效益是否能持续增长,生态环境是否能不断改善。

当然,不同的土地评价类型具有不同的任务要求。如农用地评价的任务是根据农用地的自然属性和经济属性对农用地的质量优劣进行综合评定,进而分等划级;城镇土地评价的任务则是根据城镇土地的经济和自然两方面的属性及其在社会经济活动中的地位和作用,对城镇土地进行分等划级。

（三）土地分等的原理和原则

1. 土地分等的原理

土地评价是分析土地质量与土地用途两者之间的关系,研究对象是土地质量和土地用途,研究目标是分析各种可能被考虑的土地用途在一定区域内的适宜性程度。因此,土地评价是一个复杂的系统,必须灵活地应用以下原理。

（1）多样性原理

不同的地区具有各自独特的自然和社会条件,土地质量和土地用途都会存在很大的差异,随时间的发展和社会的变化,同一地区的土地质量和土地用途也会发生变化。因此,在进行土地评价时,要针对一定地区某一时期的土地质量和土地用途,确定不同的目标,采用不同的方法,做到具体问题具体分析。特别是在应用其他地区的或以前的土地评价成果时,一定要考虑条件的差异性。

（2）综合性原理

构成土地质量的土地性状有很多种,如地貌、气候、土壤、水文、植被等,而这些性状也是由许多因素构成的,如气候又包括光照、气温、降水等;土壤又包括土壤有机质含量、土壤质地、土壤酸碱度、土壤水分、土壤养分、碳酸钙含量等。同时,土地的不同性状或不同因素间又是相互作用相互影响的,如气候会影响土壤的水分、温度状况,甚至会影响土壤有机质含量、土壤养分有效性等。因此,土地质量是一个多样因素影响的统一体。另外,土地用途的要求也是多种多样的,如花生最适宜的土壤质地是砂土,小麦最适宜的土壤质地是壤土,棉花在坐桃期需要湿润的水分条件,而成熟期需要干燥的水分条件。因此,在分析土地质量和土地用途的要求时,一定要全面地考虑各种因素及其之间的关系,采用综合、全面的分析方法。

（3）限制性原理

不同的土地用途在某种土地质量上的适宜程度不同,实质上就是土地用途的限制不同。所谓限制性,是指土地质量不能满足土地用途要求的程度。如某种作物在某个生育期需要速效磷达到 30ppm（1ppm 表示 10^{-6}）,而实际土壤中只有 10ppm,由于速效磷含量太少,作物吸收不到充足的磷,生长受到限制,一般将作物减产的程度定为限制性的大小。各限制性因子在决定土地等级的过程中所起的作用大小有别,在限制性因素中,一般只有 1～2 个因素起主导作用。因此,在土地评价时,重点找出主要的限制因子,分析其与土地用途的关系。但是,必须以综合性原理为基础,先进行综合性分析,然后再找出限制性因素。

（4）系统性原理

土地评价的主要对象是土地利用系统。土地利用系统的产出是由土地利用系统的结构及外部投入决定的。同时,土地利用系统的结构受到土地物质投入（如土壤改良）和土地利用的物质投入（如品种、农药、化肥、劳力等）的影响可能会发生很大的改变,使土地利用系统的结构得到改善,从而可以大幅度地增加产出与投入之比。当然,如果投入不当,也可能使土地利用系统的结构被破坏,如山坡上毁林造田造成大量水土流失,使原来生长树林的坡地变成不毛之地。因此,土地评价时应尽量应用系统分析的原理,分析如何改善土地利用系统的结构,获得最理想的产出与投入之比。

（5）相对性原理

土地评价的基本任务是揭示区域中土地质量等级的空间分异,即对区域中的土地按其质量高低进行排序。因排序的标准常常是相对的,即使是潜力评价,这种"相对"的意义也很明显,因而评定的土地等级也是相对的。由于不同地区的自然条件和社会经济条件不同,土地质量上存在很大差异,比如就种植一般农作物而言,太湖平原的土地质量要好于华北平原。为了不同评价地区的实际需要,往往在评价时将本地区内质量最好的土地定为一等地,最差的土地定为末等地,这样处理使不同地区的土地质量等级之间的差异不尽一致,同一等级的土地和实际质量也可能不一样,因此,土地评价的结论是相对一定地区而言的。认识土地评价研究的这一特点,对于在评价过程中进行参评因子分级非常有利。

(6) 可比性原理

土地评价的结果是所评价的地区土地质量好坏程度的反映,因此,必须具有可比性。要做到这一点,就必须建立统一的评价标准或指标体系。

2. 土地分等的原则

一般说来,土地评价的原则可概括为以下四个方面:

(1) 针对性原则

土地评价要针对特定的土地利用方式。不同的土地利用方式,对土地质量的要求各异,如对土壤水分、土壤酸碱度及坡度等条件的要求。土地适宜性或土地等级的高低是对每种用途要求比较而言的。例如,排水困难的冲积泛滥平原是适宜稻田的一等地,但对玉米、小麦等来说就不一定适宜。所以,特定的土地对某种用途好,但对另一种用途就可能不好,土地评价只有针对特定的土地利用种类时才有其确切的意义。当然,在大区域的土地评价工作中,主要考虑土地利用大类,如农业用地、林业用地、牧业用地等,土地用途要求多考虑温度、降水、地形等宏观的土地属性;而随着比例尺的增大,评价精度的提高,则应考虑更加详细的土地利用方式,如作物种类、森林树种、草场类型等,相应土地用途则要考虑土壤条件、水分状况等影响。

(2) 多比较原则

比较原则是土地评价最基本和最重要的原则,评价过程中必须坚持多比较的原则。

① 比较土地利用的需求和土地质量

不同的土地利用类型或利用方式对土地质量有不同的要求。例如,多年生作物要求在根系层内土壤水分终年不小于凋萎点,而一年生作物只需在生长期内根系层水分保持高于凋萎系数的水平即可。同属一年生作物,在发生短期干旱时,高粱的耐旱性要明显高于玉米。因此,土地评价不仅要分析土地质量,而且要考虑土地利用类型的特性,分析作物对土地的要求,比较土地利用的需求和土地质量,才能准确地识别土地评价的诊断指标。

② 比较土地的投入和产出效益

土地只有利用才能显示出其生产潜力。任何土地利用要获得效益就必须有一定的投入,包括物质、劳动力和机械设备的投入等。其中,物质投入就包括种子、化肥、农药、燃料等。产出效益包括物质产品(如农作物、肉类、皮毛、乳制品或木材等)以及社会和环境效益(如废物处理、旅游观光和野生动物保护的价值等)。因此,在土地评价特别是经济评价过程中,必须进行投入和产出分析,成本和效益比较,以获得最佳土地利用效果。

③ 比较不同的土地利用方式

土地评价不能只限于单宜性评价,应该进行多宜性评价,要考虑不同的土地利用方式,并对它们作出比较。实践表明,如果可能,在一个地区最好同时针对两种或多种土地利用方式进行评价,并对各土地单元针对所选土地利用方式的适宜性或质量高低进行比较,以利于土地利用的择优配置。

（3）区域性原则

土地评价是一项区域性和综合性的研究工作,必须因地制宜考虑工作区域的自然、经济和社会条件。不同的区域,自然条件（如气候、地貌、土壤、水文、植被）和社会经济条件（如经济发展水平、道路交通、劳动力费用、市场状况等）都不相同,必然对土地评价产生一定影响。另外,土地利用方式的提出也必须要考虑区域自然条件和社会经济因素。例如,对于当地居民的饮食习惯是以小麦为主、水资源又不丰富的地区,种植水稻的可能性就不太符合当地的自然条件和社会习俗。因此,不同区域的土地评价应该有不同的评价依据,选取不同的评价指标,建立不同的土地利用种类,这些都是建立在该区域土地特征与不同土地利用类型比较的基础之上的。只有全面地、综合地分析区域的自然、经济和社会条件,才能客观地对土地做出评价,增强评价成果的科学性和应用价值,更好地为土地利用规划服务。

（4）可持续性原则

土地评价必须以土地的可持续利用为前提。提出的土地利用方式要有利于保持和提高土地的生产能力,并且要为社会所接受。在土地利用过程中要保护自然资源的潜力和防止土壤与水质等退化。例如,在旱作农业中引入灌溉技术而变为灌溉农业时,对土地灌溉适宜性的评价就必须考虑到由灌溉可能引起的沼泽化、次生盐渍化等,否则随着土地利用,土地适宜性不断降低,最后导致生产力下降、土地退化等。另外,有些土地利用方式在短期内可能会有较高的经济效益,但长期利用会导致土壤侵蚀、土地退化、环境污染等问题,由于其可持续性差,评价时也应为不适宜。

（四）土地分等的对象

土地分等的对象即土地评价单元,是由影响土地利用的各土地构成要素所组成的、具有特定土地特性和土地质量的空间实体。从国内外土地评价方法来看,大致有四种土地评价单元:土地类型单位、土壤分类单位、土地利用现状地块和地理网格单元。

1. 以土地类型单位为评价单元

由于土地类型反映了土地的全部自然特征,也考虑了人类活动对土地的影响,因此它不仅能反映出土地和土地利用差异性的自然条件,而且也能体现全部自然要素及人类活动结果的相对一致性和差异性,适合于作为土地评价的基础单位。事实上,国内外土地评价已越来越多地以土地类型为基础单位。由于土地类型的划分总是联系某一土地分级单位进行的,因此,土地单位的多级性和土地类型的多系列性,决定着土地评价亦应针对不同级别的土地类型来展开。但是,由于很多区域现有土地类型图不能满足土地评价的要求,使得以土地类型单位为评价单元受到了限制。

2. 以土壤分类单位为评价单元

以土壤图为基础,把基本制图单元如土种、变种或土系等按其土地利用性能重新组合归类为土地评价单元。最早源于美国的土地潜力评价系统,英国也普遍采用。通常将土壤分类系统中的"土系"作为基础评价单位。同一种"土系"不仅具有相同的母质类型,而且土壤剖面性状和表土质地等也基本相同,因此,以"土系"为基础单元进行诸如耕作、污水排泄处理、管道埋设等与土壤密切相关的土地潜力评价,往往可得到较好效果,尤其是一些尚未有土地类型图的区域,以此为土地评价的基础单位,不失为一种行之有效的选择。但缺点是该类评价单元缺乏明显的地物界线,与行政界线、地块权属界线不一致,评价结果在土地管理中受到一定限制。

3. 以土地利用现状地块为评价单元

直接利用土地利用现状图的图斑作为土地评价单位是我国常用的方法。按土地利用现状图的基础制图单元,即自然地块、耕作规划单元以及种植地段等划分土地评价单元,实际是以田间末级固定工程(路、渠、沟、林、坎等)所包围的地形、土壤、水利状况基本一致,以生产环境、管理水平、常年产量相近的范围为评价单元。其优点是各地土地利用现状图较为齐全,减少了前期的很多工作量;评价单元的界线与地块界线完全一致,评价结果便于土地利用结构的调整和基层生产单位的应用。但是,土地利用现状地块因受人为影响往往不太稳定。另外,如果一个土地利用现状地块单位内部含有多个不同的土地类型,评价所需的土地性质尤其是土壤性质的选取就会非常困难。

4. 以地理网格为评价单元

地理格网是一种统一、简单的地理空间划分方法。按照一定经纬度或地面距离,将区域连续分割为若干地理格网。划分结果可以是地理经纬网,也可以是一般的任一方格网,如 1km ×1km、500m×500m、30m×30m 的格网,每一网格即可作为一个评价单元,其内部土地属性视为大致相似。该方法的优点是单元划分简单,但土地评价单元的土地性质获取较困难,成果的应用也受到相当程度的限制。

由于各类土地评价单元各有优缺点,在土地评价中,应该根据基础数据、评价目的、评价类别和评价要求等,来决定土地评价采用的基础单元。

(五) 土地分等的方法

土地分等的方法既有定性方法与定量方法,又有定性与定量相结合的方法。

1. 定性评价

定性评价又称"经验法"或"常规法",是根据土地的自然条件和自然生产力进行评价,评价时只把社会经济技术条件作为背景,用定性的语言描述土地的质量特征,确定土地适宜性或潜力的高低(如最适宜、中等适宜、勉强适宜等或一等地、二等地、三等地等)。其多用于小比例尺大范围的土地评价,属于概略性土地评价,近似于所谓的景观评价,主要通过土地组成要素的定性特征通过经验来确定土地的质量特征。极限条件法是定性评价中常用的方法。源于土生产力限制率,即土地的等级是由单因子等级最低的因子决定的。在运用一组指标评价土地质量时,用等级最差的指标所指示的等级作为土地质量的等级。

定性评价的优点是充分利用了人们积累的经验,将土地组成要素的特征予以综合,具有一定的灵活性,使之直观地反映土地利用选择的可能性,为宏观决策提供依据;另外,还可反映出土地的自然属性的优劣即土地组成要素的概略性特征,在一般情况下,这些特征是相对稳定的,因此其评价成果的有效期较长。但是,其缺点也显而易见,不同的评价人员根据同一组数据得出的结论可能不同。另外,由于不同地区评价主导因素不同,即使同一地区不同评价因素所起的作用也有差别,定性评价往往难以对此复杂关系作出准确的衡量,导致其评价结果比较概略。

2. 定量评价

定量评价是在定性评价的基础上,对评价指标进行定量化,再根据评价指标与结果之间的关系,一般是通过土地组成要素的质量指标与特定土地利用类型对土地性状要求的比较来确定土地的质量等级,通常用加(减)法[①]、乘(除)法[②]或者代数法[③]等计算出某块土地的能够反映土地质量高低的综合数,在将指数的大小与土地的等级建立联系的条件下,用指数大小对土地进行分等划级。

目前,常用的定量土地评价方法有综合指数法、层次分析法、回归分析法、聚类分析法、多元分析法、模糊数学方法等。

(1)综合指数法

根据影响评价对象的因素设计指标体系,求取各指标的权重和指标值,对各指标进行无量纲化处理,然后通过某一种加权评分求取评价对象的综合评价值。依据综合评价值的大小,对评价对象进行排序或等级划分。综合指数法的特点是所有评价指标对评价对象而言并非缺一不可,某一指标的不足可以通过其他方面来弥补,其结果能计算出评价对象的综合评价值,并进行排序。

(2)层次分析法

层次分析法(简称 AHP 法)是一种定性与定量相结合的决策分析方法。基本原理是将决策的复杂问题看作受多种因素影响的大系统,按照它们之间的隶属关系把这些相互关联、相互制约的因素从高到低构造递阶层次结构,然后请专家、学者、权威人士对同一层次各个因素两两比较重要性,构建判断矩阵,并利用和积法、方根法等方法求取最大特征根及其对应的特征向量,并对判断矩阵的一致性进行检验,最后得到指标权重,进行辅助决策。层次分析法的关键在于建立层次结构和比较矩阵,通过计算得出结果。在土地评价中,这一方法有助于对复杂的多目标、多因素作合理综合。

---

① 　如罗马尼亚 1962 年起建立的土地评价加(减)法系统。

② 　如美国 1933 年起建立的斯托利指数分等系统(Storie Index Rating,简称 SIR)。

③ 　如迈阿密模型、FAO 模型等。

（3）回归分析法

影响土地质量、适宜性或生产潜力的各种变量相互依赖和相互制约。一部分变量之间存在某种函数关系，另一部分变量之间的关系则是不确定，但存在一种可以用相关系数表示的统计关系。例如，在地貌、坡度、土壤和水分条件一致的情况下，研究土壤肥力与作物产量的关系，可采用一元回归方法建立回归模型，并以此确定土壤肥力级和宜农土地的分等。在绝大多数情况下，自变量有多个，因此必须采用多元线性回归方法，建立多元线性回归模型。在土地评价中运用回归分析法，要使诊断因子数量化和生产力指标标准化，再通过诊断因子与土地生产能力的关系确定诊断指标因子，根据土地利用现状与主要诊断因子的组合确定土地适宜类型、土地质量等级，将两者组成一个评价系统，并绘出评价图。

（4）聚类分析法

聚类分析法是一种多元统计分类方法。根据土地诊断指标属性的相似性或亲疏程度，用数学方法逐步对其实行分类，最后可得到一个能反映土地质量各因素之间、因素与评价结果之间亲疏关系的分类系统。聚类分析时，首先应寻求度量土地诊断因子的数据或指标之间相似程度的统计量，而后以统计量为依据，把相似程度大者聚合为同类。

（5）多元分析法

多元分析法是聚类分析与判别分析的综合，分为统计聚类与判别分析两个步骤。在进行统计聚类时，首先要求建立土地质量评价的分类体系，接着对原数据进行标准化转换，而后计算相似性统计指标即距离系数，作聚类谱系图，最后取阈值进行分类。在进行判别分析时，应将研究区分为若干区点，按一定方式对各点的土地质量数据进行线性组合，使之形成一个新变量即判别函数，并使类间均值差与类内均值差之比最小。在这种情况下，判别函数即能显著区分土地质量的类型。

（6）模糊数学方法

在模糊数学中是以隶属函数来表达隶属度，运用模糊变换原理和最大隶属度原则，依据评价对象的具体情况和评价所定的具体目标，通过评判指标的取值、排序，再评价择优的过程。模糊综合评价具有分辨性和可比性强的特点，但存在信息丢失的缺点。在土地评价中，通常选取线性函数计算隶属度。运用这种方法首先应进行单项指标评价，而后取其结果计算权重系数作为综合评价的结果。

定量评价的优点是"量"的概念非常明确，也便于评价出的土地质量进行对比，缺点是土地组成要素的质量指标与土地质量等级的对应关系在确定上难免或多或少带有主观性，而且也难以考虑诸因素共同作用而产生的综合效应。

3. 两段法与平行法

仅仅使用定性方法很难满足人们对土地评价的要求，没有定性评价作基础，定量方法又难免出现某种失误。因此，在土地评价中，定性方法和定量方法常常是结合使用的，通常又分为两段法和平行法两种方式（图 6.14）。

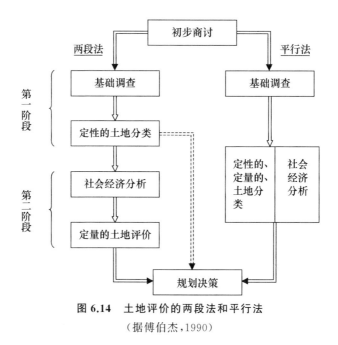

图 6.14　土地评价的两段法和平行法

（据傅伯杰,1990）

（1）两段法

把评价工作划分为两个阶段,第一阶段主要通过调查,针对预定的土地利用类型进行土地定性评价,而在第二阶段进行社会经济研究,再完成土地的定量评价。

两段法有以下优点:

① 鲜明的评价顺序,以自然属性为目标的评价在社会经济分析之前进行,工作显得简单方便。而且可以根据评价目的的要求,决定是否需要进行第二阶段的经济评价。因为实际上,并非所有的土地评价都需要紧接着完成经济评价,特别是大区域的小比例尺的一般性评价,往往不需要继续第二阶段的评价,经济分析通常只作为背景材料。

② 由于经济评价与自然评价是分开的,可以把它们看作两个阶段性成果。后一部分由于经济因素的可变性或易变性,成果的时效性较强。然而,由于自然评价没有受经济因素的干预,这样就单独保留了比较稳定的、时效性长的自然属性评价成果。在经济评价失效之后,为新形势下重新开展经济评价提供了方便,节省了工作量。

③ 方便于定量评价。假定土地的经济适宜级是以毛利润、净收入或贴现现金流量分析划界,这就可以极方便地以一定的经济指标将它们的等级区别开来。

（2）平行法

同时进行某种土地类型的社会经济和自然条件分析及评价,因而可望在较短时间内提交比较精确的成果。

平行法有以下特点:

① 多适用于小范围大比例尺的评价制图,当土地利用种类的选择性较小时,使用起来尤为方便。

② 在平行进行中,同时收集自然的和经济的资料,并同时相交融地进行分析和评价,可缩短工作时间,在较短的时间内提供较精确的评价成果。但由于经济和自然评价成果统一于一个整体中,受经济因素易变性的影响,成果的时效性也有限。而且一旦失效,不像两段法那样可以保留自然评价那部分,而是整个工作都失去了意义。

③ 由于同时使用自然的和经济的评价指标进行评价,使本来就相当复杂的评价工作更加复杂化。这种情况,不仅要求各学科紧密配合,还要求业务主持人有高度的综合能力。另外,经济分析往往因为某种或某几种少数作物受市场的价格影响很大,有时可能要随市场行情调整土地利用类型,难免不能真正反映土地的适宜性及其真实价值。因此,平行法在土地评价中的应用不如两段法普遍。

(六) 土地等级系统

土地等级(或称土地潜力等级)是土地评价的最终成果,也是土地分等研究的核心部分。土地等级的数目应按评价区域的复杂程度和评价的目的要求确定。

1. 土地等级系统

(1) 区域土地等级系统

目前,通常采用的区域土地等级为八级制(表 6.9)。从一等地到八等地,土地的适宜性及生产潜力依次减小,而限制性因素增加;等级相同的土地,其适宜性及生产潜力大致相同。

表 6.9 土地潜力等级图式

适宜性 / 潜力等级	适宜性从多到少							
	多宜地(农、林、牧均宜)				双宜地	单宜地		不宜地
	最宜	次宜	适宜	稍宜	宜林牧	宜林	宜牧	农、林、牧均不宜
I								
II								
III								
IV								
V								
VI								
VII								
VIII								

生产潜力减小

一等地(I) 土地质量好,基本上没有限制,适宜性广,宜于农、林、牧利用。

二等地(Ⅱ) 土地质量较好,适宜性广,由于某些不利因素的限制,农业利用受到一些影响,但对林、牧业利用影响不大。

三等地(Ⅲ) 中等,适宜性较广,但受到土壤、排水状况或盐渍化等的影响,农业利用时需要采取一定改良措施。

四等地(Ⅳ) 较差,适宜性受到较大限制,受地形、土壤侵蚀、土层厚度、盐渍化、水源、灌溉条件等的较大限制,勉强可利用于种植业,一般适用于林、牧业。

五等地(Ⅴ) 土地质量差,适宜性较窄,坡度较陡,侵蚀强烈,土层薄或有强度沼泽化、盐渍化,改良困难,已不适宜于种植业,对林业或牧业有一定限制。

六等地(Ⅵ) 海拔较高,坡度较大,适种树种少,发展牧业受到较大限制。

七等地(Ⅶ) 基岩暴露较多的山地或有稀疏牧草的戈壁、沙漠,仅能勉强供牧业利用。

八等地(Ⅷ) 不适宜农、林、牧业利用的戈壁、沙漠、冻原、冰川等。

无论任何地区,一等地的生产潜力最大,适宜性最广,限制性因素极少;八等地则为不能利用的土地。从一等到八等,生产潜力适宜性逐渐降低,而限制性因素和强度则逐渐增加。

(2) 城镇建设用地等级系统

城市范围内气候的纬度地带性和经度省性的差异没有明显的变化。因此,城市建设用地评价时,一般不考虑气温、降水等气候因素的差异,按照规划与建设的要求以及备用地在工程技术上的可能性与经济性,对用地的环境条件进行质量评价,以确定用地的适用程度。通过用地的评价,为城市用地选择与用地组织提供科学依据。

一般来说,地质地貌、土质和土壤、水文和水文地质、小气候的差异是城市范围内地域分异的因素。这些自然要素之间,有的是有着相互制约或抵消的关系,有的则相互配合叠加强化了某种作用。这些因素的空间分异,决定了不同土地地段的地形坡度、地基承载力、地貌破碎度和工程病害等建设条件的差异,影响了城市建设用地的适宜性。如:

① 地貌部位。地貌部位是小范围地域分异的主导因素,可分为地貌面、初级地貌形态和复杂的初级地貌形态三种分异等级。

② 岩性、土质和土壤。引起土地进一步分异的因素,岩性差别、岩层厚度、固结程度、地区性土均影响工程建设特性。

③ 水文和水文地质。主要指洪水淹没状况、潜水埋深、流动性和化学成分等对建设工程的影响。

④ 外动力地质过程。主要指对建设工程带来病害的地质地貌过程,如冲沟、泥石流、滑坡、塌方等工程病害。

⑤ 小气候。主要指因地貌形态差异所引起的日照、风向、风速等的差异。

在此基础上,参照有关工程地质规范(如《城市规划工程地质勘察规范》(CJJ57—2012))(表 6.10)及所在城市具体情况,拟订城市建设用地条件评价表。

表 6.10 工程建设适宜性的定性分级标准

级别	分级要素	
	工程地质与水文地质条件	场地治理难易程度
不适宜	(1) 场地不稳定 (2) 地形起伏大,地面坡度＞50％ (3) 岩土种类多,工程性质很差 (4) 洪水或地下水对工程建设有严重威胁 (5) 地下埋藏有待开采的矿藏资源	(1) 场地平整很困难,应采取大规模工程防护措施 (2) 地基条件和施工条件差,地基专项处理及基础工程费用很高 (3) 工程建设将诱发严重次生地质灾害,应采取大规模工程防护措施,当地缺乏治理经验和技术 (4) 地质灾害治理难度很大,费用很高
适宜性差	(1) 场地稳定性差 (2) 地形起伏较大,地面坡度≥25％且＜50％ (3) 岩土种类多,分布很不均,工程性质差 (4) 地下水对工程建设影响较大,地表易形成内涝	(1) 场地平整较困难,需采取工程防护措施 (2) 地基条件和施工条件较差,地基处理及基础工程费用较高 (3) 工程建设诱发生地质灾害的概率较大,需采取较大规模工程防护措施 (4) 地质灾害治理难度较大或费用较高
较适宜	(1) 场地基本稳定 (2) 地形有一定起伏,地面坡度＞10％且＜25％ (3) 岩土种类多,分布较不均匀,工程性质较差 (4) 地下水对工程建设影响较小,地表排水条件尚可	(1) 场地平整较简单 (2) 地基条件和施工条件一般,基础工程费用较低 (3) 工程建设可能诱发次生地质灾害,采取一般工程防护措施可以解决 (4) 地质灾害治理简单
适宜	(1) 场地稳定 (2) 地形平坦,地貌简单,地面坡度≤10％ (3) 岩土种类单一,分布均匀,工程性质良好 (4) 地下水对工程建设无影响,地表排水条件良好	(1) 场地平整简单 (2) 地基条件和施工条件优良,基础工程费用较低 (3) 工程建设不会诱发次生地质灾害

注:① 表中未列条件,可按其对场地工程建设的影响程度比照推定;
　　② 划分每一级别场地工程建设适宜性分级,符合表中条件之一时即可;
　　③ 从不适宜开始,向适宜性差、较适宜和适宜推定,以最先满足的为准。

据此评价表,采用极限条件法为主要综合法,并配以各用地因素的综合分析,将各建筑用地地段划分成四等:

一等地:适宜地段,良好建筑用地,不需要进行任何工程处理。

二等地:较适宜地段,适宜建筑用地,但需作简单工程处理。

三等地:适宜性差地段,可进行建筑用地,但需进行适当工程处理。

四等地:不适宜地段,不宜建筑用地。

2. 美国土地评价系统

美国农业部 1961 年提出的土地潜力分级,是世界上最早使用的土地评价系统。当时的主要目的是为了控制土壤侵蚀。1933 年和 1934 年的春季,美国的纽约、波士顿、华盛顿等地区发生了"黑风暴"。狂风呼啸,尘土翻滚,自西向东形成了东西长 2400km,南北宽 1440km,高 3.4km 的迅速移动的巨大黑色风暴带。风暴所经之处,溪水断流,水井干涸,田地龟裂,庄稼枯萎,牲畜渴死,千万人流离失所。刮走了大量的农田耕作层土壤,使美国 1/6 的土地荒芜。1935 年美国成立了"土壤流失局"(后改名为"土壤保持局"),旨在控制土壤的流失。1940 年以后,为了确定在什么地方、哪些土地作为农业利用的潜力等级最高,哪些土地作为农业利用需要保护等问题,在全国范围开始进行土地潜力评价。经过约 20 年的时间,由美国农业部土壤保持局在 1961 年正式发布了土地潜力分类系统。

该系统包括三个等级单位,即潜力级(capability class)、潜力亚级(capability subclass)和潜力单位(capability unit)。它是根据土地对作物生长的自然限制性因素的强弱程度,将土地分成若干个顺序的类别。在潜力分类中,可耕土地的分类是根据土地持续生产一般农作物的潜力与所受到的限制因素来划分的;不宜耕种的土地的分类,还要考虑因经营不当所引起的土壤破坏的危险性等因素。

(1) 潜力级

潜力级是潜力分类中的最高等级。美国把所有土地划分为 8 个潜力级,用罗马数字表示。从Ⅰ~Ⅷ级,土地在利用时受到的限制与破坏是逐级增强的。其中Ⅰ~Ⅳ级土地在良好管理下,可生产适宜的作物,例如树木或牧草以及一般农作物和饲料作物;Ⅴ~Ⅶ级土地一般不宜农用,而Ⅴ、Ⅵ级中的某些土地,可生产水果,观赏植物等特种作物,在大力加强包括水土保持措施在内的高度精细经营条件下,还能栽培大田作物和蔬菜;Ⅷ级土地若缺乏重大改造措施,则经营农作物、牧草或树木就会得不偿失。Ⅰ级是各种利用都适宜的土地,Ⅱ级是减掉一种利用方式,以后各土地潜力级依次减去一种利用方式,但Ⅶ级和Ⅷ级例外,Ⅷ级仅适用作为野生动物的栖息地。

(2) 潜力亚级

土地潜力亚级是潜力级内具有相同的限制因素和危险性的潜力单元的组合。根据限制性因素的种类分为 4 个亚级,分别表示侵蚀(erosion hazards)、水分(wetness)、表层土壤(soil factors)和气候条件(climate)4 种限制性类型。亚级的表示方法是在罗马数字后加注 1~2 个小写字母,如Ⅳwe。

(3) 潜力单位

土地潜力单位是对于一般农作物和饲料作物的经营管理具有大致相同效应的土地组合。同一潜力单位的土地具有以下特点:① 在相同经营管理措施下,可生产相同的农作物、牧草或林木;② 在种类相同的植被条件下,要求相同的水土保持措施和经营管理方法;③ 相近的生产潜力,在相似的经营管理制度下,同一潜力单元内各土地的平均产量的变率不超过 25%。

3. FAO《土地评价纲要》评价系统

20 世纪 70 年代前后,世界上大多数国家均已开展土地评价研究,并各自制订了土地评价的系统。由于这些评价系统很不统一,给国际学术交流带来了困难。因此,有必要进行协商讨论,以求得土地评价方法一定程度的标准化。1972 年,FAO 在荷兰瓦格宁根拟定了《土地评价纲要》,经过多次讨论和大量实践,于 1976 年正式公布。这是目前世界上影响最大、使用最广泛的土地适宜性评价方案。之后在 1983—1985 年间,FAO 陆续出版了《雨养农业土地评价纲要》(1984)、《林业土地评价》(1984)、《灌溉农业土地评价和土地分类纲要》(1985)和《牧业土地评价》(1986)等,形成了系统、全面的土地评价体系。

《土地评价纲要》所规定的评价系统分为纲(land suitable order)、级(land suitable class)、亚级(land suitable subclass)和单元(land suitable unit)4 个等级(表 6.11)。

表 6.11　FAO《土地评价纲要》评价系统

纲	级	亚 级	单 元
S(适宜)	S_1	S_{2m}、S_{2e}、S_{2me}	S_{2e-1} S_{2e-2}
	S_2		
	S_3		
S_c(有条件适宜)			
N(不适宜)	N_1	N_{1m}	
		N_{1e}	
	N_2		

(1) 土地适宜纲

土地适宜纲表示土地对所考虑的特定利用方式评价为适宜或不适宜。适宜纲(S)是指在此土地上按所考虑的用途进行持久利用能产生足以抵偿投入的收益,而且没有破坏土地资源的危险。不适宜纲(N)则指土地质量显示土地不能按所考虑的用途进行持久利用。土地被列入不适宜纲可能有许多原因,提出的用途可能在技术上不能实行。例如,在裸岩上进行耕作,或者在陡坡地上耕种,会引起严重的土地退化。但经济原因往往居多,即预期投资获得的效益小,得不偿失。土地的适宜与不适宜即以这些原则划分。

(2) 土地适宜级

土地适宜级反映适宜性的程度,可按照纲内适宜性程度递减的顺序用连续的阿拉伯数字表示。在适宜纲内,级的数目不做规定,最多约可分为 5 级,但一般考虑分为三级:S_1、S_2、S_3。

① 高度适宜级(S_1)。土地可持续应用于某种用途而不受限制或受限制较小,不致降低生产力或效益,并且不会将投入提高到超出可接受的程度。

② 中等适宜级(S_2)。土地有限制性,持久利用于规定的用途,会出现中等程度的不利,将减少产量和收益并增加所需的投入。但从这种用途仍能获得利益,虽尚有利可图,但明显低于 S_1 级的土地。

③ 临界(勉强)适宜级(S_3)。土地对指定用途的持续利用有严重的限制,以致降低产量和收益或增加必需的投入,收支仅仅勉强达到平衡。

适宜性程度的差别主要取决于投入和收益的相互关系。在定量分类中,投入(基建投资、劳力、肥料、能源等)和收益(粮食、畜产品、木材、娱乐)都必须用普通可计量的数值,一般用经济指标来表示。

在不适宜纲内通常分为两级:当前不适宜级(N_1)和永久不适宜级(N_2)。

① 当前不适宜级(N_1)。土地有限制性,但终究可加以克服,但在目前的技术和现行成本下不宜加以利用;或限制性相当严重,以致在一定条件下不能确保对土地进行有效而持久的利用。

② 永久不适宜级(N_2)。土地的限制性相当严重,以致在一般条件下根本不可能利用,这一级通常是陡坡、裸岩或干旱沙漠区。

(3)土地适宜亚级

土地适宜亚级反映土地限制性类别的差异,如水分亏缺、侵蚀危害等,亚级用小写字母附在适宜级符号之后的方法来表示,如 S_{2m},S_{2n} 等。S_1 无适宜亚级。在实际工作中究竟如何设置亚级,一般可遵循两条原则:

① 亚级的数目愈少愈好,只要能区分开适宜类(级)内不同质量的土地即可,即经营管理条件有明显差别及针对限制因素进行改良的可行性不同的土地;

② 对于任何亚级而言,在符号中应尽可能少用限制因素,一般只用一个字母就够了,如果两个限制因素同样重要,就同时列出两者。

(4)土地适宜单元

土地适宜单元是适宜亚级的续分。亚级内所有的单元具有同样程度的适宜性和相似的限制性。单元与单元之间的生产特点、经营条件和管理要求的细节方面都有差别。适宜单元的划分对于农场土地利用规划很有意义。适宜单元用阿拉伯数字表示,置于适宜亚级之后,如 S_{2e-1}、S_{2e-2}。

此外,在某些情况下还可能续加"有条件适宜"的类别。这是指在研究区内可能有些小面积土地,在规定的经营管理条件下对某种指定用途而言是不适宜的;但是如果实现了某些条件,这类土地可变为适宜。条件的变化可能与经营方式有关,或与所需的投入有关,或与作物选择有关。设置"有条件适宜"的好处是如果土地用途发生局部变化或采取局部的改良措施,可不对土地重复进行适宜性评价。然而,为了避免给人们带来含糊不清,除了迫不得已,一般尽量避免"有条件适宜"这一类别。

4.《中国1∶1 000 000 土地资源图》评价系统

1978—1985 年间,由中国科学院自然资源综合考察委员会石玉林(1936—)领衔,全国 50 个单位、近 300 名科研人员,在系统收集、整理、综合新中国成立 30 多年来有关土地资源研究资料与遥感信息的基础上,结合实地考察,完成了第一代《中国1∶1 000 000 土地资源图》,也代表了我国土地资源科学的研究水平。《中国1∶1 000 000 土地资源图》的评价系统基本上属于土地适宜性评价系统范畴,且是综合性土地适宜性评价。该系统采用土地潜力区(land potential area)、土地适宜类(land suitable type)、土地质量等(land quality rank)、土地限制型(land limited type)和土地资源单位(land resources unit)等五级制。

（1）土地潜力区

土地潜力区是土地资源分类系统的"零"级单位,其划分是以气候的水热条件为依据,反映区域之间生产力的差别。在同一类内具有相同的土地生产能力,包括适宜的农作物、牧草、树木的种类、组成、熟制和产量以及土地利用的主要方向和措施。据此,将全国划分为华南、四川盆地-长江中下游区、云贵高原区、华北-辽南区、黄土高原区、东北区、内蒙古半干旱区、西北干旱区和青藏高原区9个土地潜力区。

（2）土地适宜类

在土地潜力区内依据土地对于农、林、牧业生产的适宜性划分,在划分时尽可能按主要适宜方面划分,但对那些主要利用方向尚难明确的多宜性土地,则做多宜性评价。据此共划分8个土地适宜类:宜农土地类、宜农宜林宜牧土地类、宜农宜林土地类、宜农宜牧土地类、宜林宜牧土地类、宜林土地类、宜牧土地类和不宜农林牧土地类。

（3）土地质量等

在土地适宜类范围内,按对农林牧业适宜程度和生产力的高低,按农、林、牧诸方面各分为三个等级,即一、二、三等宜农,一、二、三等宜林,一、二、三等宜牧,多宜土地按农林牧土地质量进行排列组合,分别用阿拉伯数字1、2、3表示;不宜农林牧类用数字0表示。宜农耕地类用一位数字表示,其他均用三位数表示,第一位表示宜农等级,第二位表示宜林等级,第三位表示宜牧等级。如:"1"表示一等宜农耕地;"233"表示二等宜农三等宜林宜牧土地;"010"表示一等宜林地。

（4）土地限制型

同一土地限制型内的土地具有相同的主要限制因素和要求相同的主要改造措施。土地限制型划分为10个:无限制(0),水分和排水条件限制(w),土壤盐碱化限制(s),有效土层厚度限制(i),土壤质地限制(m),基岩裸露限制(b),地形坡度限制(p),土壤侵蚀限制(e),水分限制(r)和温度限制(t)。土地限制型的表示方法为:用英文小写斜体字母放在土地质量等的右上角,限度强度则用小号阿拉伯字母1、2、3…表示,放在英文字母的右下角。例如,333^{w_2},333表示三等宜农宜林宜牧,右上角w_2为水分与排水限制,限制程度为2级。

（5）土地资源单位

土地资源单位,即土地资源类型,由地貌、土壤、植被与土地利用类型组成。作为制图单位和评价对象,其数量根据土地资源评价的需要而定,不做原则规定。由于已有土地类型单位代替土地资源单位,土地评价的基本单位得以确定。土地资源单位用阿拉伯数字1、2、3…表示,放在土地质量等的右下角。按图幅的自行顺序编排。如"$333_1^{w_2}$",右下角1表示土地资源单位。

5. 土地评价诊断指标

欧美学者主张在进行土地评价时，严格区分土地特征、土地质量和诊断指标三者的含义。

（1）土地特征

土地特征（land characteristics）是土地的可计量或可估量的属性，如坡度、降雨量、土壤有效水容量、植被生物量、土壤质地、土层厚度等。在资源调查中所划定的土地制图单元，一般均提供有这类资料。土地性质对于某种土地利用方式不是单独起作用的。例如，作物的生长状况并非受降雨量或土壤质地的直接影响，而是取决于水分有效性、养分有效性或因积水而造成的土壤的不良通透性。养分有效性不仅决定于土壤中养分的含量，而且也与土壤的pH和土壤质地等有关。再如，土壤侵蚀强度不仅与地形坡度有关，也与坡长、渗透性、土壤质地、降雨强度等性质有关。

（2）土地质量

由于土地性质对某种土地利用方式不是单独起作用的，所以在进行土地评价时，要尽量使用由土地性质构成的土地综合属性，这类综合属性称之为土地质量。一般来说，土地质量（land quality）是指针对土地用途而影响土地实用性的属性，实用性依目的而不同。FAO（1976）将其定义为"与利用有关，并有一组相互作用的简单土地性质组成的复杂土地属性。"

与农、林、牧三种土地利用方式有关的土地质量如下：

① 与农作物或其他植物生长有关的土地质量。水分有效性、根层的氧气有效性、发芽条件、根系立足点适当性、养分有效性、土地的耕种条件、盐度和碱度、土壤毒性、土壤抗蚀性、与土壤有关的病虫害、洪涝灾害、温度状况、太阳辐射能和光照时期、影响植物生长的气候灾害、影响植物生长的空气湿度、作物成熟所需的干燥期。总的质量指标是作物产量（上述许多质量的总效应）。

② 与畜牧生产有关的土地质量。影响家畜的严酷气候、地方性病虫害、牧草的营养价值、牧草的毒性、抗拒植被退化的性能、在放牧条件下抗拒土壤侵蚀的性能、饮水的有效性。总的质量指标是牧草的生产能力。

③ 与森林生产有关的土地质量（指天然森林、人工林场）。林木的类型和数量、影响确立幼树的立地因素、病虫害、火灾。总的质量指标是年平均材积量。

④ 与土地经营管理有关的土地质量。影响机械化的地形因素、影响对外修建道路的地形因素、地块的破碎程度、影响管理单位的可能规模（林场、牧场、农田）、区位特点、与市场及物料、人力供应有关的地理位置。

（3）诊断指标

诊断指标（diagnosis index）是指上述土地特征或土地质量中对确定土地分等标准有意义的属性。例如，坡度（p）、水侵蚀（e）、风蚀（v）、有效土层（d）、障碍土层（i）、土壤质地（t）、土壤肥力（g）、土壤酸碱度（a）、盐碱化和改良条件（s）、地表积水（l）、沼泽化程度（b）、水源保证率（w）等（表6.12）。对各项诊断指标都要求分级，这样就把定量和定性评价结合在了一起。

表 6.12 土地分等诊断指标评级表

评级	0	1	2	3	4	5
坡度(p)	<3°	3°~5°	5°~15°	15°~25°	25°~35°	>35°
水侵蚀(e)	不明显	轻度面蚀(3°~5°)，有少量纹沟	中度面蚀(5°~10°)，有少量纹沟	强度面蚀(10°~20°)，有少量切沟	强度面蚀(20°~30°)，切沟较密，少量冲沟，植被覆盖度10%~30%	极强度面蚀(>30°)，有大量切沟，植被覆盖度<10%
风蚀(v)	不明显	轻度风蚀，有沙纹	中度风蚀	植物根出露	强度风蚀，出现沙垅	极强度风蚀，出现砾垅
有效土层(d)	>50 cm	>50 cm	30~50 cm	10~30 cm	<30 cm	
障碍土层(i)	无	>50 cm	50~40 cm	40~30 cm	30~20 cm 20~10 cm	<10 cm
土壤质地(t)	壤质	壤质	偏黏或偏沙	黏土、沙土或含砾量较高	黏土、沙土或含砾量高	砾质、裸露基岩20%~50% 砾质、裸露基岩>50%
土壤肥力(g)	高	较高	中等	较低	低	
土壤酸碱度 pH(a)	6.0	6.0~7.5	4.5~6.0	7.5~8.5	>8.5或<4.5	
盐碱化和改良条件(s)	无	轻度，30cm土层平均含盐量<0.3%，需农业技术改良	中度，30cm土层平均含盐量0.3%~0.5%，需采取农业技术措施	强度，30cm土层平均含盐量0.5%~1.0%，需水利改良措施	盐碱地30cm，土层平均含盐量>1.0%，目前可以改良	盐碱地30cm，土层平均含盐量>1.0%，暂时不能改良
地表积水(l)	无	季节积水	每年季节积水	全年地面积水		
沼泽化程度(b)	潜育层距地面>60cm	轻度40~60cm	中度20~40cm	强度<20cm		
水源保证率(w)	有稳定保证	有一般保证	水源不足，保证率低	水源严重不足		

6.7 土地结构

土地结构(land structure)，是指某一区域中各种土地类型的组合方式、所占比例和彼此间相互联系所构成的分布格局,包括质的对比关系和量的对比关系。所谓"质的对比关系"是指有哪种种类的土地类型及其组合关系,所谓"量的对比关系"是指各种土地类型所占的面积比例。如江南丘陵地区的"七山二水一分田"、黄土丘陵沟壑区的"一川二沟三坡四峁塬"等,便是对区域土地结构的通俗表达。

研究土地结构是合理利用土地资源的重要依据。土地结构一方面表明了各类用地面积所占的比重,另一方面还反映各种用地类型的组合方式。优化土地结构,是实现土地系统良性循环、提高土地功能的前提。此外,研究土地结构还是自下而上进行自然区划的基础。

(一) 土地结构的类型

土地结构包括空间结构、数量结构和演替结构等。

1. 土地类型空间结构

土地类型空间结构,是指某一区域内,各种土地类型在空间上的排列与组合形成的一定格局。土地类型空间结构往往具有明显的地域差异。平原地区土地类型空间结构往往不甚明显;在丘陵山区,由于受地形和水系切割的影响,土地类型空间结构则比较鲜明。常可根据地形和水系的排列形式加以识别或判断。

土地类型的组合形式有多种。根据其内部土地类型的组合形式,归纳起来可以分为递变型结构和重复型结构两类。递变型结构是指土地类型的空间分布按一定的方向或方位发生依次的变化,构成一定的系列。例如递变阶梯式组合和递变环带式组合。重复型结构是指土地类型的空间分布呈有规律的相间排列和重复分布,或在一种类型的背景上出现另一种类型的斑点状分布,构成一定的复域或复区。例如带状结构、环状结构、扇形结构和树枝状结构等。实际上,经常出现的是上述这两种结构的过渡形式或更复杂的交叉组合形式。

不同等级的土地类型有不同的空间组合结构。由于土地单位的多级性,还存在土地单位的内部结构。一定级别的土地单位内包含若干较低级别的土地单位,后者在前者内的质和量对比关系就是土地单位的内部结构。如一定的相结构组成了限区,限区结构组成了地方,地方结构组成了景观,形成了从小结构到中结构,再到大结构的多级结构。对土地单位内部结构进行研究,并探讨其地域分布规律,将有助于进一步揭示小尺度的空间地理规律,深化对土地类型的认识,使土地利用规划从宏观走向微观,从总体调控走向具体设计。

2. 土地类型数量结构

土地类型数量结构是指某个区域包含哪些土地类型,它们各占多少面积比例。因此,土地类型数量结构实际是指土地类型在质和量上的对比关系。例如,人们提到某个地区是"七山一水二分田",就是这种质和量的对比关系,其中山、水、田是土地类型的"质",而七、一、二是土地类型的"量",即面积比例。一般来说,土地类型数量结构统计指标有以下几种:

(1) 多度

多度表示某种土地在区域内的相对个体数。可以定量地表示出土地类型在区域内的分布状况,是合理配置适宜于该土地类型的利用方式的依据。计算公式为

$$A_i = \frac{n}{N} \times 100\%$$

式中，A_i 为某种土地类型的多度，n 为该种土地类型的数量，N 为区域内全部土地类型的数量。

（2）频度

频度表示某种土地在区域内出现的频率。可以定量地表示土地类型在区域内的分布均匀程度，也是合理配置适宜于该类土地的利用方式的依据。计算公式为

$$P_i = \frac{m_i}{n} \times 100\%$$

式中，P_i 为某种土地类型在区域内出现的频率，m_i 为土地类型在样方内出现的个数，n 为该区域内的样方数。

（3）面积比

面积比是指各土地类型的面积占区域土地总面积的百分比。面积比精确地表示土地类型在区域内的相对数量，是决定是否在该种土地上建立商品生产基地和确定土地适度经营规模的依据。计算公式为

$$K_i = \frac{a_i}{A} \times 100\%$$

式中，K_i 为某种土地类型的面积比；a_i 为该种土地类型的面积；A 为区域土地总面积。

（4）重要值

重要值是多度与面积比的综合表示，可以定量地表示土地类型对区域的重要程度，是确定区域土地利用专业化方向的重要依据。计算公式为

$$IVI_i = A_i + K_i$$

式中，IVI_i 为某种土地类型的重要值；A_i 为该种土地类型的多度；K_i 为该种土地类型的面积比。

（5）复杂度

复杂度表示一定区域内土地类型在高一级区域内的相对复杂程度或多样化程度。复杂度是确定区域土地利用方式多样化的重要指标。计算公式为

$$CD = \frac{\dfrac{n}{a}}{\dfrac{N}{A}}$$

式中，CD 为区域内土地类型在高一级区域内的复杂度；n 为区域内土地类型数；a 为该区域土地总面积；N 为高一级区域内土地类型数；A 为高一级区域土地总面积。

（6）区位指数

区位指数表示区域内某种土地的区际意义。区位指数若为正值，则表示该种土地有区际意义；反之，则说明不具备区际意义。区位指数也是确定区域土地利用专门化方向和配置商品生产基地的依据。计算公式为

$$LI_i = K_i - \frac{a_i}{A'} \times 100\%$$

式中,LI_i 为某种土地类型的区位指数;K_i 为该种土地类型的面积比;a_i 为该土地类型的面积;A' 为高一级区域土地总面积。

另外,还可采用景观格局指数来进行土地类型数量结构的分析。

3. 土地类型演替结构

(1) 土地类型演替的概念

由于土地与周围环境之间不断地进行着物质、能量的交换,或由于土地不断受到人类活动的影响,各种土地上都发生着特有的时间演替过程。例如,在某一林区,一片土地上的树木被砍伐后辟为农田种植作物,以后这块农田被废弃,在无外来因素干扰下,就发育出一系列植物群落,并且依次替代。首先出现的是一年生杂草群落,然后是多年生杂草与禾草组成的群落,再后是灌木群落和乔木的出现,直到一片森林再度形成,替代现象基本结束。

土地类型演替(succession of land classification)是指在一定时段内,一种土地类型向另一种土地类型转化的过程。研究土地类型演替,就是要阐明土地类型演化的规律及其原因,有助于预测土地动态,确定合理、持续的土地利用方式,主动地促进土地进入良性循环,防止土地退化和破坏,进行土地生态设计。

(2) 土地类型演替的类型

按照不同的标准,土地类型的演替可以分为不同的类型。

① 按照演替性质,可分为时间演替(temporal succession)和空间演替(spatial succession)。土地类型的时间演替是指发生在同一地段、不同性质的土地类型沿时间序列的有规律更替。土地类型空间演替是指沿着一定的方向各种性质不同的土地类型呈现有规律的更替,通常包括水平演替和垂直演替两类,它们分别受土地类型的形成因素尤其是主导因素的水平或垂直变化规律的制约。实际上,土地类型的时间演替和空间演替是密不可分的两个方面。

② 按照演替原因,可分为自然演替(natural succession)和人为演替(artificial succession)。土地类型的自然演替,是在自然状态下的演替。一般来说,同一土地大类内的显域性土地类型具有相同的自然演替模式,并最终达到同一顶级类型。当然,土地类型自然演替达到顶级类型时,并不是说演替就此结束,在特定的情况下,顶级型土地类型也可能会瓦解而开始新的演替。此外,大范围的气候变动、构造运动、滑坡、崩塌、侵蚀等自然因素的干扰,也会导致土地类型的自然演替过程发展中断,甚至短期的反向演替。土地类型的人为演替是指在受到人为因素的干预下发生的演替。这种演替经常表现在以下三个方面:改变土地类型的要素结构,如增加或改善土地类型的植被覆盖;增加或减少土地系统物质和能量的输入和输出,如自觉地进行施肥、灌溉和管理措施,促使土地类型向高功能的类型演替;改变土地类型的环境条件和空间组合结构,如山坡毁林开荒,造成水土流失,直接破坏了土地的稳定性,导致土地生态条件恶化,土地类型向低功能类型演替。

③ 按照演替方向,有正向演替(positive succession)和逆向演替(retrorse succession)。土

地类型的正向演替又称顺向演替或进化性演替,是指在顺应自然规律和合理开发利用土地的情况下,土地类型向维持生态平衡方向发展的一种良性演化,这种演化有利于土地资源的可持续利用。如在西南喀斯特地区,在自然恢复或人为促进下的正向演替顺序依次为:石漠化土地→旱生藤刺灌草丛→常绿落叶灌丛→喀斯特森林。土地类型的逆向演替又称退化性演替,是指不合理开发利用土地,造成土地类型向破坏生态平衡方向发展的一种退化性演化,表现为土地质量退化,土地结构与功能变得愈益简单,土地生产力逐渐下降。

④ 按照演替过程,既有节律性演替(rhythmed succession),又有非节律性演替(rhythmless succession)。节律性演替又称周期性演替,是一种正常进行的土地类型演替过程,如撂荒地的演替,森林砍伐以后恢复到原来状况的演替。非节律性演替即非周期性演替,如由于人类的经济活动或自然灾害引起的灾难性土地类型的演替,它可能引起土地类型的形态和属性产生彻底的变化或土地自然生产力的完全丧失。例如,洪水冲垮了的坝地,其土地类型的演替即属于非节律性演替。

(二) 土地结构研究的意义

1. 土地结构与自然区划

"自上而下"逐级划分和"自下而上"逐级合并是自然区划的两种基本途径。所谓"自下而上"逐级合并的途径,就是由土地结构组合成最基本的自然地理区。这些自然地理区是土地结构最一致的地域,也是地带性与非地带性最一致的地域。应用该方法体现出了将简单的自然综合体向较复杂的自然综合体的组合过程,所考察的不仅仅是从要素分析到要素综合,而且着眼于要素与个体、时间与空间、低级与高级、部分与整体、整体与外界的系统综合研究。从综合角度出发,通过对较低级自然综合体的综合研究,达到对较高级自然综合体的系统综合研究的目的。

因此,土地结构的研究是"自下而上"进行自然区划的基础。由于每个自然地理区都有自己独特的结构,都有自己的地方类型和限区类型的组合,这就使自然区划"自下而上"的逐级合并有了理论依据,即可按土地结构的特点,按地方类型和限区类型的组合规律,通过"自下而上"逐级组合的方法确定自然地理区的界线。

2. 土地结构与农业生产

区域农业生产构成受到多种因素的影响,与区域的水热条件和土地结构的关系最为密切。区域的水热条件取决于:① 温度条件,主要与纬度地带性有关;② 水平地带性条件所决定的水分条件或干湿条件(包括降水、蒸发、水热指数、干湿状况等);③ 区域的海拔高度(高原、山地、平地的情况各不相同)。一定的水热条件有其最适宜发展的作物组合、最适宜饲养的牲畜种类组合、灌溉农业的方向等。因此,区域的水热条件决定了区域农业生产构成方向。

水热条件决定了区域大农业生产构成的方向,而土地结构则使大农业生产构成方向更加具体化。在相同的水热条件下,由于地形起伏、岩性差异、地表水和地下水的排水条件不同,土地类型多种多样,不同的土地类型又适宜于不同的生产用途。区域农业的发展,既要求综合发展,也注重专门化发展。综合发展的农业可为畜牧业提供精饲料,又可利用畜牧业提供的肥料和畜力,林业可以维持生态平衡。农业的专门化发展可提高商品化率和规模化生产效率,增加农业生产的经济效益。土地结构反映了多种土地类型的结合,每种土地类型都有其最合适的土地利用格式和耕作制度。多种土地的组合,就构成了区域农业生产的综合发展。一般说来,平原地区土地结构比较单一,农业专门化方向较突出。例如,洞庭湖平原地区,土地结构以平原、水面广阔、丘陵环绕为特点,平原(包括水面)占土地总面积的60%,丘陵和岗地只占35.3%,从而成为湖南省以粮棉油麻及水产为主导部门的耕作业专门发展的地区。所以,水热条件和土地结构的结合可更好地确定区域具体的农业内部生产构成。在地貌变化较大的丘陵山区,土地结构复杂多样,农业生产难以形成集中优势,农业专门化就没有平原地区那样突出,可进行具有一定农业构成的专门化趋势的综合发展。

此外,土地结构对土地利用方式、作物和牲畜种类、农田水利措施和田间工程种类、农业机械配套等也有一定的影响。

3. 土地结构与生态设计

(1)土地生态设计内涵

土地生态设计(land eco-design),是在研究土地类型结构和演替规律的基础上,根据景观生态学原理,从促进土地向正向演替的角度出发,建立由人工调控的自然、社会和经济复合的土地生态系统,并在其运转过程中使自然结构、社会结构和经济结构相互促进,从而使土地发挥最大的利用效益。

土地生态设计的目标包括以下几个方面:① 保障生态安全,改善生态脆弱区景观的演化,加强生态系统的稳定性和抗干扰能力;② 提高景观内各土地类型的总体生产力,如土地生产潜力等;③ 保护和促进包括生物多样性在内的景观多样性,发挥和改善土地的综合价值(包括经济、生态与美学价值);④ 构建适于人类生存的可持续利用土地利用模式。

土地生态设计需要将区域土地结构与土地利用结构进行比较,以分析土地自然结构与功能和现状土地利用结构是否适应,目前的土地利用方式是否合理。一般有两种情况:① 土地利用结构与土地结构适应。例如,珠江三角洲地区闻名遐迩的"桑基鱼塘""果基鱼塘""蔗基鱼塘"等土地利用结构。② 土地利用结构与土地结构不相适应,这就需要调整土地利用结构,土地生态设计在其中发挥了重要作用。近年来,我国在很多地方开展了土地生态设计的研究,探索出了很多非常有益的生态建设模式,如沙地改造中常用的林草田复合生态系统、沙丘地改造中的多层次森林生态系统、黄土高原小流域综合治理中的林草复合生态系统以及华北平原区的农田防护林系统等。

(2)土地生态设计案例

案例一 珠江三角洲的水网洼地,经过相应的地貌改造,形成了"基田"和"池塘"两种土地类型重复出现的土地结构。当地群众采用"桑基鱼塘""蔗基鱼塘""果基鱼塘"等土地利用方式,即"基田"上种桑(甘蔗、果树),桑叶养蚕,蚕蛹喂鱼,塘泥肥桑的生产结构或生产链条,二者互相利用、互相促进,达到鱼、蚕兼取,取得了较高的经济效益和较好的生态效益。这种土地利用结构,既是对当地正负地形交错、渍涝土地众多的土地结构的一种适应;又形成了水分、养分和物质、能量的良性高效循环。事实证明,这种土地利用结构与自然土地结构非常适应,也符合生态系统原理。

案例二 吉林龙井市的果树农场位于长白山边缘山地,在 350 m 以上的丘陵顶部保持原生针阔混交林,在 250~350 m 的坡地上种植苹果,在 250 m 以下的台地为旱地,而在水源条件好的河谷平地种植水稻。这种土地利用结构,虽然部分地改变了原来针阔混交林生态系统,但其总生产能力比自然生态系统的生产能力提高了很多。同时,在建立土地利用结构时充分考虑了丘陵顶部、坡地、台地、河谷平地这些土地类型的不同属性及它们之间的组合结构,考虑了斜坡的上、中、下部,小流域的上、中、下游以及河流左、右岸的相互影响,较好地兼顾了生态涵养和水土流失的控制。

目前,土地生态设计的理论和方法还不甚成熟,但随着景观生态规划设计的广泛兴起,将为土地生态设计注入新的活力。

复习思考题

6.1 简述土地的概念,其内涵包括哪些内容?

6.2 试述土地与土壤、生态系统的区别和联系。

6.3 什么是土地分级、土地分类和土地分等? 它们的区别和联系是什么?

6.4 相、限区、地方的概念和基本特征是什么?

6.5 什么是土地适宜性与限制性?

6.6 简述土地类型调查与制图中综合剖面分析的内容及意义。

6.7 《中国 1∶1 000 000 土地资源图》的分等系统是什么?

6.8 何谓土地结构? 其实践意义是什么?

6.9 何谓土地类型的演替?

扩展阅读材料

［1］FAO. A Framework for Land Evaluation, Soil Bulletin 32,Rome,1976.

［2］蔡运龙. 贵州省地域结构与资源开发. 北京:海洋出版社,1990.

［3］蔡运龙. 土地结构分析的方法和应用. 地理学报,1992,47(2):146-156.

［4］景贵和. 土地生态评价与土地生态设计. 地理学报,1986,53(1):1-7.

［5］李孝芳. 土地资源评价的基本原理与方法. 长沙:湖南科学技术出版社,1989.

［6］林超,李昌文. 北京山区土地类型研究的初步总结. 地理学报,1980,35(3):188-199.

［7］蒙吉军.土地评价与管理(3 版).北京:科学出版社,2019.

［8］倪绍祥. 土地类型与土地评价概论(2 版). 北京:高等教育出版社,2009.

［9］石玉林. 关于《中国 1∶100 万土地资源分类工作方案要点》的说明. 自然资源,1982,(1):63-69.

［10］赵松乔. 中国土地类型研究. 北京:科学出版社,1986.

第 7 章　土地变化科学

随着人口数量的急剧增加和科学技术水平的飞速发展,人类活动正深刻地改变着自然地理环境,土地利用是这种作用的主要形式,而其直接结果是地表覆被状况的改变(Turner Ⅱ et al.,1990)。目前,人类面临的许多环境问题都与土地变化有关,如大气中温室气体增加、臭氧层破坏、土地荒漠化、生物多样性丧失、森林减少等,对人类社会的生存和发展构成了极大的威胁。可以说,土地变化是当前全球变化的主要原因。

1984 年 7 月,国际科学联合会在加拿大渥太华召开了第一次全球变化大会,组织全球变化国际计划的可行性研究,自此全球变化科学(Global Change Science)成为 20 世纪后期最活跃、发展最快的新兴科学领域之一。其中,由于区域土地利用/覆被变化是全球变化在地球上留下最直接、最重要遗迹的载体,是研究自然与人文过程的理想切入点,成为目前全球变化研究的热点领域(Turner Ⅱ et al.,1995)。

2002 年,IGBP 和 IHDP 对以往的 LUCC 研究计划进行了总结,颁布了今后 10 年土地研究计划——IGBPⅡ,将研究重点转向与其他研究领域的综合,发展成一种新的科学范式,即土地变化科学(Land Change Science,简称 LCS)。

7.1　土地利用/土地覆被变化

(一) 土地利用与土地覆被

1. 土地利用与土地覆被的概念

土地利用与土地覆被是两个既有密切联系又有本质区别的概念。土地利用(land use)是指人类根据土地的自然属性和社会经济发展的需要,有目的地长期改造、开发和利用土地资源的一切人类活动,如农业用地、工业用地、交通用地、居住用地等。土地覆被(land cover)则是随遥感(Remote Sensing,简称 RS)技术的应用而出现的新概念。IGBP 和 IHDP 将其定义为"地球陆地表层和近地面层的自然状态,是自然过程和人类活动共同作用的结果";美国全球环境变化委员会(USSGCR)将其定义为"覆被着地球表面的植被及其他特质",如各类作物、土壤、冰川、水面、森林、草地、房屋、水泥及沥青路面等。

在很多情况下,土地利用和土地覆被所指的对象是相同的,导致这两个概念容易混淆。例如,对于同一片草地或作物,不考虑其目的和用途而仅将其看作植被时,它是土地覆被类型;若考虑其用于放牧或粮食生产等用途时,它就是相应的土地利用类型。

2.土地利用与土地覆被的关系

通常认为,土地利用是土地覆被变化最重要的影响因素,土地覆被的变化反过来又作用于土地利用。土地利用与土地覆被的密切关系,可以理解成地表的两个方面:一个是发生在地球表面的过程;另一个则是各种地表过程(包括土地利用)的产物。无论是在全球尺度还是在国家或者区域尺度,土地利用的变化在不断地导致土地覆被的加速变化。

土地利用变化导致的土地覆被状况的变化主要有渐变和转换两种类型。渐变是指同一种土地覆被类型内部条件的变化,如对森林进行疏伐,或农田施肥等;转换则是指一种覆被类型转变为另一种覆被类型,如森林变为农田或草地等。此外,维护(即让土地覆被保持一定的状态)也是人类活动影响土地覆被的一种形式。

土地利用与土地覆被的关系如图 7.1 所示。土地覆被(自然系统)处于土地利用及其驱动力组成的系统关系中。驱动力在不同社会条件下的相互作用产生了不同的土地利用,土地利用对土地覆被的影响则通过土地覆被的渐变、转换或维护表现出来。一方面,土地覆被变化又通过环境影响反馈回路影响到土地利用变化的驱动力。另一方面,土地覆被变化的影响经过累积作用可以达到全球规模,继而加速气候变化,而气候变化的结果又反馈回由土地覆被构成的自然系统,并且最终通过环境影响回路对驱动力发生作用。

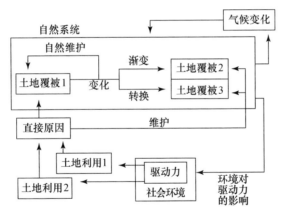

图 7.1　人类活动、土地利用和土地覆被之间的联系

(据 Turner II,1994)

由于土地利用与土地覆被之间存在着密不可分的关系,所以人们常把两者联系在一起,称为"土地利用/覆被变化"(Land Use and Land Cover Change,简称 LUCC),并且对于它们所产生的广泛影响给予越来越多的关注。

(二) 土地利用/覆被变化研究计划

在全球环境变化研究中,LUCC 研究具有特殊的重要意义:一方面为气候变化的全球和区域模式以及陆地生态系统模式提供情景;另一方面,有助于解释人-地系统相互作用的内在机制。因此,1990 年以来,隶属于"国际科学联盟组织"(ICSU)的"国际地圈与生物圈计划"
(IGBP)和隶属于"国际社会科学联盟组织"(ISSC)的"全球环境变化中的人文因素计划"
(IHDP)积极筹划这一全球性的综合研究计划,于 1995 年联合发起"土地利用/覆被变化"研
究,并编辑出版了 LUCC 项目的《科学研究计划》。

IGBP 和 IHDP 两大国际组织之所以积极推动 LUCC 研究工作,原因如下:首先,LUCC
在全球环境变化和可持续发展中占有重要的地位:人类通过与土地有关的自然资源的利用活
动,改变地球陆地表面的覆被状况,其环境影响不只局限于当地,而远至于全球;而土地覆被变
化对区域水循环、环境质量、生物多样性及陆地生态系统的生产力和适应能力的影响则更为深
刻。其次,地球系统科学、全球环境变化及可持续发展涉及自然和人文多方面的问题,加强自
然与社会科学的综合研究,已成为两大学科领域众多学者的共识;在全球环境变化问题中,
LUCC 可以说是自然与人文过程交叉最为密切的问题。

1999 年,IGBP 开始讨论第二个十年发展战略,全球变化研究与可持续发展问题的联系成
为其主要议题。在其 1999 年出版的 LUCC 项目《执行战略》中,指出综合性和区域性是
LUCC 研究的两大突出特征,并强调了 LUCC 研究必须与区域可持续发展问题相联系,如水
资源、土地退化、环境污染、贫困以及区域自然地理环境和社会在全球变化压力下的脆弱性等
问题(Lambin et al.,1999)。

IGBP 与 IHDP 的 LUCC《执行战略》指出,LUCC 研究应具体回答以下与人类的生存与发
展密切相关的科学问题:

① 近 300 年来土地覆被是如何受人类的影响而发生变化的?

② 在不同的地区与不同的历史时期内土地覆被的变化主要受哪些人为因素的影响?

③ 在近 50 至 100 年来土地利用的变化是怎样影响到土地覆被及其变化的?

④ 对于某一特定的土地利用类型来说,近期内有哪些人为因素或者自然环境要素的变化
影响到土地利用的可持续性?

⑤ 气候与地球生物化学圈层的变化是怎样影响到土地利用/覆被及其变化的?

⑥ 土地利用/覆被的变化又是怎样反过来影响着人类的行为的? 土地覆被的变化如何导
致或者加剧了某些特定区域的脆弱性?

针对这些问题的思考,LUCC 研究计划提出三个重点领域(表 7.1):

表 7.1　土地利用/覆被变化研究焦点

焦　点	土地利用变化机制	土地覆被变化机制	区域和全球模型
研究方法	比较分析	实地调研和诊断模型	综合分析与评价
实施策略	通过案例研究,在全球范围内,对标准化研究区域的土地利用变化和土地管理,进行分析和建模。	通过对解释变量的直接观察和测量,开发土地覆被的经验诊断模型。	利用对研究重点的分析,发展区域或全球的整合和诊断模型。

焦　点	土地利用变化机制	土地覆被变化机制	区域和全球模型
具体内容	① 土地利用行为与决策。 ② 从过程到格局:将当地土地利用决策与区域和全球过程联系起来,以研究此过程下的土地利用格局。 ③ 持续性和脆弱性情景。	① 土地覆被变化指标体系、热点和关键区域研究。 ② 社会化像元:把每个研究单元赋予社会属性。 ③ 从格局到过程:从区域LUCC时空特点的分析出发,结合案例研究,来探讨所观测土地格局在不同尺度下的潜在过程。	① 区域模拟研究的回顾、总结与对比。 ② 区域LUCC模型建立的方法论问题。 ③ LUCC及其关联系统的动态。 ④ 重大环境问题的情景分析(scenario analysis)与评价。

　　* 由于驱动未来土地利用变化的主要因子(如人口、区域需求、政策等)含有很大的不确定性,有必要清楚地定义一些未来区域发展的"情景",通过模型可以分析评估LUCC的可能范围以及对区域环境的可能影响。

　　由于土地利用是土地覆被变化最重要的影响因素,土地覆被的变化反过来又作用于土地利用。土地覆被的变化,主要表现在生物多样性、土壤质量、地表径流和侵蚀沉积及实际和潜在的土地第一性生产力等方面;同时,土地覆被及其变化又是地圈、生物圈和大气圈中多数物质循环和能量转换的过程,包括温室气体的释放和水循环的源汇。因此,国际上有关研究项目主要围绕LUCC以及全球环境变化与可持续发展的关系展开(李秀彬,1996)。

1. 土地覆被变化对全球环境变化的影响

　　主要回答土地利用如何通过改变土地覆被影响全球环境变化。全球变化包括系统性变化和累积性变化两种形式。前者指真正全球意义上的变化,如气候波动和碳循环等;后者指区域性的变化,但其累积效果影响到全球性的环境现象,如植被破坏、生物多样性的损失及土壤侵蚀等。LUCC对全球变化的影响主要是通过累积性方式发生作用的。土地覆被变化对系统性变化的影响研究,包括温室气体的净释放效应、大气下垫面反照率的变化等;对累积性变化的影响研究,包括土地退化、生物多样性、流域水平衡、水质和水环境、河流泥沙及海洋生态系统等方面。

2. 全球环境变化对土地覆被变化的影响

　　主要研究全球气候变化对土地利用/覆被的影响,以及土地利用/覆被对全球气候变化的响应。气候变化对土地利用/覆被的影响包括通过气温和降水波动造成的直接影响以及通过干旱、洪水产生的间接影响。土地利用/覆被对气候变化的响应包括土地对气候变化的敏感性、对气候变化具有减缓作用的土地利用等。各种土地利用方式对气候波动的敏感性差异很大,如旱作农业比灌溉农业脆弱得多。

3. 土地利用/覆被变化和可持续发展

　　由于地球系统自然资源的丰缺会受到LUCC的直接或间接影响,因此1992年联合国环境与发展大会所提出的许多可持续发展问题均和LUCC有关,包括土壤利用与侵蚀速率、土壤养分保持、水资源利用、农业生态潜力和承载力、农村规划、环境与发展、国内与国际政策等。这方面的研究主要着眼于：① 协调各经济部门对土地的利用，保护那些对人类未来发展至关重要的土地利用方式和土地覆被类型，如耕地和湿地的保护；② 探索有利于生态和环境的土地利用方式，如免耕和少耕农业、生态农业以及复合农林业等；③ 土地利用方式现状的可持续性及其调控，如河北平原地下水位降低的主要原因是耕作制度的变化，这就涉及土地利用方式本身的可持续性。

（三）从 LUCC 研究到"未来地球"研究

1. LUCC 研究计划

自 IGBP 和 IHDP 分别于 1995 和 1999 年发表土地利用/覆被变化《科学研究计划》和《执行战略》以来，LUCC 研究基本遵循"压力–状态–响应"三段式的科学研究范式展开。人们对 LUCC 在各个尺度和区域条件下的变化过程、驱动力和模式都有了更深入的理解，在 LUCC 的监测、解释和效应研究方面都取得了显著进展，在理论上也经历了非常大的突破。

国际学术界对 LUCC 的认识也有了显著发展，不能简单沿袭传统土地利用研究的思路，需要进一步认识 LUCC 研究的复杂性，提出新的研究论题（蔡运龙，2001）。LUCC 研究的广度和深度有了进一步的发展：一方面，区域的、整体的、系统的研究思路越来越受到重视，土地利用变化和区域生态安全、土地持续利用等紧密结合；另一方面，越来越重视土地变化的过程与机理，模拟与虚拟研究已成为选择解决资源、环境与灾害问题途径的重要手段。

2. LCS 科学范式的提出

2002 年起，IGBP 和 IHDP 对以往的 LUCC 研究计划进行了总结，颁布了今后 10 年土地研究计划——IGBPⅡ（Ojima et al.，2002）。将研究重点转向与其他研究领域的综合，尤其是强调与全球变化与陆地生态系统（Global Change and Terrestrial Ecosystems Project，GCTE）研究计划的整合，研究对象也扩展到"陆地人类与环境系统"（Terrestrial Human-Environment，简称 THE），更加强调生态系统功能与人类社会动态的紧密联系。同时，还提出了土地变化科学（Land Change Science，简称 LCS）新的科学范式及其研究的三个焦点：土地系统变化的原因和本质（强调对人类活动，尤其是对土地利用活动产生的影响）；土地系统变化的影响（强调不同程度的土地利用对生态系统产生的影响）；综合分析和建模（强调复杂系统的突变性质和非线性特征，构建适应系统复杂性的一组时空模型）。将通过定点研究、长期观测和实验、过程模型分析、决策支持模型和综合模型来进行研究，强调将区域研究和过程研究相结合，进行综合模拟。

LCS 是对 IGBP-LUCC 计划的一种超越（Kates et al.，2001），体现在两方面：① 研究对象和目标的彻底改变。研究对象由 LUCC 上升到 THE，研究目标由"了解 LUCC 的途径和规律"转变为"减小人类与环境系统面对全球变化的脆弱性，实现它们的可持续性"；② LCS 的本质是综合和深化。综合体现在视角的综合（在全球生态系统的视角下研究 LUCC）、研究领域和学科间的综合（LUCC 和 GCTE 的集成）和方法的综合（LUCC 研究方法、生物地球化学研究方法、生态系统研究方法等）。深化则体现在认识上的深化（对于人类活动改变地球系统以及这一过程中各种反馈的复杂作用的重视)和方法的深化(重视机理、格局和过程耦合作用研究)等(蔡运龙等,2004)。

3. GLP 的提出

2005 年,由 IGBP 和 IHDP 共同发起的全球土地计划(Global Land Project,简称 GLP)(图 7.2),是当前国际全球环境变化 4 项核心研究计划(水系统、碳、食物、土地)之一。

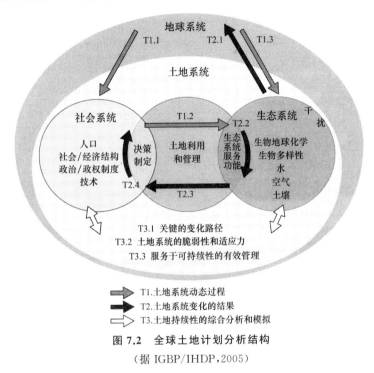

图 7.2 全球土地计划分析结构

(据 IGBP/IHDP,2005)

GLP 的核心目标是量测、模拟和理解人类-环境耦合系统,并提出了三个相互衔接的研究目标:识别陆地上人类-环境耦合系统的各种变化,并量化这些变化对耦合系统的影响;评估人类-环境耦合系统的变化对生态系统服务功能的影响;识别人类-环境耦合系统的脆弱性和持续性与各类干扰因素(包括气候变化)相互作用的特征及动态过程。在上述目标中提炼出三个主题领域:土地系统变化、土地系统变化的后果、土地可持续性的综合分析和模拟。研究聚焦于影响决策制定和土地利用管理实施的各种因素、土地系统变化对生态系统和环境动态的影响、生态系统服务功能、全球环境变化引起的土地系统脆弱性或持续性评价等。

在 2013 年 GLP 报告中,更加强调土地利用变化研究中模型预测的重要性,强调要关注模型的解释力和预测力,强调预测对决策和政策的必要性。模型是理论的形式表达,是考虑解释和分析中的可操作性而对现实中各种复杂关系的简化。而土地利用变化模型是土地利用变化成因、结果、预测的有效工具,能更好地理解土地利用系统的功能,并为土地利用规划、决策和管理提供依据。因此,模型模拟和情景分析是研究土地利用格局、土地利用动态变化特征和预测土地动态走向的有效手段。

4. "未来地球"计划

2014 年,由国际科学理事会(ICSU)和国际社会科学理事会(ISSC)发起,联合国教科文组织(UNESCO)、联合国环境署(UNEP)以及联合国大学(UNU)等组织共同牵头组建,推出了"未来地球"(Future Earth)研究计划。该计划是对 IGBP 和 IHDP 以及世界气候研究计划(WCRP)和国际生物多样性计划(DIVERSITAS)这四大现有科研计划的整合,成为应对全球环境变化、推动全球可持续发展的科学联盟。"未来地球"计划为期 10 年,是基于地球系统科学联合全球各学科、各领域研究者应对全球变化问题的重大科研计划,因此该计划更加强调"综合性"和"可持续性"研究。该计划将围绕动态星球、全球发展、可持续性转变三个主题展开研究,重视科研活动的协同设计、侧重不同尺度的研究、提供有力的决策支持和科学的政府间评估,试图回答:全球环境变化的原因和机制;人类发展对物种多样性、粮食安全、生态安全、水资源安全等影响;增强环境恢复力,以降低环境变化风险、保障未来地球繁荣发展的转变思路等科学问题。

(四) 土地利用/覆被变化研究内容概括

大量的 LUCC 研究工作可以总结为监测、解释和效应三个方面。其中,LUCC 的监测研究,主要是采用各种方法对区域或全球的土地利用、土地覆被及其变化进行分类、监测、制图及统计分析,研究地球陆地表层景观和功能的变化。LUCC 的解释研究,则是通过各种模型和分析方法,对区域或全球的社会、经济因子进行筛选,分析造成土地利用和土地覆被变化的动力和阻力因子及其作用机制。LUCC 的效应研究,包括土地利用和土地覆被变化的资源、环境和生态效应研究。

1. LUCC 的监测

土地利用变化主要包括土地用途转移和土地利用集约程度的变化,土地覆被变化则包括土地质量与类型的变化和土地属性的转变。LUCC 监测的主要任务包括数据的获取和分类体系的建立。土地利用/覆被数据获取的主要来源有文献调研、地面调查和遥感监测等。尤其是随着 RS 技术的快速发展,全球各种尺度的土地利用/覆被数据库都得到了充实。其中,利用 NOAA/AVHRR 数据开发的全球 1km 分辨率的土地覆被数据库为全球 LUCC 研究提供了重要数据支持。目前,可采用航片、IKONOS、SPOT、TM/MSS、中巴资源卫星、MODIS、NOAA/AVHRR 和风云卫星提供各类数据,地面分辨率从 1m 以下到几千米,适应于不同尺度和空间范围的土地覆被监测研究。

目前,最常用的土地覆被评价方法是根据土地覆被类型变化进行评价,对于同一土地覆被类型质量变化则缺乏有效的探测。NDVI 指数可以较好地反映地面土地覆被类型的植被覆盖率,但对诸如土地退化程度等其他重要参数则反映不理想。因此,如何更好评价土地覆被质量变化及变化速度是土地覆被变化研究的重要方向。土地覆被分类体系的研究是 LUCC 计划制定之初就考虑到了的重点内容。近年来各个国家、组织乃至个人根据研究对象、问题和区域特点都提出了各自的土地利用/覆被分类体系。采用具有可比性的土地利用/覆被体系是基本要求,但不顾区域环境和研究方法的差异勉强追求统一的分类体系也未必合理。

2. LUCC 的解释

LUCC 的解释研究主要针对 LUCC 的驱动力和驱动机制展开。LUCC 的驱动力是多方面的,目前多从经济行为、社会行为及自然行为等多角度进行综合分析。由于研究背景、区域和方法各不相同,提出的人类驱动力方案也不尽相同:如有的学者认为人口、富裕程度和技术水平是人类驱动力的主要方面;也有学者认为至少应该考虑人口、收入、技术、政治经济状况和文化等因素。IHDP 计划则将影响 LUCC 的因素分为直接因素和间接因素:直接因素包括人们对土地产品的需求、对土地的投入、城市化程度、土地利用的集约化程度、土地权属、土地利用政策以及对土地资源的保护态度;间接因素包括人口变化、技术发展、经济增长、政治与经济政策、富裕程度和价值取向等 6 个方面。在各种方案中,人口、经济水平和技术被公认为人类驱动力的重要因素。当然,区域尺度上 LUCC 不仅仅受当地社会和经济技术因素的驱动,在许多地区 LUCC 更主要的驱动力来自具有全球或大区域尺度的影响因子,地方因子只是改变了大尺度因子的作用强度而已。

LUCC 作用机制和过程的分析通常以模型研究为基础,来认识和分析“人类驱动力-LUCC-全球变化-区域响应-环境反馈”之间的关系,并对未来发展趋势做出相应的预测和情景分析。目前,应用于 LUCC 分析的经典模型大致可以分为 5 类:基于经验统计和 GIS 模型(变化概率模型)、最优化模型(线性规划)、动力学仿真模型、ABM(Agent-Based Models)和CA(Cellular Automata)模型、综合模型等。在这 5 类模型基础上,分别提出了各种衍生和组合模型。尽管 LUCC 模型在问题分析和决策支持中发挥了重要作用,但由于 LUCC 问题的复杂性和数据的不完备,在很长时期内基于不完备的数据研究复杂的 LUCC 问题依旧是模型研究的瓶颈,模型研究的重点应该是如何在模型中更好地实现对问题本身的理解。

3. LUCC 的效应

土地利用导致土地覆被变化对资源、环境和生态产生多方面的深远影响。原始人类通过用火和打猎造成许多大型陆地哺乳动物和鸟类物种消失。进入农业社会后,开垦和耕作造成物种加速消失。长期的土地开发利用,造成了景观类型发生显著变化,大量自然景观类型定向转变成提供食品、燃料、用材、工业生产和生活的景观类型。近 300 年来,全球森林减少了 $12 \times 10^6 \, \text{km}^2$,草地和牧草减少了 $5.6 \times 10^6 \, \text{km}^2$,农田增加了 $12 \times 10^6 \, \text{km}^2$。目前,世界上已有 30% 的陆地表面被开发成农田、种植园或建成区,到 2050 年将增加到 45%。

土地利用/覆被状况的巨大变化势必对全球气候、生物地球化学循环、陆地生物种类的丰度和组成都有显著的影响,地表特征如粗糙度、反射率、热通量等的变化可以影响大气环流基本格局,对区域气候产生难以预测的影响。区域尺度上土地利用变化可以引起许多自然现象和生态过程的变化,包括土壤养分和水分的变化、地表径流和土壤侵蚀、生产力和生物量的变化、生物栖息地和景观变化等,并对区域环境格局和生态安全产生直接影响。

(五) 土地利用/覆被变化研究特点

由于 LUCC 问题的复杂性,区域 LUCC 研究的总体趋势是综合,包括论题的综合、尺度的综合、方法的综合和理论的综合等(蔡运龙,2001)。

1. 论题的综合

LUCC 及其环境效应是一个统一的整体。"效应"的研究必须建立在"监测"和"解释"的基础之上。因此,将监测-解释-效应综合的研究是 LUCC 研究的一般程序。LUCC 在 1997—2001 年的一个重要项目 CLUE(Conversion of Land Use and its Effects),就力图集成 LUCC 的状态、变化、驱动力、效应及其情景分析。该项目由瓦格林根大学环境科学系承担,综合分析了区域 LUCC 的驱动机制及其环境影响,利用系统动力学方法对未来 LUCC 及其环境影响进行预测和情景分析,并开发出分析工具——CLUE 模型。该模型最初是基于小区域土地利用变化分析的系统模型,理论基础是土地利用变化和社会、经济及自然驱动力相关,在空间上要求数据具有较高的分辨率,通过对土地利用变化及其驱动力、驱动机制进行分析,可以对最近的土地利用变化趋势进行预测和估计。CLUE 研究小组在马来西亚、菲律宾、中国黄土高原地区、荷兰、喀麦隆等地区不同尺度上对 CLUE 模型进行了成功的应用。

2. 尺度的综合

在区域尺度上,土地利用变化模式具有高度的空间异质性。例如,土地集约利用和粗放利用可能同时发生在一个地区内。因此,不能仅凭地方的案例研究就简单地得出关于区域土地覆被变化的一般性特点。需要将多个案例研究联结为一个可代表区域空间异质性的网络,做多空间尺度的研究,从而将地方尺度和区域尺度的土地覆被动态联系起来。对土地覆被变化研究一直关注全球尺度,因为碳循环和全球变化模拟需要这方面的数据。现在也关注 LUCC 的区域和地方尺度及其意义,因为土地覆被变化数据对地方决策有很大的参考价值,且这种尺度的变化与人类活动的联系也易于分析。不同尺度的问题是不同的。只有先搞清一定尺度上的特定问题,才能进一步搞清不同尺度上各种问题之间的关系。

3. 方法的综合

近年来,用数学模型研究 LUCC 成为一种时尚。然而,正如 Bertalanffy(1987)所言:"数学模型的优点人所共知:明确、可作严密的演绎、可用以检验观测数据;但这并不意味着可以轻视或放弃用普通语言表述的模型。语言模型……比一个用数学表示但却是强加于现实和歪曲真相的模型好。"由于 LUCC 的驱动力逻辑联系有着显著的区域差异和时间变异,使土地覆被变化的真实再现模拟面临重大挑战。因此,要生成土地覆被变化的"普适"模型以及控制其变化的"普适"对策还不太现实。LUCC 计划着力探究格局、过程及其驱动力,不仅要回答传统的 what 和 where 的问题,而且要回答 why 和 how 的问题,搞清机理和提出解决办法,应该借鉴复杂科学的方法。构建 LUCC 模型,需要对在不同地理背景和历史背景下引起土地覆被变化的主要人类因素有充分了解;也需要对气候和全球生物地球化学变化如何影响土地利用和土地覆被以及后者对前者的反馈关系有充分了解。可通过土地利用动态案例的综合研究获得对驱动力作用机理的认识。

4. 理论的综合

LUCC 研究必须根植于人地关系中,而此类关系是很难以抽象理论框架来加以概念化的。目前,关于特定土地利用系统中某些理论已经建立起来,如家庭经营经济学、农民行为理论、土地配置理论、技术创新理论、人口再生产变化理论、土地管理体制理论、市场理论。但需要加以重新审视,将它们综合起来。在特定时间和特定区域如何将这些理论综合起来? 目前的若干简单假说把 LUCC 归因于人口、经济结构、技术、政治结构和自然环境。LUCC 的这些驱动力和其他驱动力是永远存在的,但它们之间的相互作用却因时间动态和空间动态而大相径庭。因此,对 LUCC 来说,最重要的是要形成综合的科学理论框架。

7.2 土地质量指标体系

(一) 土地质量指标的内涵

土地利用/覆被变化导致不同形式的土地退化,如土壤侵蚀、土壤肥力下降、水质恶化、土地盐渍化、土地生产力下降等。合适的指标在监测、评价环境变化和经济社会发展方面具有重要的作用。建立衡量土地质量变化的指标体系,有利于更好地掌握土地质量变化及其驱动力分析,可提供土地质量逆转趋势的早期预警,及时发现土地质量出现问题的地区,对深化土地资源的科学管理非常必要。

1995 年,世界银行(WB)、FAO、UNDP 和 UNEP 共同发起,讨论建立土地质量指标体系项目研究的全球联盟基础,并于 1996 年详细讨论了工作计划。另外,其他的组织如国际农业研究顾问组(CGIAR)、国际地球科学信息网络协议(CIESIN)、国际土壤资源与信息中心(IS-RIC)、美国农业部(USDA)、世界资源研究所(WRI)也参与了部分工作。

1. 土地质量的内涵

关于"土地质量"(land quality),尚未形成明确的科学内涵。FAO 在《土地评价纲要》(1976)中提出:"土地质量是指满足土地利用方式适宜性或持续性的土地综合属性。"世界银行的概念认为:"土地质量是指满足土地生产、环境保护与管理等目的的土地状况和性能,包括土壤、气候和生物等特性。"这是最经典、应用最广泛的土地质量概念。一般来说,土地质量是指满足土地利用的土地状况或条件,关系到以农业生产、保护及环境管理为目的的土地的条件与能力,包括与人类需求有关的土壤、水及生物等特性。目前,关注较多的土地质量主要针对农业生产,包括种植业、畜牧业生产、放牧地管理及林业。

2. 土地质量指标体系

土地质量指标体系(Land Quality Indicators,简称 LQIs)是一组量度或由变量产生的数值,根据其能判断与人类需求有关的土地的状况及其变化以及与这种状况相联系的人类活动。这种反映土地资源的指标与国民生产总值或预期寿命等反映社会经济状况的指标在概念构思、框架结构及作用上有类似之处。

　　简单来说,土地质量是指土地维持或发挥其功能的能力。土地的功能有很多,1999 年 FAO 和 UNEP 提出了土地的十大功能,目前大多土地质量研究涉及的功能主要包括土地的生产和环境保护与管理功能。土地生产功能主要指的是粮食、牧草地产量及木材生长量;土地环境保护与管理功能包括促进营养循环、污染物过滤、水的净化、温室气体的源-汇功能、动植物基因和生物多样性保护等。按不同土地利用类型划分土地质量属性,应该包括与生产相关的生产质量指标体系和与环境保护与管理相关的生态质量指标体系(表 7.2)。

表 7.2　农用地和建设用地质量指标体系 *

土地利用类型	一级指标	二级指标	三级指标
农用地	生态质量指标体系	土壤质量	物理指标:土壤质地,土层和根系深度,土壤容重和渗透率,田间持水量,土壤持水性质,土壤含水量,土壤温度
			化学指标:有机质,pH,电导率,全 N、P 和 K
		气候	太阳辐射,温度,降水量,气象灾害
		生物多样性质量	杂草,土壤动物,微生物
		水质	pH、总悬浮物、COD、BOD、亚硝酸态氮、硝酸态氮、挥发性酚、氰化物、砷、汞、铬、镉、铅、铜、锌等
		景观生态质量	景观生态稳定性指标:土地退化面积比,自然灾害发生频率,水土流失率,林木覆盖率
	生产质量指标体系	土地生产潜力	耕地生产潜力(草地畜牧业生产潜力、林木生产潜力等)
		土地基础地力	耕地基础地力(草地基础地力、林地基础地力等)
		土地现实生产力	单位面积耕地产量(单位面积草场产量、单位面积林地产量等)
建设用地	生态质量指标体系	土壤质量	污染指数
		植被状况	生长状况,植被物种多样性指数
		水质	pH、总悬浮物、COD、BOD、亚硝酸态氮、硝酸态氮、挥发性酚、氰化物、砷、汞、铬、镉、铅、铜、锌等
		景观生态质量	景观异质性指标:多样性指数,优势度指数,破碎化指数
		抵御自然灾害能力	地质环境:地质灾害发生率,地质灾害危险区,断裂带状况
			防御自然灾害的设施建设:排水设施,防洪能力
	生产质量指标体系	地价水平	基础地价
		承载量	地面承载力,抗压强度,抗地震效应,地下水状况
			液化指标,基岩厚度,基岩硬度,土层紧实度
		生活生产空间	人口承载力,生活满意度

* 据朱永恒等,2005

(二) 土地质量指标体系研究的意义

1. 可持续土地管理和利用决策的需求

　　土地质量指标体系的建立,有利于监测与评价国家或地区的土地资源质量变化。对于把握土地资源现状和动态、评价土地利用的可持续性等，均具有重要的意义。建立土地质量指标体系的最终目的是指导管理和决策。指标体系还有助于监督区域的农业、林业及自然资源管理项目，评价国家环境政策的影响。从国家或国际角度来看，指标体系还有助于指导政府的科学政策与投资倾斜重点。

2. 联系科学家、管理者和使用者的桥梁

建立土地质量指标体系，是指导土地管理决策系统的一个重要部分。对土地开发项目管理来说，可以衡量项目措施的成效，并对可能产生的结果进行早期预警；对国家政府来说，是监测政策变化对土地资源影响的一种有效工具，并为国家的环境保护工作提供指导性依据。不同国家之间土地质量指标体系的对照为比较农业与环境的潜力及其变化提供了方法，而这种比较是确定优先开发地区的基础。

3. 土地质量指标体系研究在中国的重要性

土地退化现象在中国不同地区普遍存在。严重土地退化地区主要集中在典型脆弱生态区，包括北方半干旱-半湿润农牧交错带、西北干旱区绿洲边缘、藏南河谷地区、西南石灰岩地区、西南横断山谷地与盆地等地区。此外，其他地区也有土地退化现象发生，有些地区土地退化问题还相当突出，比如：华北平原的地下水位下降、水污染、土壤污染、盐渍化与沙化问题；南方红壤丘陵地区的土壤肥力下降、耕地砂砾化、土壤水蚀严重等问题。因此，研究土地质量指标体系可以把 LUCC 及其驱动力研究、水土流失与水土保持理论与实践、脆弱生态整治恢复研究与实践等多项工作紧密结合起来，并使之深化。

(三) 土地质量指标模型

目前，在土地质量指标体系的构建中，有针对区域建立的土地质量指标体系，也有针对问题（如土地退化）建立的土地质量指标体系。前者由于是针对某一区域，指标体系中包含了与区域土地有关的许多问题，如土地质量、土地利用、农业生产、人口、资源、社会响应等。后者则主要是为地区和国家层次的应用而建立，某些指标考虑了地方和农场层次。绝大多数指标可以定量，但有些指标也不能用精确的定量方式表达，主要是为了说明问题的本质，便于实际应用。总的来说，可以归结为以下两类模型。

1. PSR 模型

PSR(Pressures-State-Responses)模型，由加拿大统计学家 Anthony Friend(安东尼·福兰德)于 20 世纪 70 年代提出，并由经济合作与发展组织（OECD）发展为环境系统分析和评价的概念性模型，得到了广泛的应用。世界银行发起的 LQIs 项目，就是以"压力-状态-响应"模型为基础开展的土地质量指标研究。"压力-状态-响应"是基于因果关系的模型，能够衡量土地资源所承受的压力、这种压力对土地质量状态的影响以及社会对此变化的响应(图 7.3)。

(1) 压力(pressures)。描述人为活动对土地资源造成的压力。压力指标一般指的是对土地质量有直接影响，不采取措施就会对土地质量带来危害的指标。如地下水的开采超过补给，木材砍伐超过再生，或者没有土壤保护的坡地开垦等。

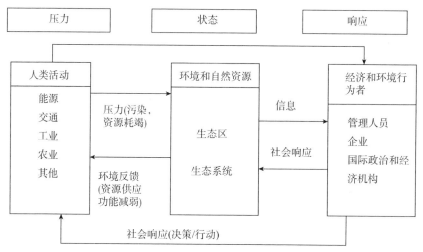

图 7.3　土地质量的"压力-状态-响应"框架

(据 Pieri et al.,1995)

（2）状态(state)。描述土地资源状态及土地质量变化。如地下水下降,森林退化或土壤侵蚀;也包括由于成功地采取管理措施,而使土地质量得到改善的现象。

（3）响应(responses)。各级层次的管理者、决策者和政策制订者对土地压力、土地质量状态及其变化所做出的响应。既包括期望的正向响应,如水资源利用率的提高或者土壤保护措施的应用;也包括负面的响应,如土地撂荒。

压力指标、状态指标与响应指标之间有时没有明确的界线。决策者在解译土地质量指标时应该注意,必须把压力指标、状态指标和响应指标结合起来考虑,而不能仅仅依赖一个或几个指标,否则可能得出完全错误的结论。

2. DPSIR 模型

DPSIR(Driving forces-Pressures-State-Impact-Responses)模型是欧盟统计局(EUROSTAT)和欧洲委员会欧洲环境机构(EEA)在有关环境系统分析和环境指标制定工作中,采纳并扩展了 PSR 模型后建立的新模型,称为"驱动力-压力-状态-影响-响应"模型。

2000 年,由全球环境基金(GEF)、UNEP 和联合国全球机制(GM)支持,并由 FAO 执行的干旱区土地退化评价(LADA)计划中,采用 DSPIR 模型为主要分析方法,对全球干旱区土地退化进行了系统分析。在 DPSIR 的框架下,提出近 400 个指标,在统计上分为自然生态、社会经济、政治文化三类。其中:

① 驱动力(driving forces)。包括宏观经济、政策、土地利用、发展、人口、增长、贫困、土地利用(所有)期限状况、极端气象事件和气候变化、自然灾害、水的压力等。

② 压力(pressures)。包括各部门的需求,农业、城市用地等;废物处理中营养矿物的需求;人口增长;过度农垦;过度放牧;水资源需求等。

③ 状态(states)。包括土地生产力下降、土壤退化、土壤污染、土壤侵蚀、土壤盐碱化、植被损失、生物多样性的损失等。

④ 影响(impact)。指土地生产力下降、贫困和移民、土地产品和服务、水循环和质量、固碳能力下降、生境破坏和生物多样性的丧失、对人类本身状况的影响和其他影响等。

⑤ 响应(responses)。包括宏观经济政策、土地政策和政策手段、保护和恢复、预警和报警系统、在国际组织中承担义务、土地和水资源投资等。

(四) 国际相关研究项目

近年来,国际上以世界银行和联合国粮农组织为代表,围绕土地质量指标体系陆续启动了一些大型研究项目(冷疏影和李秀彬,1999)。

1. 世界银行的 LQIs 项目

世界银行(WB)是 LQIs 项目最初倡议者之一。其项目主要是为热带、亚热带及温带主要农业生态带的人工生态系统(农业及林业)建立土地质量指标体系,通过综合信息系统为这些地区所在国家的土地管理决策提供依据;为参加项目的国家提供 LQIs 源数据;为项目涉及的国家提供土地质量指标的目标和阈值,以指导他们实现可持续的土地管理。

WB 研究计划提出的指标有 11 个,其中计划近期要开发的有 4 个:养分平衡指标、产量差额指标、土地利用强度与多样性指标、土地覆被指标;计划远期开发的指标有 3 个:土壤质量指标、土地退化指标、农业生物多样性指标;此外还有 4 个指标,即水质量指标、林地质量指标、牧草地质量指标、土地污染指标。

(1) 养分平衡指标。描述与土地利用系统相关的养分存量与流量情况。养分平衡指标反映的主要问题是:因产品收获、侵蚀、渗漏而造成的养分超采、不平衡和产量下降问题;因过量施用化肥或家肥而导致的养分超载与环境退化问题。

(2) 产量差额指标。反映三个关键问题:土地质量变化对产量变化及生产风险的真实影响程度;如何可靠地估计发展中国家的产量差额以及消除这一差距的管理对策是什么;要保证可持续生产系统,在产量及其波动方面是否存在实际的生物学与经济学阈值。产量差额指标一方面表示土地生产潜力没有充分实现,在需求相同的情况下,这意味着要占用更多的土地资源用于生产,从而可能损害区域土地利用总的可持续性,另一方面也反映了生物生产系统受压的程度。如果生产系统满负荷运行甚至超过其生物学阈值,则它崩溃的可能性也就很大。

(3) 土地利用强度与利用多样性指标。土地利用强度指标旨在反映农业集约化对土地质量的影响。土地利用多样性是指一定景观区域上生产系统的多样化程度。这两方面指标要反映的主要问题是:当前的土地利用管理是导致越来越多的土地退化,还是改良了土地质量;当前的农业管理措施是否有助于改善全球的环境管理。

(4) 土地覆被指标。可用作反映主要土地过程如侵蚀、沙漠化、林地萎缩等的替代指标。将其与土地利用强度及农业多样性指标一起使用,可以加深对农业与环境可持续性的理解。该指标要反映的关键问题是:当前的地表覆被是否足够,能否在关键的侵蚀期防止土地退化;

土地覆被的类型、范围与持续时间随时间如何变化;什么压力引发土地覆被的变化。

（5）土壤质量指标。要反映的关键问题是:当前的土地利用管理是维持、提高还是降低了土壤有机质发挥土壤功能的能力;当前的土地利用管理是否保持了土壤的生物多样性,进而提高了土壤的环境恢复力,以利于全球生命支持功能的维持。土壤有机质是反映土壤健康最好的替代指标,因为它反映了曾经生活并死于土壤中的植物与微生物的残余。由于土地改良措施影响的多面性,土壤质量指标应该与土地利用强度、农业多样性、土地覆被等指标紧密联系起来使用。

（6）土地退化指标。要反映的关键问题是:当前的土地利用管理措施是否导致了农业生产潜力的损失;当前的土地利用管理措施是否导致了系统环境破坏;进而削弱了环境恢复力。

（7）农业生物多样性指标。要反映的主要问题有:如何更好地把生物多样性与农业生产集约化有机地结合起来,提高动植物基因库的管理水平;如何保护多样性,改善土壤（微）生物的健康生存条件,实现它们的生物固氮和抗生素来源的功能;如何处理好自然物种的共存,尤其是农业地区野生生物与家禽的共存关系。

（8）水质量指标。主要关注与土地利用相关的水资源供给与质量问题,如河口与内陆水、灌溉水的质量等。

（9）林地质量指标。主要关注与环境管理及森林生产相关的土地质量问题,尤其是与森林管理相关的土地质量变化。

（10）牧草地质量指标。主要关注与土地利用强度和多样性相关的牧草地质量以及畜牧在混合生产系统中的作用等问题。

（11）土地污染指标。主要反映因人类活动造成的土地污染的类型、程度与影响,特别是重金属污染、有机污染和辐射污染等问题。

2. FAO 的 LQIs 项目

FAO 也是 LQIs 项目的最初倡议者之一。FAO 项目人员认为,数据及信息来源应该是多方面、多层次的。短期内恐怕不能建立起一整套核心指标体系。但是,在综合、全面地实现土地利用决策与管理的框架中,应着重考虑能代表所监测土地单元重要的自然及社会经济特性的普通指标,主要包括:土地资源状况的变化,不同土地利用方式面积的变化,建议或推荐的农业措施的适应性及采用率,农业管理措施的变化,由于项目或开发活动的介入,产量及其他产出量的变化,农村发展问题,如土地所有权、人口密度和水资源、渔业及水产养殖、森林管理、土壤养分等。

FAO 认为,不同层次的指标体系,指标的详细程度也不同。建立农场一级的指标体系,最好用该农场的观测和记录资料。同时,还要研究所取得的资料适用的范围。层次越低,指标应越详细。FAO 基本上接受 PSR 模型,但也注意到它在反映因果关系、反馈环及全面反映自然、社会与经济问题上的局限性。在信息搜集方面,FAO 认为,变化与趋势信息比静态、评价类型的信息更有用。做两个时段的比较,应该用相同地点的数据直接进行。FAO 还拟开展一些野外项目以检验所选择的衡量土地质量的指标是否合理,在哪些方面需要改进;或者支持有能力开展 LQIs 项目的国家开展此项研究工作。

3. 加拿大土壤健康项目

加拿大农业部于 20 世纪 80 年代中期开始"土壤健康"(the health of our soil)研究项目。1989 年在全国 23 个地方设立实验站,监测土壤变化;1995 年完成基础数据库,并且开始新一轮的取样。经过 10 年左右的实验研究,不仅弄清了加拿大土壤的健康状况;在描述土壤健康的指标体系方面取得了进展;深化了对土壤健康机理的了解;而且,某些土壤整治措施取得了很好的效果。

加拿大所建立的土地质量指标体系以土壤性状为主,主要包括:土壤有机质与土壤结构;土壤退化过程(包括土壤侵蚀、盐渍化及化学污染);地下水污染;土地利用及土地管理措施在土壤质量退化、保持或改善方面的作用。在比较了大草原诸省和南安大略省的可耕地及耕地状况后发现,所有质量好的以及大部分边际耕地都已投入生产。土壤质量正在下降的地区包括草原省干旱及盐渍化地区,主要是夏季休耕地区、集约种植地区以及南安大略省的成行作物区。草原省 60% 以上的耕地、南安大略省 40% 以上的耕地采取了保护性耕作措施;占草原省 2.4% 的耕地及占南安大略省 7.3% 的耕地的土壤质量受土壤-景观条件及土地利用、土地管理状况的制约。在过去 10 年中,由于增加了保护性的耕作措施,加拿大的土壤健康正在改善,对侵蚀及其他破坏力不再像从前那么敏感。农业土壤健康的保持与进一步改善还必须选择合适的土地利用与管理措施。为实现可持续农业的发展目标,政府应该出台新的土壤保护政策。

可以看出,土地质量指标体系研究基本以 LUCC 及其驱动力研究为切入点。因为土地质量变化既是土地利用方式变化的结果,也是土地覆被变化的一种重要表现形式。同时,土地质量的优劣还会引起土地利用方式的不同,进而表现为不同的土地覆被状况。

7.3　土地利用可持续性评价

(一) 土地利用可持续性的概念

1. 土地利用可持续性的提出

随着人口增长、土地退化和环境问题的日益加剧,土地利用可持续性问题已成为研究的焦点。土地利用可持续评价是将土地适宜性评价、土地潜力评价等传统土地评价与景观生态学原理(景观结构和过程、景观异质性)结合起来,评价土地利用的可持续性(傅伯杰等,1997)。一般认为,土地利用可持续性评价源于土地适宜性评价,是对土地适宜性在时间维的延伸趋势进行的一种判断和评估。

20 世纪 90 年代,随着可持续发展的思想和理论在各个学科领域的渗透,FAO 于 1976 年颁布的《土地评价纲要》已不能满足现代土地评价和土地利用规划的需要。国际上一些土壤学家和土地评价专家将可持续发展的概念引申到土地利用,提出了可持续土地利用管理(sustainable land management)的概念。

持续土地利用(Sustainable Land Use,简称 SLU)的思想是 1990 年在新德里由印度农业研究会(ICAR)、美国农业部(USDA)和美国 Rodale 研究中心共同组织的首次国际土地持续利用系统研讨会上正式确认的。以后又分别于 1991 年在泰国清迈举行了"发展中国家持续土地管理评价"和 1993 年在加拿大 Lethbridge 大学举行了"21 世纪持续土地管理"的国际学术讨论会,这两次会议的主要结果是提出了持续土地管理(利用)的明确概念、五大基本原则和评价纲要。

2. 土地利用可持续性的内涵

1993 年,FAO 颁布了《可持续土地利用评价纲要》(《Framework for Evaluation Sustainable Land Management》,简称《FESLM》),确定了土地可持续利用的基本原则、程序和五项评价标准,即土地生产性(productivity)、土地的安全性或稳定性(security)、水土资源保护性(protection)、经济可行性(viability)和社会接受性(acceptability),并初步建立了土地可持续利用评价在自然、经济和社会等方面的评价指标。其五项评价标准具体为:

① 土地利用方式有利于保持和提高土地的生产能力(生产性),包括农业的和非农业的土地生产力以及环境美学方面的效益。

② 有利于降低生产风险的水平,使土地产出稳定(安全性或稳定性)。

③ 保护自然资源的潜力和防止土壤与水质的退化(保护性),即在土地利用过程中必须保护土壤与水资源的质与量,以公平地给予下一代。

④ 经济上可行(可行性)。如果某土地利用方式在当地是可行的,那么这种土地利用一定有经济效益,否则,不能存在下去。

⑤ 社会可以接受(可接受性)。如果某种土地利用方式不能为社会所接受,那么,这种土地利用方式必然失败。

因此,土地利用可持续性可以这样来理解:"获得最高的产量、并保护土壤等生产赖以进行的资源,从而维护其永久的生产力。"此概念包括以下四方面:① 生产可持续性——为获得最大的可持续产量并使之与不断更新的资源储备保持协调;② 经济可持续性——实现稳定状态的经济,需要解决对经济增长的限制和生态系统的经济价值问题;③ 生态可持续性——生物遗传资源和物种的多样性以及生态平衡得到保护和维持,可持续的资源利用和非退化的环境质量,但并不排除短期内的自然变动对达到生态系统的可持续性是必要的;④ 社会可持续性——保障可持续的土地产品供给,同时还要既能使经济维持下去,又能被社会所接受,土地利用收益分配的公平性至关重要。简单来说,就是在生态方面应具有适宜性,经济方面应具有获利能力,环境方面能实现良性循环,社会方面应具有公平性。

由于土地可持续利用研究成果是土地利用规划的重要基础,也是土地管理决策支持与效果评价的主要依据。所以,土地可持续利用研究应突破土地利用研究停留在概念和一般理论以及局部性案例研究的局面,通过全面的具体指标体系及其评价标准研究使可持续利用走向实质性深入,同时要密切服务于应用目标,突出可操作性;在重视现状分析的基础上,注重生态经济社会过程的研究,探讨土地利用可持续与否的深层次原因。

3. 土地利用可持续性的特点

(1) 时间尺度。土地利用持续性是适宜性在时间上的扩展(Smyth and Dumansky,

1993)。土地适宜性评价是评价一定土地单元是否适宜于某种土地利用方式及其适宜程度,很大程度上是一种现状评价。而土地利用持续性评价是评价土地在更长时期内是否适合于某种土地利用方式。影响土地适宜性评价和持续性评价的环境因子基本相同,土地利用持续性评价要求对某种土地利用方式下,各种环境因子和生态过程的变化趋势做出预测,而土地适宜性评价仅仅是对各种环境因子的现状特征进行评价。一种土地利用方式,只要在未来可预见的较长时期内,未引起明显的或永久性的土地退化,通常认为这种土地利用方式是可持续的。

(2) 空间尺度。尽管土地持续利用都需从生态、经济和社会三方面综合考虑,但不同的尺度上侧重点不同。从田块-农场-流域(或景观)到区域(或国家)-全球,土地持续利用的主要约束因素分别是农业技术-微观经济-生态因子-宏观经济和社会因子-宏观生态因子。例如,对于具体的地块,土地利用的目的是提高土地的生产力和生产效益,制约的主要因子是农业技术。在区域水平上,生态因素则成为制约土地利用可持续性的主导因子,要考虑区域的环境容量与承载能力、生态系统和生物多样性保护。在国家尺度上,发展的目标不仅包括国内食品供应、出口营利和人口供养,而且还要考虑整个国家的总体规划、区域分配和在国际上的地位。制约性因子主要为宏观的社会经济政策。在全球尺度上,土地利用可持续性要考虑全球气候变化和环境演变,影响这一尺度的限制因子主要是生态因子。

另外,还有区域性、土地利用方式的特定性、系统的开放性等特点,这些特点与其他土地评价类型的特点基本一致,此处不再赘述。

(二) 土地利用可持续性评价

1. 土地利用可持续性评价的指标

(1) 土地利用可持续性评价指标的确定

土地利用可持续性评价不仅包括对生态、经济、社会各要素现状的调查与评价,而且还需要评价不同的土地利用方式所导致的生态过程、经济结构、社会组成的动态变化是有益的还是有害的,其目的是维持土地利用系统的持续发展。由于生态、经济和社会三方面的因子有许多指标,且不同因子因其性质和特征不同,对土地利用可持续性的影响不同,其评价的指标和方法亦有差别。一般来说,土地持续利用评价指标的确定可分五步进行(图7.4):

① 确定土地利用的目标;

② 确定土地利用的方式;

③ 确定影响土地利用可持续性的因子;

④ 确定土地利用可持续性的评价指标;

⑤ 确定土地利用可持续性评价指标的诊断标准(即指标的变化范围和阈值)。

(2) 土地利用可持续性评价的指标体系

目前,"生态-经济-社会"指标体系是国内最为普遍采用的方案。另外,FAO提出的"生产性-安全性-保护性-经济性-社会性"指标体系也受到了国内学者的普遍重视与不同程度的接受。下面主要从生态、经济和社会三个方面来讨论。

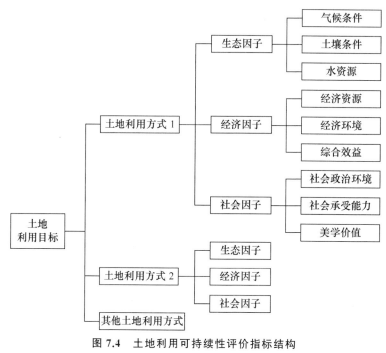

图 7.4　土地利用可持续性评价指标结构

（据傅伯杰等,1997）

① 生态因子指标。生态适宜性是土地利用可持续性的基础。通常包括气候条件、土壤条件、水资源、立地条件、生物资源等,各指标中又包含了一系列细化指标,如气候条件中有太阳辐射、温度、降水、气象灾害等,而太阳辐射中又有辐射强度、季节分布、日照天数、日均照射时间等指标。在土地利用可持续性评价时,尤其要强调土地利用对生态过程的影响。即使目前各生态要素没有发生明显的恶化,但随着时间的演替,生态要素的变化可能会影响到土地利用的持续性和稳定性。

② 经济因子指标。土地利用可持续性评价的经济因子指标主要包括经济资源、经济环境和综合效益三个方面。其中,经济资源包括劳动力资源、资金资源、智力资源、动力资源及效率等;经济环境包括生产成本、产品结构、信贷环境、市场状况、人口环境等;综合效益包括经济收入、利润、消耗。经济评价的指标常常可以给出定量的预测结果,评价一种土地利用方式在近期和未来所产生的经济效益。但往往由于人类活动中所产生的生态影响和社会影响是隐性的和潜在的,随着时间的推移,会对经济发展过程产生显著的影响。因而,进行土地利用可持续性评价时,在满足了经济评价指标的同时,还必须评价一种土地利用方式在生态和社会上的可行性与可接受性。

③ 社会因子指标。影响土地利用可持续性的社会因子指标主要包括社会政治环境、社会承受能力、美学价值等。社会因子是难以定量的指标,在评价中通常利用专业判断法和调查评价法,比较分析和定量评价土地利用对社会环境的影响以及社会因素对土地利用可持续性的

影响。

另外,中国科学院地理科学与资源研究所陈百明(2002)在研究区域土地可持续利用指标体系时,基于 FAO"生产性-安全性-保护性-经济性-社会性"指标体系设计了包括准则层、因素层、元素层三个层次的结构框架(表 7.3)。

表 7.3 区域土地可持续利用评价指标体系框架[*]

准则层	因素层	元素层
生产性	农作物生产力指数	农作物潜在生产力、现实生产力
	草地畜牧业产值指数	区域及全国的平均单位面积产值
	林木生长指数	区域及全国的平均单位面积蓄积量、生长量
	农用地产值指数	区域及全国平均的单位面积产值
	建设用地产值指数	区域及全国平均的单位面积二、三产业净产值
保护性	土壤肥力指数	土壤有机质、速效氮、速效磷、速效钾指数
	水土保持指数	水土流失强度指数、水土流失面积指数
	沙化治理指数	沙地扩展面积、沙化土地总面积
	盐渍化指数	土壤盐渍化面积、耕地面积
	潜育化指数	水田潜育化面积、水田总面积
	水质指数	不同级别的水面面积、比例
	超载过牧指数	现实牲畜头数、理论载畜量
	水资源平衡指数	可供水量、实际需水量(75%保证率)
	土壤环境质量指数	受污染的耕地面积、耕地总面积
	基本农田保护指数	实际保护的基本农田面积、基本农田总面积
稳定性	农业生产稳定指数	有效灌溉面积、旱涝保收面积、旱涝抗逆指数
	粮食稳定性指数	单产年际变异系数
	草地畜牧业稳定性指数	产值年际变异系数
	森林稳定性指数	消长比、森林覆盖率
	建设用地稳定性指数	产值年际变异系数
经济活力	种植业收益指数	投入成本、产出量
	草地畜牧业收益指数	投入成本、产出量
	林业收益指数	区域及全国的林业产值与中间消耗值
	土地 GDP 指数	区域及全国的单位面积土地 GDP
可接受性	人口压力指数	土地的人口承载量、实际人口
	收入差异指数	区域及全国的基尼系数
	人均耕地指数	人均耕地、区域性人均耕地阈值
	土地案件指数	区域及全国平均的土地案件立案数

[*] 据陈百明,2002

2. 土地利用可持续性评价的内容

(1)生态评价。生态评价是土地利用可持续性评价的基础。生态评价是评价一种土地利用方式在目前及其较长时期内对土地的基本属性和生态过程的影响。一般认为,生态可持续性与自然环境中的物质和能量循环相关,如水分和养分循环、能量交换、物种丰度、多样性在生物种群动态变化中的地位和作用。通常,从研究水分循环、养分循环、能量流动和生物多样性四种生态过程开始。评价时要强调过程,而非现状。正因如此,评价中对生态因子阈值的确定更加困难。评价一种典型的土地利用方式产生的经济效益是正还是负相对简单,但评价其对水分和养分循环、生物多样性产生的影响则相当复杂。生态评价在土地利用可持续性中起着重要作用,因为只有土地利用在生态上的持续性评价才能保证土地利用经济和社会的可持续性。

(2) 经济评价。经济评价是评价一种土地利用方式所产生经济效益的大小。通常认为,定量指标如利润、成本、产量和商品率是土地经济评价的指标,对各种评价指标的重视程度取决于具体决策者的认识态度。而定性指标如可行性和可接受性则强调了土地利用的另一方面。实际决策中,如果一种新的土地利用方式生态不可行、社会不可接受,即使满足了所有的经济指标,仍然需要调整,否则将被放弃。目前,全球土地退化的主要原因还在于急功近利的短期行为。当区域居民收入的增长长期低于其对生产活动投入的增长时,土地利用始终受到较大压力,人类往往会对土地进行过度开发,导致土地退化过程的加速。土地退化现象表明,追求土地经济效益而忽视其生态特征将无法保证土地的可持续利用。

(3) 社会评价。社会评价是评价一种土地利用方式是否符合社会的文化观和价值观以及能否满足社会发展的需求。土地不仅是一种可利用的资源,而且是一种自然-经济-社会复合生态系统。土地利用优化模式是社会、经济、生态以及美学的综合体现。市场经济未必能有效保护土地资源,防止土地退化。在人们利用土地资源的同时,往往忽略了土地属性的变化和对人类社会的反馈作用。社会评价时,通常表现为社会对土地利用方式的干预。当一个地区选择了一些社会公认的具有生态可持续性的土地利用方式时,必须在土地税费方面给予减免,或给予资金补偿和技术支持(如生态补偿)。对于满足了经济指标,而不一定满足生态指标和社会指标的土地利用方式(如建设用地扩张),应进行必要干预,以确保土地的可持续利用。

3. 土地利用可持续性评价的程序

FAO 在《可持续土地利用评价纲要》中提出了一个详细的评价步骤:① 确定评价目标;② 分析土地本身因素的可持续性;③ 分析生物因素的可持续性;④ 分析解决因素的可持续性;⑤ 分析社会因素的可持续性;⑥ 环境效应评价;⑦ 综合上面的分析判断持续性;⑧ 得出结论:如果是持续性的,判断可能保持持续性的时间;如果不是持续性的,提出改进的措施。

为进行土地利用的预测、监测和分析,需建立"指示因素-标准-临界值"的监测体系:指示因素(indicators)测量反映环境状况或条件变化的关于土地或环境因素;标准(criteria)决定对环境条件进行判断的标准或尺度;临界值(threshold)表明某一因素超过一定水平时,系统就会出现很大变化。

土地利用可持续性评价过程的核心是综合生态评价、经济评价和社会评价。由于土地利用可持续性的空间特点,在全面考虑生态、经济和社会因素的基础上,不同的空间尺度强调不同的因子,也反映了决策过程中综合分析与主导因素相结合的原则。图 7.5 为傅伯杰等 (1997)构建的区域土地利用可持续性的评价程序。

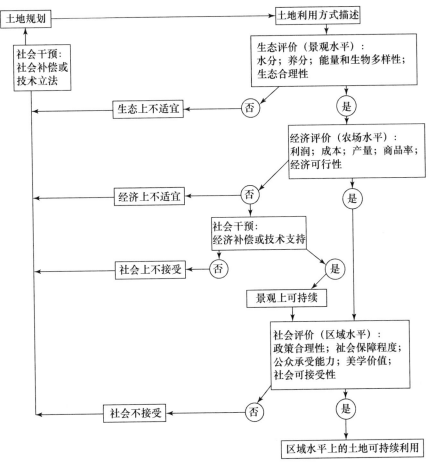

图 7.5 土地利用可持续性评价程序

(据傅伯杰等,1997)

首先,针对区域的土地利用方式,在景观尺度上进行生态评价,主要从水分、养分、能量和生物多样性四个方面评价,评价得出每一土地单位的土地自然适宜性,从生态过程和物质能量交换、循环等方面提出区域内的土地利用配置。生态评价亦可进行多宜性评价,供经济和社会评价选择。其次,在农场尺度上进行经济评价,从利润、成本、产量和商品率四个方面诊断每一土地单位自然适宜性在经济上的可行性。第三,若经济上可行,在整个区域尺度上进行社会评价,评价土地利用大类是否符合区域的社会经济政策(如基本农田保护、商品粮棉基地等)、文化传统和美学价值,使其达到社会可接受性。最后,只有满足生态合理性、经济可行性和社会可接受性,才能保证区域土地利用的可持续性。这一评价过程将生态、经济和社会评价结合在一起,既突出了综合性,又强调了不同层次中的主导因子,具有一定的可操作性。

(三)土地利用可持续性评价的讨论

土地利用可持续性评价中,需要解决的一个关键问题是如何综合判定和度量土地利用的可持续性。众多学者从不同的角度提出了评价指标体系和评价模式,但具有普适性的指标和方法尚显缺乏,在具体的评价实践中甚至在评价的理论和方法上也莫衷一是。究其原因,一方面是因为土地利用系统及其作用机制的复杂性;一方面是因为对此自然-社会-经济复合系统可持续性的评价需要多学科的视角,但由于各学科的视角和知识结构的差异,很难得到共同的认可。此外,指标选取、评价方法的科学性和实际数据的可得性之间也常常难以兼顾。

因此,完善土地利用可持续性的评价方法仍是学术界面临的任务。正如 FAO 的《可持续土地管理评价纲要》指出:"本《纲要》只是一个建议,因为可持续性的概念不是僵死的,它需要根据不同地区和不同时期的情况而改变……《纲要》呼吁各方面的专家进一步判断和解释影响可持续性的因素,从而为本《纲要》的完善做出贡献"(Smyth and Dumansky,1993)。

1. 可持续性指标的选择方法

由于土地利用涉及自然、经济、社会诸多因素,可用于其可持续性评价的指标很多。究竟选取哪些来构建指标体系取决于用什么方法。迄今所见的指标体系,在方法上皆可归纳为枚举法和综合法(蔡运龙等,2003)。

(1)枚举法。枚举法是按照一定的分类和层次,将有关的因素尽可能地列举,并分别赋予相应的权重,判断其对可持续性的影响程度,最后得到一个总的度量。但由于可持续性涉及的直接、间接因素太多、太复杂,指标体系很难穷尽所有的影响因素;而要对每一因素的影响程度做出准确判断,就应该弄清其影响机理;即使穷尽了所有因素而且判断出其影响程度,由于指标太多,再考虑数据要有足够的时间序列,可操作性可见一斑。

(2)综合法。综合法不考虑土地利用系统的内部结构和机理,只根据少数能反映其表现的综合指标来评价可持续性,相当于系统方法论中的黑箱法。如 UNDP 的人类发展指数(HDI),提供了对 GNP 的三个替代指标——平均期望寿命、文化素质、人均 GDP(UNDP,1995);资源与环境的社会会计矩阵 SAMRE 用资源净产值、环境净产值、真实储蓄来评价发展的可持续性(杨友孝等,2000)。综合法避免了枚举法的局限,是一种简单、易操作的方法,但目前还没有做完整时间序列的评价。

2. 关于可持续评价的对象

(1)评价状况还是评价过程。按照 FAO 的定义,土地利用的可持续性是指"如果预测到一种土地利用在未来相当长的一段时间内不会引起土地适宜性的退化,则认为这样的土地利用是可持续的。"土地利用的可持续性只能从土地利用变化过程中才能判断,评价指标必须展示变化过程。但迄今所见大多数指标都是反映土地利用在某一时段的状况,没有体现变化过程,因此就不可能判断是否具有可持续性。

(2)纵向比较还是横向比较。在时间尺度上,任何土地利用系统都在发展,只有用同样的指标,对土地利用系统自身的纵向比较,表现出来的可持续性才是合乎逻辑的。若评价结果显示彼地比此地得分高,就认为彼地具有更高水平的可持续性,则是不合逻辑的。如说长江三角洲比西北干旱区的土地利用可持续性更高的说法,显然不合理。

(3)评价地块还是评价区域。在区域内,得出彼地块比此地块(例如河川地比山坡地、耕地比林地)的土地利用可持续性更高也不合逻辑。因为在一定区域内,各地块有各自的作用和功能,它们在一定的结构中共同作用,实现区域土地利用的可持续性。因此,土地利用可持续性评价的对象应该是以各种土地按一定结构组成的区域,而非地块。

3. 显示过程的系统综合指标

基于上述方法论分析,借鉴农业生态系统评价(Conway,1985)、人地关系地域系统评价(蔡运龙,1995)和社会公平性评价(Marten,1988)的方法,采用系统综合指标(即生产力、稳定性、恢复力、公平性、自立性、协调性)来度量土地利用的可持续性(图7.6)。

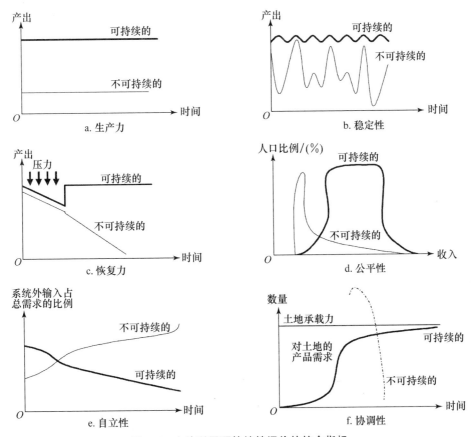

图7.6　土地利用可持续性评价的综合指标

(据蔡运龙等,2003)

（1）生产力。生产力指土地利用系统能为人类提供的产品和服务的数量。可持续的土地利用系统应该长期保持高产，低产的系统不能认为是可持续的（图7.6a）。土地利用系统的生产力可以用多种指标度量，例如生物量、能量、物质数量、货币价值等，应用得最普遍的指标是货币价值。当然，不同土地利用系统的生产力对比只有在度量指标一致时才有意义。显然，更合理的指标是单位投入的产出——土地利用系统的生产率。投入的形式有土地、劳动、资金、物资、能源等。如单位水资源投入的产出，单位能源投入的产出，单位资金投入的产出，单位劳动投入的产出等。人口密度大、劳动力充裕而资源相对稀缺的土地利用系统，很可能土地生产率高而劳动生产率低；人烟稀少、土地广阔的系统则相反，能源投入密集或资金投入密集的系统，很可能土地生产率高而能源或资金的产出率低。

（2）稳定性。土地利用系统的稳定性是指系统生产的一致性和连贯性。可持续的土地利用系统，其生产应该长期保持在一定水平上，或在某一水平上下略有波动；而生产大起大落的系统则缺乏稳定性，不能认为是可持续的（图7.6b）。由于土地利用系统内外自然、社会、经济诸条件都是动态的，如自然要素、人口、价格、政策等都会有正常波动，其生产力亦难免有所波动，稳定性要根据系统生产围绕某一长期平均水平或长期趋势的波动来评价。由于稳定性是系统生产力长期波动状态的度量，而生产力可用多种指标度量，因此稳定性也可是多维的。一处土地利用系统用某种生产力指标衡量是稳定的，而用另一种指标衡量则可能欠稳定。如某系统实物产量是稳定的，但由于市场价格变化，用货币价值来衡量则是不稳定的。可持续的土地利用系统要求通过科学调控，把这种波动控制在正常范围内。

（3）恢复力。土地利用系统的恢复力是指系统对抗内外压力和冲击而维持生产力的能力。如自然灾害、政策变动等，与稳定性所涉及的各种要素的正常波动不同。一个系统的恢复力是靠系统本身的调控能力实现的。当内外压力和冲击使系统生产趋于下降时，依靠科学技术，通过加强经营管理和增加投入等，系统能够抵消压力和冲击的影响或消除压力、减缓冲击而把生产恢复到正常水平，这样的土地利用系统就具有恢复力，因而是可持续性的。反之，若在巨大压力和不可逆冲击之下，系统生产一蹶不振乃至"崩溃"，则是不可持续的（图7.6c）。恢复力也是联系生产力来度量的，同样可用多种衡量指标，而依据不同的指标就会有不同的恢复力表现。如为了维持某种产品单位土地产出的恢复力，需要增加某种要素的投入，于是单位土地产出虽有了恢复力，但该要素的单位投入产出则缺乏恢复力。无论用哪种指标衡量，可持续的土地利用系统都应该避免出现崩溃的状况或出现不可逆的后果。

（4）公平性。土地利用系统的公平性指土地资源和土地开发利用的收益是否被公正平等地分配，可用一定收入水平上的人口比例来衡量。如图7.6d，若大多数人获得中等收益，获得低收益和高收益的人都占少数，则该系统具有相对公平性。如果大多数人都只能获得低收益，少数人获得高收益，则该系统是不公平的。公平性还包括代际公平，今天正在开发利用的土地资源，也是今后世世代代赖以生存的基础，如果过度开发或不合理地利用土地资源及其环境而损害了后代利用同一资源和环境的权利，那么这样的系统是不公平的。

（5）自立性。土地利用系统的自立性指该系统自我供给、自我完善、自我调节、自我恢复的能力。自立性是由系统内各组成部分之间的物质、能量和信息的运动,进出系统的物质能量流和信息流以及对这些运动的控制来反映的。过多地依赖外部物质、能量和信息投入维持运转的系统缺乏自立性。很多外部投入是不可靠的或代价昂贵的,一旦有变就会危及系统的正常运转。因此,一个可持续的土地利用系统应该有较高的自立性(图7.6e)。

(6) 协调性。土地利用系统的协调性是指人类对土地产品的需求(主要由人口数量与人均消费水平决定)与土地承载力和环境容量相适应。根据这个原理,必须把人口数量和人均消费控制在土地承载力和环境容量之下,人与环境才能协调,土地利用系统才能具备可持续性(图7.6f)。当然,土地承载力和环境容量是动态的,土地产品的需求与承载力的关系也要辩证地分析。

总之,《FESLM》的颁布在土地持续利用研究上具有里程碑的意义,其提出的土地可持续利用评价的基本思想和原则,成为指导各国土地可持续利用管理的纲领,但《FESLM》只是一个高度概括的框架,在具体的评价指标体系和评价方法上还有待深入研究。

7.4　土地利用多功能性评价

(一) 土地多功能利用的概念

1. 土地多功能利用的含义

"多功能性"的概念最早源自多功能农业研究、生态系统产品和服务研究以及景观功能研究。20世纪中期,部分欧洲国家对土地利用功能展开了分析,认为土地具有生产、生态、社会、政治、美学等功能。20世纪80年代开始提出农业多功能概念后,"多功能"概念在生态系统管理、农业发展、景观管理及土地系统变化等领域被广泛使用。1997年,生态系统服务概念的提出,尤其是千年生态系统评估从环境角度理解生态系统产品和服务的内涵,使人们认识到了土地利用变化对其可持续性的多维度影响。2001年OECD在"多功能性:一个分析框架"中提出了较为完整的农业土地多功能概念及其分析框架。此后,越来越多的研究者关注土地多功能性,将多功能性分析运用到农田、森林等多种土地系统中,从而形成了土地系统多功能分析的范式。土地利用多功能概念在2004年启动的全球土地计划(GLP)支持的欧盟第六框架项目"可持续性影响评估:欧洲多功能土地利用的环境、社会、经济效应"(SENSOR)中被正式提出,该项目认为土地利用变化引起的功能变化将直接影响到区域的可持续发展,使得多功能性的概念与土地利用的关系越发密切,同时引出了"景观功能"的概念,并有研究者根据不同功能提出功能分类中所对应的各种用途。Mander等(2007)在此基础上首次将"生态系统服务"作为理论框架的重要组成部分应用于区域可持续性评价,一些学者认为由土地利用变化所引起的功能变化是决定区域可持续发展的重要因子。

土地利用多功能概念的提出与生态系统服务和景观功能有着紧密的联系。从本质上看,生态系统服务与景观功能侧重于可持续性的环境维度。为了平衡可持续性的经济、社会和环境三大维度,基于生态系统服务和景观功能,并结合多功能性概念,土地利用多功能性(multi-functional land use)概念应运而生。从本质上说,土地利用功能是对土地利用方式多样性的宏观概括。近年来,不同学者从多角度对土地利用功能进行了定义。其中,OECD(2001)的定义主要以人类社会为对象,因涵盖区域中密切相关的经济、社会和环境三个维度而受到广泛的认可,即"不同的土地利用方式所提供的私人的或公共的产品和服务"。当土地利用功能被多角度描述为环境、经济和社会功能时,就形成了土地利用多功能性的概念,即土地利用功能的多样性,是一个区域不同土地利用类型相互联系与作用而形成的多种功能,反映了区域土地利用功能及其环境、经济和社会功能的状态和表现,是度量土地资源提供生态环境和社会经济功能的重要手段,体现着土地利用功能满足人类多种需求的程度和能力,也是确定和度量土地多元化利用所提供的产品、服务和功能及其带来的环境和社会经济效应。因此,土地利用多功能性是土地可持续性利用和管理的重要组成部分。

2. 土地多功能利用研究框架

土地多功能利用分析框架是目前国内外应用较多的分析土地利用可持续性的方法之一。其目的在于界定和衡量土地多元化利用所提供的环境、经济和社会等方面的功能,确定这些功能的可持续性限制/阈值/目标,探讨政策选择对土地利用可持续性的影响。

2004 年启动的 SENSOR 项目提出了土地利用功能概念框架,并开发了用于评估欧洲土地利用多功能可持续的模型工具 SIAT(Sustainability Impact Assessment Tools)。其概念框架的具体步骤为:① 根据区域情况建立指标体系,确定指标与土地功能之间关系的性质,描述每种土地功能的指标矩阵;② 确定影响每个小区域可持续性的关键指标的权重;③ 确定区域每个指标的可持续性阈值,将指标值标准化;④ 综合评价政策情景对区域土地利用可持续性的影响。这一概念框架将区域层面上经济、环境和社会文化关键指标的变化融入 9 项土地利用功能,极大地推动了土地利用多功能性评价方法体系的应用与发展。

结合中国实际情况,甄霖等(2009)综合考虑经济、社会、环境和生态功能,构建了土地利用多功能性评价框架并进行了中国土地利用的多功能性动态分析,为土地利用多功能评价提供了新的视角。其建立的评价框架为:① 建立土地利用评估指标与土地多功能利用的关系属性;② 确定指标阈值和指标标准化处理;③ 土地多功能利用综合分析。在此基础上,其他学者进一步深化了多功能评价的方法。另外,还有一些学者建立了耕地多功能综合解释框架。

3. 土地多功能利用的意义

土地利用多功能性有利于确定和衡量土地多元化利用所提供的人类福祉。20 世纪 80 年代,欧洲国家已经认识到了多功能在土地可持续利用中的重要性,土地利用多功能研究也成为国家管理层对可持续发展决策和管理的核心组成部分,尤其在农业多功能利用等领域积极开展了相关研究。近年来,以多功能利用来缓解当前的土地利用冲突被引入到土地景观规划领域,从土地多功能角度寻求土地管理策略成为研究的新范式。由于区域空间多功能协调利用是应对土地资源不足、缓解土地利用冲突的必然选择,因此土地多功能利用研究对区域土地持续利用具有重要的现实意义。

(二) 土地多功能利用评价

1. 土地多功能利用识别与分类

土地利用功能具有综合性、多元性、动态变异性和空间异质性等特点,识别土地利用多功能性并进行分类是土地利用多功能性研究的基础。

土地利用功能和生态系统服务、景观功能之间存在交叉。由于侧重点不同,不同学者在多功能识别及其功能分类方面的理解存在差异。2005 年,千年生态系统评估(Millennium Ecosystem Assessment,简称 MA)提出了由 4 个一级分类(即供给服务、调节服务、文化服务和支持服务)和 30 个二级分类组成的分类系统。根据中国国情,谢高地等(2008)提出了由 4 个一级类别(即供给服务、调节服务、支持服务和社会服务)、14 个二级类别和 32 个三级类别组成的分类系统。Mander 等(2007)将景观多功能总结为供给功能、调节功能、生境功能和文化功能等;Kienast 等(2009)则将景观功能归纳为生产功能、调节功能、生境功能和信息功能。Fleskens 等(2009)将土地功能分为经济功能、社会功能、文化功能、生态功能和生产功能 5 大类;de Groot 等(2002)将人类生存所必需的功能分为调节功能、居住功能、生产功能、信息功能 4 类 23 项。

很多学者基于土地利用系统角度从生产、生态、社会三个维度展开土地利用功能的分类,还有学者将土地功能划分为 4 个维度,即生产功能、空间功能、生态功能和社会保障功能;又如生产功能、经济功能、生态功能和社会功能等;也有学者将其细化为经济、社会、文化、生态、生产 5 个维度。甄霖等(2009)基于可持续发展框架从社会功能、经济功能和环境功能构建的分类系统在国内的应用较为广泛。当然,土地利用的诸多功能并非相互独立,各功能往往交织在一起才使得土地利用具有多功能性。

2. 土地多功能利用评价

目前,大多土地利用多功能性研究都是按照如下思路展开评价:① 建立土地利用多功能性评估关键指标体系;② 确定指标对区域可持续发展的重要性(权重 w)矩阵;③ 确定指标阈值及数据标准化处理;④ 土地利用多功能性综合评价。此类方法操作相对简单,在定量评价中应用得最多。指标权重的确定多采用专家评价法和层次分析法等常规方法。

针对评价结果,学者们构建了很多指标来分析土地利用多功能性的特点。例如:甄霖等(2010)采用土地利用功能实现率测度区域土地利用某项功能的实现程度,采用土地利用功能量倍比系数(γ)与增长量(β)反映土地利用功能的相对变化程度和绝对变化程度;李德一等(2011)采用相关分析研究了不同土地利用功能之间的消涨关系;张晓平等(2014)采用功能实现率(r)、功能变化动态度(d)、功能标准差(σ)、功能变化优势度(s)测度土地利用多功能状态及变化。另外,还有学者将土地多功能利用与持续性结合起来,进行土地利用功能的持续性研究。

此外,有些研究还采用较为复杂但系统性强的方法拓展了土地利用多功能性评价研究的方法体系。例如:采用模糊综合评价法、五形向量空间结构评价法、改进的灰色 T 关联度分析、灰色关联投影法、改进突变级数法以及全排列多边形图示指标法进行了土地多功能性评价。

3. 土地多功能利用的权衡

由于土地功能存在多样化的类型、不均衡性的空间分布,加之人类对土地利用和管理的选择性和多样性,不同土地功能之间往往存在着复杂的相互作用,表现为此消彼长的权衡和相互促进的协同。土地系统一种功能的提升常常以牺牲其他功能为代价,对土地系统功能权衡/协同关系的忽视可能会导致某些生态系统服务供给能力下降,甚至威胁整个生态系统的稳定和安全。因此,土地资源管理不能仅仅追逐单一土地功能,而必须权衡和兼顾多种功能,使其综合效益最大。近年来,生态系统服务权衡研究已成为生态学、地理学和生态经济学等学科的热点和前沿。从研究内容来看,主要集中在生态系统服务权衡/协同的理论基础、表现形式、驱动机制、尺度效应、效益优化以及不确定性研究;从研究方法来看,主要有统计学方法(如相关性分析、回归分析、聚类分析、冗余分析等)、空间分析方法(地理信息系统技术)、情景模拟方法(如 Clue-s、SWAT、InVEST 等情景模拟模型)和生态系统服务流动性分析方法(ARIES 模型)。可以看出,国内外学者对生态系统服务权衡/协同关系已开展了大量研究,对土地多功能利用权衡的研究将会成为土地资源利用与管理的重要依据。

复习思考题

7.1　何谓土地覆被与土地利用?二者有何异同?

7.2　LUCC 的主要科学问题和研究焦点是什么?

7.3　如何理解 LUCC 研究的综合性特点?

7.4　土地质量指标体系构建的意义是什么?

7.5　目前土地质量指标体系的模型有哪些?

7.6　何谓土地持续利用?有哪些基本原则?

7.7　何谓土地多功能利用?

7.8　讨论土地利用多功能性评价框架。

扩展阅读材料

［1］FAO. FESLM：An International Framework for Evaluating Sustainable Land Management. World Soil Resources Report No.73，Rome.1993.

［2］OECD. Multifunctional：Towards an analytical framework. Paris：Organization for Economic Cooperation and Development，2001.

［3］PieriC，Dumanski J，Hamblin A，et al. Land quality indicators，World Bank discussion papers No.315. The World Bank，Washington D C,USA，1995.

［4］蔡运龙,李军. 土地利用可持续性的度量:一种显示过程的综合方法. 地理学报,2003,58(2):305-313.

［5］蔡运龙. 土地利用/土地覆被变化研究:寻求新的综合途径. 地理研究,2001,20(6):645-652.

［6］陈百明.区域土地可持续利用指标体系框架的构建与评价.地理科学进展，2002，21(3)：204-215.

［7］傅伯杰，陈利顶，等.土地可持续利用评价的指标体系与方法.自然资源学报，1997，2(12)：112-118.

［8］史培军，宫鹏，李晓兵，等.土地利用/土地覆被变化研究的方法与实践,北京:科学出版社,2000.

［9］张凤荣,王静,陈百明.土地持续利用评价指标体系与方法.北京:中国农业出版社,2003.

［10］甄霖，曹淑艳，魏云洁，等.土地空间多功能利用：理论框架及实证研究.2009，31(4)：544-551.

第8章　生态系统综合评价

目前,人类已显著地改变了陆地表层生态系统的面貌。但人类还在日益忽视自身生活和社会经济发展对生态系统的依赖性以及生态系统为人类社会发展所作的贡献。因此,科学地评价生态系统的服务功能,诊断生态系统的健康状况及其所承受的压力,对生态系统实现科学管理,是可持续发展的根本保证。

关于生态系统的评价,目前还未形成系统的理论和方法体系。但近年来,地理学界和生态学界都曾对生态系统评价开展了各方面的研究,尤其是从生态系统服务功能、生态系统安全(如生态脆弱性、生态风险和生态健康)、生态承载力(如生态足迹)及生态系统管理等方面进行了综合研究。

8.1　生态系统综合评价的概念和框架

(一) 生态系统综合评价的概念

生态系统综合评价(Integrated Ecosystem Assessment,简称 IEA)是分析生态系统为人类提供的具有重要意义的服务能力,包括对生态系统的生态分析和经济分析,也考虑到生态系统的当前状态及今后可能的发展趋势(傅伯杰等,2001)。

由于生态系统综合评价不仅关注单个生态系统的服务,而且要对整体生态系统所能提供的服务进行评价,为审视生态系统所提供的各种服务之间的联系与平衡提供了一个框架。经常有这种情况,从生态系统提供的服务中所获得的利益会被单个服务所做的评价结果所掩盖。因为生态系统对于提供特定服务时可能处于良好状态,但对于其他功能状态则不一定最佳。如某生态系统管理的目标可能会对粮食生产非常适合,但可能会破坏生态系统的其他服务功能。所以,生态系统综合评价是先分别评价系统提供的各种服务的能力,然后在这些服务之间做出权衡。

根据目标不同,生态系统综合评价有许多种形式。例如生态影响评价,主要集中在生态行为或人类活动对环境的影响,如公路建设等;生态管理评价,集中在某项自然管理的决策对未来生态的影响。区域的生态评价必须综合考虑自然环境与人类之间的相关性,并且寻找两者之间的平衡,其评价过程应该综合生态、经济、社会和文化的价值。

(二) 生态系统综合评价的框架

生态系统综合评价要求对所评价的对象进行下述几方面的深入研究:

(1) 必须获得可靠的生态系统的基础信息,包括各因子数量、经济价值、产品及服务的状况。长期的生态数据须靠长期生态监测网络获得,且必须回答所面临的生态问题,如环境因子变化后不同生态系统反应有何不同? 如何影响其产品及服务功能? 生物多样性的变化如何影响不同生态系统产品与服务的供应及恢复能力? 不同生态系统变化的极限及其敏感性如何?

(2) 提出不同的评价指标体系。在综合评价中,不同的生态系统,评价指标体系应有所差异。评价指标必须具有可查性、可比性和定量性。

(3) 将所获信息定量化,建立包括生态、经济和科技进步在内的综合模型,为管理者提供不同的未来情景分析。在建立综合模型中必须保证在不同尺度上收集到的数据具有整合性,保证大尺度模型可以采用小尺度的局域性数据,而反过来可以用于局域分析。

作为一项复杂的系统工程,生态系统综合评价需要对不同生态系统产品与服务功能之间进行权衡,对生态系统做出健康诊断与安全评价,最终为生态系统管理提出科学的依据。因此,生态系统综合评价的目的在于管理,而管理的基础是生态系统的现状评价和未来趋势预测,管理的任务则是对生态系统功能的现状调整。

本章主要从生态系统服务功能、生态系统安全、生态承载力和生态系统管理等方面来探讨生态系统综合评价的方法及内容。

8.2 生态系统服务功能评价

(一) 生态系统服务功能的提出

虽然人类对生态系统服务功能的研究才刚刚起步,但是我们的祖先早已就意识到了生态系统对人类社会发展的支持作用。早在古希腊,Plato(柏拉图,公元前 427—前 347)就认识到雅典人对森林的破坏导致了水土流失和水井的干涸。在中国,风水林的建立与保护也反映了人们对森林保护村庄与居住环境作用的认识。在美国,George Marsh(乔治·马什,1801—1882)是首位用文字记载生态系统服务功能的学者。1864 年,他在《Man and Nature》中记载:"由于受人类活动的巨大影响,在地中海地区,广阔的森林在山峰中消失,肥沃的土壤被冲刷,草地因灌溉水井枯竭而荒芜,著名的河流因此而干涸。"George Marsh 还意识到了自然生态系统分解动植物尸体的服务功能,在书中他写道:"动物为人类提供了一项重要的服务,即消除腐臭的动植物尸体,如果没有它们,空气中将弥漫着对人类健康有害的气体。"同时他还指出,水、肥沃的土壤、乃至我们所呼吸的空气都是大自然与其生物所赐予的。

以后直到 Aldo Leopold(利奥波德,1887—1948)开始深入地思考生态系统的服务功能。1949 年,他指出:"赶走狼群的牛仔们没有意识到自己已经取代了狼群控制牧群规模的职责,没有想到失去狼群的群山会变成什么样子,结果导致沙尘蔽日,肥沃的土壤被流失,河流把(我们的)未来冲进了大海。"Aldo Leopold 也认识到人类自己不可能替代生态系统服务功能,指出:"土地伦理将人类从自然的统治者地位还原成为自然界的普通一员。"同期,Fairfield

Osborn(F·奥斯本,1887—1969)与 William Vogt(W·沃格特,1902—1968)也分别研究了生态系统对维持社会经济发展的意义。1948 年,Fairfield Osborn 指出:"只要我们注意地球上可耕种、人类可居住的地方,就可以发现水、土壤、植物与动物是人类文明得以发展的条件,乃至人类赖以生存的基础。"William Vogt 首先提出了"自然资本"概念,他在讨论国家债务时指出:"我们耗竭自然资源(尤其土壤)资本,就会降低我们偿还债务的能力。"

20 世纪 70 年代以来,生态系统服务功能开始成为一个科学术语及生态经济学研究的分支。1970 年,Ehrlich(埃尔利希,1932—)在 *Man's Impact on the Global Environment* 中首次使用"service"一词,并列出了自然生态系统对人类的"环境服务"功能,包括害虫控制、昆虫传粉、渔业、土壤形成、水土保持、气候调节、洪水控制、物质循环与大气组成等方面。1974 年,Holdren(侯德润,1944—)和 Ehrlich 在论述生物多样性的丧失将会怎样影响生态服务功能时,首次使用了"生态系统服务"(ecosystem service)一词。此后,"生态系统服务功能"这一术语逐渐为人们所公认和普遍使用。2004 年,美国生态学会提出"21 世纪美国生态学会行动计划",将生态系统服务科学作为面对拥挤地球的首个生态学难题。2006 年,英国生态学会提出的100 个与政策制定相关的生态学问题中,第一个主题就是生态系统服务功能研究。现在,人们已经深刻地认识到,生态系统服务功能是人类生存与现代文明的基础(李双成,2014)。

(二) 生态系统服务功能的内涵

1997 年,Costanza(科斯坦扎,1950—)等指出,生态系统产品(如食物)和服务(如废弃物处理)是指人类直接或者间接从生态系统功能中获得的收益,并将产品和服务两者合称为生态系统服务。他将全球生态系统服务归纳为 17 类 4 个层次:生态系统的生产(包括生态系统的产品及生物多样性的维持等),生态系统的基本功能(包括传粉、传播种子、生物防治、土壤形成等),生态系统的环境效益(包括改良减缓干旱和洪涝灾害、调节气候、净化空气、废物处理等)和生态系统的娱乐价值(休闲、娱乐、文化、艺术素养、生态美学等)(表 8.1)。

表 8.1　生态系统效益和生态系统功能[*]

生态系统效益	生态系统功能	举例
气体调节	调节大气化学组成	CO_2/O_2平衡、O_3防护 UV-B 和 SO_x水平
气候调节	对气温、降水的调节以及对其他气候过程的生物调节作用	温室气体调节以及影响云形成的 DMS(硫化二甲酯)生成
干扰调节	对环境波动的生态系统容纳、延迟和整合能力	防止风暴、控制洪水、干旱恢复及其他由植被结构控制的生境对环境变化的反应能力
水分调节	调节水文循环过程	农业、工业或交通的水分供给
水分供给	水分的保持与储存	集水区、水库和含水层的水分供给
侵蚀控制和沉积物保持	生态系统内的土壤保持	风、径流和其他运移过程的土壤侵蚀和在湖泊、湿地的累积
土壤形成	成土过程	岩石风化和有机物质的积累

续表

生态系统效益	生态系统功能	举　例
养分循环	养分的获取、形成、内部循环和存储	固氮和 N、P 等元素的养分循环
废弃物处理	流失养分的恢复和过剩养分有毒物质的转移与分解	废弃物处理、污染控制和毒物降解
授粉	植物配子的移动	植物种群繁殖授粉者的供给
生物控制	对种群的营养级动态调节	关键种捕食者对猎物种类的控制、顶级捕食者对食草动物的削减
庇护	为定居和临时种群提供栖息地	迁徙种的繁育和栖息地、本地种区域栖息地或越冬场所
食物生产	总初级生产力中可提取的食物	鱼、猎物、作物、果实的捕获与采集,给养的农业和渔业生产
原材料	总初级生产力中可提取的原材料	木材、燃料和饲料的生产
遗传资源	特有的生物材料和产品的来源	药物、抵抗植物病原和作物害虫的基因、装饰物种(宠物和园艺品种)
休闲	提供休闲娱乐	生态旅游、体育、钓鱼和其他户外休闲娱乐活动
文化	提供非商业用途	生态系统美学的、艺术的、教育的、精神的或科学的价值

* 据 Costanza, et al. 1997

　　2005 年,千年生态系统评估(MA)项目报告指出,生态系统服务功能是指人类从生态系统获取的效益,生态系统服务功能的来源既包括自然生态系统,也包括人类改造的生态系统;包含了生态系统为人类提供的直接的和间接的、有形的和无形的效益。生态系统服务可以分为 4 类:供给服务(包括食物、淡水、木材和纤维、燃料等)、支持服务(包括养分循环、土壤形成、初级生产等)、调节服务(包括调节气候、调节供水、调控疾病、净化水质等)和文化服务(包括美学方面、精神方面、教育方面、消遣方面等)。

　　总的来说,生态系统服务功能是指生态系统与生态过程所形成及维持的人类赖以生存的自然环境条件与效用。生态系统为人类提供了自然资源和生存环境两个方面的多种服务功能,前者如为人类所提供的食物、医药及其他工农业生产原料;后者如维持地球的生命支持系统、生命物质的生物地球化学循环与水循环、生物物种与遗传多样性、净化环境、维持大气化学的平衡与稳定等。

(三) 生态系统服务功能的价值评估

1. 生态系统服务功能的价值分类

　　生态系统服务功能的价值可以分为直接利用价值、间接利用价值、选择价值以及存在价值 4 个类型。评估方法因功能类型不同而异。

（1）直接利用价值

直接利用价值主要是指生态系统产品所产生的价值，包括食品、医药、其他工农业生产原料以及景观娱乐等带来的直接价值。直接利用价值可用产品的市场价格来估计。

（2）间接利用价值

间接利用价值主要是指无法商品化的生态系统服务功能，如维持生命物质的生物地化循环与水文循环、维持生物物种与遗传多样性、保护土壤肥力、净化环境、维持大气化学的平衡稳定等支撑与维持地球生命支持系统的功能。间接利用价值的评估常常需要根据生态系统功能的类型来确定，通常有防护费用法、恢复费用法、替代市场法等。

（3）选择价值

选择价值是人们为了将来能直接利用与间接利用某种生态系统服务功能的支付意愿。例如，人们为将来能利用生态系统的涵养水源、净化大气以及游憩娱乐等功能的支付意愿。人们常把选择价值喻为保险公司，即人们为确保自己将来能利用某种资源或效益而愿意支付的一笔保险金。选择价值又可分为三类：即自己将来利用，子孙后代将来利用（又称之为遗产价值），别人将来利用（也称之为替代消费）。

（4）存在价值

存在价值亦称内在价值，是人们为确保生态系统服务功能继续存在的支付意愿。存在价值是生态系统本身具有的价值，是一种与人类利用无关的经济价值。换句话说，即使人类不存在，存在价值仍然有，如生态系统中的物种多样性与涵养水源能力等。存在价值是介于经济价值与生态价值之间的一种过渡性价值，为经济学家和生态学家提供了共同的价值观。

2. 生态系统服务功能价值评估方法

目前，生态系统服务功能价值评估的方法可分为两类：一是模拟市场技术（又称假设市场技术），以支付意愿和净支付意愿来表达生态服务功能的经济价值，其评价方法只有一种，即条件价值法；二是替代市场技术，以"影子价格"和消费者剩余来表达生态服务功能的经济价值，评价方法多种多样，其中有费用支出法、市场价值法、机会成本法、旅行费用法和享乐价格法。这里，主要介绍目前常用的条件价值法、费用支出法与市场价值法。

（1）条件价值法

也称调查法和假设评价法，是生态系统服务功能价值评估中应用最广泛的方法之一。适用于缺乏实际市场和替代市场交换的商品价值评估，是"公共商品"价值评估的一种特有方法，能评价各种生态系统服务功能的经济价值，包括直接利用价值、间接利用价值、存在价值和选择价值。

支付意愿可以表示一切商品价值，也是商品价值的唯一合理表达方法。西方经济学认为：价值反映了人们对事物的态度、观念、信仰和偏好，是人的主观思想对客观事物认识的结果；支付意愿是"人们一切行为价值表达的自动指示器"，因此，商品的价值可表示为：

$$商品的价值 ＝ 人们对该商品的支付意愿$$

$$支付意愿 ＝ 实际支出 ＋ 消费者剩余$$

对于一般商品而言,由于商品有市场交换和市场价格,其支付意愿的两个部分都可以求出。实际支出的本质是商品的价格,消费者剩余可以根据商品的价格资料用公式求出。因此,商品的价值可以根据其市场价格资料来计算。实践证明:对于有类似替代品的商品,其消费者剩余很小,可以直接以其价格表示商品的价值。对于公共商品而言,由于公共商品没有市场交换和市场价格。因此,支付意愿的两个部分都不能求出,公共商品的价值也因此无法通过市场交换和市场价格估计。

目前,西方经济学发展了假设市场方法,即直接询问人们对某种公共商品的支付意愿,以获得公共商品的价值,这就是条件价值法。条件价值法属于模拟市场技术方法,其核心是直接调查咨询人们对生态服务功能的支付意愿,并以支付意愿和净支付意愿来表达生态服务功能的经济价值。在实际研究中,从消费者的角度出发,在一系列的假设问题下,通过调查、问卷、投标等方式来获得消费者的支付意愿和净支付意愿,综合所有消费者的支付意愿和净支付意愿来估计生态系统服务功能的经济价值。

(2) 费用支出法

费用支出法是一种古老又简单的方法,是从消费者角度,以人们对某种生态服务功能的支出费用来表示其经济价值。例如,对于自然景观的游憩效益,可以用游憩者支出的费用总和(包括往返交通费、餐饮费用、住宿费、门票费、入场券、设施使用费、摄影费用、购买纪念品和土特产的费用、购买或租借设备费以及停车费和电话费等所有支出的费用)作为森林游憩的经济价值。

(3) 市场价值法

市场价值法与费用支出法类似,但可适合于没有费用支出、但有市场价格的生态服务功能的价值评估。例如,没有市场交换而在当地直接消耗的生态系统产品,这些自然产品虽没有市场交换,但有市场价格,因而可按市场价格来确定它们的经济价值。市场价值法先定量地评价某种生态服务功能的效果,再根据这些效果的市场价格来评估其经济价值。

在实际评价中,市场价值法通常有环境效果评价法和环境损失评价法两类评价过程。环境效果评价法可分为三个步骤:① 计算某种生态系统服务功能的定量值,如涵养水源的量、CO_2 固定量、农作物的增产量;② 研究生态服务功能的"影子价格",如涵养水源的定价可根据水库工程的蓄水成本,固定 CO_2 的定价可以根据 CO_2 的市场价格;③ 计算其总经济价值。环境损失评价法是与环境效果评价法类似的一种生态经济评价方法。例如,评价保护土壤的经济价值时,用生态系统破坏所造成的土壤侵蚀量及土地退化、生产力下降的损失来估计。

理论上,市场价值法是一种合理方法,也是目前应用最广泛的生态系统服务功能价值的评价方法。但由于生态系统服务功能种类繁多,而且往往很难定量,实际评价时仍有许多困难。

1997 年,Costanza 等人最先估算了全球各种生态系统的各项生态系统服务价值。2003年,谢高地等结合中国的实际情况,采用对 200 位生态学者的问卷调查法,制定出中国平均状态的不同陆地生态系统单位面积生态服务价值(表 8.2)。

表 8.2   中国不同陆地生态系统单位面积生态服务价值(元/hm²) *

服务类型	森林	草地	农田	湿地	水体	荒漠
气体调节	3097.0	707.9	442.4	1592.7	0.0	0.0
气候调节	2389.1	794.6	787.5	15130.9	407.0	0.0
水源涵养	2831.5	707.9	530.9	13715.2	180332.2	26.5
土壤形成与保护	3450.9	1725.5	1291.9	1513.1	8.8	17.7
废物处理	1159.2	1159.2	1451.2	16086.6	16086.6	8.8
生物多样性保护	2884.6	964.5	628.2	2203.3	2203.3	300.8
食物生产	88.5	265.5	884.9	88.5	88.5	8.8
原材料	2300.6	44.2	88.5	8.8	8.8	0.0
娱乐文化	1132.6	35.4	8.8	3840.2	3840.2	8.8

* 据谢高地等,2003

2007 年,由美国斯坦福大学、大自然保护协会(TNC)和世界自然基金会(WWF)联合开发了 InVEST 模型(The Integrate Valuation of Ecosystem Services and Tradeoffs Tool,生态系统服务功能综合估价和权衡得失评估模型)。该模型可以定量化评估各项生态服务功能,并体现其空间分布特征,为自然资源管理决策提供科学依据。InVEST 模型发布至今,提供了包括淡水生态系统评估、海洋生态系统评估和陆地生态系统评估三大模块。其中,淡水生态系统评估包括产水量、洪峰调节、水质和土壤侵蚀;海洋生态系统评估包括生成海岸线、海岸保护、美感评估、水产养殖、生境风险评估、叠置分析、波能评估;陆地生态系统评估包括生物多样性、碳储量、授粉和木材生产量等。

(四) 千年生态系统评估

2001 年,联合国千年生态系统评估项目(2001—2005)正式启动,将生态系统服务研究推向了一个新的高潮。该项目的主要目标:一方面是评估生态系统变化对人类福祉所造成的后果,为改善生态系统的保护和可持续利用奠定科学基础,促进人类福祉;另一方面是通过完善决策者和公众所使用的科学信息,提高政府进行经济决策与环境决策的能力,从而提高生态系统管理水平,保障人类可持续发展。

MA 提出了评估生态系统服务与人类福祉之间的密切联系(图 8.1),并初步建立了多尺度、综合评估各个组分之间相互关系的概念框架(图 8.2),为生态系统学术研究做出了重要贡献。此外,MA 提供了一个用生态学知识为自然-社会复合系统决策过程服务的成功模式,推动生态系统评估在全球及其以下多种尺度上的应用与发展,并首次在全球尺度上系统、全面地揭示了各类生态系统的现状和变化趋势、未来变化的情景和应采取的对策,其评估结果为履行有关的国际公约、改进与生态系统管理有关的决策制定过程提供了充分的科学依据。

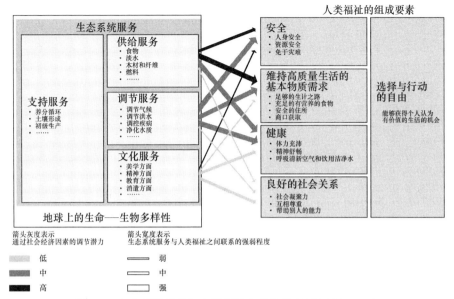

图 8.1 生态系统服务与人类福祉之间的关系(据 MA,2005)

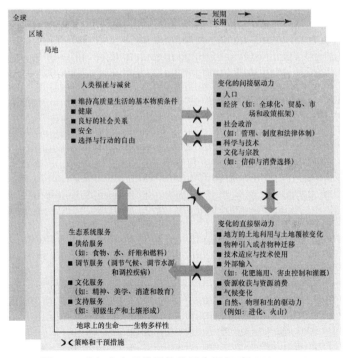

图 8.2 千年生态系统评估的概念框架(据 MA,2005)

2005 年,MA 项目发布其生态系统评估成果,主要结论是:

(1) 过去 50 年中,人类改变生态系统的速度和规模超过人类历史上任一时期。主要是由对食物、淡水、木材、纤维和燃料需求的迅速增长所造成,导致了地球上生物多样性的严重丧失。

(2) 对生态系统造成的改变使人类福祉和经济发展得到了实质性进展,但其代价是生态系统诸多服务的退化、非线性变化风险的增加和某些人群贫困状况的加剧。这些问题如果得不到解决,将极大地削减人类后代从生态系统所获取的惠益。

(3) 生态系统服务的退化在未来 50 年可能会更加恶化,并将成为实现联合国千年发展目标的障碍。

(4) 为逆转生态系统服务退化的趋势,又要满足人类不断增长的对生态系统服务的需求,必须在政策、机构和实践方面进行一系列重大调整。

8.3　生态系统安全及其评价

生态系统安全是保证其服务功能的前提(傅伯杰,2013)。生态系统只有保持了结构和功能的完整性,并具有抵抗干扰和恢复能力,才能长期为人类社会提供服务。因此,生态系统安全是人类社会可持续发展的根本保证。生态系统安全评价是随着生态脆弱性评价、生态风险评价和生态系统健康评价发展起来的。

(一) 生态脆弱性评价

1. 生态脆弱性

生态脆弱性(ecological vulnerability)概念最早源于美国学者 Clements 提出的"生态过渡带"(ecotone)概念。目前,对生态脆弱性的认识还存在不同的观点:一是自然的观点,从自然属性和生态方面的变化类型和程度来定义,认为生态系统的正常功能被打乱,超过了弹性自调节的"阈值"并导致系统发生不可逆的变化,从而失去恢复能力的生态系统;二是人文的观点,认为当生态系统发生了变化,以至于影响当前或近期人类生存和自然资源利用;三是广义人文的观点,把一定经济发展水平条件下的资源环境能否长期维持目前人类开发活动的能力作为判断标准。一般来说,生态脆弱性是指生态系统在特定时空尺度中相对于外界干扰所具有的敏感反应和恢复能力,是生态系统的固有属性在干扰作用下的表现,是自然属性和人类活动行为共同作用的结果,这种变化往往是向不利于人类生存、发展、利用的方向发展。它包含两层含义:一是生态敏感性,即生态系统对威胁反应的灵敏度;二是生态恢复力,它反映一个生态系统对于外界干扰而产生的应变。其中,生态脆弱性与生态敏感性成正比,与生态恢复力成反比。

生态脆弱性与两个因素有关:一是生态系统本身的特性,二是生态系统受到的干扰。生态系统本身的特性主要包括地质基础、地貌特征、气候水文、生物群落等因子,是生态系统形成的物质基础。生态系统受到的干扰主要是生态系统所遭受到的自然灾害及人类活动的扰动,尤其是人类对资源的开发利用。如果人类利用资源的活动在其承载能力和再生能力范围之内,生态系统在受到压力后就可以自我调节,并处于良性演替状态;如果人类对资源进行不合理的利用,超出其承载能力和再生能力的范围,生态系统将会退化,变成脆弱的生态系统。人类不合理利用资源的方式表现在:过度开垦土地、过度放牧、过度采伐、长期连续不合理的灌溉、挖矿开发及工农业污染等。

一般来说,脆弱的生态系统表现为生态系本身的结构不够稳定,且自身的恢复和再生能力较差,对外界的干扰抵抗能力较低,易于发生逆向演替,生态系统产生退化,且这种退化已超过了人们对环境的改造能力,使生态系统不能维持人类生存和可持续发展。

2. 生态脆弱区

脆弱生态系统是一个相对的概念,世界上绝对稳定和绝对脆弱的生态系统并不存在,而且在自然演变过程中,任何生态系统总是在变化中趋于稳定。之所以称之为"脆弱生态系统",是因为相对于稳定生态系统而言,脆弱生态系统维持稳定状态的能力较低,在同等干扰下,它更容易发生性质上的变化,表现为极易在干扰下偏离系统原有的平衡状态,从而向着生态系统恶化的方向发展,并且这种"先天的脆弱"在现有自然条件、社会经济和技术水平下不可能通过外界干扰得到根本性改变(Barrow,1991)。一般来说,生态脆弱区都具有以下基本特征:

(1) 生态敏感性强,系统稳定性差。敏感性是反映生态系统扰动-响应关系的基本特性,也是环境及其组成要素对外界扰动发生响应的灵敏程度。它不仅取决于区域环境系统的内部结构,而且也取决于环境系统受到的外部胁迫程度。理论上讲,系统内部结构越不稳定,环境敏感性越强,系统越容易退化;此外,环境敏感性的强弱还取决于外界扰动与环境系统响应过程的时间间隔(或速度)和响应后果(或扰动引起的环境变化)。响应时间越短,速度越快,环境敏感性越强,反之亦然;而响应越强烈,其变化幅度越大,表明环境敏感性越强。

(2) 生态弹性力小,抵御外界干扰能力差。生态弹性力是生态系统抵抗各种压力与扰动的能力大小。生态脆弱区生态弹性力小,抵御外界干扰能力差,当外界的干扰力量超出系统的弹性限度(即生态阈值)时,很容易发生环境突变,如陡坡山地,植被破坏后,遇到暴雨很易发生水土流失,甚至引发滑坡、泥石流等自然灾害;在干旱区草地,长期超载放牧极易造成草地退化,加剧表土风蚀沙化,诱发沙尘暴发生,导致土地沙漠化。

(3) 自然恢复能力差。自然恢复能力是生态脆弱性的主要特征之一。自然生态系统一般都具有潜在的脆弱性和自然恢复的双重功能,但生态脆弱性较高的地区,由于自身结构的不稳定性,一旦外界扰动打破自然生态平衡,系统退化加剧,生物再生能力下降,生态系统呈不断恶化趋势。此时,要想使退化生态系统得到恢复,不仅要投入巨大的人力、物力、财力和漫长的时间,而且改造难度极大。如黄土高原重度水土流失区、北方干旱半干旱区风蚀沙化土地、南方低山丘陵红壤流水侵蚀区等侵蚀劣地,由于生态环境极为恶劣,自然再生能力极差,成为水土保持和生态恢复的"顽症区"。

(4) 生态承载能力低,环境容量小。生态承载力是生态系统的自我维持、自我调节能力,资源与环境子系统的供给能力及其可维持的社会经济活动强度和具有一定生活水平的人口数量。生态脆弱区最主要的表现就是资源承载力较小,土地生产力低下,系统可承载的人口数量有限,物质与能量的交换处于低水平状态。因此,当人口密度超过系统允许的生态阈值时,极易引起生态系统资源总量的失衡和土地退化,甚至导致环境持续恶化。如荒漠绿洲生态系统、森林草原生态系统、内陆湿地生态系统等。

目前,我国的生态脆弱区主要有:东北林草交错生态脆弱区、北方农牧交错生态脆弱区、西北荒漠绿洲交接生态脆弱区、南方红壤丘陵山地生态脆弱区、西南岩溶山地石漠化生态脆弱区、西南山地农牧交错生态脆弱区、青藏高原复合侵蚀生态脆弱区、沿海水陆交接带生态脆弱区。面临的主要问题包括:草地退化、土地沙化面积巨大;土壤侵蚀强度大,水土流失严重;自然灾害频发,地区贫困不断加剧;气候干旱,水资源短缺,资源环境矛盾突出;湿地退化,调蓄功能下降,生物多样性丧失。造成我国生态脆弱区生态退化、自然环境脆弱的原因除生态本底脆弱外,人类活动的过度干扰是直接成因,主要表现在经济增长方式粗放、人地矛盾突出、监测与监管能力低下、生态保护意识薄弱等。

3. 生态脆弱性评价

生态脆弱性评价就是指在区域水平上,对生态系统的脆弱程度做出定量或者半定量的分析和鉴定。评价的对象是人类活动干扰或外界环境胁迫下的生态系统,评价内容是对生态系统的不稳定性以及生态系统对人类活动和外界干扰可能的响应进行分析和预测,评价目的是为了研究生态脆弱性的成因机制及其变化规律,从而提出合理的资源利用方式和生态保护与生态恢复的措施,以实现资源环境与社会经济的协调发展。

生态脆弱性评价首先需要明确以下几个问题:① 生态脆弱性评价是一种综合性评价,具有系统的整体性;② 必须把生态系统的脆弱性因子与相关的干扰联系起来分析;③ 在不同时空尺度上,生态系统的结构和功能特征不同,生态系统稳定的限制因子和生态系统面临的干扰也不同,因此生态脆弱性评价的指标因子、评价方法等也不可能相同。

目前,生态脆弱性评价的概念模型主要有生态-社会-经济复合系统模型、成因-结果表现模型、压力-状态-响应模型、生态敏感性-生态恢复力-生态压力度模型等。

基于这些概念模型,构建的指标体系如下:

(1)生态-社会-经济复合系统指标体系。运用系统论的观点,分析生态经济系统及其子系统的特点,综合水资源、土地资源、生物资源、气候资源、社会经济等子系统脆弱因子,筛选指标,确定指标体系。该体系能够系统反映出区域生态系统的脆弱性,但由于各子系统之间的相互作用,选择的指标之间具有相关性。因此,也是脆弱性评价中应用较多的一个指标体系。

(2)成因-结果表现指标体系。脆弱生态系统是由自然和人为因素共同作用而成,并以一定的特征表现,因此选取脆弱生态系统的水资源、热量资源、干燥度、人均耕地面积、植被覆盖度、资源利用率等作为主要成因指标,结合其结果表现指标如退化程度、治理状况、社会经济发展状况等对生态系统进行综合评价。能够较好地体现出生态脆弱性的主要因素,而且结果表现指标的引入,也可以校正由于主要成因及表现特征指标的局限性而引起的误差,从而保证了评价的可操作性和准确性，也使评价结果更具有地区间的可比性。

（3）压力-状态-响应指标体系。脆弱性生态系统阻碍了可持续发展，所以选择限制可持续发展的因子建立评价指标体系。压力与状态指标描述人类活动对生态环境造成的压力和在这种压力下资源与环境的质量的状况以及社会经济状况。响应指标描述社会各层次对造成环境脆弱压力的响应，如资源的利用率、生态整治的程度、社会进步和经济发展等指标。

（4）敏感性-恢复力-压力度指标体系。生态敏感性因子包含地形因子（海拔高度、坡度和起伏度）、地表因子（植被覆盖度）、气象因子（多年平均太阳年总辐射、多年平均降水量和多年平均气温）和灾害因子（旱灾、水灾、雪灾、低温冷冻、沙尘暴、台风、地震、滑坡泥石流等）。恢复力指的是生态系统受到扰动时的自身恢复能力，与其内部结构的稳定性有关，可用植被净初级生产力表征。生态压力度主要是指生态系统受到外界扰动的压力，一般为人口活动压力和经济活动压力，如用人口密度和 GDP 密度表示。

评价方法主要有综合指数法、景观生态学方法、层次分析法、模糊数学方法、灰色评价方法、熵权物元可拓方法等。

（二）生态风险评价

生态风险（Ecological Risk，简称 ER）是指生态系统及其组分所承受的风险，指在一定区域内，具有不确定性的事故或灾害对生态系统及其组分可能产生的作用，这些作用的结果可能导致生态系统结构和功能的损伤，从而危及生态系统的安全和健康。生态系统受外界胁迫，在目前和将来可能会有损该系统内部某些要素或其本身的健康、生产力、遗传结构、经济价值和美学价值。

1. 生态风险评价的概念

生态风险评价（ecological risk assessment）是近十几年逐渐兴起并得到发展的一个研究领域。其适应于 20 世纪 80 年代出现的环境管理目标和环境管理观念的转变。在 20 世纪 70 年代，工业化国家的环境管理政策目标是力图完全消除所有的环境危害，或将危害降到当时技术手段所能达到的最低水平，这种"零风险"的环境管理逐渐暴露出其弱点。进入 80 年代后，产生了风险管理这一全新的环境政策。风险管理观念着重权衡风险级别与减少风险的成本，解决风险级别与一般被社会所能接受的风险之间的关系。生态风险评价因能为风险管理提供科学依据与技术支持而得到迅速发展。

生态风险评价的定义和程序表述较多，目前基本上都以美国国家环境保护局（Environmental Protection Agency，EPA）提出的《生态风险评价大纲》和美国国家科学院的《风险评价问题》作为标准。EPA 的定义为：对由于一种或多种应力（物理、化学或生物应力等）接触的结果而发生或正在发生的负面生态影响概率的评估过程。一般来说，生态风险评价是一个获取和分析生态环境数据、提取信息的过程，通过对各种假设和不确定因素的分析，得出生态朝逆向转变的可能性的评估。为了能够确切描述受体在风险源的影响下达到的生态终点，必须明确以下几个概念：

（1）风险源（stressors）。又称为压力或干扰，是指可能对生态系统产生不利影响的一种或多种化学的、物理的或生物的风险来源，包括自然、社会经济与人们生产实践等诸种因素。如气象、水文、地质等方面的自然灾害（如干旱、台风、洪水、地震、滑坡）、污染物、生境破坏、物种入侵以及严重干扰生态系统的人为活动（如火灾、核泄漏、土地沙漠化、盐渍化等）等。

（2）受体（receptors）。即风险承受者，指风险评价中生态系统可能受到来自风险源不利作用的组成部分，它可能是生物体，也可能是非生物体；可以指生物体的组织、器官，也可以指种群、群落、生态系统等不同生命组建层次。生态风险评价中，受体往往包括多种类型的生态系统，如农田生态系统、森林生态系统、草原生态系统、水域生态系统以及城市生态系统等，而不同的生态系统在区域整体的生态功能方面所发挥的作用亦存在差异。

（3）生态终点（ecological end points）。指在具有不确定性的风险源作用下，风险受体可能受到的损害以及由此而发生的区域生态系统结构和功能的损伤。生态学中，从个体、种群、群落到生态系统水平上，不同组织尺度的可能生态终点不同。对于生态风险评价，生态终点应具有现实的生态学意义或社会意义，具有清晰的、可操作的定义，且易于观测和度量。除了反映生态系统的结构终点、功能终点和群落终点等要素外，更要从系统的功能出发，选择那些具有重要生态意义的受胁迫的生态过程（如流域中的水文过程）。

2. 生态风险的特点

生态风险除了具有一般意义上"风险"的含义外，还具有如下特点：

（1）不确定性。生态系统具有哪种风险和造成这种风险的灾害（即风险源）是不确定的。人们事先难以准确预料危害性事件是否会发生以及发生的时间、地点、强度和范围，最多具有这些事件先前发生的概率信息，从而根据这些信息去推断和预测生态系统所具有的风险类型和大小。不确定性还表现在灾害或事故发生之前对风险已经有一定的了解，而不是完全未知。如果某一种灾害以前从未被认知，评价者就无法对其进行分析，也就无法推断它将要给某一生态系统带来何种风险了。风险是随机性的，具有不确定性。

（2）危害性。生态风险评价所关注的事件是灾害性事件。危害性是指这些事件发生后的作用效果对风险承受者（生态系统及其组分）具有的负面影响。有可能导致生态系统结构和功能的损伤，生态系统内物种的病变，植被演替过程的中断或改变，生物多样性的减少等。虽然某些事件发生后对生态系统或其组分可能具有有利的作用，如台风带来降水缓解了旱情等，但是进行生态风险评价时不考虑这些正面的影响。

（3）内在价值性。生态风险评价的目的是评价具有危害和不确定性事件对生态系统及其组分可能造成的影响，在分析和表征生态风险时应体现生态系统自身的价值和功能。经济学上的风险评价和自然灾害风险评价，通常将风险用经济损失来表示。但针对生态系统所作的生态风险评价不能将风险值用简单的物质或经济损失来表示。虽然生态系统中物质的流失或物种的灭绝必然会给人们造成经济损失，但生态系统更重要的价值在于其本身的健康、安全和完整，正如某一物种灭绝了，很难说这一事件给人类造成了多大的经济损失，但是用再多的经济投入也是不可挽救的。因此，分析和表征生态风险一定要与生态系统自身的结构和功能相结合,以生态系统的内在价值为依据。

(4)客观性。任何生态系统都不可能是封闭、静止不变的,必然会受诸多具有不确定性和危害性因素的影响,也就必然存在风险。由于生态风险对于生态系统来说是客观存在的,所以,人们在进行区域开发建设等活动,尤其是涉及影响生态系统结构和功能活动的时候,对生态风险要有充分的认识,在进行生态风险评价时也要有科学严谨的态度。

3. 生态风险评价的内容

以前,生态风险评价主要是评价污染物可能给生态系统及其组分带来的概率损失。然而,环境中对生态系统具有危害作用、且具有不确定性的因素不仅仅只是污染物,各种灾害,如洪水、干旱、地震、海啸、滑坡、火灾和核泄漏等,对生态系统的结构、功能都存在极大的威胁,一旦发生必然会危及生态系统及其内部组分的安全和健康,因而也是生态系统的风险源。

生态风险评价要利用地理学、生物学、毒理学、生态学、环境学等多学科的综合知识,采用数学、概率论等风险分析的技术手段来预测、评价具有不确定性的灾害或事故对生态系统及其组分可能造成的损伤。一般说来,生态风险评价包括 4 个部分:

(1)风险源分析。"风险源分析"是指对区域中可能对生态系统或其组分产生不利作用的干扰进行识别、分析和度量,又可分为风险识别和风险源描述两部分。根据评价目的找出具有风险的因素,即进行风险识别。区域生态风险评价所涉及的风险源可能是自然或人为灾害,也可能是其他社会、经济、政治、文化等因素,只要它具有可能产生不利的生态影响并具有不确定性,即是区域生态风险评价所应考虑的对象。风险源分析还要求对各种潜在风险源进行定性、定量和分布的分析,即风险源描述,以便对各种风险源有更为深入的认识。

(2)暴露分析。"暴露分析"是研究各风险源在评价区域中的分布、流动及其与风险受体之间的接触暴露关系。如在水生态系统的生态风险评价中,暴露分析就是研究污染物进入水体后的迁移、转化过程,方法一般用数学或物理模型模拟。区域生态风险评价的暴露分析相对较难进行,因为风险源与受体都具有空间分异的特点,不同种类和级别的影响会复合叠加,从而使风险源与风险受体之间的关系更加复杂。

(3)危害分析。"危害分析"和暴露分析相关联,是区域生态风险评价的核心部分,其目的是确定风险源对生态系统及其风险受体的损害程度。传统的局地生态风险评价在评价污染物的排放时,多采用毒理实验外推技术,将实验结果与环境监测结合起来评价污染物对生物体的危害。对于区域风险评价的危害分析,显然难以用实验室进行观测,而只能根据长期的野外观测,结合其他学科的相关知识进行推测与评估。

(4)受体分析。"受体"即风险承受者,在风险评价中指生态系统中可能受到来自风险源的不利作用的组成部分,可能是生物体,也可能是非生物体。生态系统可以分为不同的层次和等级,在进行区域生态风险评价时,通常经过判断和分析,选取那些对风险因子的作用较为敏感或在生态系统中具有重要地位的关键物种、种群、群落乃至生态系统类型作为风险受体,用受体的风险来推断、分析或代替整个区域的生态风险。恰当地选取风险受体,可以在最大程度上反映整个区域的生态风险状况,又可达到简化分析和计算、便于理解和把握的目的。

(三) 生态系统健康评价

1. 生态系统健康的概念

生态系统健康(ecosystem health)是在20世纪70年代末,全球生态系统已普遍出现退化的背景下产生的。相对于人类和生物个体的健康诊断,Rapport(拉波德,1979)等提出了"生态系统医学",旨在将生态系统作为一个整体进行评估;随后,逐步发展形成了"生态系统健康"概念及其评价。Schaeffer(施切夫,1988)等将生态系统健康定义为"没有疾病",并提出了进行评价的原则及方法。Karr(卡尔,1993)认为由于人类的过度干扰造成了生态系统的退化,生态系统健康就是生态完整性,并率先在对河流的评价中建立和使用了"生物完整性指标"。Rapport(1989)认为,"生态系统健康"的概念应该与人类的可持续发展联系在一起,其"健康"的目标在于为人类的生存和发展提供持续和良好的生态系统服务能,在此意义上,生态系统健康就是生态系统的可持续性。

通常认为,功能正常的生态系统可称为健康系统,它是稳定的和可持续的,在时间上能够维持它的组织结构和自我管理以及保持对胁迫的恢复力(Costanza,1992)。反之,功能不完全或不正常的生态系统,即不健康的生态系统,其安全状况则处于受威胁之中。发展至今,生态系统健康已是一个将生态-社会经济-人类健康整合在一起的综合性概念,包含两方面内涵:满足人类社会合理要求的能力和生态系统本身自我维持与更新的能力。

2. 生态系统健康的评价指标

(1) 活力。活力是指能量或活动性。在生态系统背景下,活力指根据营养循环和生产力所能够测量的所有能量。但并不是能量越高的系统就越健康,如在一个水体生态系统中,由于土地的失调和土地养分的流失,造成水体中有过多的营养成分,但并不能认为是健康的。

(2) 组织结构。组织结构是指生态系统结构的复杂性。组织结构随系统的不同而发生变化。一般的趋势是根据物种的多样性及其相互作用(如共生、互利共生和竞争)的复杂性,而组织结构趋于复杂。在同一个生态系统中,生物成分和非生物成分是相互依存的。如果在受到干扰的情况下,这些趋势就会发生逆转。胁迫生态系统一般表现为减少物种多样性,共生关系减弱以及外来种的入侵机会增加。

(3) 恢复力。恢复力也称抵抗力,是指系统在外界压力消失的情况下逐步恢复的能力,可通过系统受干扰后能够返回的能力来测量。例如,为了证实受胁迫的生态系统恢复力弱于没有受胁迫的生态系统恢复力这个假说,在新墨西哥西南的一个半干旱的草原上进行了野外实验。在一口深井附近,通过放牧和牲畜的践踏设计了一个不同梯度压力,经过几次干旱后草原的恢复与离井的距离呈正相关,离井远的地方(受干扰小的地方)恢复速度快。

(4) 维持生态系统服务。维持生态系统服务指的是服务于人类社会的功能,如涵养水源、水体净化、提供娱乐、减少土壤侵蚀等,越来越成为评价生态系统健康的一个关键性的指标。一般的胁迫将会从数量和质量上减少这些生态服务,而健康的生态系统将会更充分地提供这些生态服务。

（5）合理的土地利用方式。健康的生态系统支持许多潜在的服务功能,如提供可更新资源、娱乐、提供饮用水等。退化的生态系统不再具有这些服务功能。例如,干草原曾经在畜牧放养方面发挥很重要的作用,同时也由于植被的缓冲作用而减少水土流失;但由于过度放牧,许多干草原景观被退化成沙丘,要承载过去那种放牧的牲畜量已不再可能。

（6）减少投入。健康的生态系统不需要另外的投入来维持其生产力。减少额外的物质和能量的投入来维持自身的生产力是生态系统健康的指标之一。一个健康的生态系统具有尽量减少每单位产出的投入量,不增加人类健康的风险等特征。

（7）对相邻系统的危害。许多生态系统是以危害别的系统为代价来维持自身系统的发展。如废弃物排放进入相邻系统,污染物排放,水土流失(包括养分、有毒物质、悬浮物)等,造成了胁迫因素的扩散,增加了人类健康风险,降低了地下水水质,丧失了娱乐休闲的功能等。

（8）人类健康影响。人类健康本身是测量生态系统健康的很好指标,健康的生态系统应该有能力维持人类的健康。

3. 生态系统健康评价

生态系统健康评价可参考人类健康检查进行。医学诊断的程序一般是:① 医生检查并确定症状;② 检测症状的主要指标;③ 做出初步诊断,进行进一步检测;④ 根据以上检测报告综合判断;⑤ 开处方,提出治疗方案。上述医学健康检测和评估模式理论上可应用于生态系统,但遗憾的是现在并没有完整的生态系统疾病史及其造成病症的胁迫资料作为依据。

Costanza 等(1992)从生态系统可持续性能力的角度,提出了描述系统状态的三个指标:活力(vigor)、组织结构(organization)和恢复力(resilience)及其综合评价。这是目前被普遍接受的生态系统健康指标,同时也较为全面,并与生态系统健康的概念和原则较为相符。另外,Costanza等还构建了生态系统健康度量的指标及其度量方法(表 8.3),并提出了生态系统健康指数(Health Index,简称 HI)。

表 8.3　生态系统健康度量成分、有关概念及方法[*]

健康的成分	有关概念	相关度量	起源领域	可行的方法
活力	功能	GPP,NPP	生态学	度量法
	生产力	GNP	经济学	
	通过量	新陈代谢	生物学	
组织	结构	多样性指数	生态学	网络分析
	生物多样性	平均互信息可预测性	生态学	
恢复力		生长范围	生态学	模拟模型
联合性		优势	生态学	

注:GPP,Gross Primary Productivity(总初级生产量);NPP,Net Primary Productivity(净初级生产力);GNP,Gross National Product(国民生产总值)。

[*] 据 Costanza 等,1992

生态系统健康指数的初步形式如下：

$$HI = V \times O \times R$$

式中：HI 为生态系统健康指数，也是可持续性的一个度量；V 为系统活力，是系统活力、新陈代谢和初级生产力主要标准；O 为系统组织指数，是系统组织的相对程度 0～1 间的指数，包括它的多样性和相关性；R 为系统恢复力，是系统弹性的相对程度 0～1 间的指数。

从理论上说，根据上述三个方面指标进行综合运算就可确定一个生态系统健康状况。但实际操作中常常很复杂，因为每个生态系统都有许多组分、结构和功能，各有一套独立的系统，许多功能、指标都难以匹配。因此，必须对每个生态系统的健康成分单位加以具体度量。同时，生态系统是动态的，条件改变后生态系统内敏感物种能动性也发生相应变化，且生态健康的度量本身也往往因人而异。

（四）生态安全评价

如果说生态系统健康诊断是对所研究的特定生态系统质量与活力的客观分析，那么生态安全评价则是从人类对自然资源的利用与人类生存环境辨识的角度来分析与评价自然和半自然的生态系统。

1. 生态安全的概念

"安全"是风险的反函数，通常指评价对象对于期望值状态的保障程度，或防止非理想的不确定性事件发生的可靠性。生态安全（ecological security）有广义和狭义两种理解。广义理解以国际应用系统分析研究所（IIASA，1989）提出的定义为代表，指在人的生活、健康、安乐、基本权利、生活保障来源、必要资源、社会秩序和人类适应环境变化的能力等方面不受威胁的状态，包括自然生态安全、经济生态安全和社会生态安全，组成一个复合人工生态安全系统。狭义理解则指自然和半自然生态系统的安全，即生态系统完整性和健康的整体水平反映。

一般来说生态安全包含两重含义：一方面是生态系统自身的安全，即在外界因素作用下生态系统是否处于不受或少受损害或威胁的状态，并保持功能健康和结构完整；另一方面是生态系统对于人类的安全，即生态系统提供的服务是否满足人类生存和发展的需要。生态安全为人类开发区域自然资源的规模制定了阈限，其意在于揭示一个国家或地区的生态环境与社会经济发展之间的相互关系，指出生态环境与社会经济之间是否出现不协调现象，并随时监控生态环境的变化，确保国家或地区社会经济的稳定。

区域生态安全是指在一定时空范围内，土地系统能够保持其结构与功能不受威胁或少受威胁的健康状态，并能够为社会经济可持续发展提供其服务，从而维持复合生态系统的长期协调发展。近年来，区域生态安全问题已经成为关乎区域可持续发展的核心问题。区域生态安全状况一方面受自然因素影响，如全球气候变化、自然灾害等；另一方面受人类活动影响，如城市化、工业化、经济发展与社会转型导致的土地利用变化等，是两方面因素共同作用的结果。在人类活动导致的生态环境问题中，土地利用变化过程对区域生态安全起着决定性的作用。1998 年长江洪水后，生态安全问题开始受到了我国学者的广泛关注，大量学者从可持续发展的角度，以多指标综合评价、生态系统服务功能评价、生态格局分析以及土地利用变化的效应分析等为切入点对区域生态安全问题从理论到方法做了大量的研究。

2. 生态安全评价

（1）生态安全评价指标体系。区域生态安全评价涉及社会、经济和自然等各个方面，迄今尚缺乏明确的、统一的标准。现有的研究中，大多设立目标层、准则层和指标层，具体指标则从生态出发，按照自然因素、经济因素和社会因素进行分析确定；也有的从资源生态压力、生态环境状态和生态环境响应三方面建立指标体系；或者基于 OECD 和 UNEP 提出的"压力-状态-响应"模型来构建指标；或者按照国家生态环境部颁布的《生态环境状况评价技术规范》（HJ/T192—2015），通过生物丰度指数、植被覆盖指数、水网密度指数、土地胁迫指数、污染负荷指数和环境限制指数来进行综合评价。其中，考虑到各指标对生态安全的指示作用和方向有所差异，又将其分为正安全趋向性指标和负安全趋向性指标。构建生态安全评价指标体系时，要结合研究区的生态环境的特点，遵循客观性、统筹兼顾、主导因素和可操作性等原则。

（2）指标基准和标准。指标标准和等级划分是否科学合理直接影响到评价结果的正确与否。目前，多选取国际公认值和世界平均值作为基准值，部分指标的基准值采用了全国平均值。除国家规定的标准和行业规范与设计标准之外，生态评价的标准大多处于探索阶段。考虑到不同类型数据的特点，采用以下四种方法设定安全基准值：一是国际、国家、行业和地方规定的标准。国家标准是指国家已发布的生态、环境质量标准，如《土壤环境质量标准》（GB15618—1995）、《生活饮用水卫生标准》（GB5749—2006）、《食品安全国家标准》（GB2715—2016）等。行业标准是行业发布的环境评价规范、规定、设计要求等，如《生态环境状况评价技术规范》（HJ/T192—2015）。另外，地方政府颁布的水土流失防治要求、化肥农药使用标准等，亦可作为评价基准值的依据。二是生态环境相似的、更大范围的区域平均值作为背景和本底标准，如区域植被覆盖率、区域水土流失本底值等。三是类比标准，以未受人类严重干扰的相似地区作为类比标准，或以类似条件的生态因子和功能作为类比标准等，类比标准需根据评价内容和要求科学地选取。四是科学研究已判定的生态效应被广泛引用的分级标准。通过当地或相似条件下，科学研究已判定的保障生态安全的指标体系等作为评价的标准或参考标准应用。

（3）生态安全评价方法。目前，对区域生态安全的评价还处于探索阶段，比较常用的方法有：综合指数法、土地承载力分析法（以生态足迹法和能值分析方法最具代表性）和景观生态学方法（以景观格局优化法和景观指数法最具代表性）。其中，综合指数法是目前应用较多的一种方法。该方法首先根据"PSR"模型建立表征各生态安全因子多层次的生态安全指标体系，用专家咨询法等对各指标因子的相对权重进行确定，然后通过数学计算得到生态安全程度的综合指数（或分数）。

一般来说，生态安全的评价标准具有相对性和发展性，不同国家和地区或者不同的发展阶段，其标准会有不同。另外，生态安全的研究要体现人类活动的能动性，在此基础上如何建立生态安全保障体系，具有更加重要的现实意义。

8.4　生态承载力评价

（一）生态承载力

1. 生态承载力的概念

承载力（carrying capacity）原为力学中的概念，指物体在不产生任何破坏时的最大负载，现已演变为对发展的限制程度进行描述的最常用术语。1921 年，Park 和 Burgess 在人类生态学领域首次使用了此概念，表征环境限制因子对人类社会物质增长过程的重要影响。随着人口膨胀、资源短缺、环境污染与生态破坏等问题的出现，承载力研究范围逐渐扩展，衍生出一系列概念，例如种群承载力、载畜量、土地承载力、环境承载力、资源承载力、生态承载力等（表8.4），表征特定系统对某种承载对象的容纳能力。生态承载力概念的提出，使承载力研究从生态系统中的单一要素转向整个生态系统，更多地关注生态系统的完整性、稳定性和协调性。

表 8.4　不同背景下的承载力概念的演化

名　称	背景领域	来　源	定　义
种群承载力	群落生态学	1922，Hadwen，Palmer	某一特定环境条件下（主要指生存空间、营养物质、阳光等生态因子的组合），某种个体存在数量的最高极限。
载畜量	草业科学	1923，Arthur	在不降低下一季度产草量的条件下，当草原状况良好，牧草可以采食利用时，单位面积能够承载的同种或多种家畜的数量。
土地承载力	土地资源学	1949，Allan	在不发生土地退化的前提下，某一区域的土地所能供养的最大理论人口，以每平方公里人口数表示。
环境承载力	人类生态学	1974，Bishop	自然或人造环境系统在不会遭到严重退化的前提下，对人口增长的容纳能力。
资源承载力	人类生态学	1985，UNESCO	在可预先的时期内，利用该地区的能源及其他自然资源和智力、技术等条件，在保证符合其社会文化准则的物质生活水平下持续供养的人口数量。
生态承载力	人类生态学	1996，NASA	生态系统维持其自然的、原生的、现有的状况以及生产产品和服务的总体能力，包括大气承载力、生物（多样性）承载力、对全球生态系统的贡献、文化承载力、人居承载力、生产承载力、土壤承载力、水承载力等。

早期生态承载力的研究，多基于生态系统对承载对象的容纳能力，体现为一种平衡的状态。从种群生态学视角，在食物供应、栖息地、气候、竞争等因子共同影响下，生态系统中任何种群的数量均存在一个阈值。生态系统亦存在"维持和调节系统能力的阈值"，超过此阈值，生态系统将失去平衡，以致遭到破坏。随着复合生态系统理论的提出和完善，生态承载力研究越

来越强调人类的主导能动作用,"在生态系统结构和功能不受破坏的前提下,生态系统对外界干扰特别是人类活动的承受能力",表现为"生态系统的自我维持、自我调节能力,资源与环境子系统的供容能力及其可维育的社会经济活动强度和具有一定生活水平的人口数量"。其中,资源承载力是基础条件,环境承载力是约束条件,生态弹性力是支持条件。但是,在一定社会经济条件下,生态系统维持其服务功能和自身健康的潜在能力并非固定不变,而是与社会经济发展水平直接相关。因此,生态承载力应考虑社会经济因素以及由此造成的动态性,并与管理目标紧密结合,以最大人类经济社会发展负荷(包括人口总量、经济规模及发展速度等)为承载对象。此外,生态承载力还具有明确的空间尺度性,体现为生态系统结构和过程的空间差异性。

可以看出,生态承载力的内涵至少包括三个方面:一是以包括人类在内的复合生态系统为研究对象;二是既考虑自然系统的自我维持和调节能力(即资源与环境的可持续供给与容纳能力),也考虑人类社会活动对系统的正负能动反馈;三是具有显著的时空尺度依赖性。

2. 生态承载力的研究方法

近年来,生态承载力研究主要从两个角度开展:① 压力角度,即用种群数量、环境污染强度、人口数量等指标来表征承载力;② 支持力角度,即以资源供给量或环境容量指标直接表征。具体测度又分为两类:① 绝对指标,即从定义出发根据可利用资源的多少和环境容量的大小来确定的可支撑的人口和社会经济发展规模;② 相对指标,即将承载力量纲取为1,用综合指数来衡量,确定其是否在合理阈值内。综合国内外相关研究,主要方法有以下几种。

(1) NPP 估测法。NPP 反映了某自然生态系统的恢复能力。一般来说,特定区域 NPP 是可测定的,且在一个中心位置上下波动。通过实测,判定现状生态质量偏离中心位置的程度,以此作为自然系统生态承载力的阈值,并据此确定区域的开发类型和强度。

(2) 生态足迹法。生态足迹的基本思想是以具有等价生产力的生物生产性土地面积为衡量指标,定量表征人类活动的生态负荷和自然系统的承载能力,从而判断系统是否安全。全球足迹网络(Global Footprint Network)按照收入对不同国家和地区进行分组,基于生态足迹方法研究了不同组的生态承载力及相应的可持续发展状态。国内学者也采用生态足迹法研究了不同区域的生态承载力,并进行动态预测。

(3) 供需平衡法。区域生态承载力体现了一定时期、一定区域生态系统对社会经济发展和人类生存、发展和享乐需求在量与质方面的满足程度。因此,可用区域生态系统提供资源量与当前发展模式下社会经济需求之间的差量关系以及现有的生态环境质量与当前人们所需求的质量之间的差量关系来衡量:若差值大于0,表明区域生态承载力有盈余;差值等于0,表明区域生态承载处于临界状态;差值小于0,表明区域生态承载力超载。

(4) 综合指标评价法。由于生态承载能力涉及资源环境和社会经济等多方面因素,可通过构建指标体系模拟生态系统的层次结构,根据指标间相互关联和重要程度,对参数的绝对值或者相对值逐层加权并求和,最终在目标层得到某一绝对或相对的综合参数来反映生态系统承载状况。指标体系的构建主要源自可持续发展思想的系统理论,如从生态弹性能力、资源承载能力和环境承载能力进行构建;或者引入欧式几何中三维状态空间轴的概念,从承压、压力和区际交流来构建。指标的综合多采用权重求和法和状态空间法等。

(5) 系统模型法。数理模型是模拟和反映区域生态承载状况的常用方法。从早期的线性规划模型到现在广泛应用的模糊目标规划模型、系统动力学模型、门槛分析模型、空间决策支持系统等,极大提高了承载力研究的定量化水平。近年来,开展的城市圈人口数量与生态承载力的动力学仿真模型、基于灰色关联度和灰色预测的区域环境承载力评价模型以及基于不同政策情景的系统动力学-多目标规划整合模型(SD-MOP)等。

(二) 生态足迹

1. 生态足迹的概念

20 世纪 90 年代以来,国际上相继提出了一些直观的、较易于定量评价国家或地区的可持续发展程度的方法及模型,如 Daly(戴利)和 Cobb(科布)提出的"可持续经济福利指数",Prescoll-Allen 提出的"可持续性的晴雨表",Cobb 等提出的"真实发展指标"以及 Willam Rees(W·里斯)提出的生态足迹模型等。其中,生态足迹模型就是其中最具代表性的一种。

1992 年,加拿大生态经济学家 Willam Rees 等提出了生态足迹(Ecological Footprint,简称 EF)模型。其基本出发点是:任何人都要消费自然资产,因此对地球生态系统构成了影响;只要人类对自然系统的压力处于地球生态系统的承载力范围内,地球生态系统就是安全的,人类经济社会的发展就处于可持续的范围内。如何判定人类是否生存于地球生态系统承载力的范围内呢? 通过生态足迹的计算就可以做出评判。该方法通过估算维持人类的自然资源消费量和同化人类产生的废弃物所需要的生物生产性土地面积大小,并与给定人口区域的生态承载力进行比较,来衡量区域的可持续发展状况。

生态足迹,或称生态空间占用。Willam Rees 曾将其形象地比喻为"一只负载着人类与人类所创造的城市、工厂等的巨脚踏在地球上留下的脚印"(图 8.3)。1996 年以后,Willam Rees 和 Wackernagel(瓦克纳格尔)从不同的侧面对其进行了定义:"一个国家范围内给定人口的消费负荷。""用生物生产性土地面积来度量一个确定人口或经济规模的资源消费和废物吸收水平的账户工具。"

生态足迹方法表明各个国家(地区)消费了多少资源,是衡量人类对自然资源利用程度以及自然界为人类提供的生命支持服务功能的方法。将其与自然生态所能提供的生态服务相对比,如果两者之差是负值,即生态赤字(ecological deficit),也就是消耗量大于所能提供的服务,表明人类对自然的压力大于自然的承载能力,是有悖于可持续发展的;反之,即生态盈余(ecological remainder),则表明人类对自然的压力小于自然的承载能力。

2. 生态足迹的计算方法

生态足迹的计算基于以下两个事实:人类可以确定自身消耗的绝大多数资源及其所产生的废物数量;这些资源和废物可以换算成提供这些功能所需的生物生产面积。生态足迹模式为量度人类需求与自然有效供给的关系提供了评估方法。其重要的计算步骤如下:

图 8.3　生态足迹比喻

(据 Wackernagel et al.,1996)

(1) 划分消费项目,计算各主要消费项目的消费量。如消费的食物类(包括肉类、奶脂类、鱼类、粮食谷物、动物饲料、果蔬类等)、能源类(包括煤炭、石油、天然气、汽油、柴油、煤油、重油、燃料油等)。

(2) 利用世界平均产量数据,将各消费量折算为生物生产性土地面积。将各种资源和能源消费项目折算为耕地、草场、林地、建筑用地、化石能源土地和海洋(水域)等 6 类生物生产性土地面积类型。其中,耕地是提供粮食、油料等农作物、经济作物产品的土地;草场是提供肉、奶等食物,适用于发展畜牧业的土地;林地包括人工林和天然林;建筑用地包括人类修建住宅、道路、水电站等所占用的土地;化石能源地是消纳化石燃料燃烧产生的 CO_2 等废物的土地;海洋提供水产品。

(3) 通过当量因子把各类生物生产性土地面积转换为等价生产力的土地面积。不同类型土地的生产力是存在差异的。当量因子(或称均衡因子)是一个使不同类型的生物生产性土地转化为在生物生产力上等价的系数,其计算公式为:

$$\text{某类生物生产性土地的当量因子} = \frac{\text{全球该类生物生产性土地的平均生态生产力}}{\text{全球所有各类生物生产性土地的平均生态生产力}}$$

目前,采用的当量因子分别为:耕地和建筑用地 2.8,草地 0.5,森林和化石能源用地 1.1,水域 0.2。

将不同类型的生物生产性土地转化为具有相同生物生产力的面积后,将其汇总、加和计算出生态足迹的大小。具体计算公式如下:

$$EF = Nef = N\sum_{i=1}^{n} aa_i = N\sum_{i=1}^{n}(r_j \cdot c_i/p_i)$$

式中,EF 为总的生态足迹,N 为人口数;ef 为人均生态足迹;c_i 为第 i 种商品的人均消费量;p_i 为第 i 种消费商品的平均生产能力;aa_i 为第 i 种交易商品折算的生物生产性土地面积;i 为消费商品和投入的类型;n 为消费项目数;r_j 为当量因子。

　　(4) 通过产量因子计算生态承载力。在生态承载力的计算中,由于不同国家或地区的资源禀赋不同,不仅单位面积耕地、草地、林地、建筑用地、海洋(水域)等间的生态生产能力差异很大,而且单位面积同类生物生产面积类型的生态生产力也差异很大。因此,不同国家和地区同类生物生产面积类型的实际面积是不能进行直接对比的,需要对不同类型的面积进行标准化。不同国家或地区的某类生物生产面积类型所代表的局地产量与世界平均产量的差异可用"产量因子"表示。产量因子是某个国家(或地区)某类土地的平均生产力与世界同类土地的平均生产力的比率,是将各国(或地区)同类生物生产性土地转化为可比面积的参数。例如,加拿大牧草地的产量因子为 2.04,表明相同面积条件下加拿大的牧草地生产力要比世界牧草地平均生产力高出 104%。出于谨慎考虑,在生态承载力计算时应扣除 12% 的生物多样性保护面积。

$$ec = a_j \times r_j \times y_j \quad (j = 1, 2, 3, \cdots, 6)$$

式中,ec 为人均生态承载力(hm^2/人),a_j 为人均生物生产性土地面积,r_j 为均衡因子,y_j 为产量因子。

　　(5) 将生态承载力与生态足迹比较,分析可持续发展的程度。区域生态足迹如果超过了区域所能提供的生态承载力,就出现生态赤字;如果小于区域的生态承载力,则表现为生态盈余。区域的生态赤字或生态盈余,反映了区域人口对自然资源的利用状况。

　　Wackernagel 等用 1999 年的数据,进行了全球生态足迹的计算(表 8.5)。可以看出,1999年全球平均每人的生态足迹 2.33gha[①],每人可提供的平均面积近 1.91hm^2,生态足迹赤字为每人 0.42hm^2。

表 8.5   全球生态足迹(1999)[*]

面　　积	当量因子 gha/hm^2	全球需求/人		全球可提供的生产力面积/人	
		总和需求 /(hm^2/人)	标准化后的需求 /(gha/人)	全球面积 /(hm^2/人)	标准化后的面积 /(gha/人)
耕地	2.1	0.25	0.53	0.25	0.53
草地	0.5	0.21	0.10	0.58	0.27
林地	1.3	0.22	0.29	0.65	0.87
渔场	0.4	0.40	0.14	0.39	0.14
建筑用地	2.2	0.05	0.10	0.05	0.10
能源用地	1.3	0.86	1.16	0.00	0.00
合　计			2.33	1.91	1.91

[*] 据 Wackernagel 等,2004

---

①　"gha"即 global hectare(全球性公顷)。一个单位的 gha 相当于 1hm^2 具有全球平均产量的生产力空间。

8.5 生态系统管理

(一) 生态系统管理的概念

1. 生态系统管理

生态系统管理(ecosystem management)起源于传统的林业资源管理和利用过程。1990年以来,生态学界开始注意生态系统管理,并将生态系统管理与可持续发展相联系。生态系统管理是指在对生态系统组成、结构和功能过程加以充分理解的基础上,在一定的时空尺度范围内将人类价值和社会经济条件整合到生态系统经营中,制定适应性的管理策略,以恢复或维持生态系统整体性和可持续性。不言而喻,生态系统管理包括了"生态系统"和"管理"两个重要概念。管理的基础是要求人类对于生态系统中各成分间的相互作用和各种生态过程有最佳的理解,只有充分地了解生态系统的结构和功能,包括种种生态过程,并根据这些规律性和社会经济发展情况来制定政策法令和选择各种措施,才能将生态系统管理好。

因此,一方面,生态系统管理必须要有明确的目标,生态系统的管理目标是保持生态系统健康,为人类社会发展提供丰富的服务或产品。另一方面,生态系统管理通过制定政策、签订种种协议和具体实践活动而实施,如维护生态系统的健康,对已破坏的生态系统采取措施恢复健康。所以,生态系统管理并非一般意义上对生态系统的管理活动,它促使人类必须重新审视自己的管理行为,使人类社会发展行为符合生态系统运行规律。由于可持续发展主要依赖于可再生资源特别是生物资源的合理利用,因而正确的生态系统管理显得更为重要,它是实现可持续发展战略的必由之路。

2. 生态系统管理的内容

生态系统管理的要素包括:有明确的管理目标,有确定的系统边界和单元,基于对生态系统的深刻理解,有适宜的尺度和等级结构,理解生态系统不确定性,可适应性管理,强调部门与个人间的合作,把人类及其价值取向作为生态系统的一个成分等。生态系统管理的目标是实现生态系统的可持续性。具体来说,生态系统管理必须包含以下几方面内容:

(1)可持续性。生态系统管理必须使生态系统得以持续,要使生态系统同样能对我们的后代提供产品和服务。把长期的可持续性,即代与代之间的可持续力作为管理活动的先决条件。

(2)目标。生态系统管理必须要有明确的目标,它是由决策者最后确定的,但同时又具可适应性,可以根据实际情况进行修改。具体的目标应具有可监测性。

(3)生态系统模型。在生态学原理的指导下,构建适合的生态系统功能模型来指导管理实践;生态系统管理依赖于在不同生态组织水平上所构建的生态模型及其理解。

(4)复杂性和相关性。生态系统复杂性和相关性是生态系统功能实现的基础,生物多样性和结构复杂性可以增强生态系统的抗干扰能力,并提供适应长期变化所必要的遗传资源。

（5）动态特征。变化和演变是生态系统可持续力所固有的。生态系统管理并非试图维持生态系统某一种特定的状态和组成，动态发展是生态系统的本质特征。

（6）时空尺度。生态系统过程具有明显的空间和时间尺度。任何特定的生态系统行为都受到周围生态系统的影响，因此，生态系统管理不存在固定的空间尺度和时间框架。

（7）人类是生态系统的组成部分。人类不仅是引起生态系统可持续性问题的原因，也是寻求可持续管理目标过程中生态系统整体的重要组成。生态系统管理要评估人类在获得可持续管理目标中的积极作用。

（8）适应性和功能性。生态系统功能的现存知识是不完全的、受制于变化的，生态系统管理需要通过生态学研究和生态系统监测，不断深化对生态系统的认识，并及时调整管理策略，以保证生态系统功能的实现。

（二）生态系统管理的原则和方法

1. 生态系统管理的原则

针对生态系统的多样性和复杂性，生态系统管理必须以可持续发展为目标，以健康为标准，在生态综合评价的基础上，通过政策、协议和实践进行管理，并基于生态监测与科学研究，进一步对管理措施进行修正。生态系统管理须遵循如下原则：

（1）整体性原则。整体性是生态系统的基本特性。各种自然生态系统都有其自身的整体运动规律，人为随意地分割都会给整个系统带来灾难。

（2）动态性原则。生态系统是一个动态系统。特定生态系统在不同的时空尺度上发生着各种生态过程。在划分生态系统管理边界时须综合考虑演替斑块，合理划分自然管理区将有助于实现生态系统的功能监测和管理目标。

（3）再生性原则。生态系统具有很高的生产能力和再生功能。初级生产和次级生产为人类提供了几乎全部原料。在管理中必须高度重视该种生产能力和再造性，从而保证生态系统提供充足的资源和良好的服务。

（4）循环利用性原则。生态系统中有些资源是有限的，如水资源。在进行管理时要遵循经济、生态规律和循环利用的原则。

（5）平衡性原则。生态系统健康是生态系统管理的目标。生态系统自我调节能力受生态阈值的制约。在生态系统管理中，需要通过合理的人为管理，减缓外界压力，以保持系统的健康和平衡。

（6）多样性原则。生物多样性是生态系统持续发展和生产力的核心，在复杂的时空尺度上维持生态系统过程的运行。生物多样性是生态系统抗干扰能力和恢复能力的物质基础，是生态系统适应环境变化的物质基础。维护生物多样性是生态系统管理中不可缺少的组成部分。

（7）科研与科普相结合原则。"生物圈2号"试验的失败说明生态系统管理的实践与研究还处于开始阶段。但通过科学研究、教育、知识普及、公众参与等的结合，可以增加人们对生态系统过程和管理后果的理解,并提高管理决策时对不确定性、意外性和有限性的解释。

2. 生态系统管理的方法

生态系统管理要把生态学知识应用到自然资源管理活动中,需进行以下基本步骤:

(1) 确定可持续的目标。可持续性是生态系统管理的首要目标。在很多情况下,人们往往只注重自然资源利用,忽视生态系统的多样性和复杂性的重要作用。这种只关注自身利益的短期行为是不可能实现长期可持续发展的。

(2) 收集适当的数据,在对生态系统复杂性和系统内各种要素相互作用关系充分理解的基础上,提出合理的生态系统模型,分析并检测生态系统的动态行为。

(3) 调节空间尺度。如果自然生态管理区的划分和生态系统过程的发生在空间上是一致的,则生态系统管理的实施会极大简化。由于不同生态过程在空间区域上的变化,使一种确定的划分适合所有的过程肯定是不可能的。生态系统管理必须在每一生态系统的不同管理者中寻求一致性。

(4) 分析和整合生态系统的生态、经济和社会信息,制定合理的生态系统管理政策、法规和法律。

(5) 调整时间尺度。实施生态系统管理既要考虑到超越人类生命限度的时间尺度的、长期的计划和协约,也要认识到短期决策的必要性,以应付可能发生的突变事件。

(6) 建立适宜的管理体制,履行生态系统适应性管理责任分工。成功的生态系统管理需要建立管理体制,以适应生态系统特征的变化和科技知识基础的变化,使生态系统管理具有适应性和可解释性。同时,要注意协调管理部门与生态系统管理者、公众的合作关系。

(7) 发挥科学家的科学研究和组织实施作用,及时对生态系统管理的效果进行正确的评价和提出生态系统管理的修正意见。

3. 生态系统管理的主要途径

生态系统管理需要依赖科学地生态系统变化动态的监测和生态系统变化的综合评估,制定生态系统管理的科学规划,确立生态系统管理的技术和措施体系。首先,应该对生态系统进行实时的动态监测,从而了解生态系统的变化,并且给予正确合理的综合评估。其次,在正确评估的基础上给予合理的生态系统科学规划,制定出相应的管理技术和管理措施。再次,加强生态系统管理立法,依法进行并监督生态系统管理。

在生态系统管理实践中,管理者可以选择多种不同的途径和切入点。如通过各种人为措施直接改变生态系统的结构的生态系统结构管理,通过调节生态系统的生态学过程的生态系统过程管理,在区域尺度上调整生态系统的格局的生态安全格局管理。生态系统管理的主要途径有以下几个方面:

(1) 适应性管理。适应性管理是广泛倡导的生态系统管理方式。生态系统事件的发生不可能是确定的,而是具有不确定性和突发性。适应性管理依赖于我们对于生态系统临时的和不完整的理解来进行,允许管理者对不确定性过程的管理保持灵活性和适应性。适应性管理的主要任务是对人为活动的管理,通过确定人类活动的适度规模和合理的方式,通过人类活动对生态系统的物质、能量和信息的投入,调整生态系统的结构和过程,调节生态系统变化的进程,改变生态系统的变化方向,抑制不同层次生态环境问题的发生,维持生态系统的可持续性和适度的生态服务产出。

(2)生态风险评价。利用生态学、环境化学及毒理学的知识,定量确定一种或多种内部或外部的环境危害对人类和生物导致的不利生态影响的概率及其强度的过程。生态风险评价的目的是为生态环境保护和生态系统管理提供决策依据。由于生态风险评价能够预测未来的生态不利影响或评估因以往某种因素导致生态变化的可能性,因此生态系统管理中最重要的是风险管理,针对生态风险评估的结果采取防范对策与行动,进行风险控制。风险管理的水平依赖于生态风险评价的质量和人类可使用的手段。

(3)适度干扰与恢复重建。对生态系统的适度干扰不仅不会使生态系统受损,反而会使系统的结构和功能进一步完善,系统更加稳定。目前适度干扰理论是生态系统管理实施的重要理论依据。一般来说,受损害生态系统的恢复和重建可采用两种模式途径:一种是当生态系统受到的损害没有超过系统的阈值,并且是在可逆的情况下,外来的干扰和破坏解除后,生态系统自然恢复;另一种是生态系统受到损害超过系统的承载力,并且发生了不可逆的变化,在这种情况下,仅靠自然过程不能使系统恢复到初始状态,必须施以人工措施才能迅速恢复。

此外,生态系统管理的途径和技术还有推行清洁生产、废物资源化管理、建立生态工业园区、实施标准化环境管理系列标准、开展生态工程和生态建设、加强自然保护的管理和研究、建立各种类型自然保护区、建立环境管理信息系统等。

复习思考题

8.1　何谓生态系统综合评价?

8.2　如何理解生态系统服务功能?

8.3　何谓生态安全、生态脆弱性、生态风险、生态健康?

8.4　生态风险评价一般包括哪些内容?

8.5　生态系统健康的评价指标有哪些?

8.6　何谓生态足迹,如何计算?

8.7　何谓生态系统管理?

扩展阅读材料

[1] Millennium Ecosystem Assessment. Ecosystems and Human Wellbeing: Synthesis. Washing DC: Island Press, 2005.

[2] 傅伯杰,刘世梁,马克明. 生态系统综合评价的内容与方法. 生态学报,2001,21(11):1885-1892.

[3] 傅伯杰. 生态系统服务与生态安全. 北京:高等教育出版社,2013.

[4] 李双成等. 生态系统服务地理学. 北京:科学出版社,2014.

［5］林文雄.生态文明:撑起美丽中国梦.北京:高等教育出版社,2019.

［6］刘永,郭怀成.湖泊–流域生态系统管理研究.北京:科学出版社,2008.

［7］陶在朴.生态包袱与生态足迹——可持续发展的重量及面积观念.北京:经济科学出版社,2003.

［8］王红旗.中国生态安全格局构建与评价.北京:科学出版社,2019.

［9］谢高地,鲁春霞,冷允法等.青藏高原生态资产的价值评估.自然资源学报,2003,18(2):189-196.

［10］张智光等.生态文明和生态安全:人与自然共生演化理论.北京:中国环境出版集团,2019.

第 9 章　景观生态学

景观生态学(landscape ecology)是地理学与生态学相互结合的产物,主要来源于地理学的景观理论和生物学的生态理论。将地理学家研究自然现象空间相互作用的横向研究和生态学家研究一个生态区机能相互作用的纵向研究结合为一体,通过物质流、能量流、信息流及价值流在地球表层的传输与交换,通过生物与非生物以及人类之间的相互作用与转化,运用生态系统原理和系统方法研究景观结构和功能、景观动态变化以及相互作用的机理,研究景观的美化格局、优化结构、合理利用和保护。

9.1　景观的概念

(一) 景观的公众含义

在欧洲,"景观"一词最早出现在希伯来文本的《圣经》(旧约全书)中,被用来描写具有国王所罗门教堂、城堡和宫殿的耶路撒冷城美丽的景色。15 世纪中叶西欧艺术家们的风景油画中,景观成为透视中所见的地球表面景色的代称。16 世纪末,"景观"主要被用作绘画艺术的一个专门术语,泛指陆地上的自然景色。17—18 世纪,景观成为描述自然、人文以及他们共同构成的整体景象,常用风景、风光、景象、景色等术语描述。这种基于美学风景的景观理解成为后来景观学术概念的来源。

"景观"一词在英语(landscape)、德语(landschaft)、俄语(ландшафт)中发音相似。在德语中,"景观"(landschaft)一词本身的含义是指一片或一块乡村土地,但通常被用来描述美丽的乡村自然景色。英语和俄语中的"景观"(landscape,ландшафт)源于德语,也被理解为形象而又富于艺术性的风景概念。中国从东晋时代开始,山水风景画就已从人物画的背景中脱胎而出,使山水风景很快成为艺术家们的研究对象,而景观作为"风景"的同义语也因此一直为文学艺术家们沿用至今。可以看出,景观的公众含义主要突出综合直观的视觉感受。

(二) 地理学中的景观概念

文艺复兴之后,景观逐渐被赋予包含着"土地"的地理空间概念。19 世纪初,Humboldt将景观概念首先引入地理学,并从此形成作为"自然地域综合体"代名词的景观含义。"景观学"(landscape science),作为一门研究景观形成、演变和特征的学科,产生于 19 世纪后期至 20世纪初期。Passarge 于 1919—1930 年相继出版了《景观学基础》和《比较景观学》,认为景观是由气候、水、植物、土壤和文化现象组成的地域复合体,系统地提出了全球范围内景观分类、分级的原理,认为划分景观的最好标志是植被。德国人文地理学家 Schlüter Otto 于 20 世纪初发表了《人类地理学的目的》,提出了文化景观形态学和景观研究是地理学的主题。在其著作《早期中欧聚落区域》(1958)中,提出了自然景观与人文景观的区别,并最早把人类创造景观的活动提到了方法论原理上来。20 世纪 30 年代以后,随着景观概念在地理学中的不断深化,苏联的景观研究出现了类型学派和区域学派的争论。

随着经典的西方地理学、生态学和地球科学的兴起,景观的含义又被缩小到作为"地形"的同义语来刻画地壳的自然地理特征、生态特征和地貌特征。如 Penck(彭克)提出:景观是指具有在形态、大小或成因上特殊的某一地段。Сукачёв 则把景观等同于生物地理群落(биогеоценоз),将其理解为一个植物群落所占据的生态条件一致的地表地段,是植物、动物、微生物、小气候、地质构造、土壤、水文状况相互作用的总体。而地球化学景观则是指具有化学元素迁移的一定条件和这一迁移的特殊性质的地域地段,地表各个不同部分的化学元素迁移的特征,完全取决于景观组分的总体,决定于整个景观。

目前,地理学中对景观比较一致的理解是:景观是由各个在生态上和发生上共轭的、有规律地结合在一起的最简单的地域单位所组成的复杂地域系统,并且是各要素相互作用的自然地理过程的总体,这种相互作用决定了景观动态。

(三) 景观生态学中的景观概念

自 20 世纪 30 年代 Troll Carl 提出"landscape ecology"以来,景观的概念被引入生态学,希望将地理学研究自然现象空间关系的"横向"分析方法和生态学研究生态区域内部功能关系的"纵向"方法结合起来。Troll Carl 认为,景观作为生态系统之上的一种尺度单元,并表示一个区域整体,作为地球表面的实体存在。Troll Carl 不仅把景观看作人类生活环境中视觉所触及的空间总体,更强调景观作为地域综合体的整体性,并将陆圈、生物圈和理性圈看作这个整体的有机组成部分。景观生态学也因此把地理学研究自然现象空间关系的"横向"方法,同生态学研究生态系统内部功能关系的"纵向"方法相结合(傅伯杰,1983),研究景观的结构、功能和变化。德国 Buchwald(布彻沃德,1968)发展了系统景观的概念,认为景观可以理解为地表某一空间的综合特征,包括景观的结构特征和表现为景观各因素相互作用关系的景观流以及人的视觉所触及的景观像、景观功能及其历史发展。景观是一个多层次的生活空间,是一个由陆圈和生物圈组成的、相互作用的系统。

对景观的生态学理解也存在于地理学界。如植物地理学家 Сукачёв(1941,1949)就侧重景观内部的生态联系,认为景观是生物地理群落(景观单元)的地域综合体。1986 年,著名美国景观生态学家 Formen(佛曼,1935—)和法国学者 Godron(高德润)进一步将景观定义为:相互作用的镶嵌体(生态系统)构成,并以类似形式重复出现,具有高度空间异质性的区域。1995 年,Forman 进而将其定义发展为空间上镶嵌出现和紧密联系的生态系统的组合,在更大尺度的区域中,景观是互不重复出现且对比性强的结构单元。邬建国(2000)将景观的定义概括为狭义和广义两种。狭义景观是指几十千米至几百千米范围内,由不同生态系统类型所组成的异质性地理单元。而反映气候、地理、生物、经济、社会和文化综合特征的景观复合体称为区域。广义景观则指出现在从微观到宏观不同尺度上的,具有异质性或斑块性的空间单元。

可以看出,无论是地理学还是景观生态学,在深化"景观"概念的同时,逐渐忽视了原义中景观的视觉特性。近年来,鉴于景观生态学在景观规划和城市绿地规划与设计领域发展的需要,这一点又得到重视。为此,肖笃宁(1938—)对景观概念综合表述为:景观是一个由不同土地单元镶嵌组成,且有明显视觉特征的地理实体;它处于生态系统之上,大地理区域之下的中间尺度,兼具经济价值、生态价值和美学价值(1999)。

9.2   景观生态学

(一) 景观生态学的产生

1. 地理学的机遇

地理学是以区域或景观的综合研究为主要任务,曾经受制于相关学科的发展水平和自身发展阶段,对区域或景观的研究只着重于定性描述和简单综合水平上。加强整体综合及过程基础上的相互关联研究,是地理学现代化的方向之一。以相互关联为特色的生态学思想和理论,为地理学现代化提供了一个可行而实效的相关学科基础。人类活动的深度、广度不断拓展,使人文因素成为地表区域或景观中的重要因素,人类对区域或景观开发、利用、管理及保护等应用实践理想目标的达到,有赖于对其更高层次和更为深化的综合研究,地理学借助生态学思想和理论加强自身理论建设具有重要的意义。可以看出,地理学走出传统时代,走向以过程、关联、功能为基础的整体综合和理论深化,构成了它的生态学方向。

2.生态学的机遇

自在 19 世纪中期 Haeckel(赫克尔,1834—1919)把研究生物和环境关系的科学称之为"生态学"(ecology)后,其他生物学家又从个体生态学发展到生物群落学,研究生物群落与其环境的关系。1935 年,英国生态学家 Tansley 提出了"生态系统"的术语,用来表示任何等级的生态单位中的生物和其环境的综合体,反映了自然界生物和非生物之间密切联系的思想。现代生态学承继了生物生态学基本原理和相互作用思想,把人类作为对象,联系其环境进行研究,发展了人类和社会生态学。研究主体由生态系统拓展为一定地段的地球表层综合体、区域综合体乃至整个生物圈等不同组织水平景观生态系统的综合研究,即景观生态学。可以看出,生态学走出生物主体范围,走到地域或区域水平,结合现代地理学,尤其是景观学理论,必然发展成景观生态学。

(二) 景观生态学的发展

作为地理学与生态学之间的交叉学科,景观生态学经历了形成阶段和全面发展阶段。

1. 景观生态学的形成阶段(1939—1981)

"landscape ecology"一词是由 Troll Carl 于 1939 年在利用航空照片研究东非土地利用问题时提出来的,认为:"景观生态学的概念是由两种科学思想结合而产生出来的,一种是地理学的(景观),另一种是生物学的(生态学)。景观生态学表示支配一个区域不同地域单元的自然—生物综合体的相互关系的分析。"在提出概念的同时,Troll Carl 亦认为,景观生态学不是一门新的科学或是科学的新分支,而是综合研究的特殊观点。通过这种景观综合研究开拓了由地理学向生态学发展的道路。

第二次世界大战以后,全球性的人口、粮食、环境问题日益严重,许多国家都开展了土地资源的调查、研究和开发利用,从而出现了以土地为主要研究对象的景观生态学研究热潮。在这一时期至 20 世纪 80 年代初这段时间内,中欧成为景观生态学研究的主要地区,其中,德国、荷兰和捷克斯洛伐克又是景观生态学研究的中心。德国建立了多个景观生态学研究的机构,在一些主要大学设立了景观生态学专业。1968 年还召开了"第一次景观生态学国际学术讨论会"。景观生态学在荷兰亦发展很快,Zonneveld(庄纳沃德,1924—2017)利用航片、卫片解译方法从事景观生态学研究,Leeuwen 等发展了自然保护区和景观生态学管理的理论基础和实践准则。捷克斯洛伐克的景观生态研究特色鲜明,Ruzicka(鲁茨卡)倡导的"景观生态规划"(Landscape Ecological Planning,简称 LandEP)方法体系,在区域经济规划和国土规划中发挥了巨大作用(贾宝全等,1999)。

2. 景观生态学的全面发展阶段(1981 年至今)

20 世纪 80 年代后,景观生态学才真正意义上实现了全球性的研究热潮。在 1981 年的首届国际景观生态学大会上,Zonneveld 阐释了景观生态学是作为生物、地理与人类科学的一种整体的方法、态度及思想状况的观点,提出只要以整体性的态度对待环境,视它们为综合系统,就是一个名副其实的景观生态学家。1982 年,"国际景观生态学协会"的成立,景观生态学进入一个新的蓬勃发展阶段。在 *Landscape Ecology——Theory and Application*(1984)中,Naveh(纳维)等指出:"景观生态学是研究人类社会与其生存空间——开放与组合的景观相互作用关系的交叉学科。"认为景观生态学以普通系统论、自然等级组织和整体性原理,生物系统和人类系统共生原理等为基本原理或基本理论。

美国景观生态学派的崛起,大大扩展了景观生态学研究的领域,特别是 Forman 和 Godron 合著的 *Landscape Ecology*(1986)阐述了"景观生态学探讨生态系统(如林地、草地、灌丛、走廊和村庄)异质性组合的结构、功能和变化"的观点。该书的出版对于景观生态学理论研究与景观生态学知识的普及做出了极大的贡献。Zonneveld 和 Forman 共同主编的 *Changing Landscape:An Ecological Perspective*(1989)是 20 世纪 80 年代末世界上几位主要景观生态学家的集体著作,反映了景观生态学的研究正在深入发展。

20 世纪 90 年代以后,景观生态学进入了另一个蓬勃发展的时期,一方面研究的全球普及化得到了提高,另一方面学术专著数量空前。Turner 和 Gardner(加德纳)主编的《景观生态学的定量方法》(1991)对景观生态学研究的进一步定量化起了很大的促进作用;Forman 的《土地镶嵌——景观与区域的生态学》(1995)一方面系统、全面地总结了景观生态学的最新研究进展,另一方面还就土地规划与管理的景观生态应用研究进行了阐述,更重要的是结合持续发展的思想,从景观尺度讨论了创造可持续环境等前沿性问题。值得一提的是,20 世纪 90 年代后景观生态学出现了欧洲和北美两大学派:欧洲学派侧重于人类占优势的景观,强调应用性,与规划、管理和政府有着密切的关系;北美学派更强调景观格局和功能等基本问题的研究,研究对象除了人类占优势的景观外,对原始状态的景观也有着浓厚的兴趣(陈昌笃,1991)。

近年来,随着遥感、GIS 等技术的发展以及现代学科交叉、融合的发展趋势,景观生态学在生态系统修复、资源环境保护、生态安全格局构建、城镇化建设等宏观研究领域中以前所未有的速度得到广泛应用。

(三) 景观生态学的研究内容

现代景观生态学是一门新兴的、正在深入开拓和迅速发展的学科。因此,不但欧洲学派和北美学派有着显著不同,就是在北美学派内部也逐渐形成了不同的观点和论说。一般来说,景观生态学的研究内容可概括为三个基本方面:景观结构、景观功能和景观动态。

1. 景观结构

景观结构(landscape structure),又称景观格局,即景观组成单元的类型、多样性及其空间关系,即为景观空间组织形式或景观空间格局。

(1) 景观的结构单元

Forman 和 Godron(1986)认为,组成景观的结构单元有三种:斑块(patch)、廊道(corridor)和基质(matrix)。近年来以斑块、廊道和基质为核心的一系列概念、理论和方法逐渐形成了现代景观生态学的一个重要方面。Forman 称之为景观生态学的"斑块-廊道-基质"模式。这一模式为我们提供了一种描述生态系统的"空间语言",使得对景观结构、功能和动态的表述更为具体、形象,而且还有利于考虑景观结构与功能之间的相互关系,比较它们在时间上的变化。

① 斑块

斑块泛指与周围环境在外貌或性质上不同,但又具有一定内部均质性的空间部分。这种所谓的内部均质性,是相对于其周围环境而言的。具体地讲,斑块包括植物群落、湖泊、草原、农田、居民区等。因而其大小、类型、形状、边界以及内部均质程度都会显现出很大的不同。

② 廊道

廊道是指景观中与相邻两边环境不同的线性或带状结构。常见的廊道包括农田间的防风林带、河流、道路、峡谷和输电线路等,可为景观边缘物种提供迁移通道和栖息地,或为景观内部物种的迁移和栖息提供内部环境,但它也可能成为物种迁移的障碍,如河流。廊道类型的多样性,导致了其结构和功能方法的多样化。其重要结构特征包括:宽度、组成内容、内部环境、形状、连续性以及与周围斑块或基质的作用关系。廊道常常相互交叉形成网络,使廊道与斑块和基质的相互作用复杂化。

③ 基质

基质是景观中最广泛并具有高度连接性的部分,常见的有森林基质、草原基质、农田基质、城市用地基质等。基质的变化将导致景观的变化,通常情况下,景观即是根据基质的主要特征命名的。

必须指出,在实际研究中,要确切地区分斑块、廊道和基质有时是很困难的,也是不必要的。广义而言,把所谓基质看作景观中占绝对主导地位的斑块亦未尝不可。另外,因为景观结构单元的划分总是与观察尺度相联系,所以斑块、廊道和基质的区分往往是相对的。例如,某一尺度上的斑块可能成为较小尺度上的基质,或许又是较大尺度上廊道的一部分。

景观格局制约着景观生态过程,与景观抗干扰能力、恢复能力、稳定性和生物多样性有着密切的关系。Forman(1986)把景观格局划分为五种形式:均匀分布格局、团聚式分布格局、线状分布格局、平行分布格局、特定组合和空间连接格局。

(2) 景观格局指数

景观结构最直接的数量特征就是不同景观元素类型的数量、面积、边长等属性参数。这些参数一方面有较好的量化表达方式,一方面可以直接用于描述景观的构成和形状特征。

① 形状指数与平均斑块周长面积比

形状指数(LSI)反映整体景观形状的复杂程度,LSI 越接近 1,该类型景观斑块形状越简单;当 $LSI=1$ 时,景观中只有一个正方形斑块;当景观中斑块形状越复杂时,LSI 的值增大,其表达式为

$$LSI = \frac{0.25E}{\sqrt{A}}$$

式中,E 为斑块边界的总长度,A 为研究区域面积。

平均斑块周长面积比(P)反映了景观中斑块形状的复杂程度,公式如下

$$P = \frac{1}{m} \sum_{k=1}^{m} \frac{E_k}{A_k}$$

式中,P 为平均斑块周长面积比,m 为斑块类型数,E_k 是第 k 个斑块的周长,A_k 是第 k 个斑块的面积。

② 破碎度与分离度

破碎度(F)表征景观被分割的破碎程度,反映景观空间结构的复杂性,在一定程度上反映了人类对景观的干扰程度。它是由于自然或人为干扰所导致的景观由单一、均质和连续的整体趋向于复杂、异质和不连续的斑块镶嵌体的过程,景观破碎化是生物多样性丧失的重要原因之一,它与自然资源保护密切相关,公式如下

$$F = N/A \times 100$$

式中,F 为景观破碎度,N 为被测景观中斑块的总数目,A 为被测景观总面积。F 值越大,景

观破碎化程度越大。在 Fragstats[①] 中,景观面积单位为公顷,所以 F 的含义为"每公顷景观面积上斑块的个数",即斑块密度。

分离度(V_i)指某一景观类型中不同斑块数个体分布的分离度,公式如下

$$V_i = D_{ij} / A_{ij}$$

式中,V_i 为景观类型 i 的分离度,D_{ij} 为景观类型 i 的距离指数,A_{ij} 为景观类型 i 的面积指数。

③ 干扰强度与自然度

干扰强度(W_i)表示人类的干扰作用,干扰强度越小,越利于生物的生存;干扰度的倒数即为自然度(N_i)。因此,干扰强度和自然度针对受体的生态意义较大,公式如下

$$W_i = L_i / S_i$$

$$N_i = 1 / W_i$$

式中,W_i 表示受干扰强度,L_i 是指 i 类生态系统内廊道(如公路、铁路、堤坝、沟渠)的总长度,S_i 是指 i 类生态系统的总面积,N_i 是 i 类生态系统类型的自然度。

④ 景观多样性指数

生物多样性是指生物及其与环境形成的生态复合体以及与此相关的各种生态过程的总和,包括基因多样性、物种多样性、生态系统多样性和景观多样性 4 个层次。景观多样性指数采用常用的 Shannon 指数,计算公式如下

$$SHDI = -\sum_{i=1}^{m} [P_i \cdot \ln(P_i)]$$

式中,$SHDI$ 为 Shannon 指数,P_i 为景观类型 i 所占面积的比例,m 为景观类型的数目;取值范围:$SHDI \geqslant 0$,值越大表示景观多样性越大,丰富度和复杂度越高。

⑤ 优势度与均匀度

优势度(D_0)用于测度景观结构中一种或几种景观类型支配景观的程度。优势度与多样性指数成反比,对于景观类型数目相同的不同景观,多样性指数越大,其优势度越小。表达式为

$$D_0 = H_{\max} + \sum_{i=1}^{m} (P_i) \cdot \ln(P_i)$$

式中,$H_{\max}$ 表示最大多样性指数,$H_{\max} = \ln m$。D_0 值小时,表示景观是多个比例大致相等的类型组成的;D_0 值大时,表示景观只受一个或少数几个类型所支配,这个指数在完全同质性的景观中($m = 1$ 时)无用,此时 $D_0 = 0$。

均匀度(E)和优势度一样,也是描述景观由少数几个主要景观类型控制的程度,反映了景观中各组分的分配均匀程度。E 值越大,表明景观各组成成分分配越均匀。这两个指数可以彼此验证,公式如下

① Fragstats 是一个计算各项景观指数的共享工具软件,由 University of Massachusetts Amherst 景观生态学中心开发。

$$E = (H/H_{\max}) \times 100\%$$

式中,E 表示均匀度,H 和 $H_{\max}$ 分别表示给定丰富度条件下景观的最大多样性指数。

⑥ 镶嵌度

镶嵌度(PT)是用来定量化反映景观中不同空间分别特征的景观指数,公式如下

$$PT = \frac{1}{N_b} \sum_{i=0}^{T} \sum_{i=0}^{n} EE_{(i,j)} DD_{(i,j)} \times 100\%$$

式中,PT 表示相对镶嵌度指数;$EE_{(i,j)}$ 是相邻生态系统 i 和 j 之间的共同边界,$DD_{(i,j)}$ 是生态系统 i 和 j 之间的相异性量度,可由专家据经验确定或利用其他数量方法确定,但取值在 $0\sim1$ 之间,N_b 是景观中不同生态系统之间边界的总长度。PT 值越大,代表景观中有许多生态系统交错分布,有高对比度;PT 值越小,表示景观中有较低对比度。

⑦ 分维数、聚集度与分离度

分维数(D)描述斑块或景观镶嵌体几何形状复杂程度的非整型维数值,公式如下

$$D = \frac{2\ln P/4}{\ln A}$$

式中,D 表示分维数;P 为斑块周长;A 为斑块面积。D 值越大,表明斑块形状越复杂,D 值的理论范围为 $1.0\sim2.0$,1.0 代表形状最简单的正方形斑块,2.0 表示等面积下周边最复杂的斑块。

聚集度(或蔓延度)(RC)描述景观中不同斑块类型的团聚程度,公式如下

$$RC = 1 - C/C_{\max}$$

式中,RC 是相对聚集度指数,取值范围为 $0\sim1$ 之间;C 为复杂性指数,$C_{\max}$ 是 C 的最大可能取值,C 和 $C_{\max}$ 的计算公式为

$$C = -\sum_{i=0}^{T} \sum_{j=0}^{T} P_{(i,j)} \lg [P_{(i,j)}] \quad LUCS = P + V - S$$

$$C_{\max} = 2\lg T$$

式中,$P_{(i,j)}$ 是生态系统 i 与 j 相邻的概率,T 是景观中生态系统类型总数。在实际计算中,$P_{(i,j)}$ 可由下式计算

$$P_{(i,j)} = E_{(i,j)}/N_b$$

式中,$E_{(i,j)}$ 是相邻生态系统 i 与 j 之间的共同边界长度,N_b 是景观中不同生态系统间边界的总长度。RC 的取值越大,代表景观由少数团聚的大斑块组成,RC 值小,代表景观由许多小斑块组成。

分离度(F_i)是指某一景观类型中不同元素个体分布的离散程度。分离度越大,表明景观在地域分布上越分散,公式如下

$$F_i = \frac{D_i}{S_i}$$

$$S_i = A_i/A$$

$$D_i = 1/2 \sqrt{\frac{n}{A}}$$

式中，F_i 为景观类型 i 的分离度，n 表示景观类型 i 中的元素个数，A_i 为第 i 类景观的面积，A 为研究区景观的总面积。

⑧ 景观连通度

景观连通度是描述景观中廊道或基质在空间上如何连接和延续的一种测定指标。大量研究证实，在破碎景观中，景观连通度对动物栖息地和动植物物种保护具有重要的意义。景观连通度可以分为"结构连通性"和"功能连通性"。Fragstats 提供的计算公式如下

$$\text{CONNECT} = \left[\frac{\sum\limits_{j \neq k}^{n} C_{ijk}}{\frac{n_i(n_i-1)}{2}} \right] (0 \sim 100)$$

式中，C_{ijk} 为 i 类斑块 j 和斑块 k 之间的连通状况（0 表示没连通，1 表示连通），基于用户自定义距离判断连通与否；n_i 为景观中评价景观类别的斑块数目。结果范围为 0～100；0 表示该类所有斑块两两之间的距离都大于用户定义的距离，100 表示所有斑块都在用户定义的距离内。

2. 景观功能

景观功能（landscape function），即景观结构与生态学过程的相互作用，或景观结构单元之间的相互作用，可以是自然发生的，也可以是人工导致的。景观元素间能量、物种及营养成分等（即景观流）的流动，是任何自然系统重要的和必不可少的部分。景观元素通过这种流动影响其他元素。风、降水、潮流、地表径流、土壤、植被、飞行动物、陆地生物和人，都是导致景观元素间相互作用的主要机制。不同的景观要素对景观流有很大影响，从而使景观表现出不同的功能。很多大型斑块都承担着物种栖息地的功能。廊道的功能主要有四种：某种物种的栖息地、物种迁移的通道、景观流的屏障或过滤器、影响周围基质环境和生物源。基质影响着景观流在景观中的迁移，它的连接度和景观要素间的边界对景观流特别是物种流有很大影响。

此外，从社会经济利用角度理解的景观功能，即景观的社会经济功能。主要包括：① 生产功能，景观的物质和能量可直接被社会生产和消费利用的能力；② 支持功能，景观作为人类生存环境条件的能力；③ 调节功能，景观通过地理协同过程和生态过程控制和改变上述三方面功能的能力；④ 美学功能，景观自然过程对人类直接影响的能力。由于对景观功能赋予人类价值评判，使景观成为兼具生态、经济、文化和美学等多重功能于一体的综合异质单元——多功能景观（傅伯杰，2010）。

人类活动对景观功能产生重要影响。在人类适度干扰下，景观的供给功能较高，调控和支持功能相对较小；而在人类干扰程度较小时，供给功能较小，但调节和支持功能相对较强。

3. 景观动态

景观动态（landscape dynamics），即指景观结构和功能受到干扰随时间推移发生的变化。景观变化既有突变性的，如地震、火灾等突发事件引起的景观变化；也有渐变性的，如由气候变

化、人类活动等引起的土地荒漠化、植物群落演替等。Forman(1995)认为只有具备了以下条件才能认为景观发生了显著变化:某一非基质景观要素类型成为基质,几种景观要素类型所占景观面积的比例发生了足够大的变化,景观内产生一种新的景观要素类型并达到一定的覆盖范围。景观变化是否发生及变化的程度主要以依环境干扰作用力的大小和作用时间长短而定。对于某一稳定的景观来说,随着环境干扰的增强,景观首先发生波动性变化;然后出现不平衡状态,但干扰解除后景观可能逐渐得到恢复,并再次回到平衡状态。如果环境干扰很强,景观处于极不平衡状态,景观面积将发生明显变化,并出现新的不平衡状态。此时解除干扰后,景观已不能恢复到原来状态,原有的景观就被另一种新的景观类型所替代。

景观的结构、功能和动态是相互依赖、相互作用的(图9.1)。结构在一定程度上决定功能,而结构的形成和发展又受到功能的影响。景观生态学研究的具体内容很广,而且常常涉及不同组织层次的格局和过程。

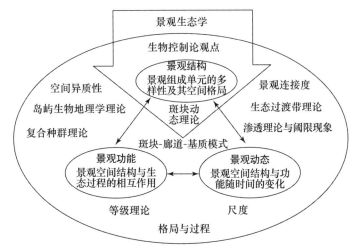

图 9.1 景观结构、功能和动态的相互关系以及景观生态学中的基本概念和理论

(据邬建国,2007)

9.3 景观生态学的基本概念

(一) 尺度性

尺度(scale),一般是指对某一研究对象或现象在空间上或时间上的量度,分别称为空间尺度和时间尺度。此外,还有组织尺度,指在由生态学组织层次(如个体、种群、群落、生态系统、景观)组成的等级系统中的位置。尺度往往以粒度(grain)和幅度(extent)来表达。

1. 粒度

空间粒度指景观中最小可辨识单元所代表的特征长度、面积或体积。例如,在不同观察高度上放眼望去,生态学家会发现对于同一森林景观,其最小可辨识结构单元会随着距离而发生变化,在某一观察距离上的最小可辨识景观单元则代表了该景观的空间粒度。对于空间数据或图像资料而言,其粒度对应于最大分辨率或像素(pixel)大小。时间粒度指某一现象或事件发生的频率或时期间隔。例如,某一生态演替研究中的取样时间间隔或某一干扰事件发生的频率。

2. 幅度

幅度是指研究对象在空间或时间上的持续范围。具体来说,研究区域总面积决定其空间幅度;研究项目持续时间决定其时间幅度。一般而言,从个体、种群、群落、生态系统、景观直到全球生态学,粒度和幅度均趋于增加。粒度和幅度相互联系,但又不相同。

景观生态学中,"尺度"一词的用法不同于地理学中的比例尺(scale)。一般而言,大尺度常指较大空间范围内的景观特征,往往对应于小比例尺、低分辨率;而小尺度则常指较小空间范围内的景观特征,往往对应于大比例尺、高分辨率。景观生态学研究中,往往需要利用某一尺度上所获得的信息或知识来推测其他尺度上的特征,即所谓尺度推绎。尺度推绎包括尺度上推和尺度下推。由于生态学系统的复杂性,尺度推绎往往采用数学模型和计算机模拟作为其重要工具。

(二)异质性

空间异质性(spatial heterogeneity)是指生态学过程和格局在空间分布上的不均匀性及其复杂性,一般可理解为是空间斑块性和梯度的总和。斑块性主要强调斑块的种类组成特征及其空间分布与配置关系,比异质性在概念上更为具体。空间格局、异质性和斑块性在概念上略有区别,但都强调非均质性以及对尺度的依赖性。异质性主要有三个来源:一是景观或生态系统之外的自然干扰,二是人类活动,三是景观及其因素的内源演替。异质性是景观或生态系统的主要属性和限制干扰传播的主要因素之一,是地球上多种多样景观形成的原因,利于生态系统内生物的共生,利于景观生态系统中对资源的充分利用,还可影响景观功能的动态过程。

与景观异质性相对应的概念即景观同质性。同质性是指一定区域内对物种或其他景观要素组织的分布起决定性作用的资源,在空间上的均匀程度。一个景观中,异质性程度越高则同质性程度越低。传统观点认为,同质性是景观或生态系统保持稳定的特性,而异质性则是使景观或生态系统发生崩溃的灾难性事件。事实上,景观的稳定性是建立在景观的异质性与同质性统一基础上的。因此,景观生态学特别注重研究空间异质性的发展和维持,异质性景观中不同组分在时空上的相互作用和物质能量的交换,对生物和非生物过程的影响以及景观的稳定性都具有重要意义。

(三) 多样性

多样性(diversity)是指一个给定的系统中,环境资源(如生物种、生境等)的变异性和复杂性的量度,通常包括遗传多样性、物种多样性和生态系统多样性三个组成部分。景观生态学主要关注物种多样性和生态系统多样性。

物种多样性是指区域内生物种类的丰富程度,包括两个方面:一是指一定区域内的物种丰富程度,可称为区域物种多样性;二是指生态学方面的物种分布的均匀程度,可称为生态多样性或群落物种多样性。物种多样性是衡量一定区域生物资源丰富程度的一个客观指标。区域物种多样性的测量指标常用以下三个指标:① 物种总数,即特定区域内所拥有的特定类群的物种数目;② 物种密度,指单位面积内的特定类群的物种数目;③ 特有种比例,指在一定区域内某个特定类群特有种占该地区物种总数的比例。

生态系统多样性是指区域内生态系统组成、功能的多样性以及各种生态过程的多样性,包括生境的多样性、生物群落和生态过程的多样化等多个方面。其中,生境的多样性是生态系统多样性形成的基础,生物群落的多样化可以反映生态系统类型的多样性。近年来,有些学者还提出了景观多样性。景观多样性(landscape diversity)是指由不同类型的景观要素或生态系统构成的景观在空间结构、功能机制和时间动态方面的多样化程度。

(四) 边缘效应

1. 边缘效应

边缘是指两个不同的生态系统相交所形成的窄带状区域。在自然条件下,两个生态系统之间往往存在较宽的过渡带。边缘效应(edge effect)是指斑块边缘部分由于受外围影响而表现出与斑块中心部分不同的生态学特征的现象。斑块中心部分在气象条件(如光、温度、湿度、风速)、物种的组成以及生物地球化学循环方面,都可能与其边缘部分不同。研究表明,斑块周界部分常常具有较高的物种丰富度和第一性生产力。有些物种需要较稳定的生物条件,往往集中分布在斑块中心部分,故称为内部种。而另一些物种适应多变的环境条件,主要分布在斑块边缘部分,则称为边缘种。然而,有许多物种的分布是介乎这两者之间的。当斑块的面积很小时,内部-边缘环境分异不复存在,因此整个斑块便会全部为边缘种或对生境不敏感的物种占据。显然,边缘效应是与斑块的大小以及相邻斑块和基质特征密切相关的。

2. 斑块面积与边缘效应

斑块的结构特征对生态系统的生产力、养分循环和水土流失等过程都有重要影响。例如,若斑块大小不同,其生物量在数量和空间分布上亦往往不同。由于边缘效应,生态系统光合作用效率以及养分循环和收支平衡特点,都会受到斑块大小及有关结构特征的影响。斑块边缘常常是风蚀或水土流失的起始或程度严重之处。一般而言,斑块越小,越易受到外围环境或基质中各种干扰的影响。

3. 斑块形状与边缘效应

斑块的形状多种多样,其特点可以用长宽比、周界-面积比以及分维数等方法来描述。例如,斑块长宽比或周界-面积比越接近方形和圆形的值,其形状就越"紧密"。根据形状和功能的一般性原理,紧密型形状有利于保蓄能量、养分和生物;而松散型形状(如长、宽比很大或边界蜿蜒多曲折),易于促进斑块内部与外围环境的相互作用,尤其是能量、物质和生物方面的交换。斑块的形状与斑块边界的特征(如形状、宽度、可透性等)对生态学过程的影响是多种多样、极为复杂的,也是景观生态学研究的重点和难点之一。

(五) 干扰

干扰(disturbance),又称扰动。干扰是群落外部不连续存在、间断发生因子的突然作用或连续存在因子的超"正常"范围波动,这种作用或波动能引起有机体或种群或群落发生全部或部分明显变化,使生态系统的结构和功能发生位移。干扰是大多数景观和生态系统的重要过程之一,在景观与生态系统的结构和动态变化中起着重要作用。

干扰可出现在所有生物组织水平上(即从生物个体到景观),可以使系统演替偏离其可预测的途径,常常成为资源环境时空异质性的重要原因之一。Forman 等将干扰定义为"引起生态系统格局显著偏离其常态的事件"。干扰的形式多种多样,如火灾、水灾、病虫害等自然干扰以及对森林和草原植被的砍伐与开垦、污染、采集、采樵、放牧、狩猎、捕捞、土壤施肥等人为干扰。另外,生态系统是动态平衡系统,本身具有一定的弹性,在此弹性范围之内的干扰波动属于适度干扰。适度干扰可对生态系统产生一定的外界刺激,为生态系统带来一定的活力。一般来说,干扰状况可用景观中一段时间内所有干扰的分布、频率、恢复周期、面积大小、强度、对其他干扰的引发性等来表征。

干扰可改变景观的结构和功能,影响景观异质性、景观破碎化和物种多样性。

① 干扰与景观异质性。一方面,干扰对景观的影响决定于干扰的性质。一般认为,低强度的干扰可增加景观的异质性,但在极强干扰下,将会导致更低的景观异质性。另一方面,干扰对景观的影响在较大程度上还与景观的性质有关。对干扰敏感的景观结构,在受到干扰时,受到的影响较大,而对干扰不敏感的景观结构,可能受到的影响较小。

② 干扰与景观破碎化。一些规模较小的干扰可以导致景观破碎化。大规模的干扰可能导致景观的均质化,而不是进一步的破碎化;但也可能导致更强的破碎化。

③ 干扰与物种多样性。适度干扰还可产生环境的多样性,为更多物种提供生境条件,增加物种多样性。在较低和较高频率的干扰作用下,生态系统中的物种多样性均趋于下降。

因此,研究干扰的性质、生态效应、有利的适度规模以及与人类活动的关系具有重要意义。

(六) 格局与过程

1. 格局

景观格局(landscape pattern),一般是指其空间格局,即大小和形状各异的景观要素在空间上的排列和组合,包括景观组成单元的类型、数目及空间分布与配置。景观格局是景观异质性的具体体现,又是各种生态过程在不同尺度上作用的结果。景观格局研究的目的是为了在看似无序的景观中发现潜在的、有意义的秩序或规律。从景观要素的空间分布看,景观空间格局可粗略地分为以下类型:

① 均匀分布格局,是指某一特定类型的景观要素之间的距离相对一致。如中国北方农村,由于人均占有土地相对平均,形成的村落格局多是均匀地分布于农田间,各村距离基本相

等,是人为干扰活动所形成的斑块之中最为典型的均匀型分布格局。

② 团聚式分布格局,是指同一类型的斑块聚集在一起,形成大面积分布,如许多亚热带农业地区,农田多聚集在村庄附近或道路一侧;在丘陵地区,农田往往成片分布,村庄集聚在较大的山谷内。

③ 线状分布格局,是指同一类型的斑块呈线形分布,如房屋沿公路零散分布或耕地沿河流分布的状况。

④ 平行分布格局,是指同类型的斑块平行分布,如侵蚀活跃地区的平行河流廊道,以及山地景观中沿山脊分布的森林带。

⑤ 特定组合和空间连接格局,是一种特殊的分布类型,较常见的如:由于城镇对交通的需求,城镇总是与道路相连接,呈正相关空间连接;平原稻田地区很少有大面积林地出现,呈负相关连接。

更详细的景观结构特征和空间关系可通过一系列景观指数和空间分析方法加以定量化。

2. 过程

景观过程(landscape process),指以各种流,如物流、能流、信息流、物种流等的形式表现出来的景观元素间的相互作用,也即景观功能的体现,一个景观过程往往伴随有许多流的发生。与格局不同,过程强调事件或现象发生、发展的动态特征。景观生态学通常研究的生态学过程包括:种群动态、种子或生物体的传播、捕食者-猎物的相互作用、群落演替、干扰扩散、养分循环等。

在景观中,景观格局决定景观过程,而景观过程又反过来影响景观格局的形成和演化,二者相互作用,表现为非线性关系、多因素的反馈作用、时滞效应及一种格局对应于多种过程的现象等。影响景观基本生态过程的空间格局参数有:斑块大小、斑块形状、斑块密度、斑块分布构型等。格局-过程关系的主要研究内容包括:景观结构的时间变化规律、景观格局的控制要素、景观格局对干扰扩散的影响、利用模型模拟景观变化、景观格局的尺度转化规律等。

(七) 景观连接度

景观连接度(landscape connectivity)是对景观空间结构单元相互之间连续性的量度,包括结构连接度和功能连接度。前者指景观在空间上直接表现出的连续性,可通过遥感影像或视觉观察来确定;后者是以所研究的生态学对象或过程的特征尺度来确定。例如,种子传播距离、动物取食和繁殖活动的范围以及养分循环的空间幅度等,都与景观结构连续性相互作用。不考虑生态学过程,单纯考虑景观的结构连接度没有意义。

景观连接度对生态学过程(如种群动态、水土流失过程、干扰蔓延等)的影响,具有类似于渗透过程的突变或临界阈限特征。例如,植被覆盖度达到多少时流动沙丘才可得以固定?生境面积占整个景观面积的多少时某一物种才能幸免于生境破碎化作用而长期生存?景观生态学中确实存在不少临界阈限现象。例如,大火蔓延与森林中燃烧物质积累量及空间连续性之间的关系;生物多样性的衰减与生境破碎化之间的变化,都在不同程度上表现出临界阈限特征。因此,景观连接度对于研究景观结构和功能之间的关系具有重要意义。

9.4　景观生态学的基本原理

在景观生态学发展过程中,不同学者都提出了景观生态学的原理。Risser(1984)提出了异质性和干扰、结构和功能、稳定性和变化、养分再分配、层秩性等原理;Forman 和 Godron(1986)立足于生态学角度提出景观结构和功能原理、生物多样性原理、物种流原理、养分再分配原理、能量流动原理、景观变化原理及景观稳定性原理;肖笃宁(1991)根据相关学科理论,提出生态进化与生态演替理论、空间分异性与生物多样性理论、景观异质性与异质共生理论、岛屿生物地理与空间镶嵌理论、尺度效应与自然等级组织理论、生物地球化学与景观地球化学理论及生态建设与生态区位理论;邬建国(2007)总结出尺度及其有关概念、格局与过程、空间异质性和斑块性、等级理论、边缘效应、斑块动态理论、种-面积关系和岛屿生物地理学理论、聚合种群理论以及景观连接度、渗透理论和中性模型等景观生态学的主要概念和理论。

1. 景观结构和功能原理

在景观尺度上,每一独立的生态系统(或景观单元)均可看作一个斑块镶嵌体、狭窄的廊道或广阔的背景基质。动物、植物、生物量、热能、水和矿质营养等生态要素在景观单元间的分布具有异质性。景观单元的大小、形状、数目、类型和结构等是反复变化的,其空间分布由景观结构所决定。在斑块镶嵌体、廊道和基质的物质、能量和物种的分布方面,景观具有异质性,具有不同的结构。生态要素在景观单元间的连续运动或流动,表现为景观单元间的相互作用,即景观功能。由于景观结构的不同,导致物质流、能量流和物种流方面表现出景观功能的不同。

2. 生物多样性原理

景观异质性程度的增加,一方面引起大的斑块镶嵌体减少,因而造成需要大斑块镶嵌体内部生境的物种相对减少;另一方面也引起边缘物种的边缘生境面积增加,有利于那些需要比一个生态系统更多的生境,以便在附近繁殖、觅食和休息的动物的生存。由于许多生态系统类型都有自己的生物群或物种库,因而使得景观的总物种多样性增加。因此,景观异质性程度的增加,造成了斑块内部稀有物种丰度的减少,同时也增加了边缘物种的丰度,提高了潜在的总物种的共存性。

3. 物种流原理

景观结构和物种流是反馈环中的链环。在自然或人类干扰形成的景观单元中,当干扰区对外来种传播有利时,会引起敏感种分布的减少。在相同的时间,种的繁殖和传播可以消灭、改变和创造整个景观单元。不同生境之间的异质性,是引起物种移动和其他流动的基本原因。在景观单元中物种的扩张和收缩,既对景观异质性有重要影响,又受景观异质性的控制。

4. 养分再分配原理

矿质养分可以在一个景观中流入和流出,或者被风、水及动物从景观的一个生态系统携带到另一个生态系统进行重新分配。一般来说,干扰特别是当保护和调节机制强烈瓦解时,在一个生态系统中控制矿质养分,更有利于向附近的生态系统传输。矿质养分在景观单元间的再分配速度随景观单元中干扰强度的增加而增加。

5. 能量流动原理

随着空间异质性增加,使得更多能量流过景观中各景观单元的边界。例如,空气流动越过带有中镶嵌体的异质景观时,显示出相当大的扰动;景观的大部分是边缘生境时很容易被风穿透,热能被风水平携带,更容易从一个景观单元流动到另一个景观单元。同时,许多小镶嵌体因有较大的边缘生境,动物经常在临近景观单元之间运动觅食,通过草食动物输送植物物质,促使能量流动。可以看出,热能和生物量越过景观的斑块镶嵌体、廊道和基质的边界之间的流动速率,随着景观异质性的增加而增加。

6. 景观变化原理

景观的水平结构把物种、能量和物质同斑块、廊道和基质的范围、形状、数目、类型、结构联系起来。当干扰后,植物的移植与生长、土壤变化及动物的迁徙等过程带来了均质化效应。但由于新干扰的介入以及各景观单元变化速率的不同,同质性景观永远也不会达到。在景观中,适度干扰常常可产生更多的斑块镶嵌体或廊道。例如,沙质景观被破坏后露出异质性基底。当无干扰时,景观水平结构趋向于均质性;适度干扰迅速增加景观异质性;强烈干扰可增加异质性,也可减少异质性。

7. 景观稳定性原理

景观的稳定性起因于景观对干扰的抗性和干扰后复原的能力。每个景观单元有其自身的稳定度,因而景观总的稳定性反映景观单元中每种类型的比例。当景观单元中没有生物量时,例如裸露的沙丘和荒芜的戈壁,因缺乏光合作用吸收有用的阳光,系统可迅速改变温度、热辐射等物理特性,并趋向于物理系统稳定性;当存在低生物量时,例如耕地,系统对干扰有较小的抗性,但有对干扰迅速复原的能力;当存在高生物量时,例如森林,系统对干扰有高的抗性,但复原缓慢。在景观中,异质性是稳定因素还是不稳定因素,是抵抗还是加强干扰,要视具体情况而言。另外,干扰与尺度及冲击对象有关,同样的干扰对小尺度单元作用很大,为强干扰;在大尺度范围,可能表现为小涨落。同样的干扰,对有些景观单元影响大,对另一些景观单元冲击效果可能不明显。

8. 景观生态控制原理

生态控制是生物控制理论向生态系统尺度上的拓展,是指一种通过偏差抵消的负反馈和偏差加强的正反馈环相互耦合的自稳定和自组织,从而使生物系统得到控制和调节的理论。生态控制主要是指生态系统具有调节自身行为的能力。正反馈、负反馈、自适应、自组织、自调节及自完善是现代控制论。景观是由多种要素或单元依因果相关、正负反馈关联等复杂过程综合形成。在反馈环机制中,输出相对于输入变量,当作用反作用在同一方向,同时加强或消减,相互为放大器时,是为正反馈。景观的生产功能,主要体现了正反馈机制,而生态保护与自稳定功能,主要体现了负反馈机制。正负反馈环的平衡,有助于维持生产与保护功能之间的平衡。

9. 岛屿生物地理学

景观中,斑块的面积大小、形状及数目,对生物多样性和各种生态学过程都会产生影响。例如,物种数量(S)与生境面积(A)之间的关系常表达为:$S = cA^z$,式中,c 和 z 为常数。一般而言,斑块面积的增加常伴随着物种数量的增加。岛屿生物地理学(island biogeography)将生境斑块的面积、隔离程度与物种多样性联系在一起,成为早期许多北美景观生态学研究的理论基础。其一般数学表达式为

$$\mathrm{d}S/\mathrm{d}t = I - E$$

式中,S 为物种数,t 为时间,I 为迁移速率(是种源与斑块间距离 D 的函数),E 为灭绝速率(是斑块面积 A 的函数)。岛屿生物地理学理论把斑块的空间特征与物种数量巧妙地用一个理论公式联系在一起,为许多生态学概念和理论奠定了基础。

总之,景观生态学是一门横跨自然和社会科学的综合学科,研究领域十分广阔,不但涉及地理学和生态学,而且还常常涉及社会、经济学科。景观生态学研究方法也相应地具有多学科的特点,随着科学技术的迅速发展,尤其是"3S"技术的发展,现代景观生态学在研究宏观尺度上景观结构、功能和动态诸方面的方法也发生了显著变化,发展了一系列以空间格局分析和动态模拟模型为特点的数量方法。景观生态学从诞生起就与土地利用规划、管理和恢复等实际问题密切联系,目前其应用也越来越广泛,尤其是在保护生态学、恢复生态学、景观规划设计、自然资源管理等方面的应用。

复习思考题

9.1 景观生态学的研究内容包括哪些方面?

9.2 举例说明斑块、廊道和基质的概念?

9.3 何谓尺度、粒度和幅度?

9.4 何谓空间异质性和多样性?刻画指标有哪些?

9.5 何谓干扰?如何理解干扰的生态学意义?

9.6 什么是边缘效应?

9.7 何谓景观连接度?

9.8 如何理解景观稳定性与景观生态控制原理?

9.9 岛屿生物地理学的主要理论是什么?

扩展阅读材料

[1] 曾辉,陈利顶,丁圣彦. 景观生态学.北京:高等教育出版社,2017.

[2] 傅伯杰,陈利顶,马克明. 景观生态学原理及应用(第 2 版). 北京:科学出版社,2011.

[3] 邬建国. 景观生态学——概念与理论. 生态学杂志,2000,19(1):42-52.

[4] 邬建国. 景观生态学:格局、过程、尺度与等级(第 2 版).北京:高等教育出版社,2007.

[5] 肖笃宁. 景观生态学(第 2 版). 北京:科学出版社,2010.

第 10 章　人类与自然地理环境

自然地理学不是"没有人类"的地理学。综合自然地理学把人类作为自然地理环境的重要组成部分,对人与自然环境关系做深入的探讨,对于构建和谐的人地关系、实现区域可持续发展具有重要的理论意义和实践价值。

10.1　人地关系地域系统

人地关系是地球表层人类活动与地理环境相互作用形成的一种极为复杂的关系,由此构成具有开放特点和非线性相互作用特点的人地关系地域系统。在这个复杂的开放巨系统中,人始终占据主导地位。

(一) 人地关系

人地关系(man-land relationship)是指人类活动与地理环境之间的相互关系。地理环境为人类提供了生存条件,人类活动反过来影响、改造地理环境。人地关系的基本含义可归结为以下几大方面:

1. 人地关系是一种客观关系

人地之间存在着一种特有的客观关系,自人类起源以来就存在。人地之间的客观关系表现为:① 人对地具有无法挣脱的依赖性,地理环境是人类赖以生存的唯一空间场所和物质基础;② 地具有不依人的主观意志为转移的客观发展规律,人是地的主人,是最为活跃、最具有能动功能与机制的因素,人地关系的好坏根源在于人;③ 地对人的制约性既无法挣脱又相对可变,人类应主动地去认识自然规律,按自然规律利用改造自然,从而达到使地为人服务的目的;④ 人与地的客观关系永远不会消失,不论过去、现在和将来都永远存在。

2. 人地关系是一种社会关系

在人地关系中,"人"指社会性的人,是指在一定的生产方式下从事各种生产活动或社会活动的人,是指在一定的社会空间活动着的人。"地"是指与人类活动有密切联系的、自然界无机与有机诸要素有规律结合的地理环境,是客观上存在着地域差异的地理环境,也是在人类活动下改变了的地理环境。因此,人地关系就是一种社会关系。

3. 人地关系是一种因果关系

人与地互为因果:人改造地,地影响人。在不同的时间和地方,或者以人对地的影响为主,或者以地对人的影响为主,两者互为因果,可以相互转换。如人类填海造陆,人是因,地是果;地震对人类的破坏,地是因,人是果。

(二) 人地关系地域系统

人地关系地域系统是指以地球表层一定地域为基础的人地关系系统,也就是人与地在特定的地域中相互联系、相互作用而形成的一种动态结构。人地关系地域系统是地理学研究的核心。吴传钧(1918—2009)阐述了人地关系地域系统的基本结构、形成机制、研究内容及优化调控等。

1. 人地关系地域系统的基本结构

人地关系地域系统由自然环境系统和人文环境系统两大部分组成。前者包括自然资源供给系统和自然条件的保证系统,其各组成因素或各子系统遵循自然规律发展变化。后者包括物质生产系统和人口生产系统,各子系统主要遵循人文规律发展变化,但也受自然规律的制约。随着人类活动规模的扩大和深化,自然与人文环境系统将紧密结合,构成一个统一的环境系统。

2. 人地关系地域系统的形成机制

人地关系地域系统具有自然与社会两种属性,是由地理环境和人类活动两个子系统交错而成的复杂开放巨系统。在此系统中,地理环境是基础,人类是中枢,两个子系统之间的物质循环和能量转化相结合,就形成了人地关系地域系统发展变化的机制。其中,自然环境为人类活动提供了资源、场所等条件,人文环境为人类活动提供了动力、工具、方式等条件。人类活动系统的发展,不仅使人类本身发生了变化,也使地理环境发生了变化。

3. 人地关系地域系统的研究内容

① 人地关系地域系统的形成过程、结构特点和发展趋向的理论研究;

② 人地关系地域系统中各子系统相互作用强度分析、潜力估算、后效评价和风险分析;

③ 人与地两大系统间相互作用、物质能量转换的机理、结构功能和整体调控的途径与对策;

④ 人地关系地域系统内人口承载力、资源承载力和生态环境承载力的估算与预测;

⑤ 人地关系地域系统的动态仿真、优化模拟、调控试验与演变趋势预测;

⑥ 人地关系地域系统的地域分异规律与地域类型划分;

⑦ 不同层次、不同尺度的人地关系地域系统的时空差异性研究。

4. 人地关系地域系统的优化调控

人类的某些不合理活动,使得人类社会和地理环境之间、地理环境各构成要素之间、人类活动各组成部分之间,出现了不平衡发展和不调和趋势。要协调人地关系,首先要谋求人和地两个系统各组成要素之间在结构和功能联系上保持相对平衡,这是维持整个世界相对平衡的基础;保证地理环境对人类活动的可容忍度,使人与地能够持续共存。协调的目的不仅在于使人地关系的各个组成要素形成有比例的组合,而且关键还在于达到一种理想的组合,即优化状态。人地关系地域系统的优化调控过程是一个长期的战略过程,需要从时间过程、空间结构、组织管理、整体协同和系统控制等各方面进行优化和有效调控。

10.2　人地关系的历史探源

在人类出现以前,地球表层环境处于纯自然状态。自从出现了人类,自然界便开始了从自然状态向自然与人类相互作用状态的转化。人类的各种活动不同程度地影响着自然地理环境,且随着人口数量的不断增加和科学技术水平的不断提高,这种影响也日益剧烈。整个人类的历史,实际上是人类与自然界相互作用的辩证发展史。

(一) 采集狩猎时代:顺应自然阶段

距今 160 万年到 1 万年前的漫长时期,为人地关系的原始发展阶段。人类以采集野生植物的根茎、果实、叶片等,或者追捕野生动物(包括陆地动物、鸟类和水生动物等)为主要食物来源。采集狩猎可能是人类出现以来到旧石器时代为止仅有的生存技能。该时期是人类与自然由完全一体到人与自然混沌初开的时期,人类对自然心存崇拜之意。

1. "人地整体系统"的初建

从天然工具到石器的制造和使用,标志着人类创造性地把天然存在物变成人工产物。也决定了工具成为"人地整体系统"的重要一环。意识思维的产生,人类从此摆脱了对自然环境盲目、被动、本能性的生命活动形式,开始了有目的、积极、能动地改造利用环境的历史。社会的形成,使人类形成的生产力、知识和文化绵延传递。人类以一种崭新的营力参与到地理环境中,人地关系从"人类-环境"简单的二元结构变为复杂的多元结构。

2. 寄生型人地关系的形成

由于采集狩猎不能控制劳动对象的生产和再生产,食物的多寡和结构完全受栖息环境的气候、地形、动植物分布的制约。这种从动物生存方式沿袭而来的人类早期的获食策略,以"低能源消耗、低土地生产力、低人口密度"为其基本特点,需要面积广阔的土地才能提供生存的资源基础,采集狩猎者采取资源共享、小规模、松散灵活的社会组织形式,广泛利用各种可食资源,在较大的范围流离转徙、分散聚集,以此来适应波动不稳定的环境,形成了原始形态的寄生型人地关系。

3. 人地关系"范式"的基本预设

人地关系一经产生,就表现出人与地的两重关系:一方面,原始人类通过社会组织、劳动工具、意识觉醒、宗教巫术等相结合的方式,对地理环境进行积极适应与干预;另一方面,生产力极为低下的原始人类,在强大的自然力量制约下,表现出强烈的依赖、顺应和服从。由于采集狩猎时代的生产力水平极低,环境问题也不明显。

(二) 农业文明时代:改造自然阶段

大约在距今 1 万年左右的新石器时代,有限的天然食物及扩大活动空间的限制,迫使人类生存方式由采集狩猎式向栽培植物、驯化动物的农业耕耘式发展。农业社会的产生标志着人类由顺应自然阶段演变到积极开发利用改造自然阶段。

1. 栽培式人地关系的形成

从原始文明到农业文明,人类自身的思维意识、社会组织等具备了自觉认识和调控的能力。栽培作物和驯化的禽畜是人们主要的生活来源,使人类与环境的关系由环境决定型或人对环境的寄生型转变为人地相关型。平坦的地形、肥沃的土壤、便利的河水灌溉、适宜的气温、充足的日照是农业社会的自然基础。人类通过有意识、有目的的活动,不断调节自身活动,初步形成了"适应环境、利用环境、人地相关"的观念。人地关系也由采猎时代的采集式到刀耕火种时期的开垦式,发展到传统的栽培式。地理环境成为生产活动的组成部分和条件,气候、水、生物、土地、矿藏等以自然资源的形式加入农业活动中,土地成为农业文明的核心资源。

2. 人地关系地域系统的建立

由土地综合体、农业生物群落和人类社会活动组成的农业系统的诞生,标志着真正意义上的人地关系地域系统的建立。农业系统具有自然属性和社会属性的两重性。自然属性主要表现为土地的自然生产力、生物的生命构造力;社会属性表现为农业生产是人类有目的的活动,人类通过劳动改变了土地、生物的天然性状。土地自然生产力作为社会生产力的重要组成部分,成为农业生产生存与发展的依托。

3. 农业生产改变了自然环境的形态结构

随着劳动对象和生产方式的变化以及人类改造利用环境能力的提高,人与环境的作用面、作用强度产生了质与量的飞跃。在空间上,农牧业活动不断向所有的适宜区域推进;在要素上,人类活动不断改变着地貌微形态、自然景观、生物群落、土壤构成、水系分布以及整体的地理环境;在强度上,既表现出对环境要素的改变程度逐渐加剧,又表现出人类对环境的投入不断加大。与自然生态系统相比,农业生态系统具有明显的系统边界,作物种类单一、结构简单、拥有巨大的种群等。追求的主要目标是尽可能高的经济产量,尽可能好的产品品质,最方便有效的利用方式。两种生态系统之间的差异,潜存了人类改造利用环境过程与环境自身发展的必然冲突,预设了人类经济行为与自然生态过程的内在矛盾。在农业文明时期,生产力水平有了较大发展,出现各种环境问题,主要是生态破坏的问题,如人口的增长超过土地承载力,造成草场退化、土地沙化、地力衰减、水土流失等。

(三) 工业文明时代:征服自然阶段

14—16 世纪欧洲文艺复兴运动的发生,使得人地关系进入崭新的阶段。文艺复兴运动重新发现了人和自然的关系,将科学、哲学、艺术、文化从宗教神权中解放出来,重新赋予了人以理性、能力和创造力。煤炭、石油、水力等能源资源,铁矿、铜矿等金属资源,道路、航道、港口等交通状况,是工业生产和商品贸易的基础。科技革命和产业革命使人地关系及其空间地域结构发生了深刻变化,人地关系由改造自然阶段演变到征服自然阶段。

1. 掠夺型人地关系的形成

农业生产受到光、热、水、土等的严格制约,但工业生产是物理化学变化过程和少量的微生物作用过程,是在人工环境下通过人工控制完成的,同样产品可以在不同地区组织生产。工业生产方式是人类真正意义上的物质创造活动,迅速扩大了在人地关系中人工产物的实体构成比例及其作用。由于工业生产的原料、能源主要来自矿产资源,矿产资源不可再生特点,决定了传统工业体系是建立在开采非再生性资源和可耗竭资源基础上的,以化石燃料、铁矿为主体的传统工业在不同时间尺度内终将崩溃、转型和更新。如果说,采集狩猎活动的人地关系是寄生型的,农业活动的人地关系是共生型的,传统工业活动的人地关系则是掠夺型的。

2. 工业文明推动人类社会全方位的变革

随着科学技术和生产工艺的不断进步,工业生产越来越向生产专门化和地区专门化方向发展。工业生产专门化促进了传统工业在工业区域的高度聚集,形成工业地域综合体。工业、城镇、交通体系的构建,成为带动区域人地关系发展的"增长极"和"增长轴线",拉开了区域发展之间的差距,促进区域非均衡发展。在传统农业类型分异基础上,形成了人地系统的立体分异体系。工业为社会各产业各部门提供了多种原材料、能源和几乎全部的生产资源,从而使农业现代化、交通现代化、国防现代化等成为可能。工业与城市的结合,成为城市发展壮大的基本驱力。工业化过程加速了社会越来越细的分工和社会越来越密切的联系。动力机器使人类的功率成千上万倍地扩大,机械生产系统则使人类生产规模大幅度提高,人类具有了更强大的利用自然、影响自然的能力。

3. 工业生产更大规模地影响自然环境

通过对资源的开发利用,工业生产创造了大量人工产物(包括产品和废品),人类使用制造的人工产物又以更大的规模和强度利用和影响自然环境。工业活动正是通过这种正反馈的增长激励机制形成了人与环境复杂而密切的联系。在广度上,自然环境差的资源逐渐得到开发;在深度上,资源开发的品位逐渐降低,更多的资源种类和贮量进入资源体系中。资源开发率、利用率大幅度提高。如果说农业活动主要以"面"的形式与生态环境发生作用,工业活动则是以"点"(如矿山、工业区)、"线"(如河流、交通)、"面"(如森林、水域、耕地)、"立体"(如大气)的形式与生态环境形成多维关联。由于生产力水平有了极大提高,人地矛盾迅速激发,环境问题日趋尖锐,产生了很多环境问题,如大气污染、水污染、土壤污染、噪声污染及全球气候变暖等。

(四) 后工业文明时期:谋求人地协调

第二次世界大战以后,随着新技术的兴起,尤其是电子信息技术的广泛应用,人类进入后工业社会(又称知识社会)。由于国民收入的增加,对服务业的需求越来越大。因此,后工业社会最大的特征就是:大多数劳动力不再从事农业和工业,而是从事上述两种产业之外的商业、财经、交通、卫生、娱乐、科研、教育和行政工作等服务业。由于生产力水平达到较高的水平,面临的人口、资源、环境问题日趋严重,人类开始谋求人地协调发展。

1. 协调型人地关系的形成

谋求人地协调的思想虽然由来已久,但是作为一种理论提出来却还只有短暂的历史。20世纪 60 年代以来,人们目睹了地球面临的种种危机,开始日益重视与自己生存环境之间的协调,人地关系研究中的协调论也就逐步被公认。协调论是在过去种种人地关系理论的基础上发展起来并不断完善的,它一方面使人类活动更能顺应地理环境的发展规律,更能充分合理地利用地理环境;另一方面,要对已经破坏了的不协调的人地关系进行调整。

2. 人地关系协调的本质

人地关系协调是指一定生产方式下从事各种生产活动和社会活动的人,有意识地同自然进行物质交换,与自然界诸要素有规律结合,从而达到人与自然和谐相处。人地关系协调的本质是妥善解决社会总需求与环境承载力之间的矛盾。人地关系协调强调分析人与环境关系,以谋求自然环境与人类生活之间的和谐为目的,可以说,是在人们看到环境恶化、资源短缺等问题越来越严重地阻碍人类生存和发展的形势下,对人地关系认识的一个新的提高。

3. 可持续发展的思想

面对越来越严重的危机,人类中的智者提出了"可持续发展"(sustainable development)的理念,并逐渐得到认同。所谓可持续发展,就是"既满足当代人需要,又不损害后代人满足其需要的能力的发展"。迄今,人类已采取了诸多具体措施:承诺减少温室气体排放量,禁止生产破坏臭氧层的化学品,不砍伐或少砍伐森林,在国际上禁止如象牙、犀牛角等货物的流通,采用先进技术减少污染等。但是,自然环境恶化的速度并未有明显的减缓,全球环境问题日趋严重,要达到建设"和谐的人地关系"的目标,还须付出很大努力。

10.3　人地关系思想的发展

人地关系思想的产生,经历了一个漫长的历史过程。在这个漫长的历史过程中,曾出现了许多不同的、甚至对立的人地观,但都是围绕"人地关系"展开,企图揭示人地关系的客观规律。下面,按照人地关系论产生与发展的先后顺序,重点介绍决定论、或然论和协调论。

(一) 决定论

1. 基本观点

决定论(determinism),又称地理环境决定论、环境决定论等,是一种典型的必然论人地观。地理环境决定论者认为,地理环境对社会发展起决定作用,是决定社会发展的根本因素,是各种人文现象的决定因素,一切社会现象都受自然规律制约,都是自然环境的必然结果。他们认为:人类是地理环境的产物,人的生理与心理、人口分布、种族优劣、文化高低、国家强弱、经济与社会发展等,均受制于地理环境和自然条件的支配。

2. 代表人物

地理环境决定论的代表人物有法国启蒙思想家 Montesquieu(孟德斯鸠,1689—1755)、德国哲学家 Hegel(黑格尔,1770—1831)、德国地理学家 Ratzel(拉采尔,1844—1904)、美国地理学家 Semple、Huntington 和英国学者 Buckle(巴克尔,1821—1862)等。

我国古代思想家老子、孟子、荀子、王充等,早在两千年前就已经认识到自然界具有不以人的意志为转移的自身的发展规律,产生了环境决定论最早的思想萌芽。公元前4世纪,古希腊哲学家 Aristotle(亚里士多德,公元前384—322)认为,地理位置、气候、土壤等影响个别民族特性与社会性质,寒冷地区的民族勇敢无畏,但缺乏智慧和技术;亚洲民族很聪明,但缺乏勇敢进取的精神;居住在两者之间的希腊民族兼具两者的优点,所以能够自立,并能够统治其他民族。古希腊哲学家 Plato 则认为,海洋使国民的思想中充满了商人的气质以及不可靠的虚伪的性格。

　　Montesquieu 被称为是环境决定论的先驱,在其《论法的精神》(1748)中强调了地区特征尤其是气候对法律制定的影响,提出气候决定人生的观点,认为"气候的王国才是一切王国的第一位",炎热的气候有损人的力量和勇气,使民族秉性懦弱;寒冷的气候给人勇敢的心和伟大的行动。德国哲学家 Hegel 认为,不同的气候地理条件是导致不同的历史进程的原因。从蒙古经阿拉伯到北非的沙漠地区,居民过着游牧的生活,他们好客和掠夺成性,过着无法律制度和家长制度的生活;平原流域是四大文明古国所在地,居民依靠农业、被束缚于土地上,性情呆板、孤僻、守旧,过着君主制生活;而大海附近的居民却具有冒险精神、勇气和智慧,人们多从事工商业,过着民主制生活。英国学者 Buckle 在《英国文明的历史》(1857)中把个人和民族特征归之于自然条件的效果。"高大的山脉、广阔的平原使人产生一种过度幻想和迷信。当自然形态较小而变化较多时,使人早期发展了理智。"

　　在地理学中,真正将"环境决定论"完善和发展的是 Ratzel 及其学生 Semple。Ratzel 是公认的环境决定论的倡导者,在其《人类地理学》(1882)中认为,"人是环境的产物,其活动、发展和分布与生物一样都受环境的限制;他把国家比作有机体,与一般有机体一样有生长和老死;一个国家侵占别国领土是其内部生长力量的反映,强大的国家为了生存必须有生长的空间。"他还将环境对人的影响归结为四个方面:① 生理的直接影响;② 心理的影响;③ 对于人类社会组织和经济发达的影响;④ 支配人的迁徙和最后分布的影响。Semple 在《地理环境之影响》(1911)中,广为介绍 Ratzel 的思想,但是她对地理环境决定论思想采取谨慎态度。Semple 致力于研究地理环境对人类体质、思想文化、经济发展与国家历史的影响,强调自然地理条件的决定性作用。之后,Semple 的学生 Huntington 进一步发展了环境制约人类社会发展的观点。1903—1906 年间,美国地理学家 Huntington 对印度北部、中国塔里木盆地等地考察后,在发表的《亚洲的脉动》(1907)中认为:13 世纪蒙古人大规模向外扩张是由于居住地气候变干和牧场条件日益变坏所致。在《文明与气候》(1915)中,Huntington 创立了人类文化只能在具有刺激性气候的地区才能发展的假说。

3. 观点评述

　　产生于资产阶级上升时期的地理环境决定论,对否定西方中世纪神学中"上帝创造人并主宰世界"思想起了一定的进步作用。但是,用地理环境这种外因论来解释人类社会的发展,用自然规律代替社会规律,不仅不能正确解释社会现象,反而陷入唯心主义。因而,从 20 世纪30 年代开始,地理环境决定论思想普遍受到各国学者的批评。

　　地理环境决定论的缺陷主要表现在:① 决定论使人类处于听天由命的境地,走上地理宿命的道路,影响人类去争取建立自己美好家园的努力,不再去改造周围的环境;② 掩盖了人地关系的实质性矛盾;③ 过分强调了环境对人的作用,只表明了这一客观现象单方面的因果关系,而忽视了各种因素之间的复杂关系。

此外,纳粹德国的地缘政治学家 Haushofer(豪斯霍费尔,1896—1946)把 Ratzel 的"生长空间"理论发展为臭名昭著的"生存空间"理论,认为"优等民族"为了发展可以侵犯"劣等民族",成为纳粹德国发动第二次世界大战的重要思想根源。

(二) 或然论

1. 基本观点

或然论(probability),全称是地理环境或然论,又称可能论。或然论者认为,地理学的任务是阐述自然条件与人文条件在空间上的相互关系。自然环境提供一定范围的可能性,而人类在创造居住地时,按照自己的需要、愿望和能力来利用这种可能性。人们可以按照心理的动力在同一自然环境中不断创造不同的人生事实。"自然是固定的,人文是无定的,两者之间的关系常随时代而变化",这是或然论的精髓。

2. 代表人物

或然论的主要代表人物有法国地理学家 Blache 和 Brunhes。

或然论由 Blache 首创。1866 年,Blache 毕业于巴黎高等师范学校,其后曾长期在欧洲、中东及北美各地游历任教,与大自然的频繁接触提高了他对人类活动和自然环境相互关系的深切体会。19 世纪 70 年代,Blache 在广泛研读 Humboldt、Carl Ritter 和 Ratzel 等人著作的基础上,并根据其对某些区域进行考察所得的资料,逐步发展了地理环境或然论。Blache 利用从各方面取得的新资料,从事人地相关问题的研究和解释,是第一个吸收其他学科的有益观点并融会贯通而创造地理学本身学说的人,是法国近代地理学奠基人。Blache 认为,在人与环境的关系中,除环境的影响外,人本身也是个积极因素,因此不能用环境控制解释所有的人生事实。自然环境提供了多种可能性,而人类在创造其居住地时,将按其需要、愿望和能力选择性地利用这些可能性。同样的生活环境对于不同生活方式的人具有不同的意义。生活方式是决定某一特定人群将会选择那种可能性的基本因素。在 Blache 的倡导下,法国地理界人才辈出。第一次世界大战后,法国 16 所大学都开设了地理课程,各大学的地理学教授均为 Blache 的学生。其或然论观点为:① 地理学以研究地球表面各相关现象的因果关系为目的;② 在人地关系中,除地的直接作用外,还有其他许多因素在起作用;③ 人地关系的重心不在自然而在于人类,人类生活方式不完全是环境统治的产物,而是各种因素的复合体;④ 地理环境本身包含着许多可能性,其是否被利用完全取决于人类的选择能力;⑤ 自然环境对人类的某些活动具有直接影响,同时人类对自然环境也有生理适应能力,这种适应不是被动的,而是主动的;⑥ 自然界没有必然,到处都存在着机遇,人类是这种机遇的主宰,可以自由支配它们,由此可居于环境之上。

Blache 的观点通过其学生 Brunhes 的《人地学原理》得到了广泛传播。1920—1930 年间,

Brunhes 出版了《人地学原理》《历史地理》《法国人生地理》(1卷)、《法国人生地理》(2卷)四部专著。这四部巨著阐述了其或然论的基本观点:① 心理因素是地理事实的源泉,是人类与自然的媒介和一切行动的倡导者。他说:"心理因素是随不同社会和时代而变迁的,人们可按心理的动力在同一自然环境内不断创造出不同的人生事实来。""自然是固定的,人文是无定的,两者关系常随时代而变化。"② 人生地理研究人地相关,完全建立在解释精神上,凡此人之于地;地之于人,相互影响,相互依据,不加以解释,何以见其关系差别——旧地理学为地的叙述,新地理学为地的科学。③ 地面自然与人文现象,非各个独立,实相互关联,这即谓"自然团结"。④ 人生地理之事实,无时不在演化中,人生地理,非静的科学,乃动的科学。"地理者,乃地球现代生活之研究。"⑤ 人生地理与自然地理不同之处在于:人为有意志的动物、人间之关系,岂能如纯粹的自然界现象,有一定不易之方式,自然地理多半为物理数学性现象,故有绝对性定理。人生地理则不然,人受地之影响,地亦受人之影响,人之意志、智力与才能因时而不同,故地之利,人与人之利地,亦因人、因时而异。

3. 观点评述

或然论不否认人类活动存在自然的限制,但更强调人类积极选择的重要性。环境包含着许多的或然性,这些或然性的利用则完全依于人类的选择。或然论者主张人与自然是相互联系、不可分离的。人的活动虽然限于地球表层,但人对改造自然起着显著的作用。因此,地理学家更须研究人类在自然界的地位。或然论已经初步认识到自然环境被破坏的严重性,指出人类必须按自然规律办事才能"人定胜天"。尽管这些观点比较模糊,但毕竟在人地关系认识上有了很大的迈进。

或然论的主要缺陷表现在:① 或然论认为"天定足以胜人,人定足以胜天",但人定胜天"须适可而止,否则一旦失败,结果不堪设想"。② 或然论片面强调心理因素的作用,把它看作地理事实的源泉、人地关系的媒介。③ 或然论仍未能找到人地关系的决定性因素。

(三) 协调论

协调论是从 20 世纪 20 年代兴起的一种新型的人地关系观点。虽然历史不长,但"普及"速度很快,并愈来愈为国际地理学界所重视。之所以能较快得到发展并为人们所普遍重视,主要与全球性环境问题的出现,如人口急剧膨胀、资源日益减少、环境污染严重、生态平衡失调、自然灾害频发、粮食安全遭受威胁等亟待解决有关。如何协调自然环境和人类生活的关系成为人们关注的焦点。近半个世纪以来,协调论已逐渐成为人地关系理论的主流。

1. 基本观点

协调论(adjustment),也称和谐论(harmony)、适应论(adjustment),是对人地关系理论的正确揭示。协调论包括三层含义:一是在人地关系中,强调人类利用自然界时,要保持自然界的平衡与协调;二是在研究人地关系时,强调人类在开发利用自然过程中,要保持人类与自然环境之间的平衡和协调;三是强调在开发利用自然界的人类之间保持和睦、妥协与协调以及人类生态活动与生产活动的平衡与协调。

协调人地关系首先要谋求"地"和"人"两个系统各组成要素之间在结构和功能上保持相对平衡,这是维持整个地球系统相对平衡的基础,也是人与地能够长期共存的基础。协调的目的不仅在于使人地关系的各组成要素形成有比例的组合,关键还在于达到一种理想的组合,即优化状态。优化目标是多种的,包括资源的合理有效利用、生产力和城镇系统的合理布局等,所有的经济活动都要谋求经济效益、社会效益和环境效益三方面的兼顾等。

具体来说,需要重点协调以下几大领域:

(1) 协调人口增长与经济发展的关系

人既是生产者又是消费者,作为生产者需要生产资料,作为消费者需要生活资料。无论是生产资料还是生活资料,最终都是来自自然界。由于地球是人类唯一的居住地,虽然随着科学技术水平的提高所提供原料的种类和数量会有所增加,但能供给的资源毕竟有限。因此,必须协调环境供给的有限性和人们不断增加的需求之间的矛盾,必须协调好人口增长与经济发展速度的相互制约关系,确保人口与经济的协调发展。

(2) 协调资源开发与经济发展的关系

自然资源是人类生存和经济发展的重要物质基础。人类生产与生活都离不开自然资源,它是人类衣、食、住、行的源泉,也是人类开发利用的对象,更是经济发展的前提。目前,由于技术水平和人口素质等限制以及人类对生活水平提高的迫切要求,人类不顾自然环境的承受力对自然资源进行掠夺式开发,导致全球性的资源危机日益严重,必须用可持续发展的理念,在确保自然资源合理开发与永续利用的前提下,追求经济的持续稳定增长。

(3) 协调经济发展与生态环境保护的关系

经济发展与生态环境保护往往是一对矛盾的统一体。经济发展必然要破坏生态环境,生态环境破坏了,必然会制约人类生存与经济发展;反过来,经济发展了,可为生态环境建设提供更多的建设资金,促进生态环境的良性循环,优良的生态环境又给经济发展创造一系列有利条件。在实践中,必须正确处理两者间的关系,确保经济与环境的协调发展,确保生态环境的保护、恢复与重建。

(4) 协调经济发展与社会进步的关系

经济发展不等于社会发展,更不等于社会进步。经济的发展,并不意味着全体社会成员经济条件与社会政治状况的改善,也不意味着消除贫困,减少贫富差距,但社会进步在任何情况下都离不开经济增长。在实践中,必须正确协调经济发展与社会进步的关系,把社会发展与进步作为区域发展的最终目标,把效率与公平并重作为协调的基本准则,把经济发展作为社会进步的主要手段。

(5) 协调区际之间的关系

世界各地区开发历史有迟早,自然资源、自然条件、社会文化条件都有很大的不同,所以各地的经济发展水平、人口分布、文化发展程度以及生态环境的稳定程度都有巨大的差异。这就要求在开发建设时要针对地区间差异显著的特点,根据各地的自然资源以及人口、文化、民族、经济基础等条件进行协调,扬长避短,发挥优势,建立适合本地区发展的产业结构,科学地制定区域经济、社会、生态发展战略,确保每一个地区都得到持续协调的发展。

(6) 协调代际的关系

在区域人口、资源、环境和发展问题中,除了注重区际关系的协调外,还要重视人口增长的代际协调关系,资源开发与经济发展的代际协调关系以及社会发展的代际协调关系,强调代际的公平效应,绝不能吃子孙饭、断子孙路,确保生态环境和自然资源在代际公平享用和合理配置。

2. 代表人物

协调论的思想虽然可以在古代许多著作中找到,但作为理论提出,其主要代表人物有美国学者 Barrows(巴罗斯,1877—1960)、英国地理学家 Roxbz(罗士培,1880—1947)。

人类社会的进一步发展,要求人地关系必须协调。马克思(1818—1883)的"合理调节"思想以及恩格斯(1820—1895)关于人与自然作为一个"和谐的整体"的思想,逐渐为越来越多的人所接受和理解。历史的教训使人类得出这样的结论:人类不能再作自然的奴隶,人类也不能把自然当作奴隶。人与自然、人与环境之间,需要的是和谐,人类与环境应是"和睦相处""相得益彰"的和谐关系。这种新的人地关系,亦可称为一种共生关系。

人地关系协调思想的提出是在 20 世纪 20 年代。1924 年,Barrows 在美国地理学家协会会刊上发表论文,把地理学称为"人类生态学",提出了"适应论"的观点,强调人地关系中人对环境的认识和适应。主张地理学的目的不在于考察环境本身的特征与客观存在的自然现象,而是研究人类对自然环境的适应,人是中心论题,一切其他现象只是当涉及人和它们的适应时才予以说明。Barrows 所用的"适应",不是由于自然环境,而是由于人们的选择。Barrows 的论点也包含有一定的协调人地关系的因素在内。

1930 年,Roxbz 在就任英国科学协会地理组主席的演讲中,发展了 Barrows 的这种思想。首先使用"适应"(adjustment)一词,表示在自然环境对人类活动具有限制作用,而人类社会又利用环境的情况下应有的人地关系。认为地理学主要研究人和地的这种适应(或调整)的相互作用,而不是研究人地间的控制问题。Roxbz 认为,人地关系应包括两方面的含义:一是人们对其周围自然环境的适应;二是一定区域内人和自然环境之间的相互作用。"适应"一词不仅用来概括自然环境对人类活动的"控制",也包括人类对环境的利用和利用的可能性。中国地理学家李旭旦(1911—1985)也指出,在人地关系上已形成了人与环境间的"和谐论",主张分析人与环境的关系,以谋求自然环境与人类生活间的协调。

3. 观点评述

协调作为一种相互关系和物质属性,具有三个特点:① 协调是一个有机整体概念,不是指单要素。② 协调具有对称性、一致性和有序性特点,结构的有序性和比例协调一致性是物质及运动过程内部关系和谐统一的标志。③ 协调具有对立统一性,协调不是调和、停滞,也不能简单说成是共性,协调不能取消事物的矛盾斗争和事物之间的差异性。

人类要在地球上实现人地关系的真正协调,必须遵循动态协调、综合协调、长远协调、全球协调、地域协调和主导协调等原则(石尚群和郑克珉,1992)。

10.4　可持续发展

人地关系矛盾的协调自古以来就一直是地理学重点研究的综合课题。从古代的"天人合一"思想到近代的人地关系协调思想,升华到现代的"可持续发展"理论,始终围绕人地和谐共生这一核心展开。协调人地关系,实施可持续发展战略是人类共同追求的永恒战略。

(一) 可持续发展的历史进程

自古以来,中国就有可持续发展的思想。中国古代哲学向来崇尚"人与自然和谐"观念。先秦史籍《逸周书·大禹篇》中即有如下记载:"禹之禁,春三月,山林不登斧斤,以成草木之长;川泽不入网罟,以成鱼鳖之长。"《吕氏春秋·首时》也有记载:"竭泽而渔,岂不得鱼,而明年无鱼;焚薮而田,岂不获得,而明年无兽。"春秋时期老子在《道德经》中指出:"故知足不辱,知止不殆,可以长久。"战国时期《荀子·王制篇》记载道:"草木荣华滋硕之时,则斧斤不入山林,不夭其生,不绝其长也;鼋鼍鱼鳖鳅鳝孕别之时,罔罟毒药不入川泽,不夭其生,不绝其长也;春耕、夏耘、秋收、冬藏,四者不失时,故五谷不绝,而百姓有余食也;汙池渊沼川泽,谨其时禁,故鱼鳖优多而百姓有余用也;斩伐养长不失其时,故山林不童而百姓有余材也。"

可持续发展是人类社会进程中的必然选择,其理论的形成,却始于后工业文明时期。

1. 思想的导火索

在 20 世纪 30—60 年代,因现代化学、冶炼、汽车等工业的兴起和发展,工业"三废"排放量不断增加,环境污染和破坏事件频频发生,发生了 8 起震惊世界的公害事件:① 比利时马斯河谷烟雾事件(1930 年 12 月),致 60 余人死亡,数千人患病;② 美国多诺拉镇烟雾事件(1948 年 10 月),致 5910 人患病,17 人死亡;③ 伦敦烟雾事件(1952 年 12 月),短短 5 天致 4000 多人死亡,事故后的两个月内又因事故得病而死亡 8000 多人;④ 美国洛杉矶光化学烟雾事件(第二次世界大战以后的每年 5—10 月),致人五官发病,头疼、胸闷,汽车、飞机等安全运行受威胁,交通事故增加;⑤ 日本水俣病事件(1952—1972 年间断发生),致 50 余人死亡,283 人致残;⑥ 日本富山骨痛病事件(1931—1972 年间断发生),致 34 人死亡,280 余人患病;⑦ 日本四日市气喘病事件(1961—1970 年间断发生),致 2000 余人受害,死亡和不堪病痛而自杀者达数十人;⑧ 日本米糠油事件(1968 年 3—8 月),致数十万只鸡死亡、5000 余人患病,16 人死亡。20 世纪五六十年代,人们在经济增长、城市化、人口、资源等所形成的环境压力下,对"增长 = 发展"的模式产生怀疑并展开讨论。

2. 思想的缘起

1962 年,美国女生物学家 Rachel Carson 发表了引起很大轰动的环境科普著作《寂静的春天》(*Silent Spring*),描绘了一幅遭农药污染肆虐的可怕景象,惊呼人们将会失去"春光明媚的春天"。该书首次揭露了美国农业、商业界为追逐利润而滥用农药的事实,对滥用杀虫剂而造成生物及人体受害的情况进行了抨击,使人们认识到农药污染的严重性。《寂静的春天》被看作 20 世纪最早、也最有说服力的呼吁保护生态平衡、拯救地球的著作,在世界范围内引发了人类关于发展观念上的争论。从此,宣布了人类征服自然时代的终结。之后,随着公害问题的加剧和能源危机的出现,人们逐渐认识到把经济、社会和环境割裂开来谋求发展,只能给地球和人类社会带来毁灭性的灾难。

3. 重要里程碑

(1)《增长的极限》

1972 年,美国学者 Barbara Ward(巴巴拉·沃德)和 Rene Dubos(雷内·杜博斯)的享誉全球的著作《只有一个地球》(*Only one Earth*)问世,把人类生存与环境的认识推向一个新境界,即可持续发展的境界。从整个地球的发展前景出发,从社会、经济和政治的不同角度,评述经济发展和环境污染对不同国家产生的影响,呼吁各国人民重视维护人类赖以生存的地球。1972 年,联合国人类环境会议于斯德哥尔摩通过《人类环境宣言》(*United Nations declaration of the human environment*),以鼓舞和指导世界各国人民保护和改善人类环境,标志着全人类对环境问题的觉醒。地球环境的"承载能力"是否有阈限?发展的道路与地球环境的"负荷极限"如何相适应?人类社会发展应如何规划才能实现人类与自然的和谐?对此,罗马俱乐部 1972 年发表了震动世界的研究报告《增长的极限》(*Limits to Growth*),强调生态环境与经济必须协调发展,明确提出"持续增长"和"合理的持久的均衡发展"的概念,为了避免超过地球资源的极限而导致世界崩溃,最好的方法是限制增长。

(2)《我们共同的未来》

1982 年,在肯尼亚首都内罗毕召开"纪念联合国人类环境会议 10 周年特别会议"(又称内罗毕国际环境会议),通过了《内罗毕宣言》(*Nairobi Declaration*),指出了进行环境管理和评价的必要性,环境、发展、人口与资源之间紧密而复杂的相互关系。1983 年,联合国成立了世界环境与发展委员会(WCED),并于 1987 年东京会议上发表了关于人类未来的报告《我们共同的未来》(*Our Common Future*),正式提出"可持续发展"的概念,并以"持续发展"为基本纲领,以丰富的资料论述了当今世界环境与发展方面存在的问题,提出了处理这些问题的具体的、现实的行动建议。报告鲜明地提出了三个观点:① 环境危机、能源危机和发展危机不能分割;② 地球的资源和能源远远不能满足人类发展的需要;③ 必须为当代人和下代人的利益改变发展模式。这一鲜明、创新的科学观点,把人们从单纯考虑环境保护引导到把环境保护与人类发展切实结合起来,实现了人类有关环境与发展思想的重要飞跃。

(3)《里约环境与发展宣言》

1992 年,联合国环境与发展大会(又称"地球首脑会议")在巴西里约热内卢举行,通过了《里约环境与发展宣言》(*Rio declaration*)和《21 世纪议程》(*Agenda 21*),签署了《气候变化框架公约》和《保护生物多样性公约》等文件,明确把发展与环境密切联系在一起,确立了要为子孙后代造福、走人与大自然协调发展的道路,响亮地提出了可持续发展战略,并要求各个国家在政策制定、战略选择上加以实施可持续发展战略。《里约环境与发展宣言》又称《地球宪章》,

重申了 1972 年《人类环境宣言》建立新的和公平的全球伙伴关系,维护全球环境与发展体系完整的国际协定,认识到我们的家园——地球的完整性和互相依存性。《21 世纪议程》是"世界范围内可持续发展行动计划",在全球范围内各国政府、联合国组织、发展机构、非政府组织和独立团体在人类活动对环境产生影响的各个方面的综合的行动蓝图。"地球首脑会议"具有重要的里程碑意义,此后国际社会在推进可持续发展进程方面取得诸多积极进展,深刻地影响着世界,并改变了世界的发展格局。

(4)《约翰内斯堡可持续发展宣言》

2000 年 9 月,联合国大会上,由 189 个国家签署《联合国千年宣言》(*UN Millennium Declaration*),启动联合国千年发展目标。2002 年,在南非约翰内斯堡召开了以"可持续发展"为主题的联合国成员国首脑会议(又称"约翰内斯堡地球峰会"),成为可持续发展进程中新的里程碑。来自 192 个国家的元首、政府首脑或代表出席。会议全面审议《里约环境与发展宣言》《21 世纪议程》及主要环境公约的执行情况,围绕健康、生物多样性、农业、水、能源等五个主题,形成面向行动的战略与措施,积极推进全球的可持续发展。并协商通过了《约翰内斯堡可持续发展宣言》和《可持续发展世界首脑会议执行计划》。联合国报告指出:"1992 年里约会议所确定的可持续发展目标没有实现"。"地球仍然伤痕累累,世界仍然冲突不断。海平面上升,森林遭严重破坏,超过 20 亿人口面临缺水,每年有 300 多万人死于空气污染的影响,220 多万人因水污染而丧生,气候变化影响日渐明显。""世界面临的其他挑战,地区冲突,恐怖主义,霸权主义,跨国犯罪,毒品走私,贫困人口有增无减,世界和平和安全受到威胁。"

4. 新的活力

2012 年,世界各国首脑重聚里约热内卢(又称"里约＋20"峰会),围绕三个目标:① 重拾各国对可持续发展的承诺;② 找出目前我们在实现可持续发展过程中取得的成就与面临的不足;③ 继续面对不断出现的各类挑战。集中讨论两个主题:一是绿色经济在可持续发展和消除贫困方面作用;二是可持续发展的体制框架。尽管美国、德国和英国的首脑缺席本次峰会,但是 100 多个国家的政府首脑及数千个非政府组织人士与会,体现了世界各国对推动国际减排合作的强烈期盼,这为全球可持续发展进程注入新的活力。会议通过的题为《我们期望的未来》(*The Future We Want*)的声明,强调绿色经济是可持续发展的重要手段,同时明确提出要着力解决贫困问题。

2016 年,联合国启动了《变革我们的世界:2030 年可持续发展议程》(*Transforming Our World: The 2030 Agenda for Sustainable Development*),包含 17 个可持续发展的目标,关心经济发展、社会进步、资源利用和环境保护等。例如,在世界各地消除一切形式的贫困;实现性别平等;确保可持续的消费和生产模式;建设具有包容性安全、有复原力的、可持续的城市和人类住区等。新议程呼吁各国现在就采取行动,为今后 15 年实现 17 项可持续发展目标而努力。时任联合国秘书长潘基文指出:"这 17 项可持续发展目标是人类的共同愿景,也是世界各国领导人与各国人民之间达成的社会契约。它们既是一份造福人类和地球的行动清单,也是谋求取得成功的一幅蓝图。"

可持续发展的任务到现在还没有能够完全实现,任重道远。

(二) 可持续发展的内涵

1. 可持续发展的基本概念

可持续发展(sustainable development),亦称"持续发展"。按照 WCED 在《我们共同的未来》(1987)报告中的定义,是指"既满足当代人的需要,又不对后代人满足其需要的能力构成危害的发展。"中国学者对其作了如下补充:可持续发展是"不断提高人群生活质量和环境承载能力的、满足当代人需求又不损害子孙后代满足其需求能力的、满足一个地区或一个国家发展需求又不损害别的地区或国家人群满足其需求能力的发展"。美国世界观察研究所(World watch Institute)所长 Lester Brown(布朗)则认为,"持续发展是一种具有经济含义的生态概念⋯⋯一个持续社会的经济和社会体制的结构,应是自然资源和生命系统能够持续维持的结构。"

可以看出,可持续发展的概念包含三个基本要素:"需要""限制"和"公平"。满足需要,首先是要满足贫困人民的基本需要;对需要的限制主要是指技术状况和社会组织对资源环境满足当前和未来需要的能力施加的限制;公平是指在发展政策中要重视资源分配问题(代间分配和代内分配)。决定三个基本要素的关键性因素是:① 收益再分配以保证不会为了短期生存需要而被迫耗尽自然资源;② 降低人们(主要是穷人)对遭受自然灾害和农产品价格暴跌等损害的脆弱性;③ 普遍提供可持续生存的基本条件,如卫生、教育、水和新鲜空气,保护和满足社会最脆弱人群的基本需要,为全体人民,特别是为贫困人民提供发展的平等机会和选择自由。

2. 可持续发展的主要内容

可持续发展的内容涉及可持续经济、可持续生态和可持续社会三方面的协调统一,要求人类在发展中讲究经济效率、关注生态和谐和追求社会公平,最终达到人的全面发展。这表明,可持续发展虽然缘起于环境保护问题,但作为一个指导人类走向 21 世纪的发展理论,它已经超越了单纯的环境保护。它将环境问题与发展问题有机地结合起来,已经成为一个有关社会经济发展的全面性战略。具体地说:

(1) 经济可持续发展

可持续发展鼓励经济增长,而不是以环境保护为名取消经济增长,因为经济发展是国家实力和社会财富的基础。但可持续发展不仅重视经济增长的数量,更追求经济发展的质量。可持续发展要求改变传统的以"高投入,高消耗,高污染"为特征的生产模式和消费模式,实施清洁生产和文明消费,以提高经济活动中的效益、节约资源和减少废物。从某种角度上,可以说集约型的经济增长方式就是可持续发展在经济方面的体现。

(2) 生态可持续发展

可持续发展要以保护自然为基础,与资源和环境的承载能力相协调。发展的同时,必须保护和改善地球生态环境,保证以可持续的方式使用自然资源和环境成本,使人类的发展控制在地球承载能力之内。因此,可持续发展强调了发展是有限制的,没有限制就没有发展的持续。

生态可持续发展同样强调环境保护,但不同于以往将环境保护与社会发展对立的做法,可持续发展要求通过转变发展模式,从人类发展的源头、从根本上解决环境问题。

（3）社会可持续发展

可持续发展强调社会公平。世界各国的发展阶段可以不同,发展的具体目标也各不相同,但发展的本质应包括改善人类生活质量,提高人类健康水平,创造一个保障人们平等、自由、教育、人权和免受暴力的社会环境。在人类可持续发展系统中,生态可持续是基础,经济可持续是条件,社会可持续才是目的。人类共同追求的应该是以人为本的自然-经济-社会复合系统的持续、稳定、健康发展。

作为一个具有强大综合性和交叉性的研究领域,可持续发展涉及众多的学科,可以有不同重点的展开。例如,生态学家着重从自然方面把握可持续发展,理解可持续发展是不超越环境系统更新能力的人类社会的发展;经济学家着重从经济方面把握可持续发展,理解可持续发展是在保持自然资源质量和其持久供应能力的前提下,使经济增长的净利益增加到最大限度;社会学家从社会角度把握可持续发展,理解可持续发展是在不超出维持生态系统涵容能力的情况下,尽可能地改善人类的生活品质;科技工作者则更多地从技术角度把握可持续发展,把可持续发展理解为是建立极少产生废料和污染物的绿色工艺或技术系统。

3. 可持续发展的基本原则

（1）公平性

所谓"公平性",是指机会选择的平等性。可持续发展的公平性原则包括两个方面:一方面是本代人的公平即代内之间的横向公平;另一方面是指代际公平性,即世代之间的纵向公平性。可持续发展要满足当代所有人的基本需求,给他们机会以满足他们要求过美好生活的愿望。可持续发展不仅要实现当代人之间的公平,而且也要实现当代人与未来各代人之间的公平,因为人类赖以生存与发展的自然资源是有限的。从伦理上讲,未来各代人应与当代人有同样的权利来提出他们对资源与环境的需求。可持续发展要求当代人在考虑自己的需求与消费的同时,也要对未来各代人的需求与消费负起历史的责任,因为同后代人相比,当代人在资源开发和利用方面处于一种无竞争的主宰地位。各代人之间的公平要求任何一代都不能处于支配的地位,即各代人都应有同样选择的机会空间。

（2）持续性

所谓"持续性",是指生态系统受到某种干扰时能保持其生产力的能力。资源环境是人类生存与发展的基础和条件,资源的持续利用和生态系统的可持续性是保持人类社会可持续发展的首要条件。可持续发展不应损害支持地球生命的自然系统:大气、水体、土壤能超越资源与环境的承载能力。这就要求人们根据可持续性的条件调整自己的生活方式,在生态可能的范围内确定自己的消耗标准,要合理开发、合理利用自然资源,使再生性资源能保持其再生产能力,非再生性资源不至过度消耗并能得到替代资源的补充,环境自净能力能得以维持。可持续发展的可持续性原则从某一个侧面反映了可持续发展的公平性原则。

（3）共同性

可持续发展关系到全球的发展。要实现可持续发展的总目标，必须争取全球共同的配合行动，这是由地球整体性和相互依存性所决定的。因此，致力于达成既尊重各方的利益，又保护全球环境与发展体系的国际协定至关重要。正如《我们共同的未来》前言中写的"今天我们最紧迫的任务也许是要说服各国，认识回到多边主义的必要性。""进一步发展共同的认识和共同的责任感，是这个分裂的世界十分需要的。"这就是说，实现可持续发展就是人类要共同促进自身之间、自身与自然之间的协调，这是人类共同的道义和责任。

（三）可持续发展的几种观点

1. 可持续发展的系统观

可持续发展把当代人类赖以生存的地理环境看成是由自然、社会、经济、文化等多因素组成的复合系统，它们之间既相互联系，又相互制约。这种系统论的观点是可持续发展理论的核心，并为人与资源问题的分析提供了整体框架。一个可持续发展的社会，有赖于资源持续供给的能力，有赖其生产、生活和生态功能的协调，有赖于社会的宏观调控能力，部门之间的协调行为以及民众的监督与参与意识。其中任何一个方面功能的减弱或增强都会影响其他组分以及持续发展进程。在制订发展战略时，需要打破部门和专业的条块分割以及地区的界限，从全局着眼，从系统的关系进行综合分析和宏观调控。

2. 可持续发展的社会观

可持续发展主张人与人之间、国家与国家之间要互相尊重、互相平等。一个社会或一个团体的发展，不应以牺牲另一个社团的利益为代价，这种平等的关系不仅表现在人与人、国家与国家、社团与社团间的关系，同时也表现在当代人与后代人之间的关系上。

3. 可持续发展的资源观

可持续发展强调对不同属性的资源要采取不同的对策。如对矿产、石油、天然气和煤炭等不可再生资源，要提高其利用率，加强循环利用，尽可能用可再生资源代替，以延长其使用的寿命。对可再生资源的利用，要限制在其再生产的承载力限度内，同时采用人工措施促进可再生资源的再生产。要保护生物多样性及生命支持系统，保证可再生生物资源的持续利用。

4. 可持续发展的效益观

可持续发展与资源保护相统一的生态经济观，为社会可持续发展提供了指导思想。发展经济和提高生活质量是人类追求的目标，它需要自然资源和良好的生态环境为依托。忽视了对资源的保护，经济发展就会受到限制，没有经济的发展和人民生活质量的改善，特别是最基本的生活需要的满足，也就无从谈及资源和环境的保护，因为一个可持续发展的社会不可能建立在贫困、饥饿和生产停滞的基础上。因此，一个资源管理系统所追求的，应该包括生态效益、经济效益和社会效益的综合并把系统的整体效应放在首位。

(四)《21 世纪议程》

1.《21 世纪议程》

1992 年 6 月,联合国环境与发展大会在巴西里约热内卢召开,通过了《21 世纪议程》这一重要文件。《21 世纪议程》是一份没有法律约束力、旨在鼓励发展的同时保护环境的"世界范围内可持续发展行动计划",是 21 世纪在全球范围内各国政府、联合国组织、发展机构、非政府组织和独立团体在人类活动对环境产生影响的各个方面的综合的行动蓝图。

(1)《21 世纪议程》的框架

《21 世纪议程》着重阐明了人类在环境保护与可持续发展之间应做出的选择和行动方案,涉及与地球可持续发展有关的所有领域。议程分为四部分:

① 社会和经济方面。主要内容为可持续发展的国际合作和国内政策、消除贫困、改变消费模式、人口与可持续能力、健康、人类住区等。

② 促进发展的资源保护。主要内容为大气、水资源、废物最少量化和再生利用。

③ 加强主要团体的作用。主要内容为社团的参与支持,妇女、儿童、青年与可持续发展,非政府组织的作用,商业、工业的作用,科学技术界的作用以及农民的作用等。

④ 实施手段。主要内容为资金来源和机制,科学促进可持续发展,教育、提高环境意识,发展中国家能力建设和国际合作,法制、决策用的信息等。

(2)《21 世纪议程》的意义与目标

《21 世纪议程》是一份关于政府、政府间组织和非政府组织所应采取行动的广泛计划,旨在实现朝着可持续发展的转变,为采取措施保障《我们共同的未来》提供了一个全球性框架。这项行动计划的前提是所有国家都要分担责任,但承认各国的责任和首要问题各不相同,特别是在发达国家和发展中国家之间。该计划承认,没有发展就不能保护人类的生息地,从而也就不可能期待在新的国际合作气候下对于发展和环境总是同步进行处理。

《21 世纪议程》的一个关键目标是逐步减轻和最终消除贫困,同样还要就保护主义和市场准入、商品价格、债务和资金流向问题采取行动,以取消阻碍第三世界进步的国际性障碍。为了符合地球的承载能力,特别是工业化国家,必须改变消费方式;而发展中国家,则必须降低过高的人口增长率。为了采取可持续的消费方式,各国要避免在本国和国外以不可持续的水平开发资源。文件提出以负责任的态度和公正的方式利用大气外层和公海等全球公有财产。

2.《中国 21 世纪议程》

1992 年联合国发布《21 世纪议程》后,实现可持续发展已成为世界各国共同追求的目标。世界各国都在采取行动,促进可持续发展战略的实施。1994 年,中国在世界上率先制定了《中国 21 世纪议程——中国人口、环境与发展白皮书》。

(1)《中国 21 世纪议程》的主要内容

《中国 21 世纪议程》共 20 章,78 个方案领域。大体可分为可持续发展总体战略、社会可持续发展、经济可持续发展、资源的合理利用与环境保护四部分。

①可持续发展总体战略。该战略将建立中国可持续发展的法律体系,通过立法保障社会各阶层参与可持续发展以及相应的决策过程;制定和推进有利于可持续发展的经济政策、技术政策和税收政策,包括考虑将资源和环境因素纳入经济核算体系;加强现有信息系统的联网和信息共享;特别注重对各级领导和管理人员实施能力的培训;注意进行教育建设和人力资源开发,提高科技能力。

②社会可持续发展。包括控制人口增长和提高人口素质;引导民众采取新的消费和生活方式;在工业化、城市化的进程中,积极发展中小城市和小城镇,发展社区经济,注意扩大就业容量,大力发展第三产业;加强城乡建设规划和合理使用土地,注意将环境的分散治理提升到集中治理;逐步建立城市供水用水和污水处理协调统一管理机制;增强贫困地区自身经济发展能力,尽快消除贫困;建立与社会经济发展相适应的自然灾害防治体系。

③经济可持续发展。包括利用市场机制和经济手段推动可持续发展,提供新的就业机会,完善农业和农村经济可持续发展综合治理体系;在工业生产中积极推广清洁生产、尽快发展环保产业;发展多种交通模式;提高能源效率与节能,推广少污染的煤炭开发开采技术和清洁煤技术,开发利用新能源和可再生能源。

④资源的合理利用与环境保护。包括在自然资源管理决策中推行可持续发展影响评价制度;通过科学技术引导,对重点区域和流域进行综合开发整治;完善生物多样性保护法律体系,建立和扩大国家自然保护区网络;建立全国土地荒漠化的监测和信息系统;采用新技术和先进设备控制大气污染和防治酸雨;开发消耗臭氧层物质的替代产品和替代技术;大面积造林;建立有害废物处置、利用的法规,制定技术标准等。

(2)《中国 21 世纪议程》优先项目计划的目标

①近期目标(1994—2000)。重点是针对中国现存的环境与发展的突出矛盾,采取应急行动,并为长期可持续发展的重大举措打下坚实基础,使中国在保持 8% 左右经济增长率的情况下,使环境质量、生活质量、资源状况不再恶化,并在局部有所改善;加强可持续发展能力建设也是近期的重点目标。

②中期目标(2000—2010)。重点是为改变发展模式和消费模式而采取的一系列可持续发展行动;完善适应于可持续发展的管理体制、经济产业政策、技术体系和社会行为规范。

③长期目标(2010 年以后)。重点是恢复和健全中国经济社会生态系统调控功能;使中国的经济、社会发展保持在环境和资源的承载能力之内,探索一条适合中国国情的高效、和谐、可持续发展的现代化道路,对全球的可持续发展进程做出应有的贡献。

(3)《中国 21 世纪议程》优先项目计划框架的优先领域

《中国 21 世纪议程》优先项目计划是国家推出的有关可持续发展的国际合作指导性计划。优先项目计划的编制是将《中国 21 世纪议程》中的行动方案分解为可操作的项目。优先项目计划的执行是实施中国可持续发展战略的一项重要行动。优先领域有以下 7 个方面:

①资源与环境保护。资源综合管理与政策;土地、森林、淡水、海洋、矿产等资源保护与可持续利用;水资源保护与沙漠化防治;环境污染控制。

② 全球环境问题。气候变化问题;生物多样性保护问题;臭氧层保护问题。

③ 人口控制与社会可持续发展。控制人口数量,提高人口素质;扶贫;中国城市可持续发展;卫生与健康;防灾减灾。

④ 可持续发展能力建设。强化和完善可持续发展管理机制;可持续发展立法与实施;转变传统观念,提高公众可持续发展意识;科学技术能力建设。

⑤ 工业与交通运输业的可持续发展。强化市场经济条件下具有可持续发展能力的工业管理体制与政策;改善工业布局与结构;开展清洁生产与废物最小量化;开发高效、节能型工业污染治理技术;发展环保产业,生产绿色产品;加强交通、通信业的可持续发展。

⑥ 农业可持续发展。强化农业发展的宏观调控政策;促进粮食和农作物的可持续发展;选择可持续性农业科学技术;促进农村人口资源开发和充分就业;发展生态农业;制定和实施有利于乡镇建设的规划与政策,控制乡镇企业环境污染。

⑦ 持续的能源生产与消费。强化综合能源规划与管理;提高能源效率与节能;清洁煤技术;新能源和可再生能源。

(五)《2030 年可持续发展议程》

1. 可持续发展目标

2015 年 9 月,举世瞩目的"联合国可持续发展峰会"在纽约联合国总部召开。193 个成员国正式通过了《改变我们的世界:2030 年可持续发展议程》(简称《2030 年可持续发展议程》),开启全球可持续发展事业的新纪元,为各国发展和国际发展合作指明方向。

《2030 年可持续发展议程》于 2016 年正式启动,包括 17 项可持续发展目标和 169 项具体目标。呼吁各国采取行动,为 2015—2030 年间实现三个史无前例的非凡创举:消除极端贫穷、战胜不平等和不公正以及遏制气候变化。

可持续发展的目标,是实现所有人更美好和更可持续未来的蓝图。《2030 年可持续发展议程》包括与贫困、不平等、气候、环境退化、繁荣以及和平与正义等方面的目标(图 10.1),强调以综合方式彻底解决社会、经济和环境三个维度的发展问题。

目标 1:在世界各地消除一切形式的贫穷;

目标 2:消除饥饿,实现粮食安全,改善营养和促进可持续农业;

目标 3:让不同年龄段的所有的人过上健康的生活,提高他们的福祉;

目标 4:提供包容和公平的优质教育,让全民终身享有学习机会;

目标 5:实现性别平等,保障所有妇女和女孩的权利;

目标 6:为所有人提供水和环境卫生并对其进行可持续管理;

目标 7:每个人都能获得价廉、可靠和可持续的现代化能源;

目标 8:促进持久、包容性和可持续经济增长,促进充分的生产性就业,促进人人有体面的工作;

目标 9:建造有抵御灾害能力的基础设施、促进具有包容性的可持续工业化,推动创新;

图 10.1 联合国可持续发展目标

目标 10：减少国家内部和国家之间的不平等；

目标 11：建设包容、安全、有抵御灾害能力的可持续城市和人类社区；

目标 12：采用可持续的消费和生产模式；

目标 13：采取紧急行动应对气候变化及其影响；

目标 14：养护和可持续利用海洋和海洋资源以促进可持续发展；

目标 15：保护、恢复和促进可持续利用陆地生态系统，可持续地管理森林，防治荒漠化，制止和扭转土地退化，提高生物多样性；

目标 16：创建和平和包容的社会以促进可持续发展，让所有人都能诉诸司法，在各级建立有效、负责和包容的机构；

目标 17：加强执行手段，恢复可持续发展全球伙伴关系的活力。

2. 中国落实 2030 年可持续发展议程国别方案

2016 年 9 月，中国在联合国总部纽约发布《中国落实 2030 年可持续发展议程国别方案》（以下简称《方案》）。《方案》包括中国的发展成就和经验、中国落实 2030 年可持续发展议程的机遇和挑战、指导思想及总体原则、落实工作总体路径、17 项可持续发展目标落实方案等五部分，将成为指导中国开展落实工作的行动指南，并为其他国家尤其是发展中国家推进落实工作提供借鉴和参考。

《方案》为中国落实可持续发展议程提供行动指南。面向未来，中国将以《方案》为指导，贯彻创新、协调、绿色、开放、共享的发展理念，加快推进可持续发展议程落实工作，并继续为全球发展做出贡献。

（六）全球性生态环境问题及解决

1. 生态环境问题

生态环境问题指因自然变化或人类活动而引起的生态破坏和环境质量的变化以及由此给人类生存和发展带来的不良影响。生态环境问题的表现形式多种多样,大致可分为两类:一类是原生环境问题(primary environmental problem),也称第一环境问题,指由于自然演变和自然灾害引起的、没有人为因素或人为因素很少的环境问题,如地震、洪涝、干旱、台风、海啸等自然现象所造成的环境问题。另一类是次生环境问题(secondary environmental problem),也称第二环境问题,指由人类活动引起的环境问题。次生环境问题又可分为环境污染和生态破坏两大类。环境污染是因为人类在生产和生活中排出的废弃物进入环境,积累到一定程度而产生的对人类不良的影响,例如,工业生产造成大气、水环境恶化等。生态破坏指生态系统的平衡遭到破坏。例如,乱砍滥伐引起的森林植被的破坏、过度放牧引起的草原退化、大面积开垦草原引起的沙漠化和土地沙化等。目前,人们所说的环境问题主要指次生环境问题。

生态环境问题产生的实质与资源利用、经济发展密切相关。主要体现在两个方面:一方面是资源的不合理利用,人类生产和生活活动索取资源的速度超过了资源本身及其替代品的再生速度;另一方面是片面追求经济的增长,人类向环境排放废弃物的数量超过了环境本身的自净能力。

2. 全球性生态环境问题

全球性生态环境问题,也称国际环境问题或者地球环境问题,指超越主权国国界和管辖范围的、全球性的环境污染和生态平衡破坏问题。有些环境问题在地球上普遍存在,如全球变暖、臭氧层破坏、水资源危机、物种锐减等;而有些环境问题是某些国家和地区特有的,但其影响和危害具有跨国、跨地区的结果,如酸雨、海洋污染、危险性废物、土地退化、森林减少等。

（1）全球变暖

由于人口数量的增加和生产活动的规模越来越大,燃烧化石燃料向大气释放的 CO_2、CH_4、CO、N_2O、CFC、CI_4、CO 等温室气体不断增加,气候有逐渐变暖的趋势。据国际政府间气候变化专门委员会(IPCC)第五次评估报告(2014):1860 年以来,全球平均气温升高了 $0.4\sim0.8℃$(平均 $0.6℃$)。全球变暖(global warming)的直接影响是使极地冰川融化、冻土消融、海水受热膨胀,导致海平面上升。1901—2010 年间,全球平均海平面上升了 0.19m,使沿海地区被淹没。全球变暖也可能使全球降水量重新分配,影响大气环流的变化,使气候反常,灾害性天气增加,既危害自然生态系统的平衡,也威胁人类食物供应和居住环境。

（2）臭氧层破坏

大气平流层中,臭氧浓度最高处形成了厚度约为 3mm 的臭氧层(ozone layer),它能吸收太阳辐射的 99% 的紫外线,保护地球上的生命免遭过量紫外线的杀伤,因此被誉为"地球的保护伞";同时又可将能量贮存在上层大气,起到调节气候的作用。但臭氧层是一个很脆弱的大气层,如果进入一些破坏臭氧的气体,它们就会和臭氧发生化学作用,臭氧层就会遭到破坏。

臭氧空洞导致到达地面的紫外线辐射增强,而臭氧层中的臭氧每减少 1%,紫外线辐射将增加 2%,皮肤癌发病率将增加 7%,白内障的发病率会增加 0.5%。臭氧层的耗竭与氯氟烃的大量排放有关。1985 年,英国南极考察队首次在南极上空发现臭氧层空洞,正是人类自己制造的氟氯烃类化合物的"杰作"。目前,南极的臭氧层空洞已扩大到 2400×10^4 km^2 以上。

（3）大气污染

大气污染(air pollution)是指由于人类活动和自然过程引起某些物质进入大气中,达到一定的年度和持续时间,并因此危害了人体舒适、健康和福利。20 世纪 50 年代以来,随着工业化的快速发展和人口数量的激增,人类使用石化燃料增多。主要的大气污染物有悬浮颗粒物、硫氧化物(包括 SO_2、SO_3、S_2O_3、SO 等)、碳氧化物(包括 CO、CO_2)、氮氧化物(如 N_2O、NO、NO_2、N_2O_3 等)、碳氢化合物(如 CH_4、C_2H_6 等)和其他有害物质(如重金属类、含氟气体、含氯气体等)等。大气污染导致每年有 30 万～70 万人因烟尘污染死亡,2500 万名儿童患慢性喉炎。2013 年 1 月,4 次雾霾过程笼罩中国 30 个省(自治区、直辖市),在 500 个大城市中,只有不到 1% 的城市达到世界卫生组织推荐的空气质量标准,而北京仅有 5 天没有雾霾。污染的原因:一是以排放大量污染物的煤炭为主要能源;二是城市越来越多的汽车排放的尾气对空气污染严重。

（4）酸雨蔓延

酸雨与烟雾是一对孪生兄妹。酸雨(acid rain)是指被大气降水中存在的酸性气体污染、pH<5.6 的雨、雪或其他形式的降水。酸雨被誉为"空中死神",是大气污染的一种表现。酸雨对人类环境的影响是多方面的。酸雨降落到河流、湖泊中,导致鱼虾死亡;导致土壤酸化和贫瘠化;造成作物减产,危害森林的生长。此外,酸雨还腐蚀建筑物,尤其是对文物古迹的损坏。20 世纪 70 年代北美死湖酸雨事件,使得美国东北部及加拿大东南部地区的湖泊变质,水质酸化,pH 一度低到 1.4,动植物纷纷死亡,大面积湖泊成为一潭死水。20 世纪 80 年代初,重庆南山风景区有 2.7 万亩马尾松突然死亡 1 万亩,是我国首次发现酸雨造成的急性伤害事件。之后,西南地区连续降了四次酸雨,雨水的 pH 为 3.6～4.6,致使大面积的农作物受害。

（5）水资源危机

水是生命之源。但是,陆地表面的很多水体,受到了工业废水、农业污水(如农药、化肥)和生活污水(如各种洗涤水,包括 N、P 等)的污染。1956 年日本水俣病事件的发生,是最早出现的由于工业废水排放污染造成的公害病。早在 1977 年,UNEP 就向全球发出警告:"水资源危机将成为继石油危机之后更为严重的全球性危机。"目前,全世界每年约有 4200 多亿立方米的污水排入江河湖海,污染了 5.5 万亿立方米的淡水,相当于全球径流总量的 14% 以上。据联合国调查统计,全球河流稳定流量的 40% 左右已被污染。由于水污染和缺少供水设施,全世界约有 10 多亿人无法获得足够的清洁用水。非洲的情形最严重,至少 50% 以上的人口只有低劣水质的水可饮用。

（6）物种锐减

生物多样性(biodiversity)对人类生存和发展具有重大的意义。近 100 年来,由于人口数量的急剧增加和人类对资源的不合理开发,加之环境污染等原因,地球上的各种生物及其生态系统受到了极大的冲击。据估计,世界上每年至少有 5 万种生物物种灭绝,平均每天灭绝的物种达 140 个。目前,地球正在经历着第六次大规模的物种灭绝。但人类所造成的物种灭绝的速度比历史上任何时候都快,比如鸟类和哺乳动物现在的灭绝速度可能是它们在未受干扰的自然界中的 100~1000 倍。人类对野生生物的疯狂捕杀和对生态环境的污染和破坏,是地球上越来越多的物种遭遇灭顶之灾的主要原因。物种不断灭绝,必然导致生物多样性的破坏,从而使生物食物链断裂,生态失去平衡,危害无法估量。

（7）森林锐减

森林被称为"地球之肺",是陆地生态系统的主体,对维持陆地生态平衡起着决定性的作用。人类文明初期地球陆地的 2/3 被森林所覆盖,约为 $76 \times 10^8 hm^2$;19 世纪中期减少到 $56 \times 10^8 hm^2$;20 世纪末期锐减到 $34.4 \times 10^8 hm^2$,森林覆盖率下降到 27%。近年来,地球上的森林正以平均每年$(1800 \sim 2000) \times 10^4 hm^2$的速度在消失,而且多数集中在发展中国家。森林的减少降低了其涵养水源的功能,加速了物种的减少和水土流失,减少了对 CO_2 的吸收固定,进而加剧了温室效应。林木砍伐、林地开荒和开矿、薪柴采集和大规模放牧、空气污染是造成森林减少的主要原因。近 30 年来,发达国家大量进口热带地区木材是热带森林大规模被砍伐的重要原因。在亚非拉的一些发展中国家,有 20 多亿农村人口是用木材作生活燃料,也对森林造成了严重破坏。

（8）土地退化

据 UNEP 土地退化标准,在过去几十年间,全球约有 $12 \times 10^8 hm^2$ 的有植被覆盖的土地发生了中等程度以上的土地退化;约有 $3 \times 10^8 hm^2$ 土地发生了严重退化,其固有的生物功能完全丧失。土地退化的主要方式有土壤侵蚀、盐碱化、荒漠化、土壤污染等。据美国农业部推测,全球土壤流失的比例为每年 0.7%,总流失量达 $230 \times 10^8 t$。据 UNEP 推测,全球每年有 $600 \times 10^4 hm^2$ 土地沙漠化,其中 $320 \times 10^4 hm^2$ 是牧场,$262.5 \times 10^4 hm^2$ 是耕地。据联合国生物多样性和生态系统服务政府间科学政策平台发布的全球土地退化及恢复评估报告(2018),土地退化将带来严重后果。到 2050 年,将导致全球粮食产量平均下降达到 10%,在土地退化和气候变化比较严重的地区产量甚至可能会减半。土地退化至少给 32 亿人的生活造成负面影响。

（9）海洋污染

海洋因面积辽阔、储水量巨大,因而长期以来是地球上最稳定的生态系统。然而随着工业的发展,人类一直把海洋当作最好、最大的天然垃圾坑。导致海洋污染日趋严重。海洋中累积的污染物不仅种类多、数量大,而且危害深远。海洋污染会损害生物资源,危害人类健康,妨碍捕鱼和人类在海上的其他活动;海洋污染还导致赤潮频繁发生,破坏红树林、珊瑚礁、海草等。海洋污染的原因除陆源污染外,海洋倾废、船舶污染、海上事故(如油轮泄漏、油田井喷等)也是主要原因。尤其海上石油污染是海洋污染的凶手。石油污染形成海面油膜,阻碍大气与海水之间的气体交换,影响海洋生物的生存,石油中所含的有毒成分又通过食物链传递给人类。

（10）危险性废物越境转移

危险性废物是指除放射性废物以外,具有化学活性或毒性、爆炸性、腐蚀性和其他对人类生存环境存在有害特性的废物。按联合国估计,全球每年增加的垃圾量约 100×10^8 t,其中 $(3 \sim 5) \times 10^8$ t 属危险性废物。通常人们处置废物的办法是掩埋、焚烧或向大海倾倒。但这些方式既不能消除危险物质和毒害性,也不能阻止其向自然界扩散,并且会带来更大的污染。由于各国(特别是发达国家)对防毒害物质污染意识的加深,对毒害物质处理进行严格控制。因此,将废物进行越境转移(特别是从发达国家向发展中国家转移)便成为新的选择。表面上,这种转移常带有"贸易"的合法身份,但实际上是一种污染转嫁,促使局部的污染全球化。

3. 全球环境管理的基本原则

环境保护和经济发展是一个有机联系的整体。既不能离开经济发展,片面地强调保护和改善环境,也不能不顾生态环境的承受能力而盲目地追求经济发展。尤其对广大发展中国家来说,只能在适度经济增长的前提下,寻求适合本国国情的解决环境问题的途径和方法。

(1)国家环境主权原则

1972 年,第一次环境与发展大会通过的《斯德哥尔摩宣言》(即《人类环境宣言》)明确了该项原则,第 21 条明确规定,各国对其自然资源的保护、开发、利用是各国的内部事务。国家环境主权原则包含两层含义:一是每个主权国家对其自然资源拥有永久主权;二是在按本国政策开发本国自然资源时,必须保证不损害他国和国际公有地区的环境。《里约环境与发展宣言》(1992)又重申了这一原则。

(2)共同但有区别的原则

因为地球生态环境的整体性,各国对保护全球环境都负有共同的责任,但发达国家和发展中国家对全球环境问题应负有的责任是有区别的。目前存在的全球和区域环境问题,主要是工业发达国家在过去 $1 \sim 2$ 个世纪中追求工业化发展造成的后果。即使发展中国家面临的一些环境问题,也与发达国家的长期掠夺或廉价收购资源有关。发达国家对全球环境问题负有不容推卸的主要责任,也理应承担更多的义务。

(3)国际环境合作原则

全球环境问题不是个别国家短时间内可以解决的,它大多是跨越国界、且影响深远。正如《人类环境宣言》第 7 条所说:"种类越来越多的环境问题,因为它们在范围上是地区性或全球性的,或者因为它们影响着共同的国际领域,将要求国与国之间广泛合作和国际组织采取行动以谋求共同的利益。"《里约环境与发展宣言》也强调,世界各国应在环境与发展领域内加强国际合作,为建立一种新的公平的全球伙伴关系而共同努力。

(4)发展中国家广泛参与原则

目前,发展中国家还面临一些更为迫切的局部环境问题,既有因资金短缺、技术落后和人口增长所造成的诸如土地退化、沙漠化、森林锐减、水土流失等自然生态恶化问题,也有因工业发展引起的大气污染、酸沉降、水质恶化与水资源短缺等环境污染问题。环境问题的解决要充分考虑发展中国家的特殊情况和需要。但是,在国际环境事务中,存在忽视发展中国家具体困难的倾向,他们的呼声得不到充分反映。因此,有必要采取措施,确保发展中国家能充分参与国际环境领域中的活动与合作非常必要。

（5）预防原则

目前，受人类科学技术水平的限制，对某种环境变化的真正原因还不能准确认定。只要这种不确定性存在，任何国家都不会主动承担义务。因此，不确定性是全球环境管理领域的一个重大障碍，解决这一问题的最好办法是采取预防原则。《里约环境与发展宣言》第 15 条明确提出："为了保护环境，各国应按照本国的能力，广泛采用预防措施，遇有严重或不可逆转损害的威胁时，不得以缺乏科学充分确实证据为理由，延迟采取符合成本效益的措施防止环境恶化。"

4. 实施可持续发展的战略途径

面对全球性生态环境问题，推进生态文明建设，构建生态产业模式，倡导循环经济理念，普及清洁生产策略，成为环境保护和社会经济发展的战略途径。

（1）推进生态文明建设

生态文明（ecocivilization）是人类文明发展的一个新的阶段，是继农业文明、工业文明之后的文明形态，是人类社会发展的潮流和趋势。生态文明体现了人与自然、人与人、人与社会和谐共生、良性循环、全面发展、持续繁荣为基本宗旨的社会形态。中共十九大报告（2017）也指出："建设生态文明是中华民族永续发展的千年大计。必须树立和践行绿水青山就是金山银山的理念，坚持节约资源和保护环境的基本国策，像对待生命一样对待生态环境，统筹山水林田湖草系统治理，实行最严格的生态环境保护制度，形成绿色发展方式和生活方式，坚定走生产发展、生活富裕、生态良好的文明发展道路，建设美丽中国，为人民创造良好生产生活环境，为全球生态安全做出贡献。"生态文明的本质是"资源节约、环境友好、生态安全、社会保障"，贯穿于经济建设、政治建设、文化建设、社会建设等各方面的系统工程，反映了一个社会的文明进步状态。生态文明倡导简约适度的生活理念和绿色低碳的生活方式。推行生态文明建设、实施可持续发展战略、实现美丽的中国梦。

（2）构建生态产业模式

生态产业的理论基础源于产业生态学。20 世纪 80 年代，物理学家 Robert Frosch 等模拟生物的新陈代谢过程和生态系统的循环时所开展的"工业代谢"研究开启了产业生态学研究。产业生态学是对各种产业活动及其产品与环境之间的相互关系的跨学科的研究。生态产业（ecological industry，简称 ECO），实质上是生态工程在各产业中的应用，是包含工业、农业、居民区等的生态环境和生存状况的一个有机系统。根据生态学原理，仿照自然生态系统物质循环的方式，基于生态系统承载能力，通过两个或两个以上的生产体系或环节之间的耦合，使物质、能量多级利用，构成经济过程和生态功能和谐的网络型产业。在能源领域将技术重点转向水能、风能、太阳能和生物能等可更新能源；在交通运输领域，研制燃料电池车或其他清洁能源车辆已成为技术开发能力的标志；在农业领域，无化肥、无农药和无毒害的绿色农产品成为消费者首选；在城市规划和建筑业中，减少能源和水的消耗、同时也减少废水废弃物排放的"生态设计"和"生态房屋"已成为发展趋势。

（3）倡导循环经济理念

循环经济的思想发端于美国经济学家 Kenneth Boulding 发表的《一门科学：生态经济学》

（1966）。生态经济是把经济发展与生态环境保护和建设有机结合起来，使二者互相促进的经济活动形式。循环经济（circular economy）亦称"资源循环型经济"，以资源节约和循环利用为特征、与环境和谐的经济发展模式。强调把经济活动组织成"资源-产品-再生资源"的反馈式流程。循环经济的根本目的是要求在经济流程中尽可能减少资源投入，并且系统地避免和减少废物，废弃物再生利用只是减少废物最终处理量。即循环经济"减量化（reduce）、再利用（reuse）、再循环（recycle）"的"3R"原则。环境与发展协调的最高目标是实现从末端治理到源头控制，从利用废物到减少废物的质的飞跃，从根本上减少自然资源的消耗，从而也就减少环境负载的污染。所有的物质和能源能在这个不断进行的经济循环中得到合理和持久的利用，以把经济活动对自然环境的影响降低到尽可能小的程度。

（4）普及清洁生产策略

清洁生产是实施可持续发展的重要手段。1976 年欧共体提出"消除造成污染的根源"的思想，1979 年欧共体理事会开始推行清洁生产政策，1989 年联合国开始在全球范围内推行清洁生产。清洁生产（cleaner production）是指将综合预防的环境保护策略持续应用于生产过程和产品中，以期减少对人类和环境的风险。从本质上来说，清洁生产就是对生产过程与产品采取整体预防的环境策略，减少或者消除它们对人类及环境的可能危害，同时充分满足人类需要，使社会经济效益最大化的一种生产模式。清洁生产包含了两个清洁过程控制：生产全过程和产品周期全过程。对生产过程而言，清洁生产包括节约原材料和能源，淘汰有毒有害的原材料，并在全部排放物和废物离开生产过程以前，尽最大可能减少它们的排放量和毒性。对产品而言，清洁生产旨在减少产品整个生命周期过程中从原料的提取到产品的最终处置对人类和环境的影响。清洁生产最大的不同之处是要求把污染物消除在它产生之前。

复习思考题

10.1　人地关系的基本内涵是什么？

10.2　人类发展是如何对自然地理环境产生影响的？

10.3　论述人类活动与自然地理环境的关系及这一认识的发展。

10.4　试述决定论的基本观点与主要缺陷。

10.5　试述或然论的基本思想，并作出评价。

10.6　简述协调论的基本特点与内涵。

10.7　何谓可持续发展？有哪些基本原则？

10.8　可持续发展目标有哪些？

10.9　实施可持续发展的战略途径有哪些？

10.10　全球环境管理的基本原则是什么？

扩展阅读材料

[1] Future Earth. Future Earth 2025 Vision. http://www.futureearth.org/media/futureearth-

2025-vision. 2014.

［2］Rachel Carson. Silent Spring. Boston：Houghton Mifflin Company.1962.

［3］The World Commission on Environment and Development. Our Common Future. Oxford University Press，1987.

［4］UNDPCSD. Indicators of sustainable development framework and methodologies. UN Department for Policy Coordination and Sustainable Development,1996.

［5］Will Steffen 著. 全球变化与地球系统：一颗重负之下的行星. 符淙斌,延晓冬,马柱国,等译.北京:气象出版社，2010.

［6］蔡运龙. 人地关系研究范型：哲学与伦理思辨. 人文地理,1996,11(1):1-6.

［7］金其铭等. 人地关系论. 南京：江苏教育出版社，1993.

［8］刘建国，Thomas D，Stephen R 等,人类与自然耦合系统. AMBIO-人类环境杂志,2007,36(8):602-622.

［9］任启平. 人地关系地域系统要素及结构研究. 北京：中国财政经济出版社，2007.

［10］雍际春. 人地关系与生态文明研究. 北京：中国社会科学出版社，2009.

主要参考文献

（以作者姓氏拼音为序）

Acton D F and Gregorich L J.Executive summary of the health of our soil towards sustainable agriculture in Canada. Research Branch：Center for Land and Biological Resources Research，Agriculture and Agri Food Canada，Ottawa，Canada,1996.

Allan W. Studies in African land usage in Northern Rhodesia. Rhodes Livingstone Papers，Cape Town：Oxford University Press，1949.

Arthur Getis，Judith Getis，Jerome D. Fellmann 著. 地理学与生活.黄润华等译. 北京:世界图书出版公司,2013.

Arthur W Sampson. Range and pasture management. New York：John Wiley & Sons,1923.

Bailey R G. Ecoregions of the United States(1：7500000,colored). Ogden：UT USDA Forest Service,1976.

Bailey R G. Ecosystem geography with separate maps of the ocean and continents at 1：80000000. New York：Springer-Verlag,1996.

Bailey R G. Ecosystem geography. Springer-Verlag. New York. Berlin,1996.

Barrow C J. Land degradation. New York：Cambridge University Press，1991.

Bennett R J and Chorley R J. Environmental systems：philosophy，analysis and control. Methuen and Co LTD，1978.

Bishop A B. Carrying capacity in regional environment management. Washington：Government Printing Office,1974.

Buchwald K，Engelhardt W. Handbuch für landschaftspflege und Naturschutz：Planung und Ausführung，vol 4. Bayerischer Landwirtschaftsver-lag，München，Basel，Wien,1968.

Cardenal James. Physical geography. Harper's College Press，1977.

Christian C S，Stewart G A. Methodology of integrated surveys. Toulouse，UNESCO Conference on Principles and Methods of Integrated Aerial Surveys of Natural Resources for Potential Development，1964;233-280.

Christopherson R W. Geosystems：an introduction to physical geography. New Jersey：Pearson Education，Inc.，2006.

Conway G R. Agro ecosystems analysis. Agricultural Administration，1985,20：31-55.

Costanza R，Arge R，Groot R，etd. The value of the world's ecosystem services and natural capital. Nature，1997，386;253-260.

Costanza R. Toward an operational definition of health. In: Costanza R, Norton B, Haskell B. Ecosystem health-New Goals for Environmental Management. Washington D C: Island Press,1992.

D Dent, A Young. Soil survey and land evaluation. London ,1981.

Ehrlich P R, Ehrlich A H. Extinction. New York: Ballantine, 1981.

Ehrlich P R. Human population and the global environment. Science, 1974, 62: 282-292.

Eurostat. Towards environmental pressure indicators for the EU. European Communities, 2000, Luxembourg, 1999.

FAO Proceedings. Land quality indicators and their use in sustainable agriculture and rural development. Proceedings of the Workshop organized by the Land and Water Development Division FAO Agriculture Department, 1997, 2:5

FAO. A framework for land evaluation. Soil Bulletin 32, Rome,1976.

FAO. FESLM:An international framework for evaluating sustainable land management. World Soil Resources Report No.73, Rome,1993.

FAO. Report on the agro-ecological zone project. Rome, 1982.

Fleskens L, Duarte F, Eicher I. A conceptual framework for the assessment of multiple functions of agro-ecosystems: a case study of Trás-os-Montes olive groves. Journal of Rural Studies, 2009, 25 (1): 141-155.

Forman R T T and Godron M. Landscape ecology. New York: Wiley, 1986.

Forman R T T. Land Mosaics: The ecology of landscape and regions. Cambridge University press.1995.

Future Earth. Future earth 2025 vision. http://www. futureearth. org/media/futureearth-2025-vision. 2014.

Future Earth. Future earth initial design: report of the transition team. Paris: International Council for Science(ICSU),2013.

George Marsh. Man and nature. New York: Charles Scribner, 1864.

Gregory K J 著. 变化中的自然地理学性质. 蔡运龙等译. 北京: 商务印书馆,2006.

H J Rossler, H Lange. 地球化学表. 北京:科学出版社, 1985.

Hadwen I A S, Palmer L J. Reindeer in Alaska. Washington: US Department of Agriculture,1922.

Herberson A J. The Major Natural Region: an essay in systematic geography. Geogr J, 1905, 25: 300-312.

Holdren J P, Ehrlich P R. Human population and the global environment. American Scientist, 1974,62:282-292.

IGBP/IHDP. Global Land Project: Science Plan Andimplementation Strategy, IGBP Report 53/IHDP Report 19,2005.

Johnston R J. Geography and geographers: anglo-american human geography since 1945. London Edward Arnold, 1979.

Kates R W，Clark W C，Corell R，et al. sustainability science. Science，2001，292：641-642.

Kerr S R. Dickie L M. Measuring the health of aquatic ecosystem. In：Ievin S A，et al. Ecotoxicology：Problems and Approaches. New York：Springer-verlag，1984.

Kienast F，Bolliger J，Potschin M，et al. Assessing landscape functions with broad-scale environmental data：insights gained from a prototype development for Europe. Environmental Management. 2009，44(6)：1099-1120.

Klingerbill A A，Montgomery P H. 美国土地潜力分类. 见：李连捷，土壤学译丛(一). 北京：农业出版社，1981.

Koch G W，Scholes R J，Steffen W L，Vitousek P M，Walker B H. The IGBP terrestrial transects：science Plan，IGBP Report No. 36. Stochkholm：IGBP，1995.

Lambin E F，Baulies X，Bockstael N et al. Land use and land cover change（LUCC）implementation strategy.IGBP Report No. 48 and HDP Report No. 10，Stochkholm：IGBP，1999.

Lambin E F，Turner B L and Helmut J G，et al. The cause of land use and land cover change：moving beyond the myths. Global Environmental Change，2001，11：261-269.

Leopold A. A sandy county almanac and sketches from here and there. New York：Cambridge University Press，1949.

Loucka O. A forest classification for the maritime princes. Forest Research Branch. Canada Department of Forestry Proceedings of the Nowa Scotian Institute of Science 1962，259(Par 2)：85-167.

Ludwig von Bertalanffy 著. 一般系统论. 秋同，袁嘉新译. 北京：社会科学文献出版社，1987.

Mander U，Helming K，Wiggering H. Multifunctional land use：meeting future demands forlandscape goods and service. Berlin Heidelberg：Springer，2007.

Mander Ü，Helming K，Wiggering H. Multifunctional land use：meeting future demands for landscape goods and services//Multifunctional land use. Springer，Berlin，Heidelberg，2007：1-13.

Marten G G.Productivity，Stability，sustainability，equitability and autonomy as properties for agro ecosystem assessment. Agricultural Systems，1988，26：291-316.

Merriam C H. Life zones and crop zones of the United Stated. Bulletin Division Biological Survey 10. Washington D C：US Department of Agriculture，1898.

Millennium Ecosystem Assessment. Ecosystems and Human Wellbeing：synthesis. Washing DC：Island Press，2005.

Mitchell C W. Terrain evaluation. Longman Group Limited，London. 1973.

Moran E F. News on the land project. In：Global Change Newsletter Issue No. 54，2003.

NASA(National Aeronautic and Space Administration). Earth system science：a closer view. Washington DC：NASA，1988.

NASA. Ecological Capacity[DB/OL]. http：// hq.nasa.gov/iwgsdi/Ecological_Capacity.html.

Naveh Z，Lieberman A. Landscape ecology：theory and application. Spriger-Verlag，New York，1984.

Newell N D. Paleontological gaps and geochronology. J Paleontol, 1962,36: 592-610.

Newell N D. Revolutions in the history of life. Geol Soc Am Spec Pap, 1967,89: 63-91.

OECD. Multifunctional: towards an analytical framework. Paris: Organization for Economic Cooperation and Development, 2001.

Ojima D, Lavorel S, Graumich L, et al. Terrestrial human environment systems: the future of Land Research in IGBP Ⅱ. In: Global Change Newsletter Issue No. 50, 2002.

Osborn F. Our plundered planet. Boston: Little, Brown and Company, 1948.

Park R F, Burgess E W. An introduction the science of sociology. Chicago, 1921.

PieriC, Dumanski J, Hamblin A, et al, Land quality indicators, World Bank discussion papers No. 315. The World Bank, Washington D C, USA, 1995.

Prigogine. 从存在到演化. 自然杂志, 1980,3(1):11-14.

Prigogine. 结构、耗散和生命. 理论物理与生物学国际会议, 1969.

Rachel Carson. Silent Spring. Boston: Houghton Mifflin Company, 1962.

Rapport D J, Thorpe C and Regier H A. Ecosystem medicine. Bulletin of the Ecological Society of American, 1979,60:180-182.

Rapport D J. What constitute ecosystem health? Perspectives in Biology and Medicine, 1989, 33: 120-132.

Rees W E. Ecological footprint and appropriated carrying capacity: what urban economics leaves out. Environment and Urbanization, 1992,4(2):137-145.

Risser P G.et al. Landscape ecology: directions and approaches. Special Pub.No.2. Illinois Natural History Survey, Champaign, 1984.

Ruzicka M. and Miklos L. Basic premises and methods in landscape ecological planning and optimization. In: Zonneveld I S and Forman R T T(eds.). Changing Landscapes: An Ecological Perspective. New York: Springer-Verlag, 1990:233-260.

Schaeffer D J, Henricks E E and Kerster H W. Ecosystem health: 1. Measuring ecosystem health. Environmental Management, 1988, 12: 445-455.

Smaal A C, Prins T C, Dankers N, et al. Minimum requirements for modeling bivalve carrying capacity. Aquatic Ecology, 1998, 31:423-428.

Smyth A J and Dumansky J. FESLM. An international framework for evaluating sustainable land management. World Soil Resources Report, 1993(73). FAO, Rome, 1993.

Strahler A N, Strahler A H 著. 现代自然地理学.《现代自然地理学》翻译组译. 北京: 科学出版社, 1981.

Tansley A G. Introduction to plant ecology. London: Allen and Unwin, 1946.

Tansley A G. The use and abuse of vegetational concepts and terms. Ecology, 1935,16, 284-307.

The World Commission on Environment and Development. Our common future. Oxford University Press, 1987.

Thompson R D, Mannion A M, Mitchell C W, et al. Progresses in physical geography. New York: Longman, Inc.,1986.

Troll Carl. The three-dimensional zonation of the Himalayan system. Geoecology of the High-mountain region of Eurasia. Wiesbaden: Steiner,1972.

Troll Carl. 景观生态学. 林超译. 地理译报, 1983,2(1):1-7.

Troll Carl. Luftbildplan und Ökologische Bodenforschung, Zeitschrift der Gesellschaft für Erdkunde in Berlin,1939, 241-298.

Turner Ⅱ B L, Meyer W B. and Skole D L .Global Land-use/Land-cover change: towards an integrated study. Ambio, 1994, 23(1):91-95.

Turner Ⅱ B L,Clark W.C.and Kates R.W.et al.. The Earth as Transformed by Human Action Global and Regional Changes in the Biosphere over the Past 300 Years. Cambridge University Press Clark University, Cambridge, New York, Port Chester, Melbourne, Sidney, 1990.

Turner Ⅱ B L, Skole D.,and Fischer G.et al.. Land Use and Land Cover Change: Science/ Research Plan. IGBP Report No.35 and HDP Report No.7. Stockholm and Geneva,1995.

Turner M G and Gardner R H. Quantitative Methods in Landscape Ecology. Springer-Verlag, New York,1991.

UNDP. Human development report 1995. UNDP, New York, 1995.

UNDPCSD. Indicators of sustainable development framework and methodologies. UN Department for Policy Coordination and Sustainable Development,1996.

UNESCO/FAO. Carrying capacity assessment with a pilot study of Kenya: a resource accounting methodology for sustainable Development. Paris and Rome, 1985.

USEPA. Framework for ecological risk assessment. Washington DC: U. S. Environmental Protection Agency, 1992.

USEPA. Guidelines for ecological risk assessment. Washington DC: U. S. Environmental Protection Agency,1998.

Vogt W. Road to survival. New York: William Sloan. 1948.

Wackernagel M, Monfreda C, Schulz C B, et al. Calculating national and global ecological footprint time series: resolving conceptual challenges. Land Use Policy, 2004,21(3):271-278.

Wackernagel M, Rees W E. Our ecological footprint: reducing human impact on the earth. Gabriola Island: New Society Publishers,1996.

Will Steffen 著. 全球变化与地球系统:一颗重负之下的行星. 符淙斌,延晓冬,马柱国,等译. 北京: 气象出版社, 2010.

World Commission on Environment and Development. Our common future. New York, Oxford University Press ,1987.

Zonneveld I S, Forman R T T. Changing landscape: an ecological perspective. New York, Springer-Verlag, 1989.

Zonneveld I S. Land ecology：an introduction to landscape ecology as a base for land eveluation，land management and conservation. SPB Academic Publishing，Amsterdam，1995.

Алехин 著. 植物地理学. 傅子祯，王燕译. 高等教育出版社，1959.

Анучин 著. 地理学的理论问题. 李德美等译. 北京：商务印书馆，1994.

Арманд 著. 景观科学. 李世玢译. 北京：商务印书馆. 1975.

Берг. 景观的概念和景观学的一般问题. 中山大学地质地理系编译. 北京：商务印书馆，1964.

Броунов. К вопросу о географических районах Европейской России.СПБ. 1904.

Броунов. Климатические зональности в связи с почвами и растительностью. Труды по сельскохозяйственной метеорологии，вы. 20，Л.，1928.

Броунов. Климатические и сельскохозяйственные районы России.Л.-М.，1924.

Броунов. Курс физической географии.СПБ，1910.

Будыко 著. 地表热量平衡. 李怀瑾等译. 北京：科学出版社，1960.

Герасимов 著. 苏联地理学. 北京：科学出版社，1964.

Герасимов. 苏联现代土壤地理研究的理论问题和方法.陈恩健译.北京：科学出版社，1958.

Григорьев А А，Будыко М И. О периодинеком законе географицеской зонсти. доклады АН СССР，1956，110(1).

Григорьев А А，Будыко М И. 论地理地带性周期律. 地理译丛，1965,(2).

Григорьев А А,江美球，赵冬. 地理地带性及其一些规律(续篇). 地理科学进展，1957,(2)：83-95.

Григорьев А А,赵冬. 地理地带性及其一些规律. 地理科学进展，1957,(1)：12-22.

Григорьев 著. 自然地理学的对象和内容. 中山大学地质地理系编译. 北京：商务印书馆，1962.

Исаченко. Основные вопросы физической географии. л. 1953.

Исаченко. Основы ландшафтоведения физико-географическое районирование. Москова，1965.

Исаченко 著. 景观调查与景观图的编制. 王化群译. 长春：吉林科技出版社，1987.

Исаченко 著. 苏联景观学的发展. 中山大学地质地理系编译. 北京：商务印书馆，1962.

Исаченко 著. 今日地理学. 胡寿田，徐樵利译. 北京：商务印书馆，1986.

Исаченко 著. 自然地理学原理. 中山大学地质地理系译. 北京：高等教育出版社，1965.

Калесник 著. 普通地理学原理. 唐永銮，王正宪，徐士珍译 北京：地质出版社，1958.

Калесник 著. 普通自然地理简明教程. 今林译. 北京：商务印书馆，1960.

Макеев. Природные зоны и ландшафты. М.，1956.

Макеев 著. 自然地带与景观. 李世玢译. 北京：科学出版社，1963.

Мильков 著. 地形对动植物的影响. 唐永銮，吴静茹译. 北京：科学出版社，1957.

Монин 著. 土壤地理学. 北京师范大学地理系译. 北京：科学出版社，1959.

Перелъман 著. 景观地球化学概论. 陈传康，王恩涌译. 北京：地质出版社，1958.

Солнцев Н А. Современное состояние и задачи советского ландшафтоведения，Львов，1956.

Сочава. Вседение в учение о геосистемах. Новосибирск，1978.

Сочава 著.地理系统学说导论.李世玢译.北京:商务印书馆,1991.

Сукачёв,詹鸿振.森林地理群落的基本概念.科技译丛,1978,(2)

Хромов С. П. К вопросу о методе физической географии, Изв, ВГО, 1952,(2).

蔡运龙,李军.土地利用可持续性的度量:一种显示过程的综合方法.地理学报,2003,58(2):305-313.

蔡运龙,陆大道,周一星等.中国地理科学的国家需求与发展战略.地理学报,2004,59(6):811-819.

蔡运龙.综合自然地理学(第3版).北京:高等教育出版社,2019.

蔡运龙.持续发展:人地系统优化的新思路.应用生态学报,1995,6(3):329-333.

蔡运龙.贵州省地域结构与资源开发.北京:海洋出版社,1990.

蔡运龙.土地利用/土地覆被变化研究:寻求新的综合途径.地理研究,2001,20(6):645-652.

陈百明.区域土地可持续利用指标体系框架的构建与评价.地理科学进展,2002,21(3):204-215.

陈百明.中国土地资源生产能力及人口承载量研究.北京:中国人民大学出版社,1992.

陈昌笃等.景观生态学的由来和发展.见:肖笃宁主编:景观生态学——理论方法及应用.北京:中国林业出版社,1991.

陈传康,伍光和,李昌文.综合自然地理学.北京:高等教育出版社,1993.

陈传康.区域综合开发的理论与案例.北京:科学出版社,1998.

陈传康.综合探究的理性与激情——陈传康地理学文集.北京:商务印书馆,2005.

陈传康.综合自然区划原则和方法及其在中国的应用问题.1962年自然区划讨论会论文集.北京:科学出版社,1964.

陈国达.中国地台"活化区"的实例并兼论"华夏古陆"问题.地质学报,1956,36(3):239-272.

陈家振.世界洋的自然区划.地理译报,1986,10:44-47.

程伟民,谢炳庚.综合自然地理学.长沙:湖南师范大学出版社,1990.

戴君虎,方精云.温室效应.北京:中国环境科学出版社,2002.

邓静中.中国农业区划方法论研究.北京:科学出版社,1960.

董玉祥,刘琦等.土地利用与管理.西安:陕西人民教育出版社,2001.

樊杰.我国主体功能区划的科学基础.地理学报,2007,62(3):339-350.

付在毅,许学工.区域生态风险评价.地球科学进展,2001,16(2):267-271.

傅伯杰,陈利顶,马克明.黄土丘陵区小流域土地利用变化对生态环境的影响——以延安市羊圈沟流域为例.地理学报,1999,54(3):241-246.

傅伯杰,陈利顶等.土地可持续利用评价的指标体系与方法.自然资源学报,1997,2(12):112-118.

傅伯杰,冷疏影,宋长青.新时期地理学的特征与任务.地理科学,2015,35(8):939-945.

傅伯杰,刘国华,陈利顶,等.中国生态区划方案.生态学报,2001,21(1):1-6.

傅伯杰,刘世梁,马克明.生态系统综合评价的内容与方法.生态学报,2001,21(11):1885-1892.

傅伯杰. 生态系统服务与生态安全. 北京:高等教育出版社,2013.

傅伯杰. 地理学:从知识、科学到决策. 地理学报,2017,72(11):1923-1932.

傅伯杰. 地理学的新领域——景观生态学. 生态学杂志,1983,(4):60 转 7.

傅伯杰. 土地评价研究的回顾与展望. 自然资源,1990,(3):1-7.

傅伯杰. 地理学综合研究的途径与方法:格局与过程耦合. 地理学报,2014,69(8):1052-1059.

葛京凤. 综合自然地理学. 北京:中国环境科学出版社,2005.

耿大定,陈传康,杨吾扬,江美球. 论中国公路自然区划. 地理学报,1978,33(1):49-62.

侯学煜,姜恕,陈昌笃等. 对于中国各自然区的农林牧副渔业发展方向的意见. 科学通报,1963,14
　　(9):8-26.

侯学煜. 中国自然生态区划与大农业发展战略. 北京:科学出版社,1988.

环境保护部,中国科学院. 全国生态功能区划. 北京,2008.

环境保护部. 全国生态脆弱区保护规划纲要(2008—2020),2008.

黄秉维,郑度,赵名茶. 现代自然地理. 北京:科学出版社,1999.

黄秉维. 中国综合自然区划草案. 科学通报,1959,4(18):594-602.

黄秉维. 中国综合自然区划的初步草案. 地理学报,1958,24(4):348-365.

黄秉维. 中国综合自然区划纲要. 地理集刊,1989,21:10-20.

黄秉维. 自然地理学一些最主要的趋势. 科学通报,1960,(10):296-299.

贾宝全,杨洁泉. 景观生态学的起源与发展. 干旱区研究,1999,16(3):12-18.

景贵和,周人龙,徐樵利. 综合自然地理学. 北京:高等教育出版社,1989.

景贵和. 土地评价与土地生态设计. 地理学报,1986,41(1):1-6.

冷疏影,李秀彬. 土地质量指标体系国际研究的新进展. 地理学报,1999,54(2):177-185.

李德一,张树文,吕学军,等,基于栅格的土地利用功能变化监测方法自然资源学报,2011,26(8):
　　1297-1305.

李寿深. 山地土地类型制图的特点和问题——以北京西山为例. 地理学报,1981,(2):171-179.

李双成,蒙吉军,彭建. 北京大学综合自然地理学研究的发展与贡献. 地理学报,2017,72(11):
　　1937-1951.

李双成等. 生态系统服务地理学. 北京:科学出版社,2014.

李孝芳. 土地资源评价的基本原理与方法. 长沙:湖南科学技术出版社,1989.

李秀彬. 全球环境变化研究的核心领域——土地利用/土地覆被变化的国际研究动态. 地理学报,
　　1996,51(6):543-548.

林超. 河北省及其附近地区自然区划工作的一些经验. 地理学报,1960,26(1):52-60.

林超,冯绳武,关伯仁. 中国自然地理区划大纲(摘要). 地理学报,1954,20(4)

林超,李昌文. 北京山区土地类型研究的初步总结. 地理学报,1980,35(3):187-199.

林超. 国外土地类型研究的发展. 见:中国 1:1 000 000 土地类型图编辑委员会文集编辑组. 中国
　　土地类型研究. 北京:科学出版社,1986.

刘惠清,许嘉巍,乔志和. 现代综合自然地理学. 长春:吉林人民出版社,2002.

刘南威,郭有立,张争胜.综合自然地理学(第3版).北京:科学出版社,2009.

刘南威,郭有立.综合自然地理.北京:科学出版社,1993.

刘胤汉,岳大鹏.综合自然地理学纲要.北京:科学出版社,2010.

刘胤汉.土地类型与综合自然区划.西安:陕西师范大学出版社,1982.

刘胤汉.综合自然地理学理论与实践研究.西安:陕西人民出版社,1991.

刘胤汉.综合自然地理学原理.西安:陕西师范大学出版社,1988.

罗开富.中国自然区划草案.北京:科学出版社,1956.

毛明海.综合自然地理学教程——土地与自然区划.杭州:浙江大学出版社,2000.

美国国家科学院国家研究理事会.理解正在变化的星球:地理科学的发展方向.刘毅,刘卫东,等译.北京:科学出版社,2011.

美国国家研究院地学、环境与资源委员会地球科学与资源局重新发现地理学委员会编.重新发现地理学与科学和社会的新关联.黄润华译.北京:学苑出版社,2002.

蒙吉军.土地评价与管理(第3版).北京:科学出版社,2019.

蒙吉军.自然地理学方法.北京:高等教育出版社,2013.

倪绍祥.土地类型与土地评价概论(第2版).北京:高等教育出版社,2009.

牛文元.理论地理学.北京:商务印书馆,1992.

牛文元.现代应用地理.北京:科学出版社,1985.

牛文元.自然地理新论.北京:科学出版社,1981.

潘树荣,伍光和等.自然地理学.北京:高等教育出版社,2000.

浦汉昕.地球表层的系统与进化.自然杂志.1983,6(2):126-128.

钱学森.保护环境的工程技术——环境系统工程.环境保护.1983,(6):1-4.

全国农业区划委员会《中国综合农业区划》编写组.中国综合农业区划.北京:农业出版社,1981.

全石琳.综合自然地理学导论.开封:河南大学出版社,1988.

任美锷,杨纫章,包浩生.中国自然地理纲要.北京:商务印书馆,1979.

任美锷,杨纫章.中国自然区划问题.地理学报,1961,27(1):66-74.

石尚群,郑克珉.人地协调论.上海:上海科技文献出版社,1992.

石玉林.关于《中国1:1 000 000土地资源分类工作方案要点》(草案)的说明.自然资源,1982,(1):63-69.

石玉林.中国土地资源的人口承载能力研究.北京:中国科学技术出版社.1992.

石玉林.关于我国土地资源主要特点及其合理利用问题.自然资源,1980,(4):1-10.

世界环境与发展委员会.我们共同的未来.北京:世界知识出版社,1989.

陶在朴.生态包袱与生态足迹——可持续发展的重量及面积观念.北京:经济科学出版社,2003.

王枫,董玉祥.基于灰色关联投影法的土地利用多功能动态评价及障碍因子诊断.自然资源学报,2015,30(10):1698-1710.

王绍武.近百年中国气候变化的研究.中国科学基金,1998,3:15-18.

邬建国.景观生态学:格局、过程、尺度与等级(第2版).北京:高等教育出版社,2007.

邬建国. 景观生态学——概念与理论. 生态学杂志,2000,19(1):42-52.

吴传钧主编. 1:1 000 000 中国土地利用图集. 北京:科学出版社,1990.

吴绍洪,杨勤业,郑度. 生态地理区域界线划分的指标体系. 地理科学进展,2002,21(4):302-310.

伍光和,蔡运龙. 综合自然地理学(第 2 版). 北京:高等教育出版社,2004.

伍光和,田连恕,胡双熙,王乃昂. 自然地理学(第 3 版). 北京:高等教育出版社,2000.

席承藩,丘宝剑. 中国自然区划概要. 北京:科学出版社,1984.

肖笃宁,陈文波,郭福良. 论生态安全的基本概念和研究内容. 应用生态学报,2002,13(3):354-358.

肖笃宁. 景观生态学:理论、方法与应用. 北京:中国林业出版社,1999,1-41.

肖风劲,欧阳华. 生态系统健康及其评价指标和方法. 自然资源学报,2002,17(2):203-209.

谢高地,鲁春霞,冷允法等. 青藏高原生态资产的价值评估. 自然资源学报,2003,18(2):189-196.

谢高地,甄霖,鲁春霞等. 生态系统服务的供给、消费和价值化. 资源科学,2008,30(1):93-99.

谢向荣. 波雷诺夫院士及其风化壳、景观地球化学学说. 土壤通报,1958,(2):41-51.

许学工,李双成,蔡运龙. 中国综合自然地理学的近今进展与前瞻. 地理学报,2009,64(9):1027-1038.

杨勤业,李双成. 中国生态地域划分的若干问题. 生态学报.1999,19(5):596-601.

杨勤业,郑度,吴绍洪. 中国的生态地域系统研究. 自然科学进展,2002,12(3):287-291.

杨吾扬. 中国陆路交通自然条件评价和区划概要. 地理学报,1964,31(4):301-319.

杨友孝,蔡运龙. 中国农村资源、环境与发展的可持续性评估:SEEA 方法及其应用. 地理学报,2000,55(5):596-606.

杨宗干. 云南南部准热带的探讨. 地理. 1961,6::32-38.

张晓平,朱道林,许祖学. 西藏土地利用多功能性评价,农业工程学报,2014,30(6):185-194.

赵济. 中国自然地理(第 3 版). 北京:高等教育出版社,1995.

赵松乔,陈传康,牛文元等. 近三十年来中国综合自然地理学的进展. 地理学报,1979,34(3):187-199.

赵松乔. 赵松乔文集. 北京:科学出版社,1998.

赵松乔. 中国 1:1 000 000 土地类型划分和制图. 见:中国 1:1 000 000 土地类型图编辑委员会文集编辑组. 中国土地类型研究. 北京:科学出版社,1986.

赵松乔. 中国综合自然地理区划. 中国自然地理(总论). 北京:科学出版社,1985.

赵松乔. 中国综合自然地理区划的一个新方案. 地理学报,1983,38(1):1-10.

赵松乔等. 现代自然地理. 北京:科学出版社,1988.

甄霖,曹淑艳,魏云洁等. 土地空间多功能利用:理论框架及实证研究,2009,31(4):544-551.

甄霖,魏云洁,谢高地等. 中国土地利用多功能性动态的区域分析,生态学报,2010,30(24):6479-6761.

郑度,张荣祖等. 试论青藏高原的自然地带. 地理学报,1979,34(1):1-11.

郑度，中国生态地理区域系统研究. 北京:商务印书馆,2008.

中共中央政治局. 1956-1967 年全国农业发展纲要(草案). 北京：人民出版社,1956.

中国 1:1 000 000 土地类型图编委会. 中国土地类型研究. 北京:科学出版社,1986.

中国 1:1 000 000 土地类型图编委会,中国科学院地理研究所. 中国 1:1 000 000 土地类型制图规范及分类系统,1985.

中国科学协会主编,中国地理学会编著. 地理学学科发展报告(自然地理学). 北京:中国科学技术出版社,2009.

中国科学院《中国自然地理》编辑委员会编. 中国自然地理·土壤地理. 北京:科学出版社,1981.

中国科学院自然区划委员会. 中国综合自然区划(初稿). 北京:科学出版社,1959.

中国农业资源调查与农业区划委员会. 中国自然区划概要. 北京:科学出版社,1984.

中山大学地理系. 广东高要鼎湖山地区关键地段景观调查与大比例尺制图方法总结. 中山大学学报(自然科学版),1959,(1):9-16.

周立三等. 中国农业区划的理论与实践. 合肥:中国科学技术大学出版社,1993.

周立三主持. 中国农业区划的初步意见. 农业部,1955.

朱永恒,濮励杰,赵春雨. 土地质量的概念及其评价指标体系研究. 国土与自然资源研究,2005,(2):31-33.

竺可桢. 中国近五千年来气候变迁的初步研究. 中国科学,1973,2:168-189.

竺可桢. 中国气候区域论. 气象研究所集刊,第 1 号,1931.

附录一　人名姓氏索引

附录二 汉英(俄)对照专业词汇